AviUtl
パーフェクトガイド

オンサイト 著

Perfect Guide

AviUtl
ONSIGHT

技術評論社

【免責】
本書に記載された内容は、情報の提供のみを目的としています。したがって、本書を用いた運用は、必ずお客様自身の責任と判断によって行ってください。これらの情報の運用の結果、いかなる障害が発生しても、技術評論社および著者はいかなる責任も負いません。
本書記載の情報は、2022年5月現在のものを掲載しております。ご利用時には、変更されている可能性があります。また、OSやソフトウェアに関する記述は、特に断りのない限り、2022年5月現在での最新バージョンをもとにしています。OSやソフトウェアはバージョンアップされる場合があり、本書での説明とは機能内容や画面図などが異なってしまうこともあり得ます。本書ご購入の前に、必ずバージョン番号をご確認ください。OSやソフトウェアのバージョンが異なることを理由とする、本書の返本、交換および返金には応じられませんので、あらかじめご了承ください。

以上の注意事項をご承諾いただいた上で、本書をご利用願います。これらの注意事項に関わる理由に基づく、返金、返本を含む、あらゆる対処を、技術評論社および著者は行いません。あらかじめ、ご承知おきください。

【動作環境】
本書では、AviUtlのバージョン1.10、OSはWindows 11を利用しており、初期状態で解説を行っております。そのほかのバージョンでは一部利用できない機能や操作方法が異なる場合があります。また、インストールしたプラグインは2022年5月現在のものです。バージョンアップによって、URLが異なったり、機能が変更されている可能性があります。

動作環境に関する上記の内容を理由とした返本、交換、返金には応じられませんので、あらかじめご注意ください。

はじめに

個人が開発し、無料で利用できる動画編集ソフトとは思えないほど、豊富な編集機能を備えた「AviUtl」(通称、「エーブイアイユーティル」または「エーブイアイユーテル」)」。AviUtlに備わっている編集機能は市販の動画編集ソフトと比較しても遜色なく、市販の動画編集ソフトで行えることのほとんどの事柄をAviUtlでも行えます。この多機能さからAviUtlは、YouTubeやニコニコ動画などの動画配信サービスで公開されている動画の作成にもよく利用されています。

しかし、AviUtlは、簡易の取扱説明書が用意されているだけで、きちんとしたヘルプが提供されているわけではありません。そのため、詳しい使い方はインターネット上の記事に頼ったり、Q&Aサイトで使い方を質問したりする必要があるなど、その使い方を学んでいく上での敷居の高さは否めません。

そこで本書は、AviUtlの基本的な操作の仕方から個々の機能の使い方までをマニュアル的な観点で執筆しました。本書はテクニック集ではありませんが、これからAviUtlを使い始める方だけでなく、すでにある程度利用している方が次のステップに進めるように、AviUtlに備わっているほとんどの機能を網羅し、丁寧に説明しました。本書が、AviUtlを利用していく上で、必要なときに必要な操作や機能のトピックがすぐに探し出せる「マニュアル」として活用されることを願っています。

最後に、20年以上に渡って多くのユーザーに活用され続けている「AviUtl」を開発された「KENくん」さんに最大級の賛辞を贈ります。

オンサイト

CONTENTS【目次】

CHAPTER 00 AviUtlの導入と基本設定

CHAPTER 01 メインウィンドウでの編集操作

CHAPTER 02 ウィンドウ操作とオブジェクトの登録

CHAPTER 03 オブジェクトやレイヤーの選択操作

CHAPTER 04 カット編集や動画の再生操作

CHAPTER 05 設定ダイアログの基本操作

CHAPTER 06 設定ダイアログの応用操作

CHAPTER 07 フィルタや特殊効果の適用

CHAPTER 08 フィルタや特殊効果の活用と応用

CHAPTER 09

テロップの設定

CHAPTER 10

音声の操作

CHAPTER 11

動画の出力

CHAPTER 12

ゲーム実況動画の作成

CHAPTER

▼

00

THE PERFECT GUIDE FOR AVIUTL

AviUtlの導入と基本設定

01 AviUtlとは

AviUtlは、インターネットで無料配布されている動画編集ソフトです。市販の動画編集ソフトと比較しても遜色ない多機能な動画編集ソフトとして多くのユーザーに愛用されています。

AviUtl について知る

AviUtl は、Windows 11 ／ 10 で利用できる動画編集ソフトです。Plugin（プラグイン）と呼ばれる専用ソフトを導入することで機能を拡張したり、まったく新しい機能を追加したりできます。AviUtl は、プラグインの導入によって、市販の動画編集ソフトと同レベルの高度な動画編集機能を備えることができます。

AviUtlのWebサイト

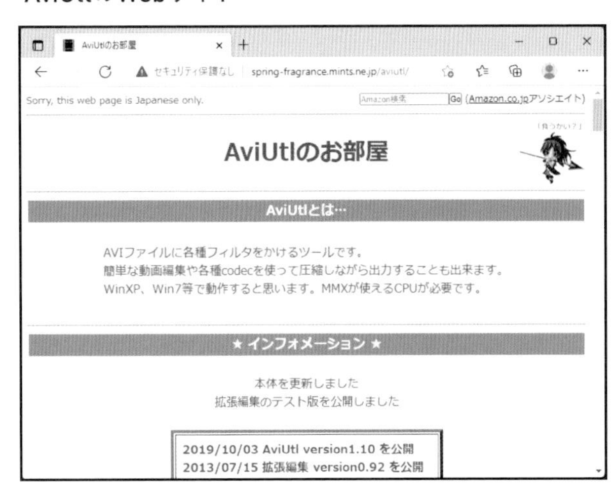

◀AviUtlは、作者であるKENくんの運営するWebサイト（http://spring-fragrance.mints.ne.jp/aviutl/）から無料で入手できます。

AviUtlの画面

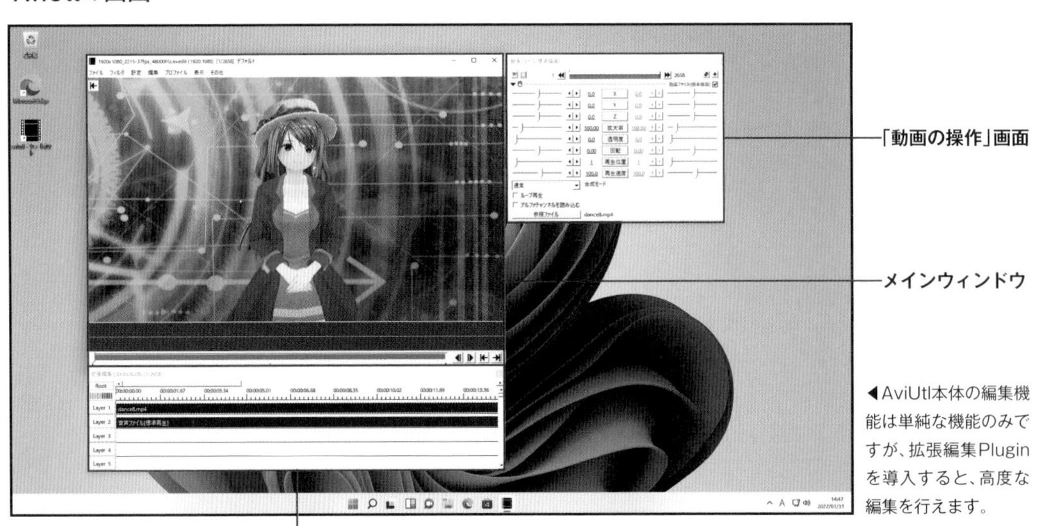

◀AviUtl本体の編集機能は単純な機能のみですが、拡張編集Pluginを導入すると、高度な編集を行えます。

AviUtlの機能を知る

AviUtlは、プラグインによって柔軟に機能を拡張できる点が特長です。AviUtlは、プラグインを導入することで真価を発揮し、多機能な動画編集ソフトとして利用できます。

AviUtl の機能

AviUtl の本体プログラムに搭載されている機能は単純な機能に留められており、決して多くありません。しかし、AviUtl は機能を追加することで、さまざまな形式の動画の編集や出力が行えるようになるほか、市販の動画編集ソフト顔負けの自由度が高く、高度な編集機能も利用できるようになります。

多彩な編集機能

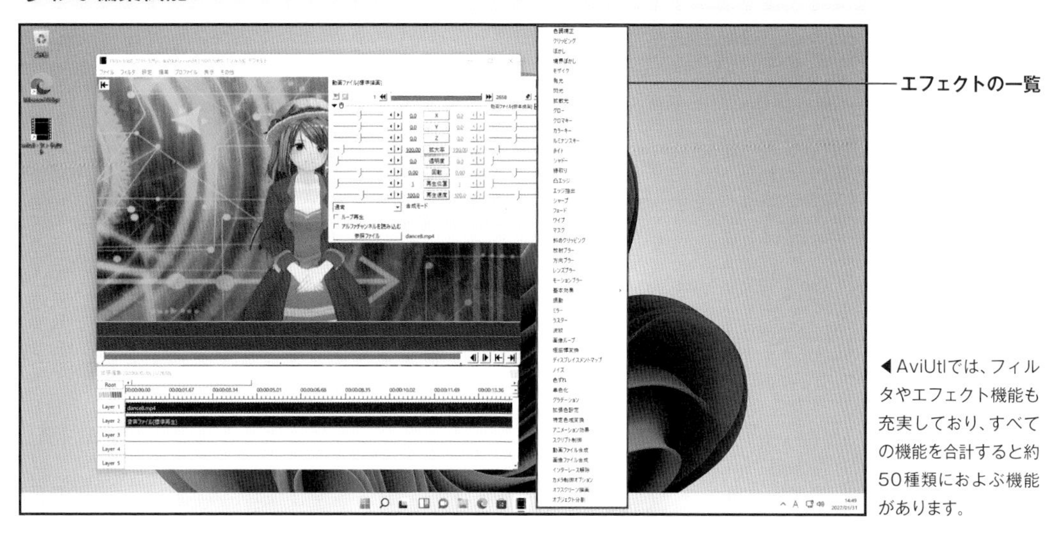

◀AviUtlでは、フィルタやエフェクト機能も充実しており、すべての機能を合計すると約50種類におよぶ機能があります。

多彩な動画の読み込み／出力に対応

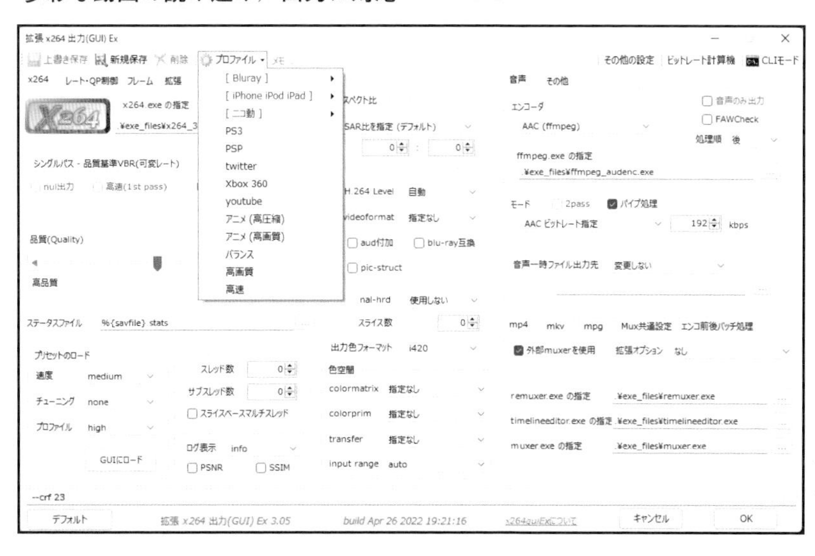

◀動画の読み込みには入力プラグイン、編集済み動画の出力には出力プラグインを導入することでさまざまな形式の動画の読み込み／出力ができます。画面は出力プラグインの出力設定画面。

AviUtlをインストールするには

AviUtlは、作者の運営するWebサイトで無料配布されています。AviUtlのインストールは、ここからプログラムをダウンロードし、すべて手作業でインストールを行います。

AviUtl のインストール概要

AviUtl は、パソコンにプログラムを手軽にインストールするインストーラーと呼ばれる機能を備えていません。このため、AviUtl をインスト　ルするには、プログラム本体を作者の Web サイトからダウンロードし、インストール先フォルダーの作成やファイルのコピーなどを手作業で行う必要があります。

AviUtlのインストールの流れ

AviUtl のインストール先フォルダーの作成

・AviUtl のプログラムをインストールするフォルダーをエクスプローラーで作成する

AviUtl のダウンロードとファイルの展開

・AviUtl のプログラムを作　の Web サイトからダウンロード
・ダウンロードしたファイルを展開する

AviUtl のインストール

・展開したファイルを AviUtl のインストール用フォルダーにエクスプローラーでコピーする

AviUtl の起動用ショートカットの作成

・AviUtl の起動に利用するショートカットをデスクトップに作成する

AviUtl の環境設定

・AviUtl を起動し、環境設定を行う

▲インストーラーを備えていないAviUtlのインストールでは、インストールの作業すべてを手作業で行う必要があります。

インストールフォルダーを作成する

AviUtlをインストールするための最初の作業が、AviUtlのインストールフォルダーの作成です。インストールフォルダーの作成は、エクスプローラーなどを用いて行います。

インストールフォルダーを作成する

AviUtl をインストールするフォルダーの作成場所やフォルダー名に決まりごとはありませんが、お勧めは、C ドライブの直下にインストールフォルダー(「aviutl」フォルダー)を作成することです。ここでは、その方法を一例として紹介します。

1 フォルダーを作成する

をクリックしてエクスプローラーを起動します1。[PC] をクリックし2、[ローカルディスク] をクリックして3、[新規作成] 4→ [フォルダー] 5の順にクリックします (Windows 10 の場合は、[ホーム] → [新しいフォルダー] の順にクリック)。

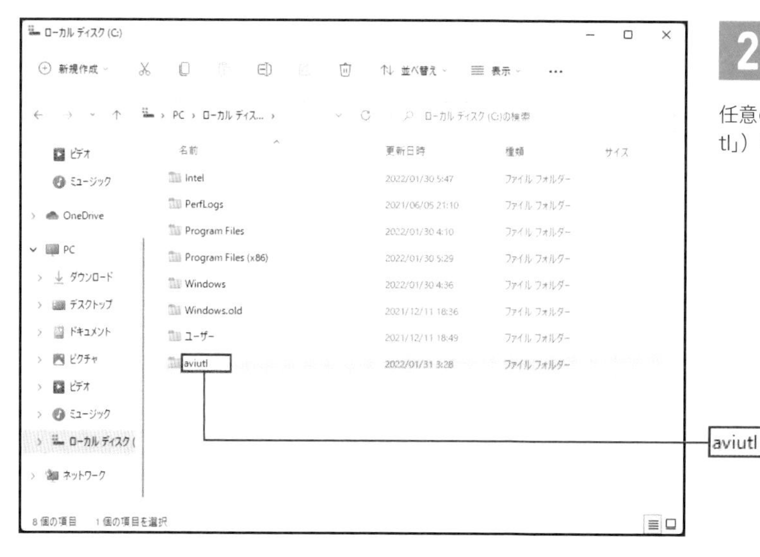

2 フォルダー名を入力する

任意のフォルダー名 (ここでは「aviutl」) を入力し、Enterキーを押します。

05 AviUtlをダウンロードする

AviUtlのインストールフォルダーを作成したら、Webブラウザーを使用して作者の運営するWebサイトからAvitilのプログラムをダウンロードし、インストールの準備を行います。

AviUtl のダウンロードとインストール準備を行う

AviUtl のダウンロードは、作者の運営する Web サイト(http://spring-fragrance.mints.ne.jp/aviutl/)から行えます。プロクフムは、ZIP 形式で圧縮されて配布されています。ダウンロードが完了したらインストールの作業に備えて、ダウンロードしたファイルを展開しておきます。

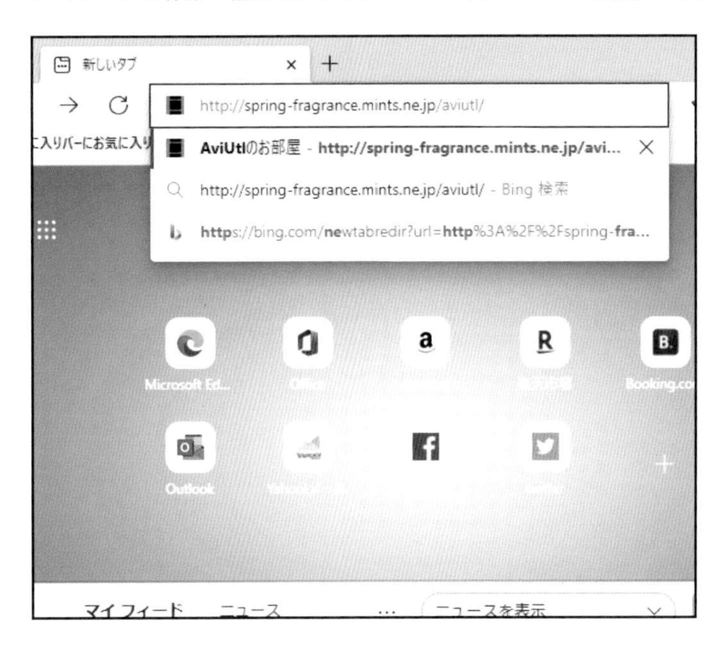

1 AviUtlのダウンロードページを表示する

Web ブラウザー(ここでは「Microsoft Edge」)を起動して、ダウンロードページ(http://spring-fragrance.mints.ne.jp/aviutl/)の URL を入力し、Enterキーを押します。

2 AviUtlをダウンロードする

画面をスクロールして1、[aviutl110.zip] をクリックします2。広告が表示された場合は、広告の右上の×をクリックすると、ファイルがダウンロードされます。

3 ダウンロードフォルダーを開く

AviUtl のダウンロードが完了したら、ダウンロードしたファイルの をクリックしてダウンロード先のフォルダーを開きます。

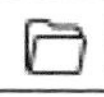

4 圧縮フォルダーのツールを起動する

ダウンロードしたファイル（ここでは［aviutl110］）が選択された状態でエクスプローラーが開きます。［すべて展開］をクリックします（Windows 10の場合は、［圧縮フォルダーツール］→［すべて展開］の順にクリック）。

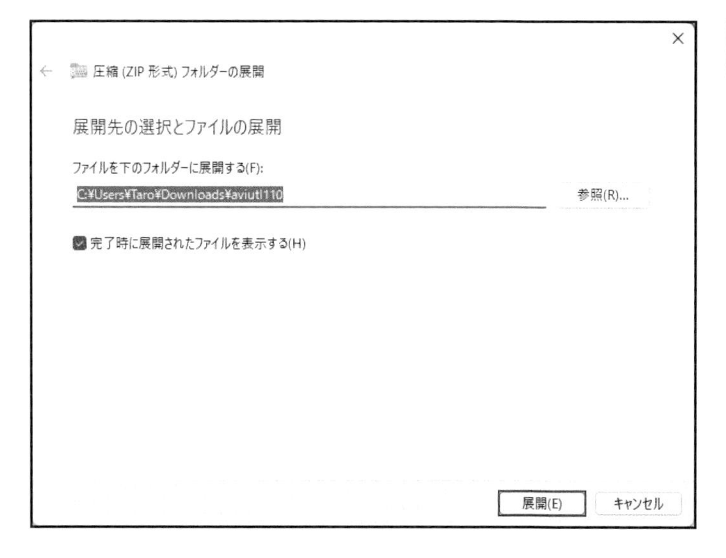

5 ファイルを展開する

［展開］をクリックします。圧縮ファイルが展開されて、内容がエクスプローラーで表示されます。SECTION 06 に進んで AviUtl をインストールしてください。

06 AviUtlをインストールする

AviUtlのダウンロードとダウンロードしたファイルの展開が完了したら、AviUtlのプログラムファイルをあらかじめ用意しておいたフォルダーにインストールします。

AviUtl をインストールする

AviUtl のインストールは、AviUtl のファイルをあらかじめ用意しておいたフォルダー内にコピーまたは移動することで完了です。エクスプローラーを利用して、展開済みの AviUtl のプログラムファイルをインストールフォルダー（ここでは P.017 で作成した［aviutl］フォルダー）にコピー／移動します。

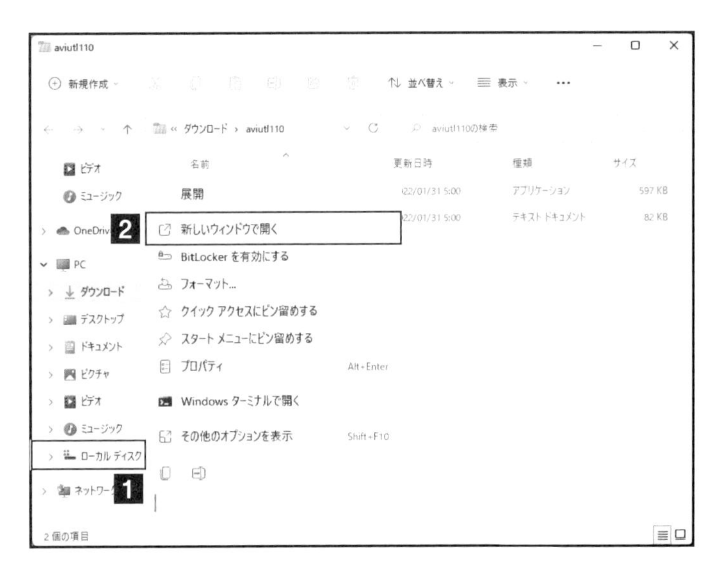

1 インストールフォルダーを開く

P.019 で展開済みの AviUtl のファイルが収められたフォルダーをエクスプローラーで開き、インストールフォルダーがあるドライブまたはフォルダー（ここでは［ローカルディスク (C：)］）を右クリックし 1、［新しいウィンドウで開く］をクリックします 2。

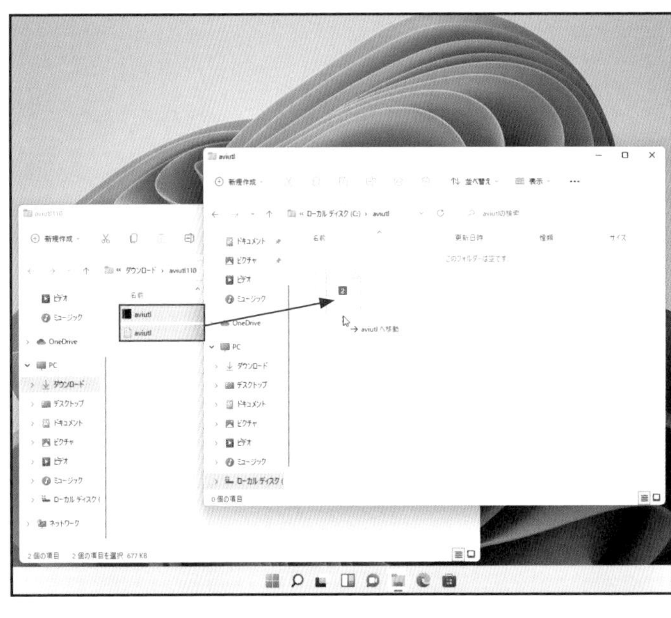

2 ファイルをコピーまたは移動する

新しいウィンドウでインストールフォルダーを開いたら、そのフォルダーに展開済みの AviUtl のファイルをすべてドラッグ＆ドロップします。

07 ショートカットを作成する

AviUtlは、手動インストールを行うためスタートメニューに起動用のボタンが自動追加されません。そのため、デスクトップにAviUtlの起動用ショートカットを作成しておくのがお勧めです。

AviUtlの起動用ショートカットを作成する

AviUtlの起動用ショートカットは、インストールフォルダーにコピーまたは移動した［aviutl］のプログラムファイルをAltキーを推しながら、デスクトップにドラッグ＆ドロップすることで作成できます。デスクトップにAviUtlの起動用ショートカットを作成してくと、すばやくAviUtlを起動できます。

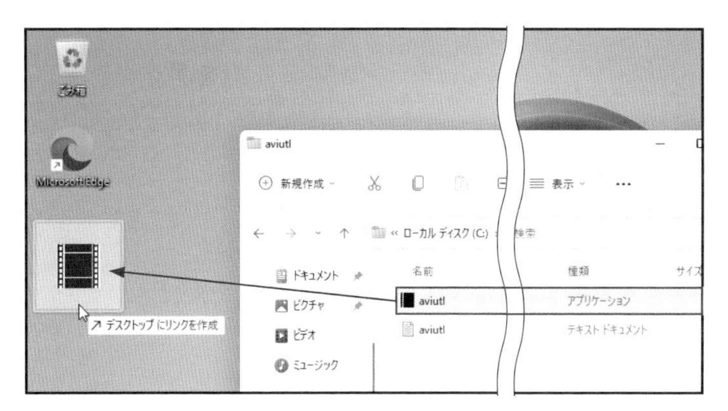

1 Altキーを推しながらドラッグ&ドロップする

AviUtlをインストールしたフォルダーを開き、AviUtlのプログラムファイル［aviutl］をAltキーを押しながら、デスクトップにドラッグ＆ドロップします。

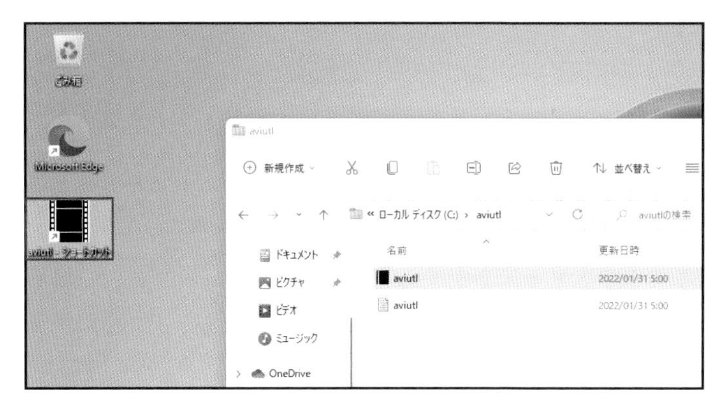

2 ショートカットが作成される

デスクトップにAviUtlの起動用のショートカットが作成されます。

POINT

AviUtlのプログラムファイルは、「種類」に「アプリケーション」と書かれたファイルです。種類に「テキストドキュメント」と書かれたファイルと間違えないようにしてください。

名前	更新日時	種類	サイズ
aviutl	2022/01/31 5:00	アプリケーション	597 KB
aviutl	2022/01/31 5:00	テキスト ドキュメント	82 KB

08 起動／終了する

AviUtlのインストールが完了したら、実際に起動してみましょう。AviUtlの起動は、インストールフォルダー内のAviUtlのプログラムファイルまたは起動用のショートカットをダブルクリックします。

起動／終了する

P.021でデスクトップに起動用ショートカットを作成したときは、それをダブルクリックするとAviUtlを起動できます。また、AviUtlを終了したいときは、[ファイル] → [終了] とクリックするか、画面右上にある×をクリックします。

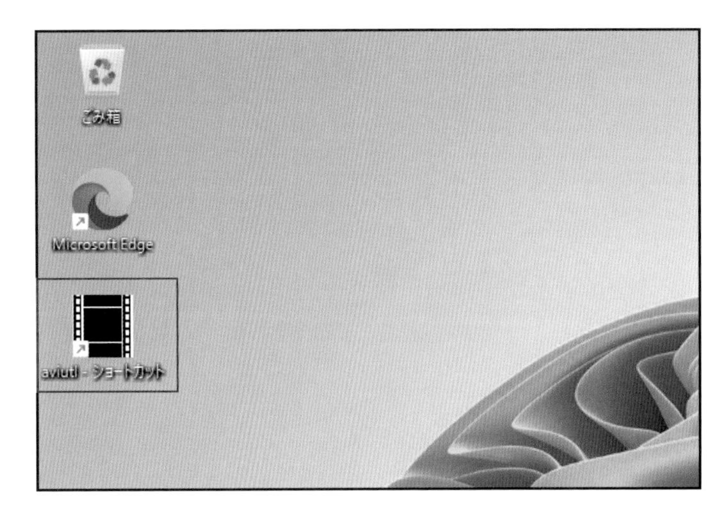

1 AviUtlを起動する

デスクトップのAviUtl起動用のショートカットをダブルクリックします。

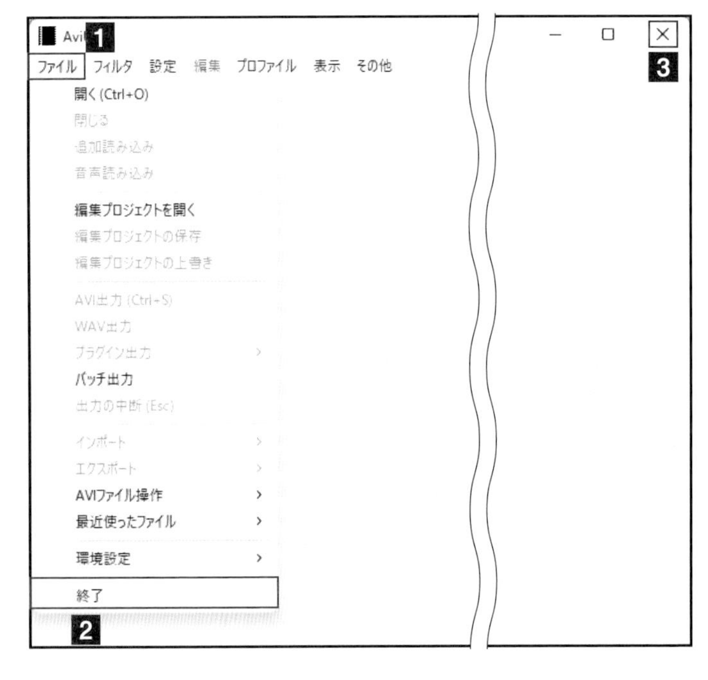

2 AviUtlを終了する

AviUtlが起動します。[ファイル] をクリックし1、[終了] をクリックするか2、画面右上の×をクリックすると3、AviUtlが終了します。

環境設定を行う

AviUtlの動作に関する各種初期設定は、「システムの設定」画面で行います。また、「システムの設定」画面で各種設定の変更を行った場合は、AviUtlを再起動すると設定が反映されます。

「システムの設定」画面を表示する

「システムの設定」画面は、AviUtl を起動し、[ファイル] をクリックして [環境設定] → [システムの設定] とクリックすることで表示されます。通常、初期設定のまま使用しても問題ないようになっています。必要に応じて設定の変更を行ってください。

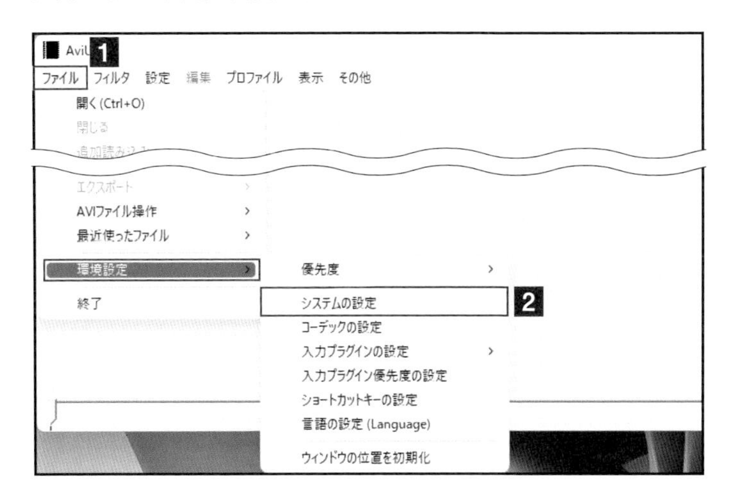

1 「システムの設定」画面を表示する

AviUtl を起動し、[ファイル] をクリックし1、[環境設定] → [システムの設定] とクリックします2。

システムの設定
最大画像サイズ 幅 1920 高さ 1080
最大フレーム数 320000
キャッシュサイズ 256 MByte
リサイズ設定の解像度リスト 1920x1080,1280x720,640x480,352x240,320x240
☑ プラグインとコーデックの情報をキャッシュする
☑ プロファイルに圧縮の設定を保持する
☑ フレーム番号の表示を1からにする
☑ フレーム移動時にSHIFTキーを押している時は範囲選択移動にする
☐ 再生ウィンドウの動画再生をメインウィンドウに表示する
☐ YUY2フィルタモード (プラグインフィルタが使えなくなります)
※上記の設定はAviUtlの再起動後に有効になります
任意フレーム数移動 A 5 B 30 C 899 D 8991
読み込み時のfps変換リスト *,30000/1001,24000/1001,60000/1001,60,50,30,25,24,:
デフォルトの出力ファイル名 %p 参照
出力終了時のサウンド 参照
画像処理のスレッド数(0=自動設定) 0 ☐ 個別のCPUを割り当てる
出力時のファイル書き込み単位 4096 KByte
☑ SSEを使用 ☑ SSE2を使用
☑ aviutl.vfpをVFPlugin登録
☑ [開く]でプロジェクトファイルを指定した時はプロジェクトとして開く
☐ YUY2変換時にY:16-235,UV:16-240の範囲に飽和
☐ 編集のレジューム機能を有効
☐ ファイル選択ダイアログで上書き確認をしない
☐ ファイルのドラッグ＆ドロップ時にファイル選択ダイアログを表示する
☑ ファイルのドラッグ＆ドロップ時にウィンドウをアクティブにする
☐ 編集ファイルが閉じられる時に確認ダイアログを表示する
☐ 追加読み込みしたファイルのfpsを変換しない
☐ ロード時にプロファイルを一時プロファイルに複製して使用する
☐ ロード時に29.97fpsに近いものは自動的に29.97fpsに変換する
☐ ロード時に映像と音声の長さが0.1秒以上ずれているものは自動的にfps調整する
☐ 編集プロジェクトロード時に現在のプロファイルの設定を反映させる
☐ 関連ウィンドウ同士を移動時にスナップする
☑ トラックバーでクリックした位置に直接移動する
OK キャンセル

2 「システムの設定」画面を表示される

「システムの設定」画面が表示されます。設定の変更を行った場合は、AviUtl を終了し、再度起動すると、設定が反映されます。

POINT

「システムの設定」画面で行った設定が反映されないときは、AviUtl を管理者権限で起動して設定を行ってください。管理者権限で AviUtl を起動するには、AviUtl の起動用ショートカットを右クリックし、[管理者として実行] をクリックします。

10 プラグインを利用する

AviUtlを快適に利用するには、プラグインのインストールが欠かせません。プラグインは、AviUtlにもともと備わっていた機能を拡張したり、新しい機能を追加する専用のソフトです。

プラグインとは？

AviUtl の本体プログラム（メインウィンドウ）は、読み込みに対応している動画の形式も少なく、搭載されている動画編集機能も多くありません。しかし、プラグインを導入することで、機能を追加・拡張し、市販の動画編集ソフトと遜色ない高度な編集機能を実現できます。AviUtl で利用できるプラグインは、AviUtl 同様に無料で配布されており、以下のようなプラグインが有名です。

入力／出力プラグイン

動画の読み込みに利用されるのが入力プラグインです。入力プラグインは、AviUtl に読み込める動画やオーディオファイルの形式や種類を拡張します。また、出力プラグインは、AviUtl で編集した動画をファイルとして保存するためのプラグインです。出力プラグインを導入することで、AviUtl で編集した動画を Blu-rayDisc で利用できる形式や YouTube 用、ニコニコ動画用などの形式でかんたんに保存できます。入力プラグインは「L-SMASH Works」（P.026 参照）、出力プラグインは「x264guiEx」（P.028 参照）が AviUtl でもっとも一般的に利用されています。

入力プラグイン「L-SMASH Works」

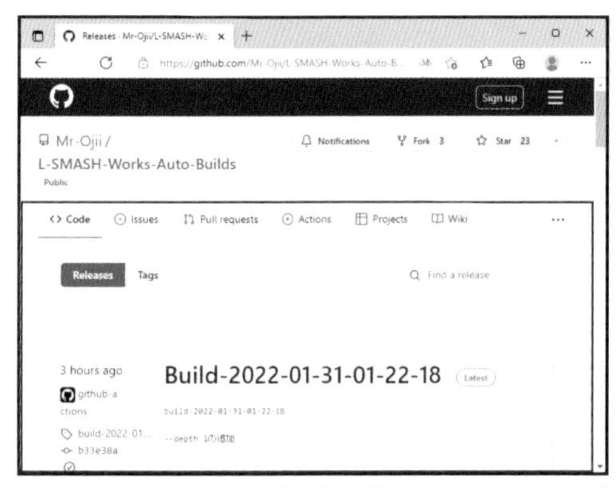

▲無償配布されている入力プラグイン「L-SMASH Works」のダウンロードページ。

出力プラグイン「x264guiEx」

▲無償配布されている出力プラグイン「x264guiEx」のダウンロードページ。

拡張編集Plugin

拡張編集 Plugin は、AviUtl の動画編集機能を拡張するプラグインです。拡張編集 Plugin を導入することで、AviUtl は、市販の動画編集ソフト並に高度な編集を行えます（P.078 参照）。

11 プラグインのインストールフォルダーを作成する

AviUtlの機能を拡張したり、新しい機能を追加するプラグインは、プラグイン専用のインストールフォルダーを事前に作成しておき、そこにインストールする必要があります。

「Plugins」フォルダーを作成する

AviUtl で利用するプラグインは、通常、AviUtl のイントールフォルダー内に用意された「Plugins」フォルダーにインストールする必要があります。「Plugins」フォルダーは、自動作成されません。プラグインのインストール前にユーザーが手動で作成しておく必要があります。

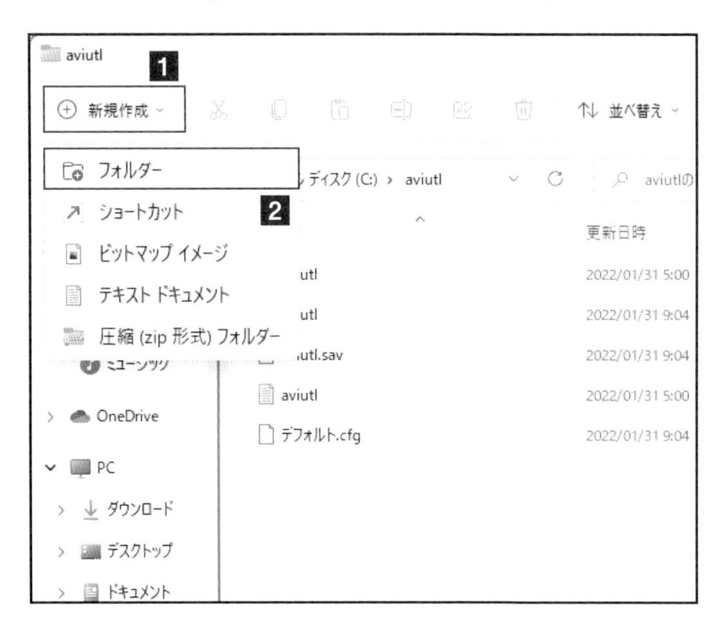

1 フォルダーを作成する

エクスプローラーを起動し、AviUtlのイントールフォルダーを開きます。[新規作成] をクリックし1、[フォルダー] 2をクリックします (Windows 10 の場合は、[ホーム] → [新しいフォルダー] の順にクリック)。

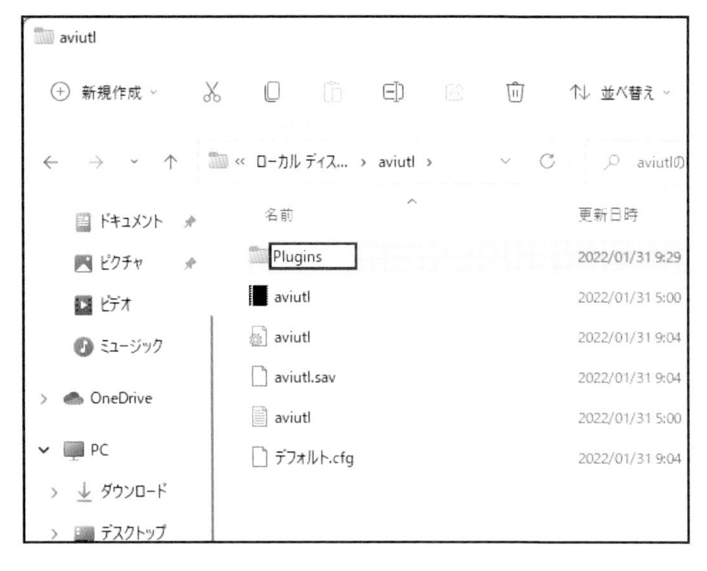

2 フォルダー名に「Plugins」と入力する

フォルダー名に「Plugins」と入力し、Enterキーを押します。

CHECK!

フォルダー名の「Plugins」は、必ず半角文字で入力してください。またフォルダー名は、半角文字であれば大文字/小文字は問いません。

12 入力プラグイン「L-SMASH Works」をダウンロードする

「L-SMASH Works」は、入力プラグインを呼ばれているプラグインです。現在利用されているほとんどの動画／オーディオファイルをAviUtlで読み込み、編集できます。

▶「L-SMASH Works」をダウンロードする

AviUtlの入力プラグイン「L-SMASH Works」は、無償のソフトウェアで複数の作成者が公開しています。ここでは、そのうちのMr-Ojii版と呼ばれる「L-SMASH Works」のダウンロード方法を紹介します。「L-SMASH Works」は、ZIP形式で圧縮されて配布されています。ダウンロードが完了したら、P.019の手順を参考にダウンロードしたファイルを展開してください。

1 ダウンロードページを表示する

Webブラウザー（ここでは「Microsoft Edge」）を起動し、ダウンロードページのURL（https://github.com/Mr-Ojii/L-SMASH-Works-Auto-Builds/releases）を入力し、Enterキーを押します。

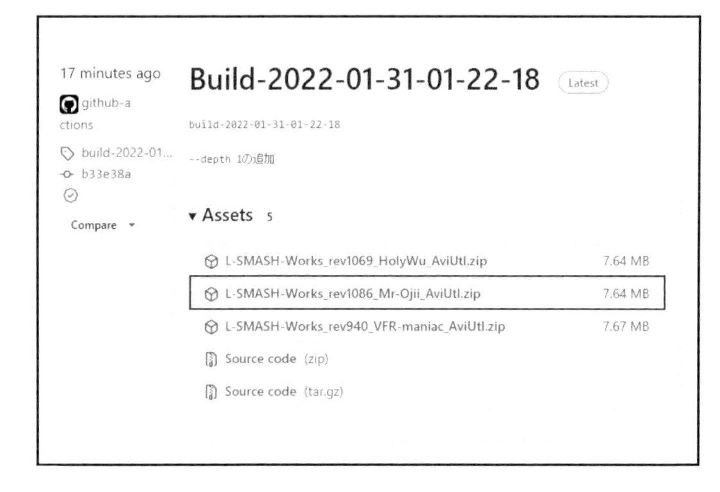

2 「L-SMASH Works」をダウンロードする

[L-SMASH-Works_revXXXX（XXXXは数字、ここでは「1086」）_Mr-Ojii_AviUtl.zip] をクリックしてファイルをダウンロードします。ダウンロードが完了したら、P.019の手順を参考にファイルを展開します。

POINT

「L-SMASH Works」は、別のサイト（https://pop.4-bit.jp/?page_id=7929）からもダウンロードできます。このサイトからダウンロードするときは、「L-SMASH Works r940 release1」と記載されたファイルをダウンロードします（本稿執筆時点）。

SECTION 13 入力プラグイン「L-SMASH Works」をインストールする

「L-SMASH Works」のダウンロードとダウンロードしたファイルの展開が完了したら、「L-SMASH Works」のプログラムファイルを「Plugins」フォルダーにインストールします。

「L-SMASH Works」をインストールする

「L-SMASH Works」のインストールは、AviUtlのインストールフォルダー内に用意した「Plugins」フォルダーにファイルをコピーまたは移動することで行います。「Plugins」フォルダーにコピーまたは移動するファイルは、「lwcolor.auc」「lwdumper.auf」「lwinput.aui」「lwmuxer.auf」の4つです。

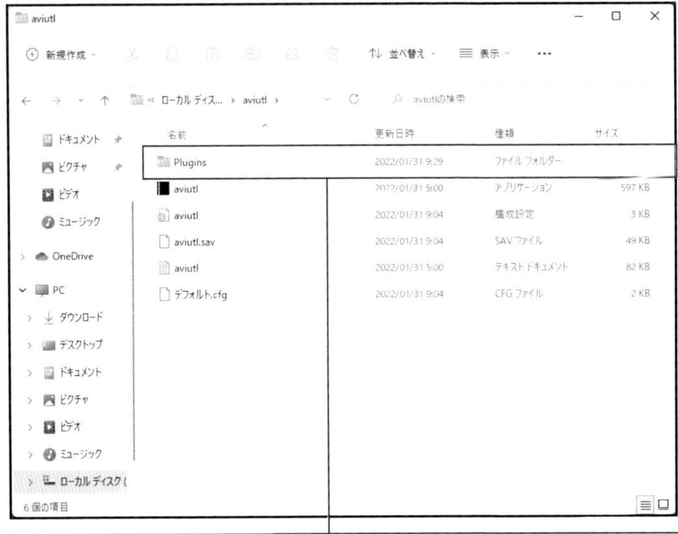

1 インストールフォルダーを開く

AviUtlのファイルが収められたフォルダーをエクスプローラーで開き、[Plugins] をダブルクリックして開きます。

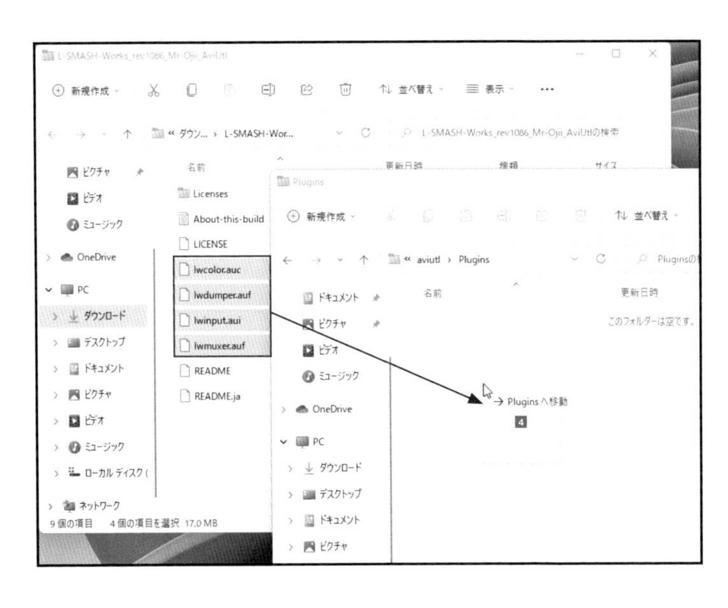

2 ファイルをコピーまたは移動する

「lwcolor.auc」「lwdumper.auf」「lwinput.aui」「lwmuxer.auf」の4つのファイルを「L-SMASH Works」の展開先フォルダーから「Plugins」フォルダーにドラッグ＆ドロップします。これで「L-SMASH Works」のインストールは完了です。

14 出力プラグイン「x264guiEx」をダウンロードする

「x264guiEx」は、出力プラグインを呼ばれているプラグインです。このプラグインを導入すると、AviUtlでH.264(MPEG-4 AVC)の動画を出力できます。

「x264guiEx」をダウンロードする

H.264(MPEG-4 AVC)は、現在主流の映像圧縮技術です。「x264guiEx」を利用すると、映像圧縮技術に「H.264(MPEG-4 AVC)」を採用したMP4形式の動画ファイルを出力できます。「x264guiEx」は、専用の配布サイト(https://github.com/rigaya/x264guiEx/releases)からダウンロードできます。「x264guiEx」のプログラムは、ZIP形式で圧縮されて配布されています。ダウンロードが完了したらインストールの作業に備えて、ダウンロードしたファイルを展開しておきます。

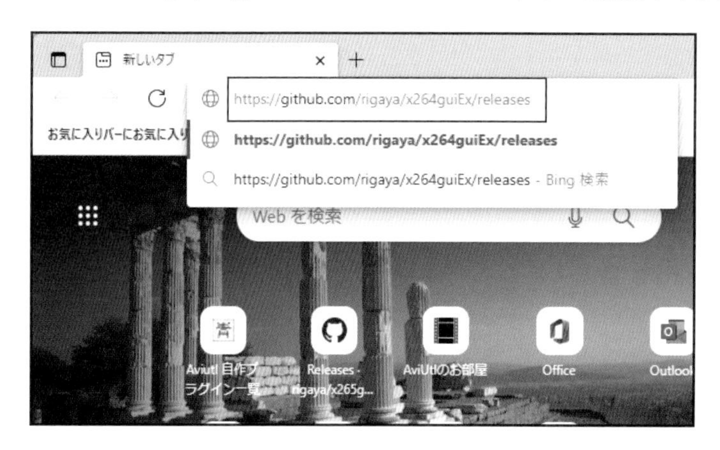

1 ダウンロードページを表示する

Webブラウザー(ここでは「Microsoft Edge」)を起動してダウンロードページ(https://github.com/rigaya/x264guiEx/releases)を開きます。

2 「x264guiEx」をダウンロードする

最新版の「x264guiEx」(原稿執筆時点では[x264guiEx_3.05.zip])をクリックして、ファイルをダウンロードします。ダウンロードが完了したら、P.019の手順を参考にファイルを展開します。

15 出力プラグイン「x264guiEx」をインストールする

「x264guiEx」のダウンロードとダウンロードしたファイルの展開が完了したら、「x264guiEx」のプログラムファイルをAviUtlをインストールしたフォルダーにコピーします。

「x264guiEx」をインストールする

「x264guiEx」のインストールは、ダウンロードしたファイルを展開すると表示される「exe_files」フォルダーと「plugins」フォルダーの2つのフォルダーをAviUtlのインストールフォルダーにコピーまたは移動することで行います。なお、フォルダーのコピーまたは移動を行った場合に、「ファイルの置き換えまたはスキップ」ダイアログが表示されたときは、[ファイルを置き換える] をクリックして、ファイルの上書きを行ってください。

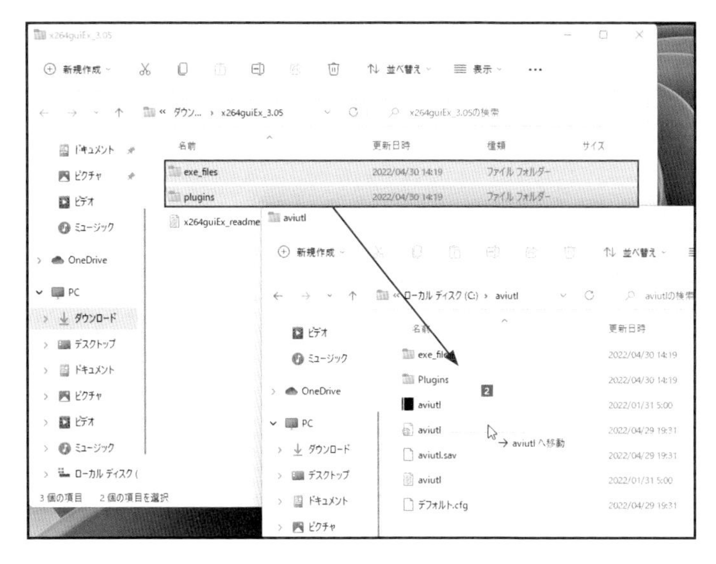

1 インストールフォルダーを開く

AviUtlをインストールしたフォルダーをエクスプローラーで開きます。「x264guiEx」を展開したフォルダー内にある「exe_files」フォルダーと「plugins」フォルダーをAviUtlをインストールしたフォルダーにドラッグ＆ドロップします。

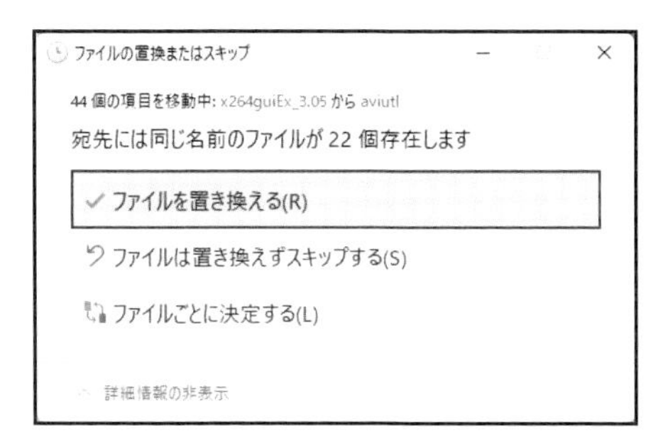

2 必要に応じてファイルを置き換える

「ファイルの置き換えまたはスキップ」ダイアログが表示されたときは、[ファイルを置き換える] をクリックして、ファイルの上書きします。これで「x264guiEx」のインストールは完了です。AviUtlを起動します。

POINT

利用しているパソコンによっては、「x264guiEx」のインストール後にはじめてAviUtlを起動したときに、ウィンドウが表示され必要なモジュールのインストールが行われる場合があります。そのときは、画面の指示に従って操作を行ってください。

16 最大画像サイズを変更する

最大画像サイズは、AviUtlで編集できる動画の最大解像度の設定です。AviUtlの初期設定では、フルHD画質が設定されており、4K動画を編集したいときはこの設定を変更する必要があります。

最大画像サイズを変更する

AviUtlは、最大画像サイズで設定されている解像度を超える動画の登録や編集を行えません。初期設定では、フルHD(「幅:1920」「高さ:1080」)が設定されていますが、これを超える解像度の動画を編集したいときは、設定を変更してください。また、編集したい動画の解像度と最大画像サイズが同じ場合、一部のエフェクトは、すべての効果を表示しきれない場合があります。このようなケースでは、編集したい動画の解像度よりも若干大きめの解像度(フルHDの場合は「幅:2176」「高さ:1224」など)を最大画像サイズに設定します。最大画像サイズは、「システムの設定」画面で行えます。

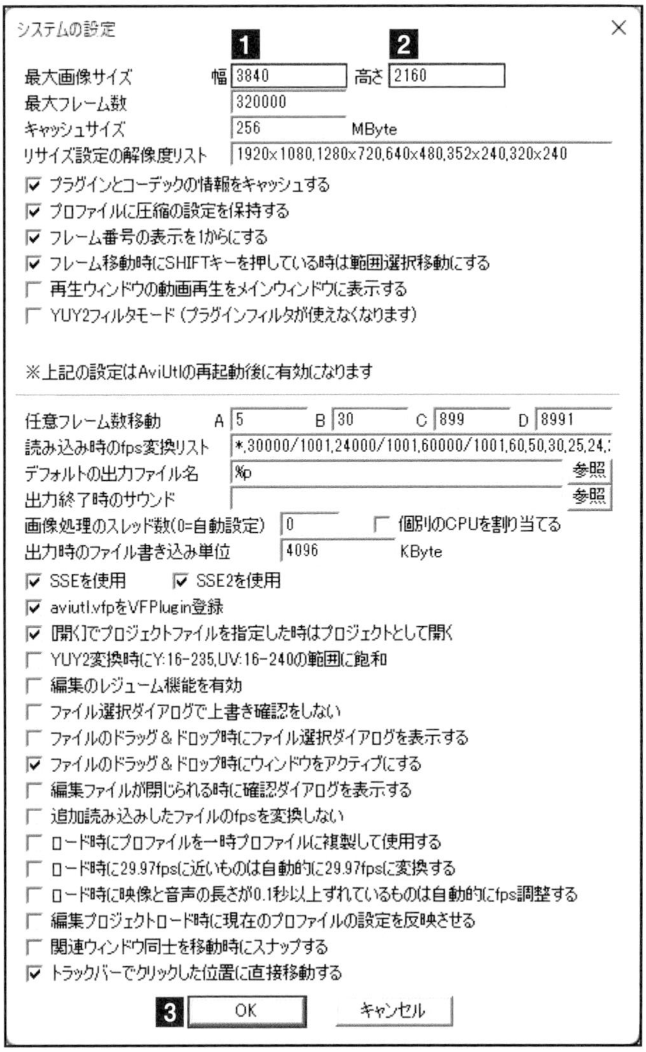

システムの設定

最大画像サイズ　1 幅 3840　2 高さ 2160
最大フレーム数 320000
キャッシュサイズ 256 MByte
リサイズ設定の解像度リスト 1920x1080,1280x720,640x480,352x240,320x240
☑ プラグインとコーデックの情報をキャッシュする
☑ プロファイルに圧縮の設定を保持する
☑ フレーム番号の表示を1からにする
☑ フレーム移動時にSHIFTキーを押している時は範囲選択移動にする
☐ 再生ウィンドウの動画再生をメインウィンドウに表示する
☐ YUY2フィルタモード(プラグインフィルタが使えなくなります)

※上記の設定はAviUtlの再起動後に有効になります

任意フレーム数移動 A 5 B 30 C 899 D 8991
読み込み時のfps変換リスト *,30000/1001,24000/1001,60000/1001,60,50,30,25,24,
デフォルトの出力ファイル名 %p 参照
出力終了時のサウンド 参照
画像処理のスレッド数(0=自動設定) 0 ☐ 個別のCPUを割り当てる
出力時のファイル書き込み単位 4096 KByte
☑ SSEを使用 ☑ SSE2を使用
☑ aviutl.vfpをVFPlugin登録
☑ [開く]でプロジェクトファイルを指定した時はプロジェクトとして開く
☐ YUY2変換時にY:16-235,UV:16-240の範囲に飽和
☐ 編集のレジューム機能を有効
☐ ファイル選択ダイアログで上書き確認をしない
☐ ファイルのドラッグ&ドロップ時にファイル選択ダイアログを表示する
☑ ファイルのドラッグ&ドロップ時にウィンドウをアクティブにする
☐ 編集ファイルが閉じられる時に確認ダイアログを表示する
☐ 追加読み込みしたファイルのfpsを変換しない
☐ ロード時にプロファイルを一時プロファイルに複製して使用する
☐ ロード時に29.97fpsに近いものは自動的に29.97fpsに変換する
☐ ロード時に映像と音声の長さが0.1秒以上ずれているものは自動的にfps調整する
☐ 編集プロジェクトロード時に現在のプロファイルの設定を反映させる
☐ 関連ウィンドウ同士を移動時にスナップする
☑ トラックバーでクリックした位置に直接移動する
3 OK　キャンセル

1 最大画像サイズを設定する

P.023を参考に「システムの設定」画面を表示し、最大画像サイズの「幅(ここでは「3840」)」1と「高さ(ここでは「2160」)」2を入力し、[OK]をクリックします3。AviUtlを再起動し、設定を反映させます。

POINT

上の例では、4K動画の解像度を設定しています。4K動画の解像度には、「幅:4096」「縦:2304」もあります。8K動画の場合は、「幅:7680」「縦:4320」を設定します。

17 リサイズ設定の解像度リストを変更する

リサイズ設定の解像度リストは、AviUtlに読み込んだ動画の解像度を変更するときに利用する、メニューリストの一覧です。この設定は、「システムの設定」画面で変更できます。

▶ リサイズ設定の解像度リストを設定する

リサイズ設定の解像度リストは、［設定］→［サイズの変更］とクリックしたときに表示される解像度リストです。初期値では、「1920x1080」「1280x720」「640x480」「352x240」「320x240」が設定されています。これ以外の解像度を追加したり、初期値で表示される解像度を非表示にしたいときは、「システムの設定」画面で設定を変更します。

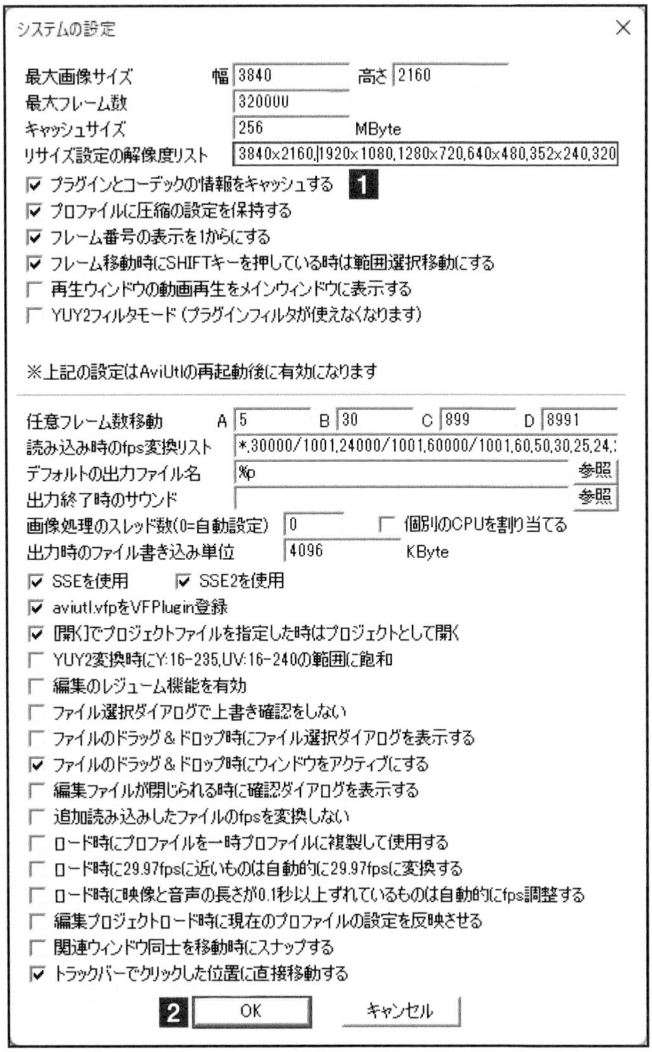

システムの設定
最大画像サイズ　幅 3840　高さ 2160
最大フレーム数 320000
キャッシュサイズ 256 MByte
リサイズ設定の解像度リスト 3840x2160,1920x1080,1280x720,640x480,352x240,320
☑ プラグインとコーデックの情報をキャッシュする 1
☑ プロファイルに圧縮の設定を保持する
☑ フレーム番号の表示を1からにする
☑ フレーム移動時にSHIFTキーを押している時は範囲選択移動にする
☐ 再生ウィンドウの動画再生をメインウィンドウに表示する
☐ YUY2フィルタモード（プラグインフィルタが使えなくなります）
※上記の設定はAviUtlの再起動後に有効になります
任意フレーム数移動 A 5 B 30 C 899 D 8991
読み込み時のfps変換リスト *,30000/1001,24000/1001,60000/1001,60,50,30,25,24,
デフォルトの出力ファイル名 %p 参照
出力終了時のサウンド 参照
画像処理のスレッド数(0=自動設定) 0 ☐ 個別のCPUを割り当てる
出力時のファイル書き込み単位 4096 KByte
☑ SSEを使用 ☑ SSE2を使用
☑ aviutl.vfpをVFPlugin登録
☑ [開く]でプロジェクトファイルを指定した時はプロジェクトとして開く
☐ YUY2変換時にY:16-235,UV:16-240の範囲に飽和
☐ 編集のレジューム機能を有効
☐ ファイル選択ダイアログで上書き確認をしない
☐ ファイルのドラッグ＆ドロップ時にファイル選択ダイアログを表示する
☑ ファイルのドラッグ＆ドロップ時にウィンドウをアクティブにする
☐ 編集ファイルが閉じられる時に確認ダイアログを表示する
☐ 追加読み込みしたファイルのfpsを変換しない
☐ ロード時にプロファイルを一時プロファイルに複製して使用する
☐ ロード時に29.97fpsに近いものは自動的に29.97fpsに変換する
☐ ロード時に映像と音声の長さが0.1秒以上ずれているものは自動的にfps調整する
☐ 編集プロジェクトロード時に現在のプロファイルの設定を反映させる
☐ 関連ウィンドウ同士を移動時にスナップする
☑ トラックバーでクリックした位置に直接移動する
2 OK キャンセル

1 解像度リストを編集する

P.023を参考に「システムの設定」画面を表示し、「リサイズ設定の解像度リスト」に追加したい解像度（ここでは先頭に「3840x2160,」）を入力し1、［OK］をクリックします2。AviUtlを再起動し、設定を反映させます。

POINT

初期値で設定されている解像度を非表示にしたいときは、「リサイズ設定の解像度リスト」に入力されている解像度の中から目的の解像度を削除します。

フィルタの適用順を変更する

AviUtlは、読み込んだ動画に対して、事前に選択しておいたフィルタを自動的に適用する機能を備えています。また、フィルタを適用する順番は、必要に応じて任意の順番に変更できます。

フィルタの適用順を変更する

AviUtlに搭載されている各種フィルタは、「フィルタの順序」画面のリストの上から順番に適用されます。このため、フィルタの適用順によっては、有効にしたフィルタが適用されないケースが発生する場合があります。フィルタの適用順は、用途によっても異なるため正解はありません。上から順に適用されるというルールを理解した上で、必要に応じて変更してください。フィルタの適用順は、「フィルタの順序」画面で行います。

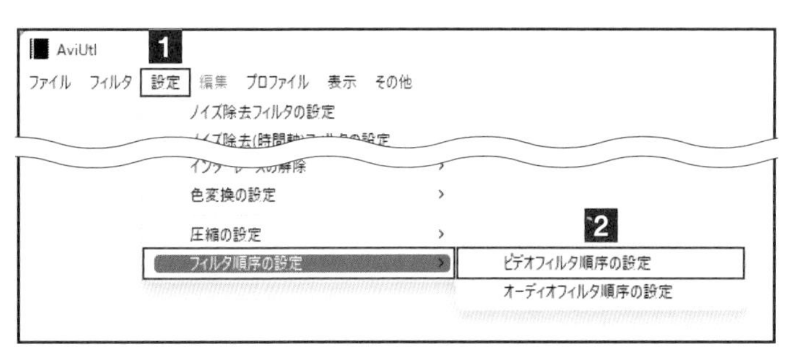

1 「フィルタの順序」画面を表示する

［設定］をクリックし1、［フィルタの順序設定］→［ビデオフィルタ順序の設定］とクリックします2。

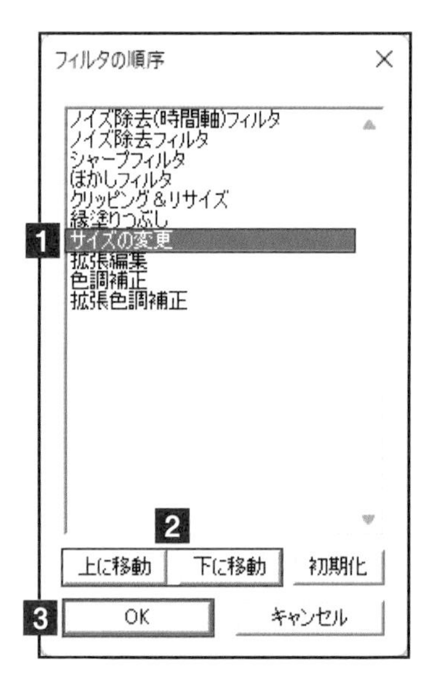

2 フィルタの適用順を変更する

「フィルタの順序」画面が表示されます。順序を変更したいフィルタ（ここでは［サイズの変更］）をクリックし1、［上に移動］または［下に移動］をクリックして選択したフィルタの順序を上または下に移動します2。設定が完了したら、［OK］をクリックします3。

POINT

手順2の画面では「拡張編集」が表示されています。「拡張編集」は、拡張編集 Plugin がインストールされていないと表示されません（P.084）。P.084以降のページでこの画面を参照するケースもあるため、ここでは拡張編集 Plugin をインストールした画面で解説しています。

メインウィンドウに時間を表示する

初期値では、動画の現在位置の情報をフレーム数でのみ表示しますが、それに加えて時間を表示することもできます。時間を表示すると、位置を時間で把握でき、編集しやすくできます。

メインウィンドウに時間を表示する

動画の現在位置を標準で表示されるフレーム数に加えて、時間でも表示したいときは、[表示] → [時間の表示] の順にクリックします。また、同じ手順を再度行うと、時間の表示をオフし、フレーム数のみに戻せます。動画の現在位置の情報は、メインウィンドウの左上に表示されます。

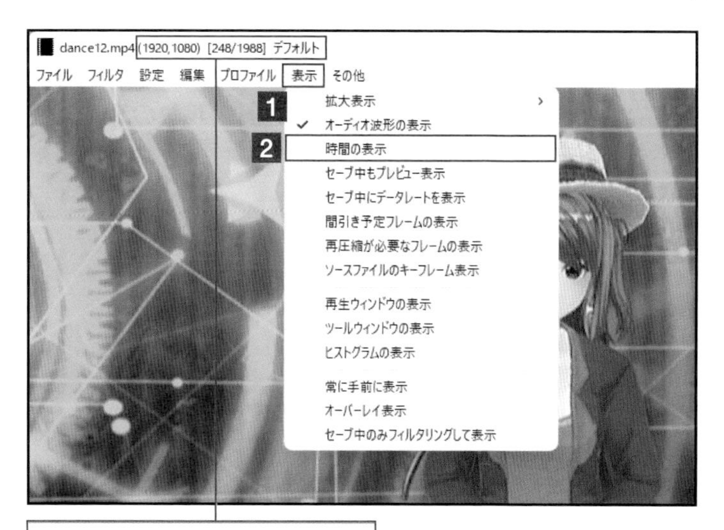

1 現在位置の時間を表示する

[表示]をクリックし1、[時間の表示]をクリックします2。

2 時間が表示される

フレーム数の右側に時間が表示されます。

20 メインウィンドウにキーフレームを表示する

AviUtlでは、メインウィンドウに現在位置のフレームがキーフレームであるかどうかの情報を表示する機能を備えており、キーフレームの表示の有無を切り替えることができます。

キーフレームを表示する

キーフレームとは、動画の起点となるフレーム（静止画）です。現在の動画ファイルは、キーフレームを起点としてそのフレームからの動きのズレ（差分）を記録した圧縮ファイルが一般的です。キーフレームの表示をオンにすると、現在のフレームがキーフレームである場合、メインウィンドウのフレーム情報の右横に「*（アスタリスク）」が表示されます。キーフレームの情報を表示し、キーフレーム単位の編集を行うと、音ズレなどが起きにくい動画を作成できます。

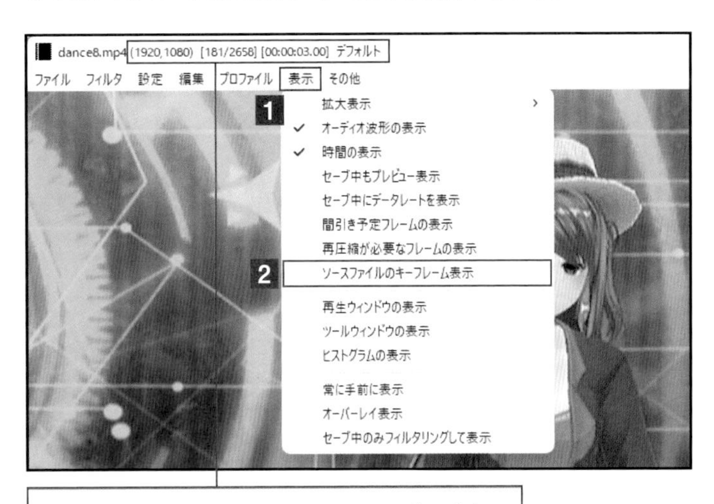

1 キーフレームを表示する

［表示］をクリックし1、［ソースファイルのキーフレーム表示］をクリックします2。

2 キーフレームの情報が表示される

現在のフレームがキーフレームである場合は、フレーム情報の右横に「*（アスタリスク）」が表示されます。

POINT

キーフレームの表示を非表示に戻したいときは、再度、［表示］→［ソースファイルのキーフレーム表示］をクリックします。

CHAPTER

▼

01

THE PERFECT GUIDE FOR AVIUTL

メインウィンドウでの編集操作

01 メインウィンドウについて知る

AviUtlを起動すると、メインウィンドウが表示されます。メインウィンドウでは、読み込んだ動画に各種フィルタを適用したり、選択フレームの削除や切り出しなどの編集作業が行えます。

メインウィンドウと拡張編集 Plugin の違い

AviUtl を利用した動画編集には、メインウィンドウを利用する方法と拡張編集 Plugin を利用する方法があります。メインウィンドウは、撮影済みの動画の中から動画編集に利用する "素材" を切り出すといった用途に向いています。一方で後者の拡張編集 Plugin は、切り出された素材(動画)をつなぎ合わせ、さまざまな特殊効果を施して１本の動画として仕上げるときに向いています。

メインウィンドウを利用した動画編集

▲メインウィンドウを利用した編集では、この画面のみで動画の編集を行います。利用できる機能は選択フレームの削除や切り出し、各種フィルタの適用など、利用できる機能は多くありません。カット編集などシンプルな編集に向いています。

02 メインウィンドウに動画を読み込む

AviUtlのメインウィンドウで動画を編集するには、動画ファイルをメインウィンドウに読み込みます。編集したい動画ファイルをメインウィンドウにドラッグ＆ドロップすると、動画が読み込まれます。

動画を読み込む

メインウィンドウへの動画の読み込みは、ドラッグ＆ドロップ以外にも、［ファイル］→［開く］をクリックすることで表示される「ファイルを開く」画面からも行えます。なお、メインウィンドウでは、複数の動画をまとめて読み込むことができません。動画を読み込んだあとに別の動画をメインウィンドウにドラッグ＆ドロップすると、先に読み込んだ動画は破棄されます。複数の動画を読み込みたいときは、P.038を参考に「追加読み込み」を行ってください。

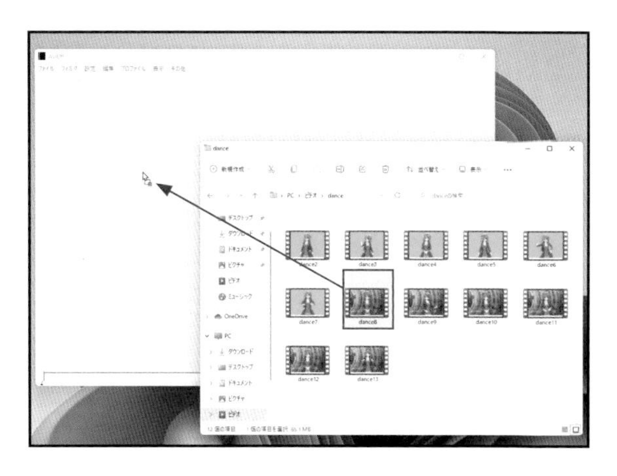

1 メインウィンドウに動画をドラッグ＆ドロップする

読み込みたい動画が収められたフォルダーをエクスプローラーで開き、動画のファイルをAviUtlのメインウィンドウにドラッグ＆ドロップします。

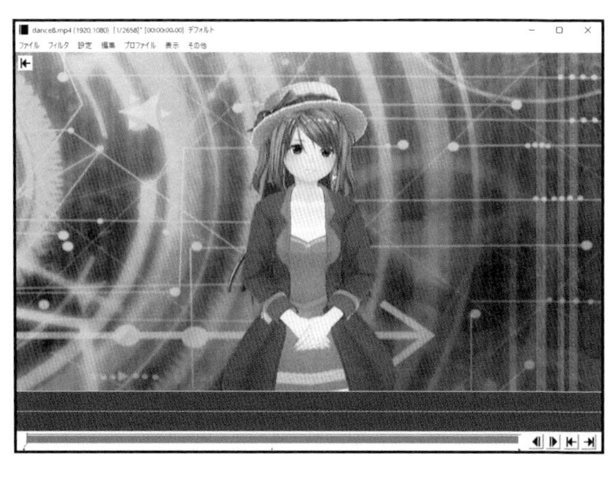

2 メインウィンドウに動画が読み込まれる

メインウィンドウに動画が読み込まれて表示されます。

POINT

「ファイルの読み込みに失敗しました」という画面が表示され、動画が読み込めないときは、入力プラグイン「L-SMASH Works」（P.027参照）をインストールしてください。「L-SMASH Works」がインストールされていれば、現在利用されているほとんどの形式の動画を読み込めます。

03 メインウィンドウに動画を追加で読み込む

メインウィンドウに複数の動画を読み込みたいときは、「追加読み込み」を行います。「追加読み込み」で読み込んだ動画は、直前に読み込んだ動画のうしろに読み込まれます。

動画を追加で読む込む

「追加読み込み」を行うと、メインウィンドウに複数の動画を読み込めます。動画の追加読み込みは、[ファイル] → [追加読み込み] とクリックして表示される「追加読み込み」画面から行います。なお、1回の操作で追加で読み込める動画は1つです。追加したい動画が複数あるときは、同じ操作を繰り返してください。また、読み込んだ動画の順番(再生順)は、変更できません。順番を変更したいときは、読み込みからやり直す必要があります。

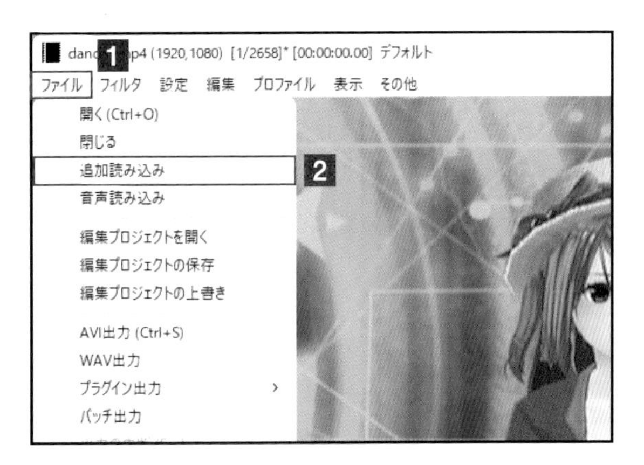

1 「追加読み込み」画面を表示する

[ファイル] をクリックし**1**、[追加読み込み] をクリックします**2**。

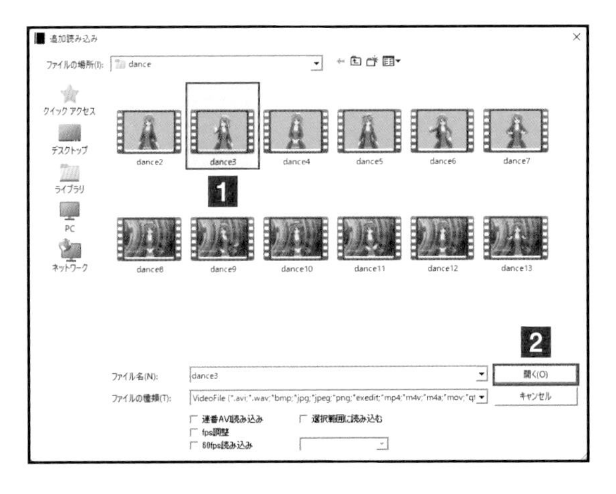

2 追加で読み込みたい動画を開く

「追加読み込み」画面が表示されます。追加で読み込みたい動画ファイル(ここでは [dance3])をクリックして選択し**1**、[開く] をクリックすると**2**、メインウィンドウに追加した動画の先頭フレームの画像が表示され、再生開始位置を示すトラックヘッド(P.042 参照)が追加した動画の先頭フレームの位置に移動します。

POINT

追加で読み込んだ動画の解像度が、最初に読み込んだ動画の解像度と異なる場合、編集済みの動画を出力するときは、最初に読み込んだ動画の解像度が適用されます。これを変更したいときは、[サイズの変更] を行います(P.058 参照)。

読み込んだ動画を閉じる

間違った動画をメインウィンドウに読み込んでしまったときなど、動画の読み込みを最初からやり直したいときは、メインウィンドウに読み込んだ動画を閉じます。

読み込んだ動画をクリアする

メインウィンドウに読み込んだすべての動画を破棄して、動画の読み込みを最初からやり直したいときは、［ファイル］→［閉じる］の順にクリックします。この操作は、編集結果を保存することなくすべての情報が破棄されるほか、警告／確認の画面なども表示されないので注意してください。

1 読み込んだ動画を閉じる

［ファイル］をクリックし1、［閉じる］をクリックします2。

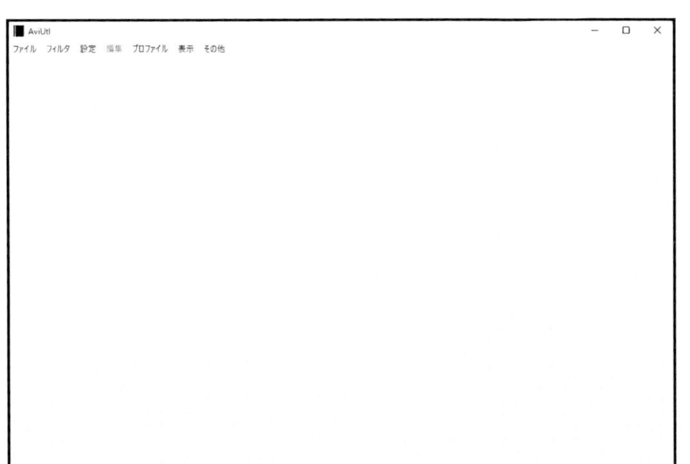

2 読み込んだ動画がクリアされる

読み込んだ動画がクリアされ、何も表示されていないメインウィンドウに戻ります。

ウィンドウサイズを変更する

AviUtlに読み込んだ動画がパソコンのディスプレイにすべて表示できないときは、拡大表示の設定を変更することで、ディスプレイ内に表示できるウィンドウサイズに変更できます。

▶ 拡大表示の設定でウィンドウサイズを調整する

AviUtlのメインウィンドウは、四隅やウィンドウの境界をドラッグすることで大きさを変更できます。しかし、この方法では、中に表示される動画をウィンドウの大きさいっぱいに表示できません。動画をウィンドウの大きさいっぱいに表示しながらウィンドウサイズを変更したいときは、[表示] → [拡大表示] とクリックするか、ウィンドウ内で右クリックしてメニューから [拡大表示] を選択し、拡大率をクリックします。

1 拡大表示の設定を変更する

ウィンドウ内で右クリックしてメニューが表示されたら**1**、[拡大表示] → [拡大率(ここでは [50%])] とクリックします**2**。

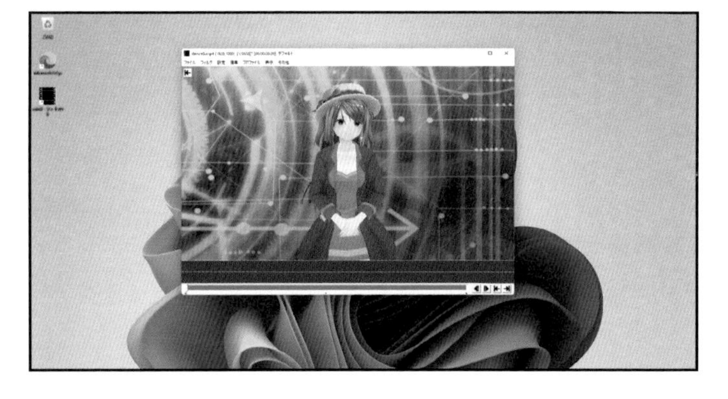

2 ウィンドウサイズが変更される

ウィンドウサイズが選択した拡大率(ここでは [50%])で表示されます。

CHECK!

拡大率は、最初に読み込んだ動画の解像度または [設定] → [サイズの変更] で選択した解像度が基準となります (P.058参照)。たとえば、フルHDの動画を最初に読み込む、または [設定] → [サイズの変更] で「1920x1080」を選択した場合に「100%」を選択すると、ウィンドウサイズが「1920x1080」の大きさになります。

06 メインウィンドウに読み込んだ動画を再生する

AviUtlでは動画のプレビュー(再生)を行う方法として、「再生ウィンドウ」と呼ばれる専用の画面で再生する方法と、メインウィンドウで再生を行う方法を用意しています。

AviUtl の動画再生の方法について知る

再生ウィンドウは、AviUtl に読み込んだ動画のプレビュー(再生)を行うための専用画面です。メインウィンドウとは別の画面で表示されます。動画の再生はこの再生ウィンドウで行えるほか、オプションの機能として、メインウィンドウで動画の再生を行うこともできます。メインウィンドウを利用した動画の再生は、AviUtl で動画編集を行うときの推奨設定として多くのユーザーが活用しているもっともポピュラーな設定です。本書では特に断りのない限り、この設定を行うことを推奨しています。

再生ウィンドウ

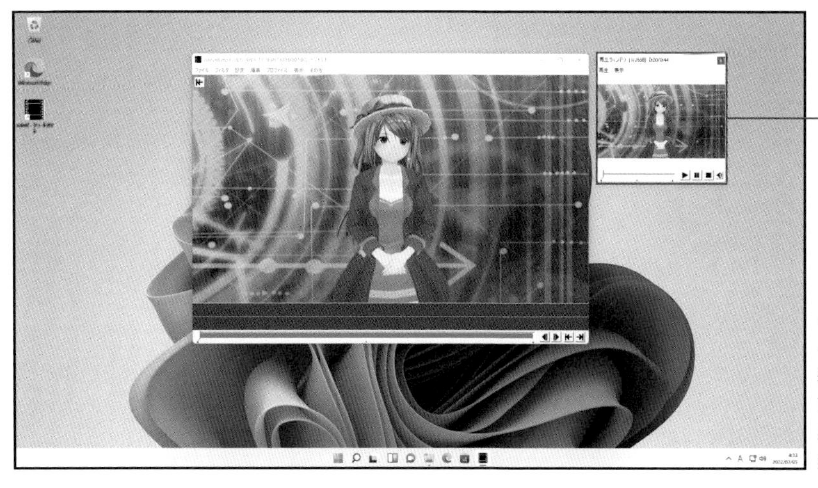

◀再生ウィンドウはメインウィンドウとは別の画面として表示され、動画の再生専用の画面として利用します。AviUtlの初期値では、この方法で動画の再生を行います。

メインウィンドウで動画を再生

◀AviUtlの初期値ではメインウィンドウで動画を再生できませんが、「システムの設定」画面で設定を変更することで、再生を行えるようにできます。この設定を行うと▶が追加されます(P.043参照)。

再生ウィンドウで動画を再生する

動画のプレビュー(再生)を行うための専用画面「再生ウィンドウ」でAviUtlに読み込んだ動画の再生を行うときは、[表示]メニューから再生ウィンドウを表示します。

再生ウィンドウを表示し動画を再生する

再生ウィンドウは、AviUtlの初期値では非表示に設定されています。再生ウィンドウで動画の再生を行いたいときは、[表示]→[再生ウィンドウの表示]の順にクリックし、再生ウィンドウを表示します。また、一度表示した再生ウィンドウは、これを閉じない限り、AviUtlの次回起動時に自動表示されます。

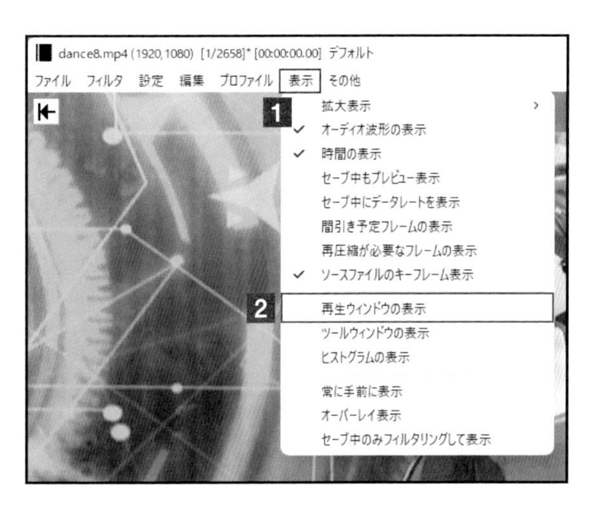

1 再生ウィンドウを表示する

[表示]をクリックし1、[再生ウィンドウの表示]をクリックします2。

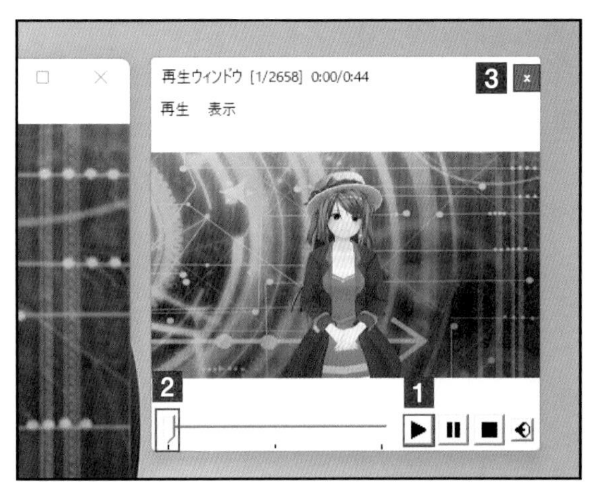

2 再生ウィンドウで動画を再生する

再生ウィンドウが表示されます。再生ウィンドウの▶をクリックすると、動画の再生が開始されます1。また、再生位置を示すトラックヘッドをドラッグすると再生位置を変更できます2。再生ウィンドウを閉じたいときは×をクリックするか3、再度、[表示]→[再生ウィンドウの表示]の操作を行います。

POINT

再生ウィンドウの画面サイズは、再生ウィンドウの[表示]→[再生サイズ]と順にクリックすることで、メニューから画面サイズを変更できます。

08 再生ウィンドウの動画再生をメインウィンドウに表示する

動画のプレビュー(再生)をメインウィンドウで行う設定は、AviUtlを活用していく中で多くのユーザーが利用している推奨設定です。「システムの設定画面」で設定を行えます。

メインウィンドウで動画を再生する

メインウィンドウで動画のプレビュー(再生)を行えるようにするには、「システムの設定」画面を開き(P.023参照)、[再生ウィンドウの動画再生をメインウィンドウに表示する] の設定を [オン] にします。この設定を行うと、メインウィンドウに動画の再生ボタンが表示され、動画の再生をメインウィンドウから行えるようになります。なお、特に断りがない限り、本書では、この設定を行い、メインウィンドウで動画のプレビューが行えることを前提に各種解説を行っています。

システムの設定

最大画像サイズ　幅 3840　高さ 2160
最大フレーム数 320000
キャッシュサイズ 256 MByte
リサイズ設定の解像度リスト 3840x2160,1920x1080,1280x720,640x480,352x240,320
☑ プラグインとコーデックの情報をキャッシュする
☑ プロファイルに圧縮の設定を保持する
☑ フレーム番号の表示を1からにする
☑ フレーム移動時にSHIFTキーを押している時は範囲選択移動にする
☑ 再生ウィンドウの動画再生をメインウィンドウに表示する 1
☐ YUY2フィルタモード (プラグインフィルタが使えなくなります)

※上記の設定はAviUtlの再起動後に有効になります

任意フレーム数移動 A 5 B 30 C 899 D 8991
読み込み時のfps変換リスト *,30000/1001,24000/1001,60000/1001,60,50,30,25,24,
☐ ロード時に29.97fpsに近いものは自動的に29.97fpsに変換する
☐ ロード時に映像と音声の長さが0.1秒以上ずれているものは自動的にfps調整する
☐ 編集プロジェクトロード時に現在のプロファイルの設定を反映させる
☐ 関連ウィンドウ同士を移動時にスナップする
☑ トラックバーでクリックした位置に直接移動する
2 OK　キャンセル

1 「システムの設定」画面で設定を行う

P.023の手順を参考に「システムの設定」画面を表示します。[再生ウィンドウの動画再生をメインウィンドウに表示する] の☐をクリックして☑([オン])にし1、[OK] をクリックして2、AviUtlを再起動します。

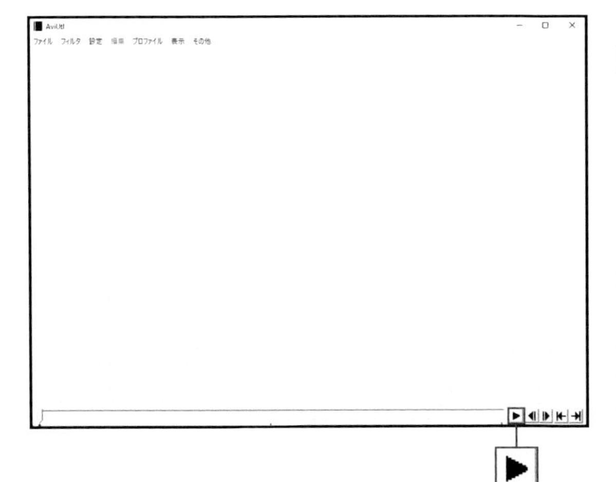

2 メインウィンドウに[再生]ボタンが表示される

AviUtlを起動すると、メインウィンドウに▶([再生]ボタン)が表示されます。動画のプレビュー(再生)を行う場合は、このボタンをクリックします。

CHECK!

メインウィンドウで動画のプレビュー(再生)を行えるように設定すると、再生ウィンドウには動画が表示されなくなり、[再生] や [停止]、[一時停止] などのボタンのみが表示されます。

09 動画の詳細な再生操作を行う

AviUtlでは、トラックヘッドを左右にドラッグしたり、移動ボタンのクリック、ショートカットキーによる操作でさまざまな再生操作を行えます。

詳細な再生操作の方法を知る

フレーム単位で動画再生を行いたいときは、◀|（コマ戻し）や|▶（コマ送り）をクリックするか、←キー（コマ戻し）／→キー（コマ送り）を押します。また、マウスのホイールを前後に回転させることでもフレーム単位で動画再生を行えるほか、再生位置を示すトラックヘッドを左右にドラッグすると動画の再生位置を大まかに移動できます。AviUtl の詳細な再生操作の方法は、［編集］→［基本機能］で確認でき、ここから詳細な再生操作を行うこともできます。

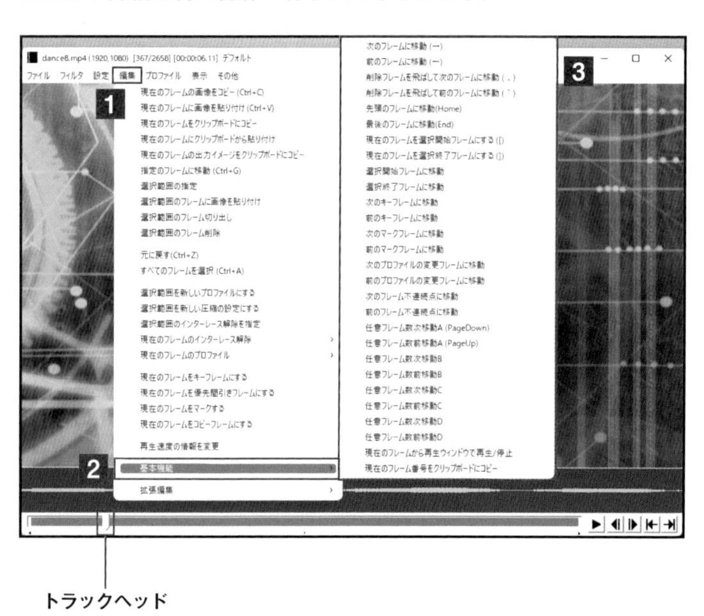

1 ［基本機能］を表示する

［編集］をクリックし1、［基本機能］にマウスポインターを合わせると2、操作の一覧がメニューで表示されます3。

CHECK!

AviUtl では、ショートカットキーによる操作を詳細にカスタマイズできます。ショートカットキーのカスタマイズは、［ファイル］→［環境設定］→［ショートカットキーの設定］とクリックすることで行えます（P.076 参照）。

キーボードによる代表的な再生操作

キー操作	内容
←キー	前のフレームに移動（コマ戻し）
→キー	次のフレームに移動（コマ送り）
Homeキー	先頭のフレームに移動
Endキー	最後のフレームに移動
Ctrl＋Gキー	指定したフレームに移動
PageUpキー	任意の前のフレームに移動（初期値は5フレーム）
PageDownキー	任意の先のフレームに移動（初期値は5フレーム）

フレームの選択範囲を指定する

AviUtlの基本操作の1つが、操作を行いたいフレームの範囲選択です。フレームの範囲選択は、選択開始フレームと選択終了フレームを設定することで行います。

フレームの範囲指定を行う

動画の特定部分を抜き出したり、不要な部分を削除したりするには、フレームの範囲指定が欠かせません。AviUtl では、⇤をクリックするか[キー押すと、その時点でのフレームが選択開始フレームに設定されます。また、⇥をクリックするか]キー押すとその時点でのフレームが選択終了フレームとして設定され、選択開始フレームと選択終了フレームの間が選択フレームとなります。選択フレームは、青色で表示されます。

1 選択開始フレームを設定する

メインウィンドウに動画を読み込み（P.037 参照）、選択したいフレームの開始位置付近まで動画を再生して一時停止しておきます。◀または▶をクリックして選択開始フレームとしたいフレームを探し**1**、⇤（[現在のフレームを選択開始フレームにする]）をクリックします**2**。

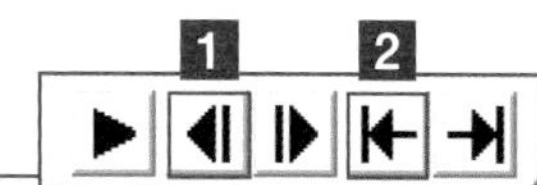

2 選択終了フレームを設定する

選択したフレームより前のフレームが選択範囲から除外されます**1**。続いて、選択終了フレームとしたいフレームの開始位置付近まで動画を再生し、◀または▶をクリックして選択終了フレームとしたいフレームを探し**2**、⇥（[現在のフレームを選択終了フレームにする]）をクリックすると**3**、選択したフレームより先のフレームが選択範囲から除外されます**4**。

POINT

選択開始フレーム／選択終了フレームは、キーフレームの１つ前のフレームに設定すると、切り出した動画の音ズレや動画の保存が上手く行えないなどのトラブルが減ります（P.046 参照）。

11 「選択範囲の指定」ダイアログで選択範囲を指定する

フレームの選択範囲の指定は、「選択範囲の指定」ダイアログからも行えます。この方法では、選択開始フレームと選択終了フレームのフレーム番号を入力することで選択範囲を指定します。

フレーム番号を入力して選択範囲を指定する

「選択範囲の指定」ダイアログは、選択開始フレームと選択終了フレームのフレーム番号を入力することで選択範囲を指定する方法です。選択するフレームの範囲をあらかじめ決めているときや大まかな範囲を指定しておき、あとから微調整を行って選択範囲を指定したいときに便利な方法です。

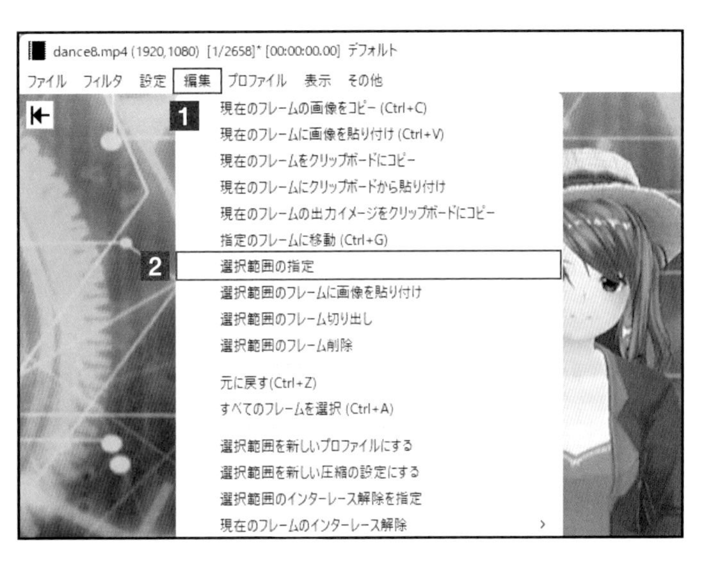

1 「選択範囲の指定」ダイアログを表示する

[編集] をクリックし1、[選択範囲の指定] をクリックします2。

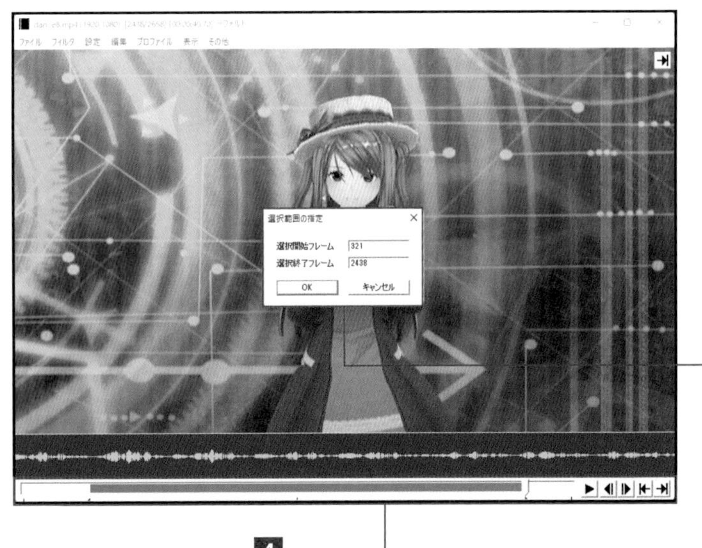

2 選択範囲を指定する

「選択範囲の指定」ダイアログが表示されます。選択開始フレームのフレーム番号を入力し1、選択終了フレームのフレーム番号を入力して2、[OK] をクリックすると3、選択範囲が指定されます4。

選択範囲の指定
1
選択開始フレーム 321
選択終了フレーム 2438
OK
キャンセル
2
3
4

選択範囲の指定を解除する

選択開始フレームや選択終了フレームを間違ったフレームに指定した場合など、選択範囲の指定をクリアして、はじめから指定をやり直したいときは、選択範囲の指定を解除します。

すべてのフレームを選択する

選択範囲の指定をすべてクリアしたいときは、すべてのフレームの選択を行います。また、選択開始フレームまたは選択終了フレームのみを解除したいときは、トラックヘッドを先頭フレームまたは最終フレームに移動させ、⇤または⇥をクリックして先頭または最終フレームを選択し直します。

1 すべてのフレームを選択する

メインウィンドウ内で右クリックし**1**、メニューから［すべてを選択］をクリックします**2**。

選択範囲の削除
元に戻す
2
すべてを選択
マークする

2 選択範囲の指定が解除される

動画のすべての範囲が選択され、選択範囲の指定が解除されます。

POINT

すべてのフレームの選択は、Ctrlキーを押しながらAキーを押すか、［編集］→［すべてのフレームを選択］とクリックすることでも行えます。

選択範囲のフレームを切り出す

選択されたフレームを残し、選択範囲外のフレームを取り除きたいときは、選択範囲のフレームを切り出します。選択範囲の切り出しは、[編集]メニューから行います。

選択フレームを切り出す

範囲選択されたフレームを残し、それ以外のフレームの削除を行う操作が、フレームの切り出しです。フレームの切り出しを行うときは、はじめに残したいフレームの範囲を指定し(P.045 参照)、次に［編集］メニューから［選択範囲のフレーム切り出し］を実行します。

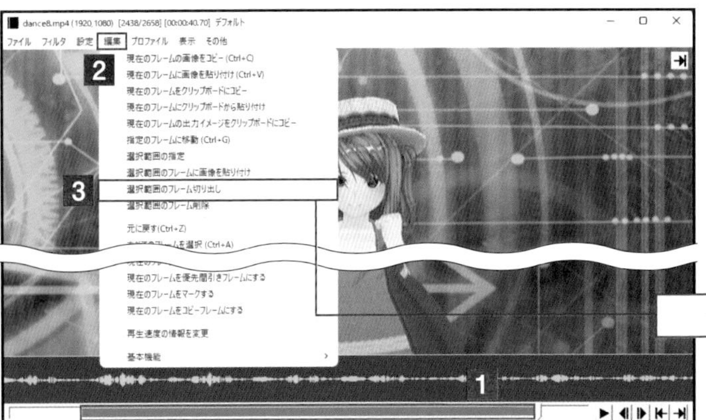

1 ［選択範囲のフレーム切り出し］を実行する

P.045 の手順を参考に、残したいフレームの範囲選択を行っておきます1。［編集］をクリックし2、［選択範囲のフレーム切り出し］をクリックします3。

2 範囲外のフレームが削除される

選択範囲外のフレームが取り除かれ、選択範囲内のフレームが残されます。

POINT

［選択範囲のフレーム切り出し］は、メインウィンドウ内で右クリックし、メニューから［選択範囲の切り出し］をクリックすることでも行えます。

選択範囲のフレームを削除する

選択されたフレームを取り除き、選択範囲外のフレームを残したいときは、選択範囲のフレーム削除を行います。選択範囲のフレーム削除は、[編集]メニューから行います。

選択フレームを削除する

範囲選択されたフレームを削除し、それ以外のフレームを残したいときに行う操作が、選択範囲のフレーム削除です。選択範囲のフレーム削除を行うときは、はじめに削除したいフレームの範囲を指定し(P.045参照)、次に［編集］メニューから［選択範囲のフレーム削除］を実行します。

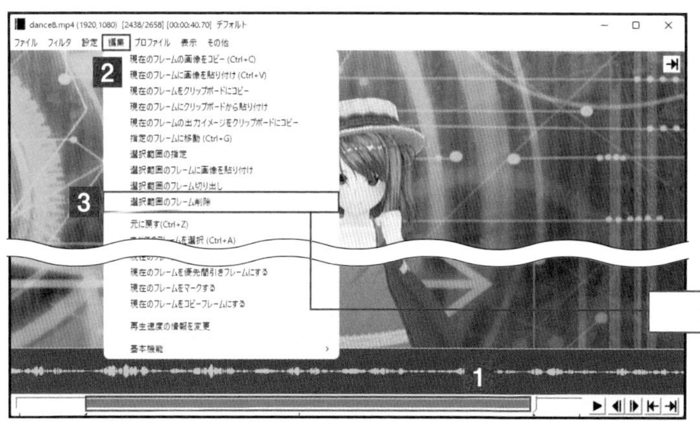

1 [選択範囲のフレーム削除]を実行する

P.045の手順を参考に、削除したいフレームの範囲選択を行っておきます1。［編集］をクリックし2、［選択範囲のフレーム削除］をクリックします3。

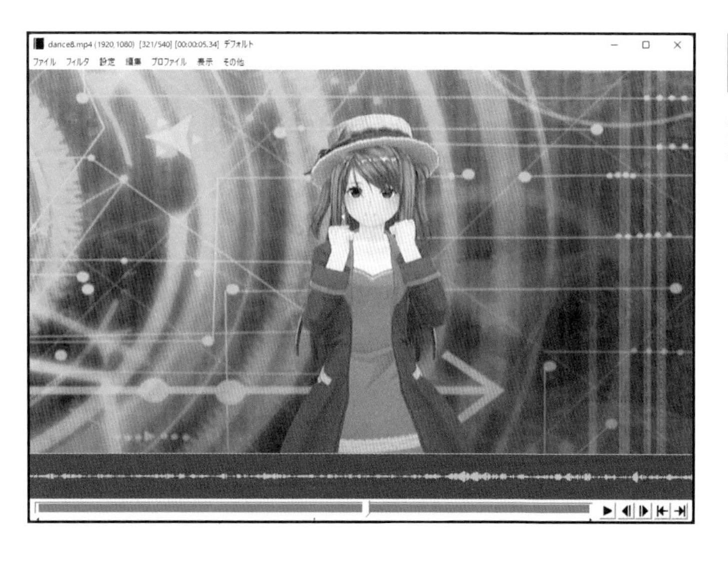

2 選択範囲のフレームが削除される

選択範囲のフレームが取り除かれ、選択範囲外のフレームが残されます。

POINT

［選択範囲のフレーム削除］は、メインウィンドウ内で右クリックし、メニューから［選択範囲の削除］をクリックすることでも行えます。

フィルタを適用する

メインウィンドウでは、AviUtlに読み込んだ動画にフィルタを適用できます。フィルタは、動画全体または選択範囲のフレームに対して、1つまたは複数を同時に適用できます。

適用できるフィルタの種類

メインウィンドウでは、8種類の動画用のフィルタが用意されています。これらのフィルタをオンにすると、特に指定がない場合は動画全体に対してフィルタが適用されます。また、選択範囲の指定を行うことで、特定の範囲に対してフィルタを適用することもできます。なお、複数のフィルタを同時に適用する場合は、P.032で設定したフィルタの適用順に沿って適用されます。

動画用のフィルタの種類と機能

フィルタ名	機能
ノイズ除去フィルタ	ブロックノイズやモスキートノイズの除去に効果があります。周囲の似た色を利用してぼかし、ノイズを緩和します。
ノイズ除去（時間軸）フィルタ	フレーム間に激しい動きがあるときに入りやすいチラツキなどのノイズの除去に効果があります。動画によっては、残像が出る場合があります。
シャープフィルタ	動画の境界やエッジを強調してくっきりとした動画にします。ノイズがある場合、ノイズも強調され、動画がざらつく場合があります。
ぼかしフィルタ	動画の境界やエッジをぼかします。動画にノイズがある場合、ぼかすことによってノイズを減らす効果があります。
クリッピング＆リサイズ	動画を指定サイズまたは任意のサイズでリサイズします。動画の黒縁を削除したいときになどに利用します。
縁塗りつぶし	動画の縁を塗りつぶします。動画に黒帯を付けたい場合などに利用します。
色調補正	動画の明るさやコントラスト、ガンマ、輝度、色の濃さ、色合いなどを調整できます。
拡張色調	補正動画の色調を調整します。色調補正の機能を細分化して、より詳細な調整を行えるようにした機能です。

動画にフィルタを適用する

動画にフィルタを適用するには、［設定］メニューから適用したいフィルタをクリックして目的のフィルタの設定画面を表示することで行います。フィルタの設定画面では、そのフィルタのオン／オフを切り替えられるほか、オンにした場合は、再生ウィンドウまたはメインウィンドウに表示される動画のプレビューでフィルタの効果を確認しながら調整を行えます。ここでは、「色調補正」フィルタを適用する手順を例に、フィルタの適用方法を解説します。

1 適用したいフィルタを選択する

[設定] をクリックし1、適用したいフィルタ（ここでは [色調補正の設定]）をクリックします2。

2 フィルタの調整を行う

選択したフィルタの設定画面が表示されます。□をクリックしてチェックボックスを☑にして選択したフィルタをオンにします1。各項目のトラックヘッドをドラッグして移動するか2、◀▶をクリックします3。

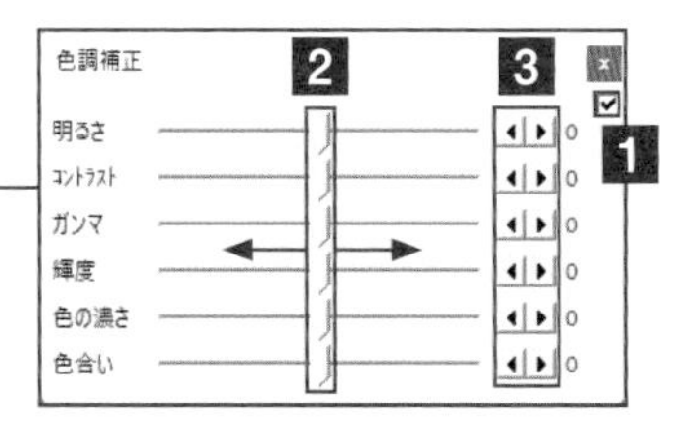

3 フィルタの調整を完了する

調整の結果がプレビューに反映されるので、プレビューを見ながら効果の調整を行います。調整が完了したら、×をクリックします。

POINT

設定画面の右上のチェックボックスが☑のときにそのフィルタはオンになり、□のときはオフになります。フィルタの効果の調整は、オン／オフを切り替えて効果を確認しながら調整を行うのがお勧めです。

「クリッピング＆リサイズ」フィルタで縁取りする

AviUtlに読み込んだ動画は、「クリッピング＆リサイズ」フィルタを利用することで、動画の不要な部分の縁取りをしたり、特定部分の拡大表示をしたりできます。

縁取りや特定部分の拡大を行う

動画に黒く残った縁を取り除いたり、特定部分を拡大表示したいときは、「クリッピング＆リサイズ」フィルタを利用します。なお、「クリッピング＆リサイズ」フィルタの効果は、拡張編集Pluginに読み込んだ動画に対しても適用されますが、フィルタの適用順（P.032参照）によっては、メインウィンドウに読み込んだ動画とは異なる効果を及ぼす場合があります。

1 ［クリッピング＆リサイズ］フィルタを選択する

［設定］をクリックし**1**、［クリッピング＆リサイズの設定］をクリックします**2**。

2 クリッピング＆リサイズの調整を行う

［クリッピング＆リサイズ］の設定画面が表示されます。□をクリックしてチェックボックスを☑にしてフィルタをオンにします**1**。読み込んだ動画と同じ解像度（ここでは［1920x1080］）を選択し**2**、［元の縦横比に合せる］の□をクリックしてチェックボックスを☑にします**3**。プレビューを見ながら各項目のトラックヘッドをドラッグして移動するか**4**、◀▶をクリックします**5**。

クリッピング＆リサイズ
上 下 左 右
1920x1080
元の縦横比に合せる

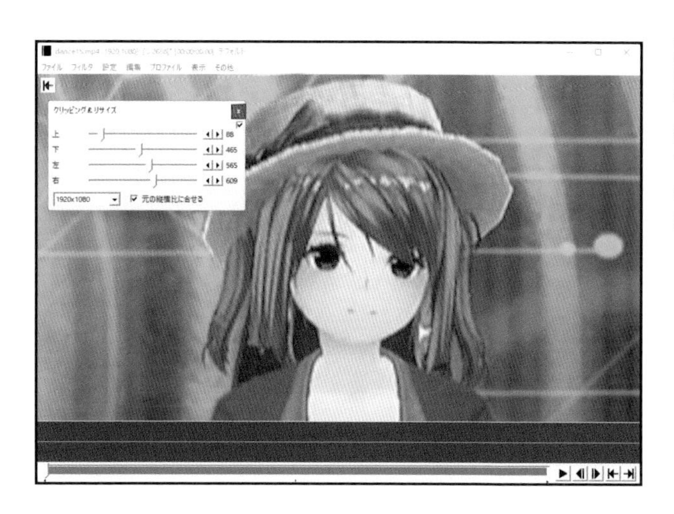

3 クリッピング＆リサイズの調整を完了する

調整の結果がプレビューに反映されるので、プレビューを見ながらサイズの調整を行います。調整が完了したら、✖をクリックします。

[クリッピング & リサイズ] フィルタを解除する

メインウィンドウで適用したフィルタは、AviUtl を終了しても解除されません。そのため、[クリッピング & リサイズ] フィルタを一度適用すると、手動で解除するまで常に [クリッピング & リサイズ] フィルタが適用され続けます。[クリッピング & リサイズ] フィルタの解除は、[フィルタ] メニューから行えます。

1 [クリッピング＆リサイズ] フィルタを解除する

[フィルタ] をクリックし1、[クリッピング＆リサイズ] をクリックします2。

2 [クリッピング＆リサイズ] フィルタが解除される

[クリッピング＆リサイズ] フィルタが解除され、適用前の状態に戻ります。

POINT

[フィルタ] メニューは、フィルタの適用／解除を行えるほか現在適用中のフィルタを確認できます（P.057 参照）。適用中のフィルタには、フィルタ名の左に ✓ が付けられています。

17 音声を追加する

メインウィンドウを利用した動画の編集では、動画の音声をすべて別の音声に変更したり、特定の部分のみを別の音声に差し替えたりできます。

新しい音声を追加する

［ファイル］メニューの［音声読み込み］を利用すると、動画に収録されている音声の一部またはすべてを別の音声に差し替えられます。動画と音声を別々に収録していたり、動画に収録された音声を別の音声に差し替えたいときにこの機能を利用します。なお、この機能では、一度の操作で追加できるのは1つの音声ファイルのみです。また、動画よりも長い音声を追加した場合、音声の先頭から動画の長さまでが利用されます。

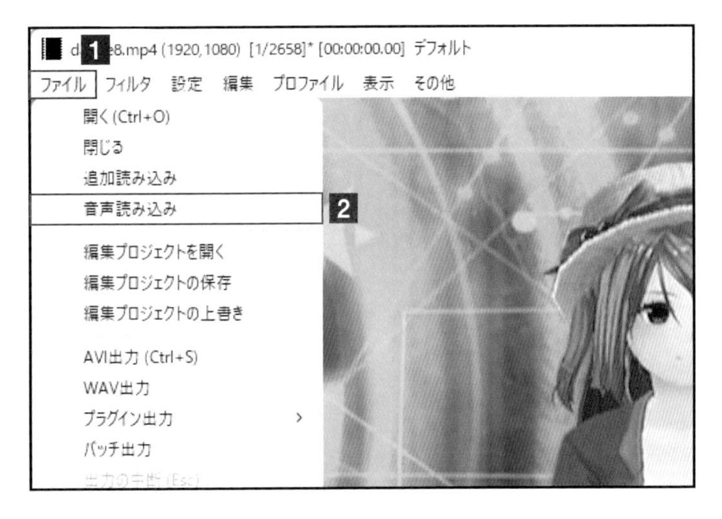

1 「音声読み込み」画面を開く

［ファイル］をクリックし1、［音声読み込み］をクリックします2。

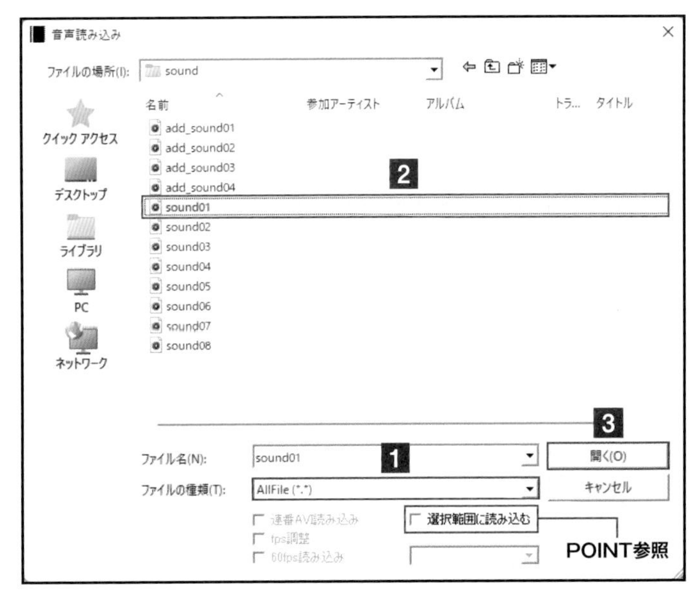

2 音声を追加する

「音声読み込み」画面が開きます。読み込みたい音声が収められているフォルダーを開いて［ファイルの種類］に［AllFile(*.*)］を選択します1。読み込みたい音声ファイルをクリックして選択し2、［開く］をクリックします3。

POINT

あらかじめ選択しておいた範囲内に音声を追加したいときは、［選択範囲に読み込む］の□をクリックしてチェックボックスを☑にします。

18 音声の位置調整を行う

出力した動画の音声がズレていたり、読み込んだ動画の音声がもともとズレていたりするときは、音声の位置調整を行うことでこの問題を解消できます。

音声の位置を調整する

音声よりも動画の動きのほうが少し速かったり、遅かったりする音ズレは、動画作成時にみられる代表的なトラブルの1つです。音ズレを解消するには、音声の位置を前後にずらす設定を行います。AviUtlでは、この機能を音声用のフィルタの1つとして備えており、[設定] メニューの [音声の位置調整の設定] から利用できます。

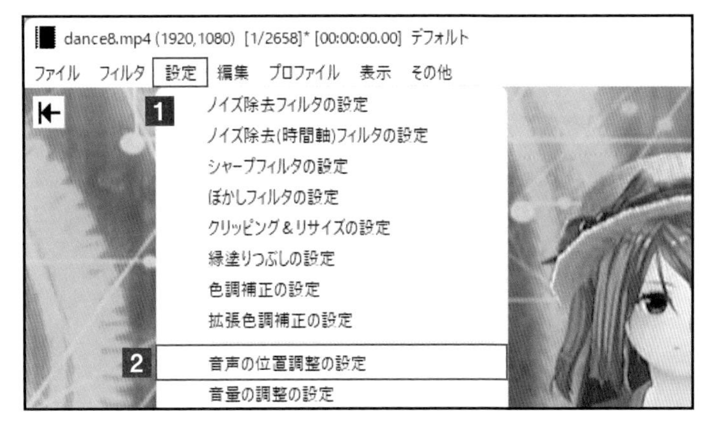

1 [音声の位置調整の設定] を選択する

[設定] をクリックし1、[音声の位置調整の設定] をクリックします2。

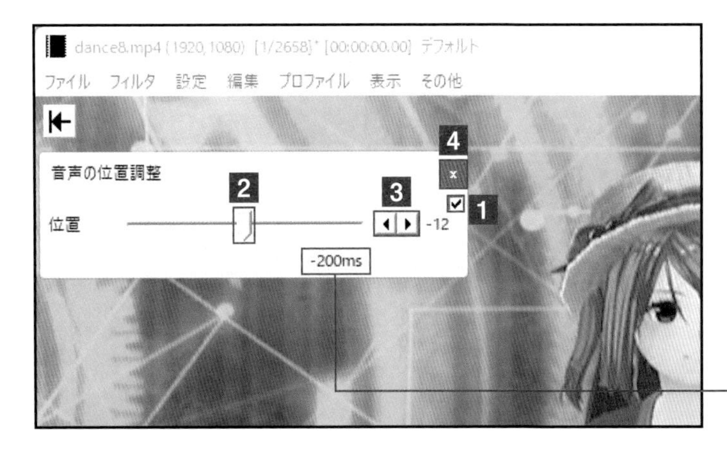

2 音声の位置調整を行う

[音声の位置調整] の設定画面が表示されます。□をクリックしてチェックボックスを☑にしてフィルタをオンにします1。トラックヘッドをドラッグして移動するか2、◀▶をクリックして音声の位置調整を行います3。設定が終わったら、×をクリックします4。

POINT

[音声の位置調整] の設定は、フレーム単位で行います。1フレーム当たりの時間は、読み込んだ動画の形式によって異なりますが、画面右下にずらす時間がミリ秒単位で表示されるので、それを参考に調整を行います。音声が遅れる場合はマイナスフレームを設定すると音声が前にずれ、プラスフレームを設定するとうしろにずれます。

19 音量の調整を行う

動画にもともと収録されている音声や追加した音声のレベルが低かったり、大きすぎたりするときは、「音量の調整」を行うことで、全体の音量を調整できます。

動画の音量を調整する

動画の音声は、［音量の調整］フィルタを利用することで、動画全体の音声のレベルを一律で大きくしたり、小さくしたりできます。［音量の調整］フィルタは、［設定］メニューの［音量の調整の設定］から利用できます。なお、設定の初期値は「0」で、マイナス方向に調整すると音量を小さくでき、プラス方向に調整すると音量を大きくできます。

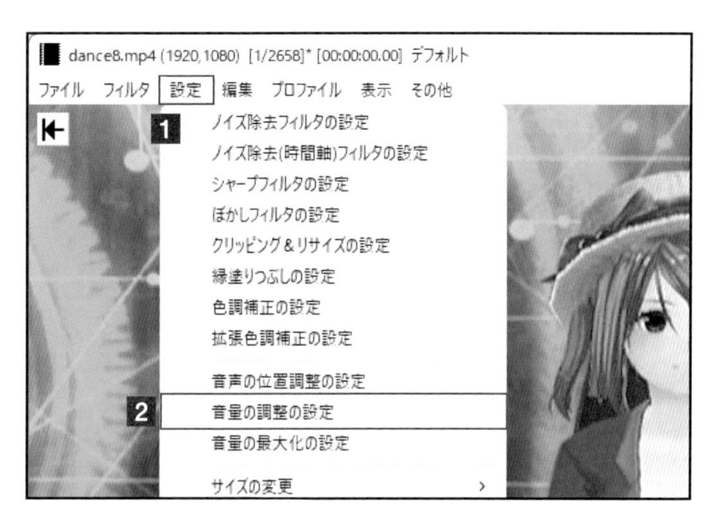

1 ［音量の調整の設定］を選択する

［設定］をクリックし1、［音量の調整の設定］をクリックします2。

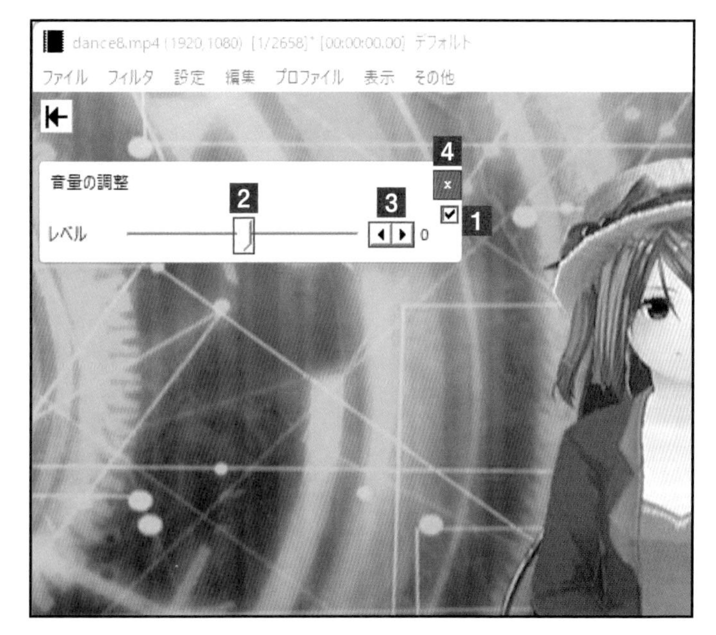

2 音量の調整を行う

［音量の調整の設定］の設定画面が表示されます。□をクリックしてチェックボックスを☑にしてフィルタをオンにします1。トラックヘッドをドラッグして移動するか2、◀▶をクリックして音量の調整を行います3。設定が終わったら、×をクリックします4。

20 適用中のフィルタを確認／解除する

メインウィンドウで適用したフィルタは解除を行わない限り、次回読み込んだ動画に対しても適用されます。フィルタの利用が終わったときは、フィルタの解除を行いましょう。

適用中のフィルタを解除する

メインウィンドウで適用したフィルタは、AviUtl を終了しても解除されません。適用中のフィルタの確認や解除は、［フィルタ］をクリックすることで表示されるフィルタの一覧メニューから行えます。このメニューでは、適用中のフィルタの左横に ✓ が付いて表示されます。✓ が付いたフィルタをクリックすると、そのフィルタの適用を解除できます。また、［すべてのフィルタを OFF にする］をクリックすると、適用中のすべてのフィルタを一度の操作ですべてオフにできます。

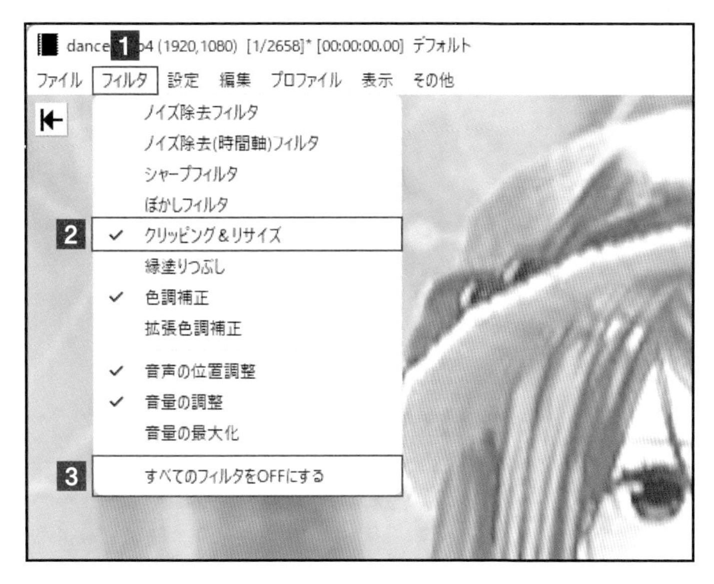

1 フィルタのメニューを表示する

［フィルタ］をクリックすると**1**、フィルタの一覧メニューが表示されます。✓ が付いたフィルタをクリックするか**2**、［すべてのフィルタを OFF にする］をクリックします**3**。

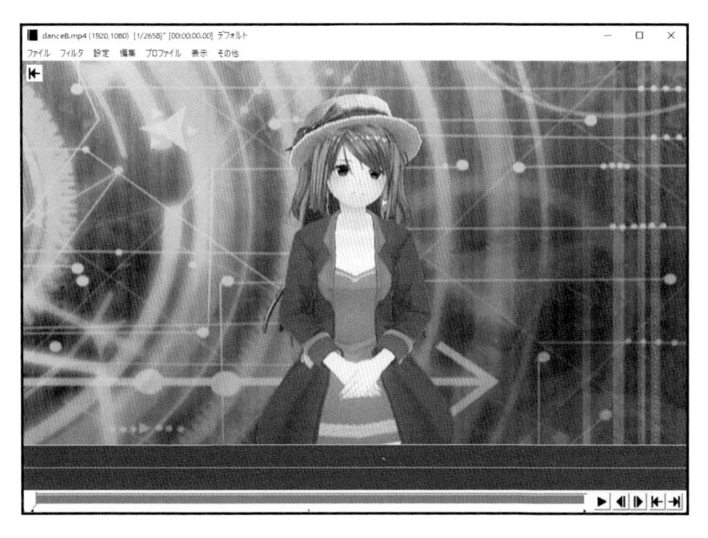

2 フィルタが解除される

✓ が付いたフィルタをクリックしたときはそのフィルタが解除されます。［すべてのフィルタを OFF にする］をクリックしたときは、適用していたすべてのフィルタが解除されます（ここではすべてのフィルタを解除しています）。

動画の解像度／アスペクト比を変更する

AviUtlに読み込んだ動画の横幅が圧縮されて表示されたときは、メインウィンドウの[サイズの変更]を利用すると動画の解像度／アスペクト比を変更できます。

サイズ（解像度）の変更を行う

［サイズの変更］を利用すると、AviUtl に読み込んだ動画の解像度を変更できます。この機能は、旧型のデジタルビデオカメラで撮影された 1440x1080 ドットの動画や DVD の 720x480 ドットの解像度の動画をフル HD 解像度（1920x1080 ドット）で編集したいときなどに利用し、横幅が圧縮されて表示される動画を正常な比率で表示できます。ただし、サイズの変更を行うと、編集中の動画の解像度が変更され、出力時の解像度が［サイズの変更］で指定した解像度に設定されます。

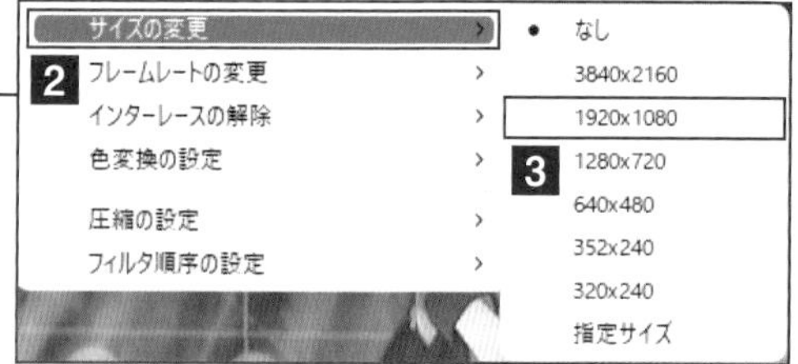

1 サイズの変更を行う

［設定］をクリックし1、［サイズの変更］2から目的の解像度（ここでは［1920x1080］）をクリックします3。

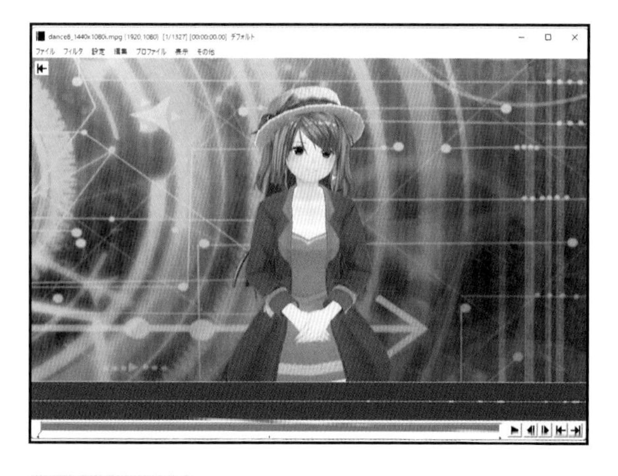

2 サイズが変更される

解像度が変更され、正しい比率で動画が表示されます。

CHECK!

拡張編集 Plugin に読み込んだ動画は、フィルタ順序の設定（P.032 参照）で［サイズの変更］が［拡張編集］よりも下にないと、この方法では動画を正しい比率で表示できません。拡張編集 Plugin に読み込んだ動画の縦横比を変更したいときは、P.163 も併せて参考にしてください。

インターレースの解除を行う

メインウィンドウにはインターレースの解除機能が備わっています。インターレースとは、動画の描画回数を増やす技術です。

インターレースを解除する

「インターレース」は、画像を奇数フィールドと偶数フィールドの2つのフィールドに分け、それぞれを交互に描画する方法です。これに対して、画像すべてを一度に描画する方式を「プログレッシブ」または「ノンインターレース」と呼びます。現在は、特に動きが多い動画をきれいに表示できるプログレッシブが主流です。メインウィンドウは、複数の方法でインターレースを解除できますが、通常は、その動画に適した方法で解除を行う［自動］を選択することをお勧めします。

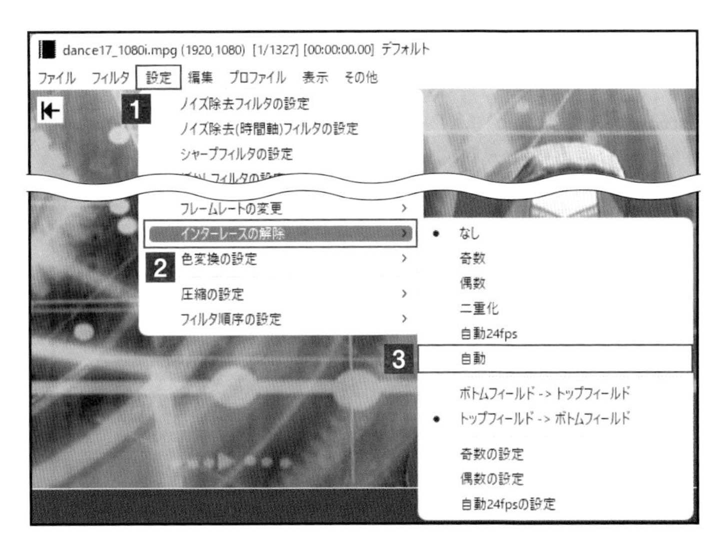

1 インターレースを解除する

［設定］をクリックし1、［インターレースの解除］から2、［解除方法（ここでは［自動］）］をクリックします3。

2 インターレース解除が設定される

インターレース解除が設定され、その情報がメインウィンドウの上に表示されます。

POINT

インターレースの解除方法は「自動」以外にも、「奇数」「偶数」「二重化」「自動24fps」があります。奇数はトップフィールド、偶数はボトムフィールドのみを利用して足らない部分を補完して表示する方法です。また、二重化は、両方のフィールドを使って補完する方法、自動24fpsは、24fpsの動画に最適化されたインターレースの解除方法です。

23 フレームレートを変更する

フレームレートとは1秒間に表示される画像の枚数です。AviUtlでは、動画を読み込むとき、または読み込み後にフレームレートを変更できます。

動画読み込み時にフレームレートを変更する

読み込み時のフレームレートの変更は、メインウィンドウ／拡張編集 Plugin の両方で行えます。ここでは、メインウィンドウに動画を読み込むときの方法を説明します。拡張編集 Plugin については、P.088 を参照してください。また、初期値では最大 60 フレームまで選択できますが、「システムの設定」画面（P.023）の［読み込み時の fps 変換リスト］の項目を編集することで、任意のフレームレートを追加できます。

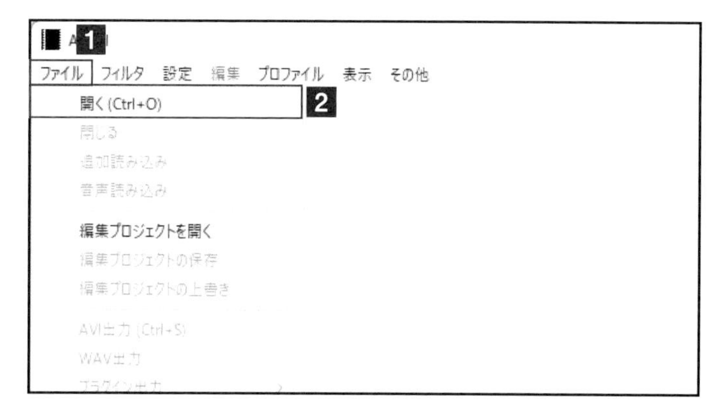

1 ［ファイルを開く］画面を開く

［ファイル］をクリックし1、［開く］をクリックします2。

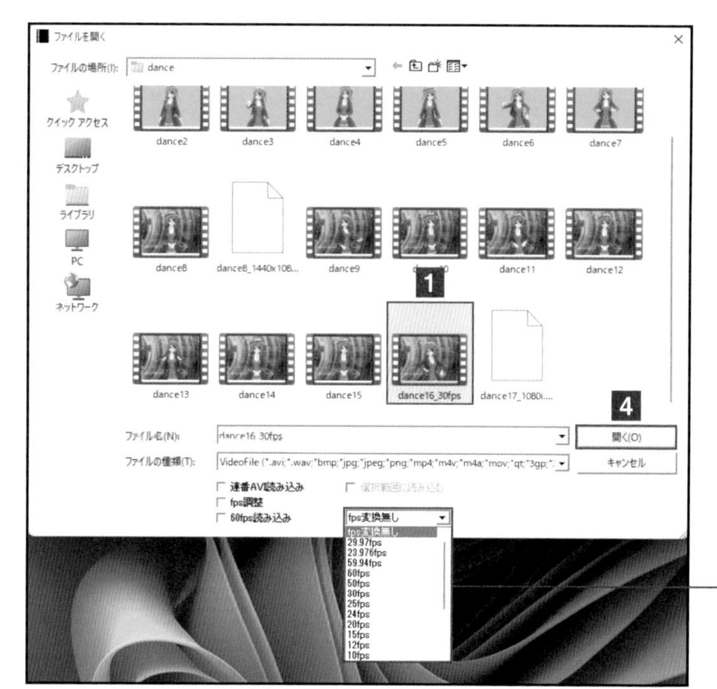

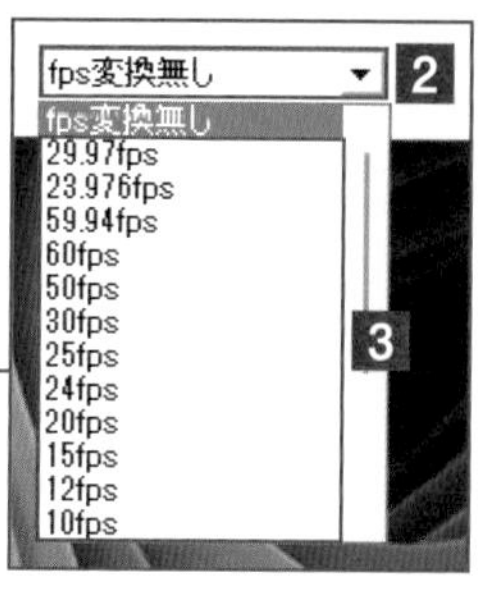

2 フレームレートを指定して読み込む

読み込みたい動画ファイルをクリックし1、［fps 変換無し］をクリックして2、表示されるメニューからフレームレートを選択します3。［開く］をクリックして、動画を読み込みます4。

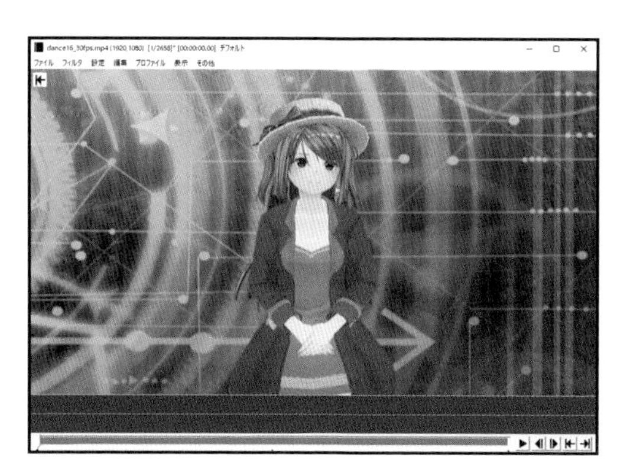

3 動画が読み込まれる

指定したフレームレートで動画が読み込まれます。

▶ 読み込んだ動画のフレームレートを変更する

AviUtl では、動画の読み込み後にフレームレートを変更することもできます。ただし、読み込み後にフレームレートを変更するときは、オリジナルからフレームレートを減らすことのみが行えます。たとえば、60 フレームの動画を 30 フレームに変更できます。

1 フレームレートの変更を行う

[設定] をクリックし**1**、[フレームレートの変更] **2**から指定したいフレームレート (ここでは [15fps<-30fps (1/2)]) をクリックします**3**。

POINT

フレームレートを選択するときは、カッコ内の分数を目安に変更してください。たとえば、[15fps←-30fps (1/2)] は、2 分の 1 のフレームレートが設定され、60 フレームの動画は 30 フレームに設定されます。また、この設定は、編集済み動画の出力時に利用されます。

2 フレームレートが変更される

指定したフレームレートに変更されます。

24 現在のフレームをキーフレームにする

AviUtlは、表示中のフレームをキーフレームに設定する機能を備えています。この機能を利用すると、任意のフレームをキーフレームとして追加できます。

表示中のフレームをキーフレームにする

現在の動画ファイルは、キーフレーム(静止画)を起点としてそのフレームからの動きのズレ(差分)を記録することで次のフレームを表現する圧縮ファイルが一般的です。キーフレームを起点に動きを付けたり、特殊効果を施したりすると動画をきれいに仕上げることができます。ここでは、メインウィンドウで、現在表示中のフレームをキーフレームとする方法を説明します。

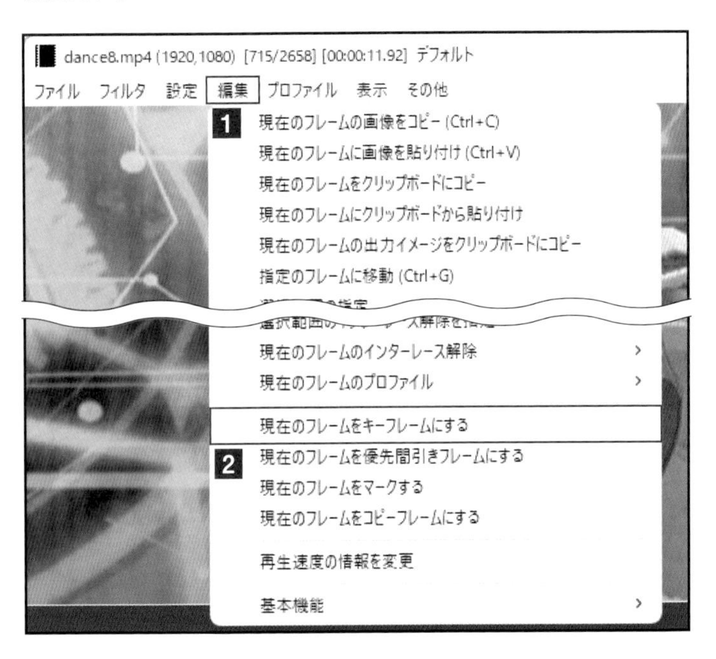

1 現在のフレームをキーフレームにする

キーフレームにしたいフレームを表示しておきます。[編集] をクリックし1、[現在のフレームをキーフレームにする] をクリックします2。

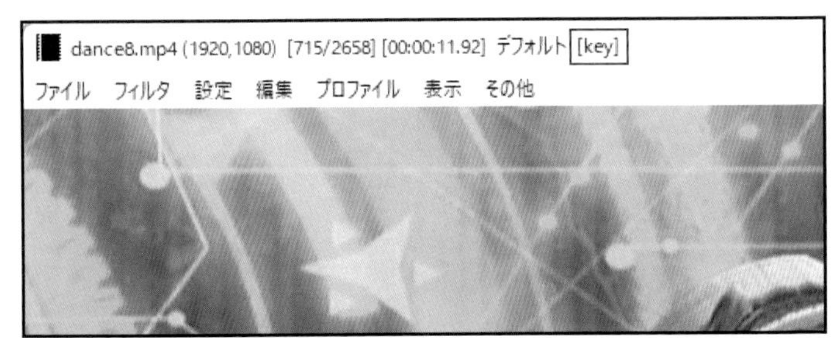

2 キーフレームが設定される

フレーム情報の右側に [Key] の文字が表示され、表示中のフレームがキーフレームに設定されます。

POINT

AviUtl では、拡張編集 Plugin の中間点を利用することでも任意のフレームをキーフレームに設定できます。中間点に関しては、P.186 を参照してください。

現在のフレームの画像をコピーする

表示中のフレームをクリップボードにコピーし、その内容を「ペイント」アプリなどに貼り付けると、任意のフレームを画像として保存できます。

フレームの画像をクリックボードにコピーする

AviUtl で編集中の動画内の任意のフレームを画像として切り出したいときは、最初にそのフレームをクリップボードにコピーしておき、次に「ペイント」アプリなどにクリップボードの内容を貼り付けて保存します。編集中の動画からサムネイル画像を作成したいときなどにこの機能を利用します。現在フレームの画像をクリップボードにコピーするには、[編集] メニューから [現在のフレームの出力イメージをクリップボードにコピー] をクリックします。

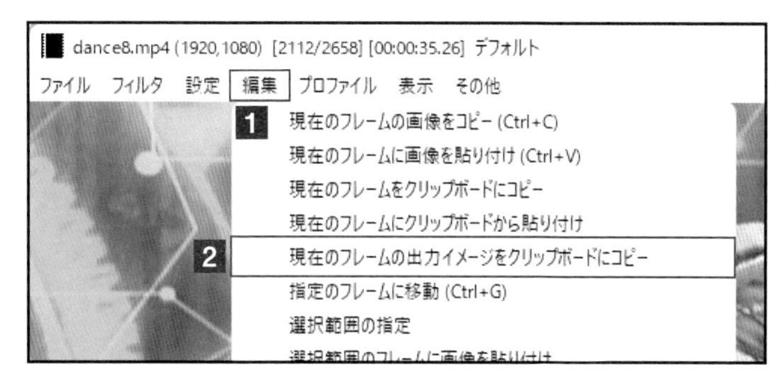

1 フレームをクリップボードにコピーする

画像として切り出したいフレームを表示しておきます。[編集] をクリックし1、[現在のフレームの出力イメージをクリップボードにコピー] をクリックします2。

2 クリップボードの内容をアプリに貼り付ける

「ペイント」アプリなどの画像編集アプリを起動し、クリップボードの内容を貼り付けて保存します。

POINT

拡張編集 Plugin に動画を読み込んでいる場合に、[現在のフレームをクリップボードにコピー] をクリックすると、黒背景の画像のみがコピーされる場合があります。

26 ツールウィンドウを表示する

ツールウィンドウを利用すると、メインウィンドウに備わっている各種フィルタ機能やサイズ、フレームレートの変更などの操作を専用のウィンドウから行えます。

ツールウィンドウとは

ツールウィンドウを表示しておくと、各種フィルタ機能やサイズ、フレームレートの変更などの操作をメインウィンドウの［フィルタ］や［設定］をクリックしなくても利用できるので、大変便利です。

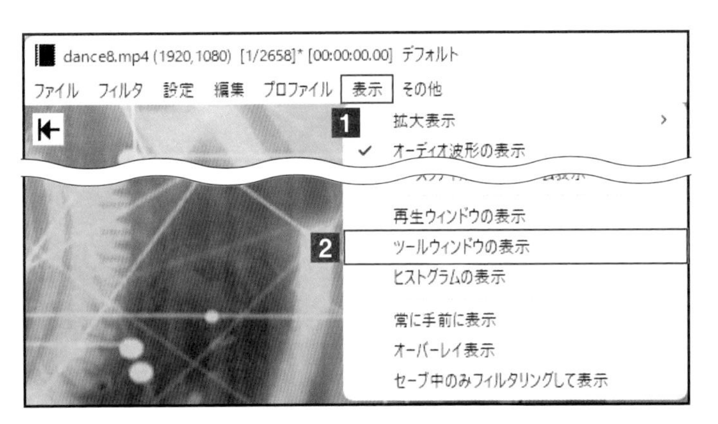

1 ツールウィンドウを表示する

［表示］をクリックし**1**、［ツールウィンドウの表示］をクリックします**2**。

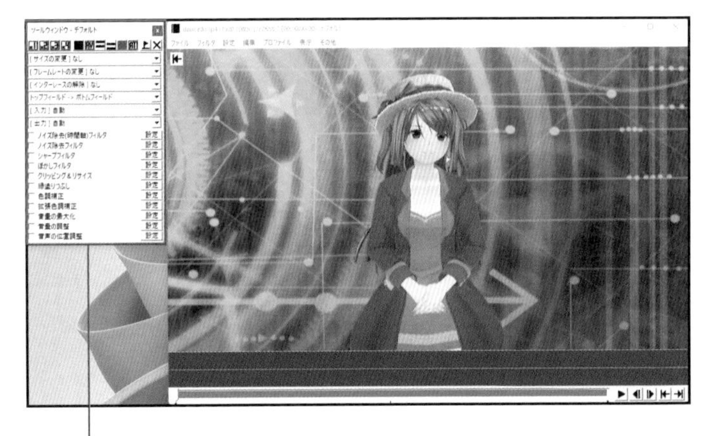

2 ツールウィンドウが表示される

ツールウィンドウが表示されます。**x**をクリックするか、再度［表示］→［ツールウィンドウの表示］をクリックすると、ツールウィンドウが閉じます。

ツールウィンドウから フィルタの適用などの操作を行う

ツールウィンドウでは、各種フィルタのオン／オフなどの操作をチェックボックスのオン／オフで行えるほか、そのほかの操作もメニューから選択することで行えます。

フィルタのオン／オフを切り替える

ツールウィンドウからフィルタを適用したいときは、適用したいフィルタのチェックボックスをクリックして☑（オン）にします。また、各フィルタ右横の［設定］をクリックすると、そのフィルタの設定を行えます。［サイズの変更］や［フレームレートの変更］などを行いたいときは、それらの項目をクリックして、メニューから設定内容をクリックして選択します。ここでは、［クリッピング＆リサイズ］を例に、フィルタの適用方法を説明します。

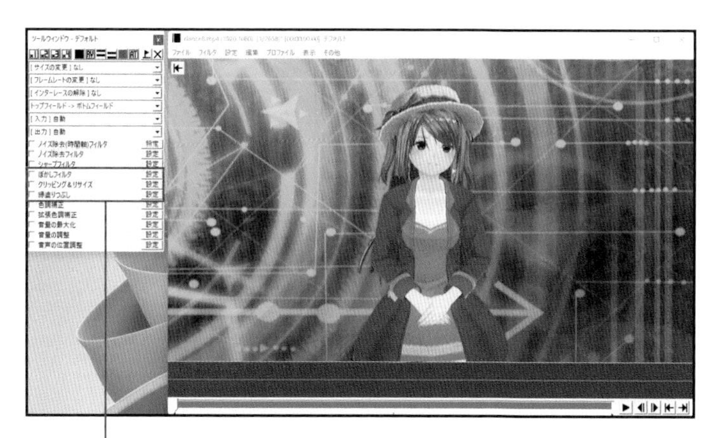

1 適用したフィルタを オンにする

適用したいフィルタ（ここでは［クリッピング＆リサイズ］）の☐をクリックして、☑にします。

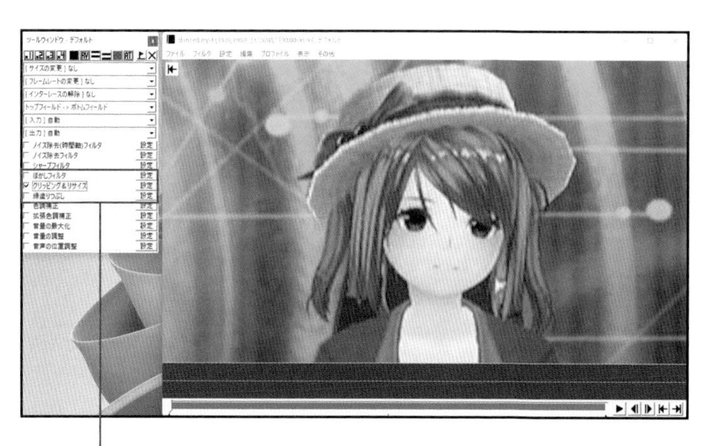

2 フィルタが 適用される

選択したフィルタが適用されます。適用したフィルタをオフにしたいときは、そのフィルタの☑をクリックして、☐にします。

ヒストグラムを表示する

AviUtlは、読み込んだ動画のヒストグラムを表示する機能を備えています。ヒストグラムを表示すると、色の分布を視覚的に確認できます。

ヒストグラムとは

ヒストグラムを表示すると、表示しているフレームにレッド(R)、グリーン(G)、ブルー(B)の各色がどのように分布しているのか(「RGB」)を視覚的に確認できるほか、表示を切り替えることで輝度(Y)と青系統(Cb)、赤系統(Cr)のそれぞれの色の色相と彩度を表す「YCbCr」でヒストグラムを表示することもできます。ヒストグラムの表示は、[表示] メニューから行えます。

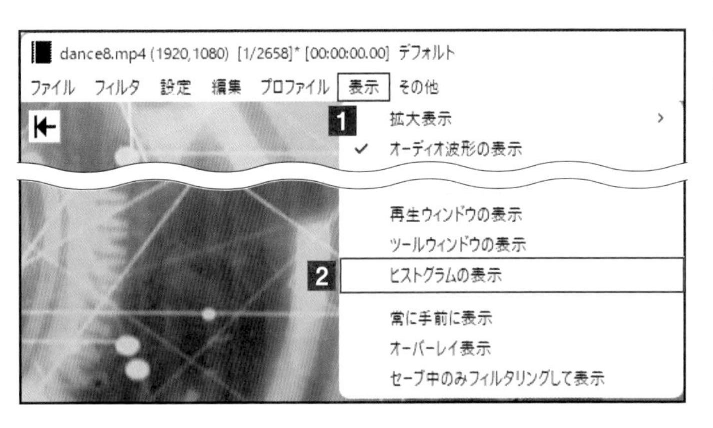

1 ヒストグラムを表示する

[表示] をクリックし1、[ヒストグラムの表示] をクリックします2。

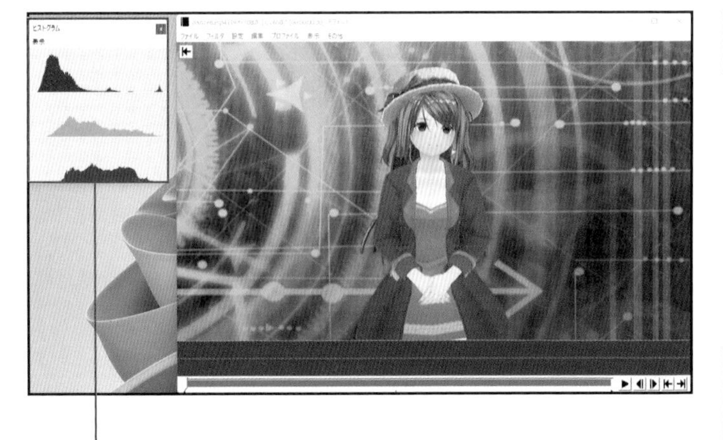

2 ヒストグラムが表示される

ヒストグラムが別ウィンドウで表示されます。x をクリックするか、再度 [表示] → [ヒストグラムの表示] をクリックすると、ヒストグラムが閉じます。

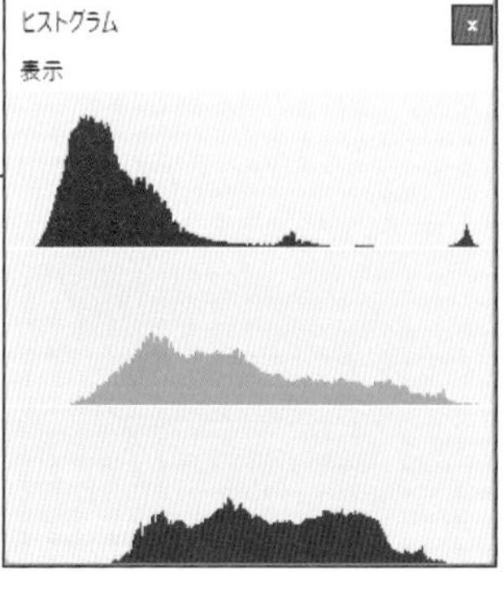

POINT

ヒストグラムの [表示] をクリックすると、表示するヒストグラムの内容を「RGB」から「YCbCr」に切り替えられます。

プロファイルを利用する

プロファイルを利用すると、毎回同じ設定でフィルタを適用したり、指定範囲に特定の設定のフィルタを適用したいときに便利です。

現在の設定をプロファイルに保存する

プロファイルは、メインウィンドウの「各種フィルタ機能」や「インターレース解除設定」「フレームレート変換設定」などの設定を保存しておく機能です。設定内容は自動保存され、同じフィルタでもプロファイルごとに異なる設定値が保存されます。なお、プロファイルは、拡張編集 Plugin に読み込んだ動画に対しても使用できますが、フィルタの適用順（P.032 参照）によっては目的の効果が得られなかったり、読み込んだ動画とは異なる結果となったりする場合があります。

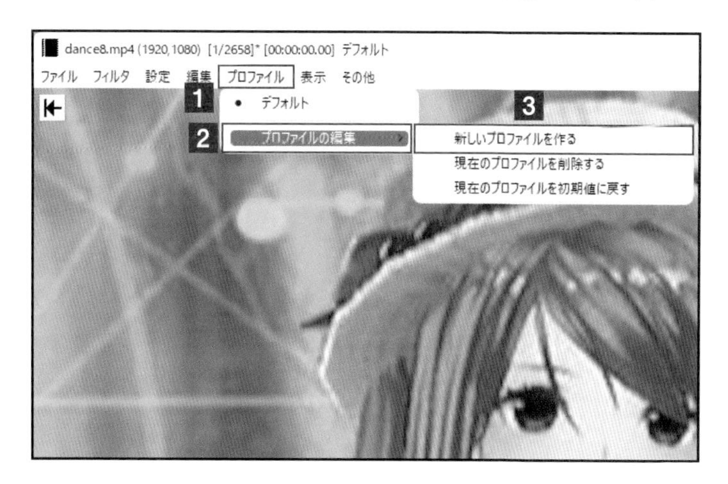

1 現在の設定をプロファイルに保存する

［プロファイル］をクリックし1、［プロファイルの編集］2から［新しいプロファイルを作る］をクリックします3。

2 名前を付けて保存する

プロファイル名を入力し、Enterキーを押すと1、現在の設定が新しいプロファイルに保存され、動画に適用されます2。

POINT

上の手順でプロファイルの作成を行うと、新しく作成したプロファイルの設定情報と作成前のプロファイルの設定情報が同じになります。プロファイルの設定を初期値に戻したいときは、P.071 を参照してください。

保存済みプロファイルを動画に適用する

一度保存したプロファイルは、削除を行わない限り、常に利用できます。読み込んだ動画にプロファイルを適用したいときは、[プロファイル]メニューから行います。

保存済みプロファイルを適用する

[プロファイル] メニューからプロファイル名をクリックすると、そのプロファイルが読み込まれた動画に適用されます。また、適用中のプロファイルは、フレーム情報の右側に表示されるプロファイル名で確認できます。AviUtl では、前回適用したプロファイルが次回利用時も引き続き適用されます。プロファイルを利用するときは、適用されているプロファイルの確認を忘れないようにしましょう。

1 適用するプロファイルを選択する

[プロファイル] をクリックし**1**、適用したいプロファイルの名称（ここでは［顔アップ］）をクリックします**2**。

2 プロファイルが適用される

選択したプロファイルが適用されます。また、フレーム情報の右側に適用したプロファイルの名称が表示されます。

31 選択範囲に特定のプロファイルを適用する

AviUtlは、選択範囲に特定のプロファイルを適用できます。また、選択範囲を複数設定し、選択範囲ごとに異なるプロファイルを適用することもできます。

選択範囲に特定のプロファイルを適用する

範囲選択を行ったあとに、[編集] メニューから [選択範囲を新しいプロファイルにする] をクリックすると、選択範囲とそれ以外に異なるプロファイルを適用できます。また、この手順を繰り返し行うと、選択範囲ごとにそれぞれに異なるプロファイルを適用できます。なお、選択範囲に適用されたプロファイルは、一時的なものです。AviUtl を終了すると、すべて削除されます。

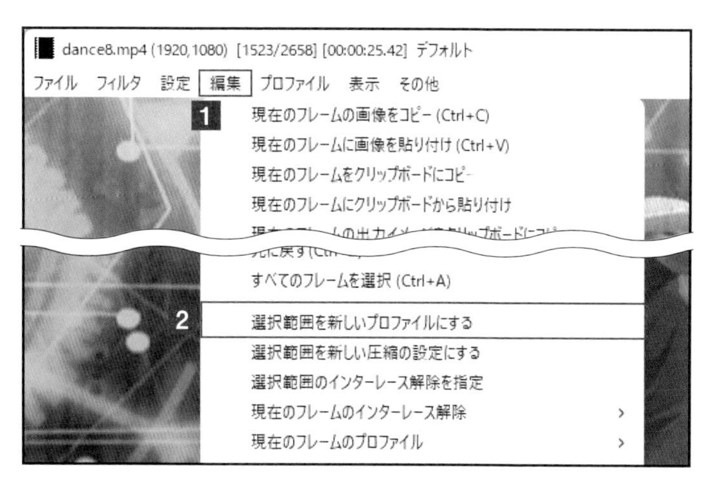

1 選択範囲に新しいプロファイルを適用する

プロファイルを適用したい範囲を選択し、トラックヘッドをその範囲内においておきます(P.045 参照)。[編集] をクリックし1、[選択範囲を新しいプロファイルにする] をクリックします2。

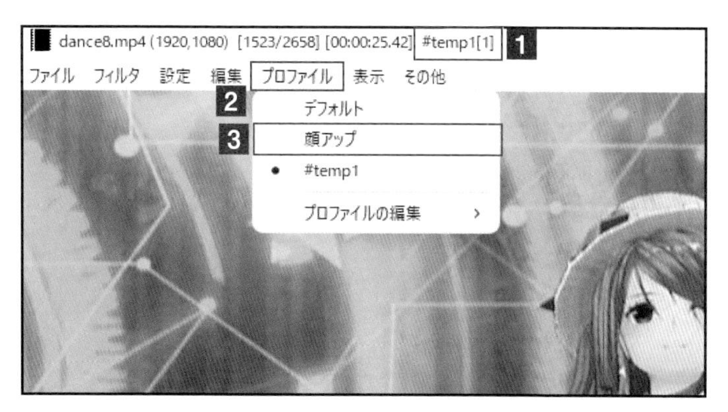

2 プロファイルを選択する

選択範囲に新しいプロファイルが適用され、フレーム情報の右側に [#tempX[X] (X は数字)] と表示されます1。[プロファイル] をクリックし2、適用したいプロファイル (ここでは [顔アップ]) をクリックすると、選択範囲にそのプロファイルが適用されます3。

POINT

トラックヘッドをドラッグして移動させると、フレーム情報の右側に表示されるプロファイルの情報で、適用されているプロファイルを確認できます。たとえば、選択範囲に B プロファイル、それ以外に A プロファイルを適用している場合、トラックヘッドを動かしていくと、選択範囲以外は A プロファイル、選択範囲内は B プロファイルが表示されます。

32 プロファイルを削除する

作成したプロファイルは、削除できます。間違ったプロファイルを作成したり、使わなくなったプロファイルがあるときは、削除を行って整理しましょう。

不要なプロファイルを削除する

プロファイルの削除は、動画に適用中のプロファイルのみ行えます。適用していないプロファイルは削除できません。プロファイルの削除を行うときは、AviUtlに動画を読み込み、削除したいプロファイルを適用してから作業を行ってください。また、あらかじめ用意されている「デフォルト」プロファイルも削除できます。間違って削除したときは、P.067を参考にプロファイルを作り直してください。

1 プロファイルを削除する

AviUtlに動画を読み込み、削除したいプロファイルを適用しておきます。[プロファイル]をクリックし1、[プロファイルの編集]2から[現在のプロファイルを削除する]をクリックします3。

2 プロファイルが削除される

適用中のプロファイルが削除され、削除したプロファイルの前に適用していたプロファイルが適用されます。

33 現在のプロファイルを初期値に戻す

プロファイルに保存されている各種フィルタなどの設定内容は、初期値に戻すことができます。たとえば、フィルタの設定を初期値に戻したいときなどにこの機能を利用します。

プロファイルを初期値に戻す

メインウィンドウで行った各種フィルタ等の情報はリアルタイムでプロファイルに保存されます。間違ったフィルタ設定を行った場合など、フィルタ等の設定をはじめからやり直したいときは、[プロファイル] メニューの [プロファイルの編集] からプロファイルを初期値に戻してください。

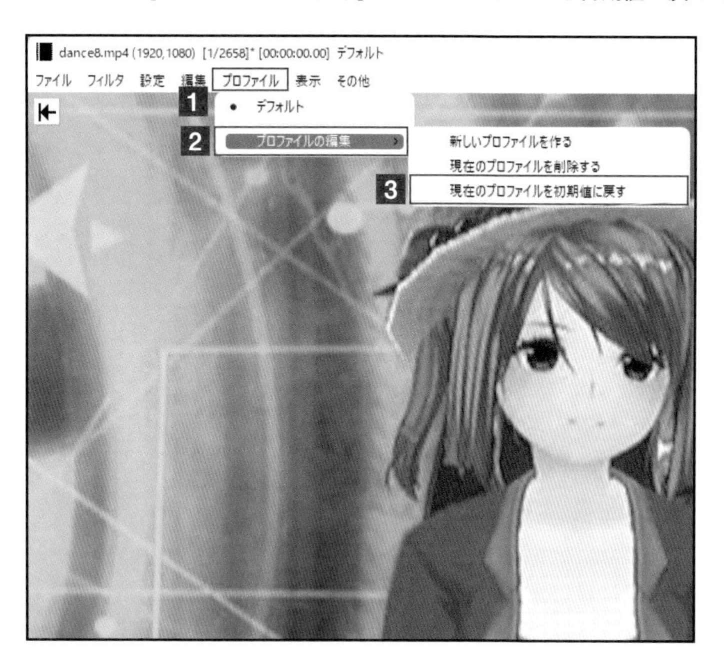

1 プロファイルを初期値に戻す

初期値に戻したいプロファイルを適用しておきます。[プロファイル] をクリックし1、[プロファイルの編集] 2から [現在のプロファイルを初期値に戻す] をクリックします3。

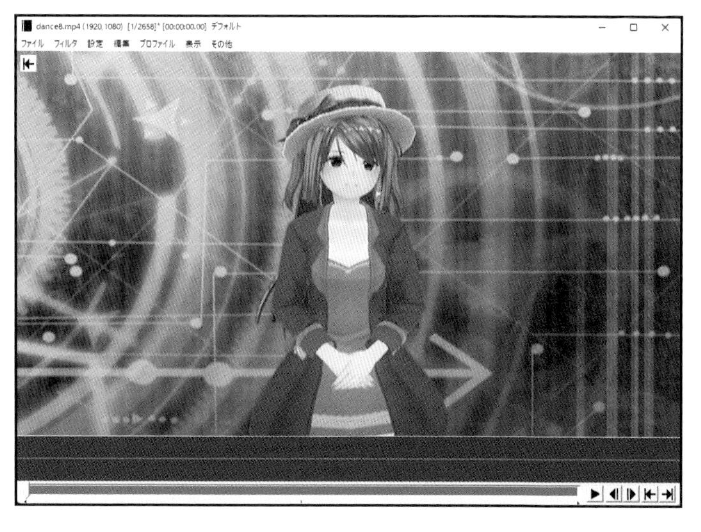

2 各種設定が初期値に戻る

各種フィルタなどの情報がクリアされ、初期値に戻ります。

34 動画を出力プラグインで保存する

編集済みの動画をファイルとして保存するときは、出力プラグインを利用します。出力プラグインとは、AviUtlで動画ファイルを作成するための追加のソフトウェアです。

動画をファイルとして保存する

AviUtlで編集した動画をファイルに保存するには、出力プラグインが必要です。P.028、029を参考に、出力プラグインのインストールを行ってから作業を行ってください。また、動画の出力は、動画全体または指定範囲のみの出力が行えます。指定範囲のみを出力したいときは、メインウィンドウで出力したい範囲の選択を行ってから出力します。ここでは、出力プラグイン「x264guiEx」を利用し、動画全体をファイルとして出力(保存)する手順を説明します。

1 出力プラグインを選択する

[ファイル] をクリックし1、[プラグイン出力] 2から [拡張 x264 出力 (GUI)Ex] をクリックします3。

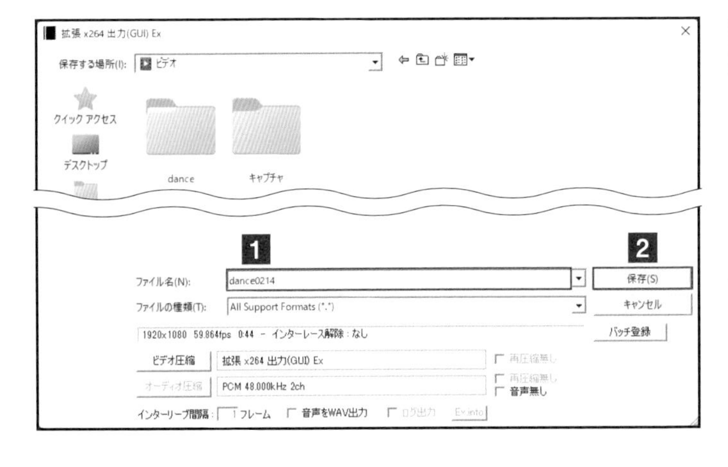

2 ファイルを保存する

ファイルの保存画面が表示されます。ファイル名を入力し1、[保存] をクリックします2。[拡張 x264 出力 (GUI)Ex] の画面が表示され、動画がMP4形式(拡張子「.MP4」)のファイルとして出力(保存)されます。保存が完了したら、[拡張 x264 出力 (GUI)Ex] の画面の ☒ をクリックして画面を閉じます。

POINT

はじめて動画をファイルとして出力するときは、出力に失敗する場合があります。出力に失敗したときは、手順2の画面で [ビデオ圧縮] をクリックし、「拡張 x264 出力 (GUI)Ex」の設定画面が表示されたら [OK] をクリックしてから、手順2の作業を行ってみてください。

35 編集プロジェクトをファイルに保存する

編集作業を途中で中断したいときは、編集プロジェクトの保存を行います。編集プロジェクトとは、読み込んだ動画に施したすべての編集内容を保存したファイルです。

編集プロジェクトを保存する

編集プロジェクトを保存しておくと、いつでも編集プロジェクトを保存した地点から作業を再開できます。編集プロジェクトの保存は、時間を見つけて少しずつ作業を進めたいときや時間切れで作業を中断する必要がでてきたときなどに役立つ機能です。編集プロジェクトは、拡張子「.aup」のファイルとして保存されます。

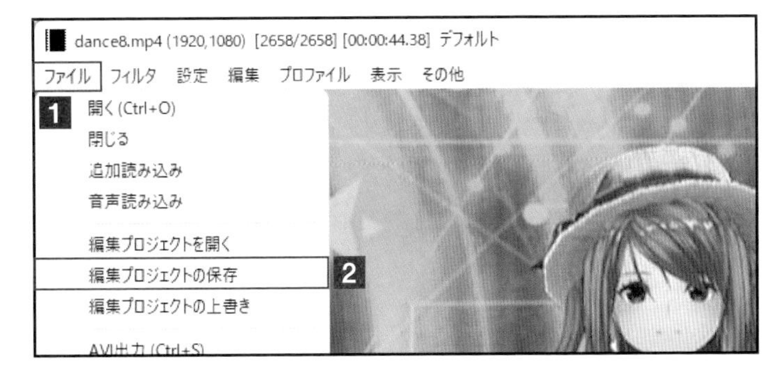

1 「プロジェクトを保存」画面を表示する

［ファイル］をクリックし**1**、［編集プロジェクトの保存］をクリックします**2**。

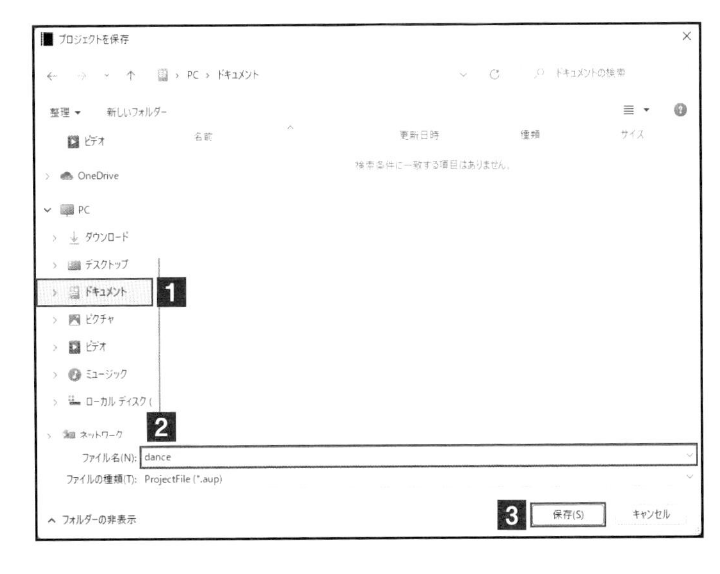

2 編集プロジェクトを保存する

「プロジェクトを保存」画面が表示されます。ファイルを保存したいフォルダーをクリックし**1**、ファイル名を入力します**2**。［保存］をクリックします**3**。

POINT

保存済みの編集プロジェクトを開いて作業を行った場合は、手順**1**で［編集プロジェクトの上書き］をクリックすると、編集プロジェクトの内容を上書きできます。また、［編集プロジェクトの保存］をクリックすると、別名で編集プロジェクトを保存できます。

36 保存済み編集プロジェクトを開く

編集プロジェクトを読み込むと、その編集プロジェクトを保存した地点から作業を再開できます。編集プロジェクトの読み込みは、[ファイル]メニューから行えます。

編集プロジェクトを開く

保存しておいた編集プロジェクトを開いて作業を再開するには、編集中の動画が編集プロジェクト保存時と同じ場所に保存されており、かつ同じファイル名である必要があります。動画の保存場所やファイル名が変わっていたり、削除されていたりすると、それを知らせる画面が表示されます。動画の保存場所やファイル名が変わっている場合は、動画を指定し直すことで作業を再開できますが、削除した場合は、作業を再開できません。

1 「プロジェクトを開く」画面を表示する

[ファイル] をクリックし1、[編集プロジェクトを開く] をクリックします2。

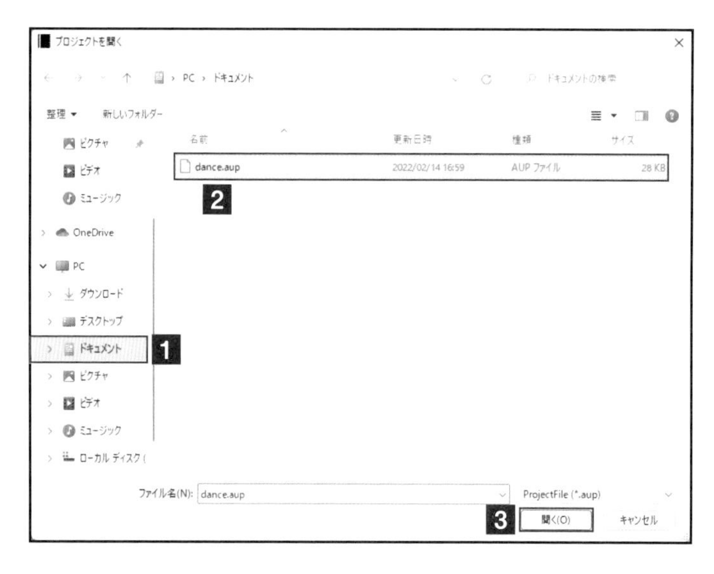

2 編集プロジェクトを開く

「プロジェクトを開く」画面が表示されます。編集プロジェクトが保存されたフォルダーをクリックし1、開きたい編集プロジェクトのファイルをクリックして選択します2。[開く]をクリックすると3、編集プロジェクトに保存されていた内容に従って、作業内容が読み込まれます。

POINT

動画の保存場所やファイル名が変わっているときは、それを知らせる画面が表示されます。その画面で [OK] をクリックすると、編集する動画を再度指定できます。

37 AviUtlの各種情報を確認する

AviUtlは、読み込んだ動画の解像度やフレームレートなどを確認したり、入力プラグインや出力プラグインなどの各種プラグインの情報を確認したりする機能を備えています。

情報を確認する

［その他］メニューを利用すると、読み込んだ動画の解像度やフレームレートなどの情報を確認したり、各種プラグインのバージョン情報などを確認したりできます。ここでは、読み込んだ動画の情報を確認する手順を例に、AviUtlの各種情報を確認する方法を説明します。

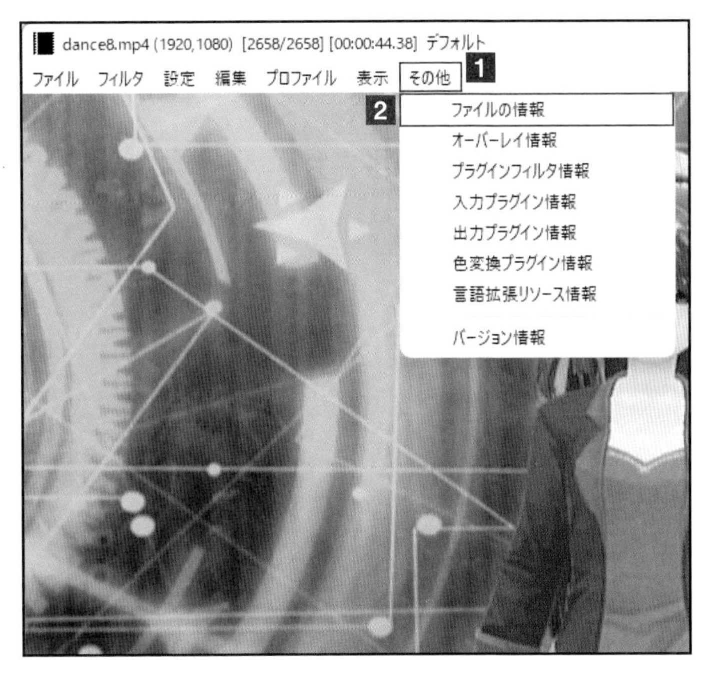

1 メニューを表示する

［その他］をクリックし1、確認したい情報（ここでは［ファイルの情報］）をクリックします2。

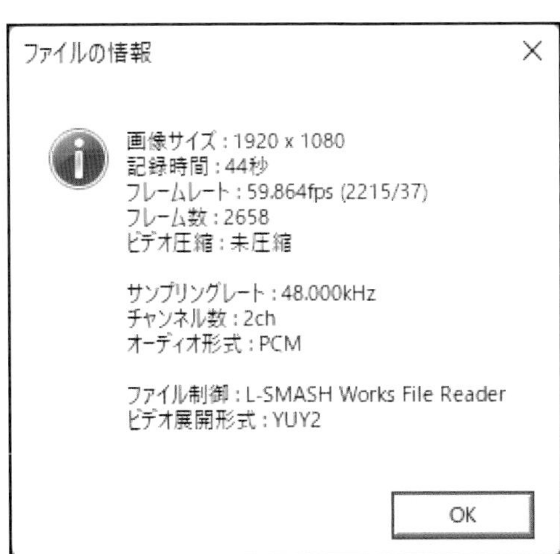

2 情報が表示される

選択した情報（ここでは［ファイルの情報］）の画面が表示されます。画面を閉じたいときは、［OK］をクリックします。

ショートカットキーを登録する

AviUtlでは、ショートカットキーによる操作を詳細にカスタマイズできます。利用頻度の高い操作をショートカットキーに登録しておくと、操作をすばやく行えます。

ショートカットキーをカスタマイズする

ショートカットキーのカスタマイズは、「ショートカットキーの設定」画面で行います。この画面では、登録済みのショートカットキーを削除したり、新しいショートカットキーを登録したりできます。また、必要に応じてショートカットキーの設定を初期値に戻すこともできます。ここでは、一例として出力プラグイン「x264guiEx」を利用して動画の出力を行うショートカットキーに、Ctrlキー＋Pキーを登録するカスタマイズ方法を説明します。

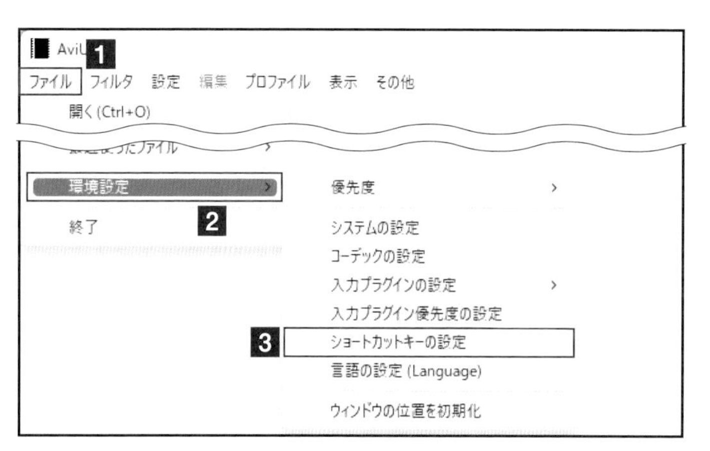

1 「ショートカットキーの設定」画面を表示する

［ファイル］をクリックし1、［環境設定］2から［ショートカットキーの設定］をクリックします3。

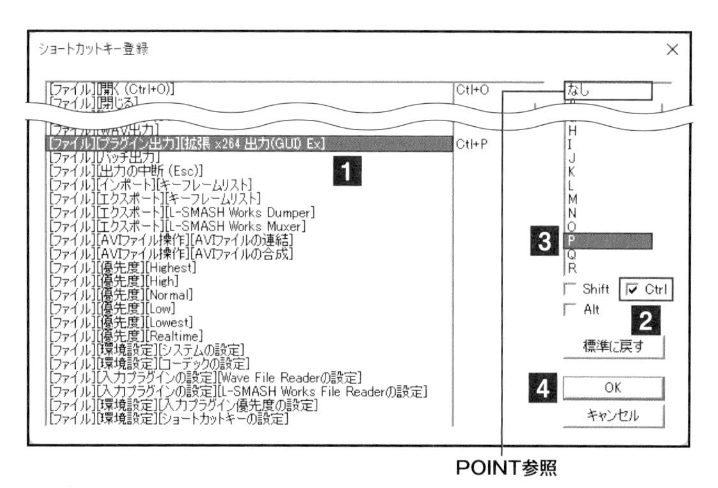

2 ショートカットキーの設定を行う

「ショートカットキーの設定」画面が表示されます。カスタマイズしたい操作（ここでは［［ファイル］［プラグイン出力］［拡張x264 出力(GUI) Ex］］）をクリックし1、ショートカットキーを選択します。ここでは、［Ctrl］の□をクリックして☑に2し、［P］をクリックします3。また、ショートカットキーの設定を終えるときは［OK］をクリックします4。

POINT

既存のショートカットキーを削除したいときは、削除したい操作を選択し、［なし］をクリックします。また、初期値に戻したいときは［標準に戻す］をクリックします。

CHAPTER

▼

02

THE PERFECT GUIDE FOR AVIUTL

[ウィンドウ操作と オブジェクトの登録]

拡張編集Pluginについて知る

拡張編集Pluginは、メインウィンドウとは別に独立して動作する編集機能です。AviUtlは、この機能によって市販のアプリに劣らない高度な編集機能を提供します。

拡張編集 Pluginとは？

「拡張編集 Plugin」は、メインウィンドウとは別のウィンドウによって提供される追加の編集機能です。メインウィンドウの動画編集機能はシンプルなため、複雑な動画を仕上げる用途には向いていませんでしたが、拡張編集 Plugin では、自由度が高く、直感的な操作で市販のアプリと遜色ない高度な動画編集を提供します。この機能を利用するには、拡張編集 Plugin をインストールする必要があります（P.083、084 参照）。

拡張編集Pluginを利用した動画編集例

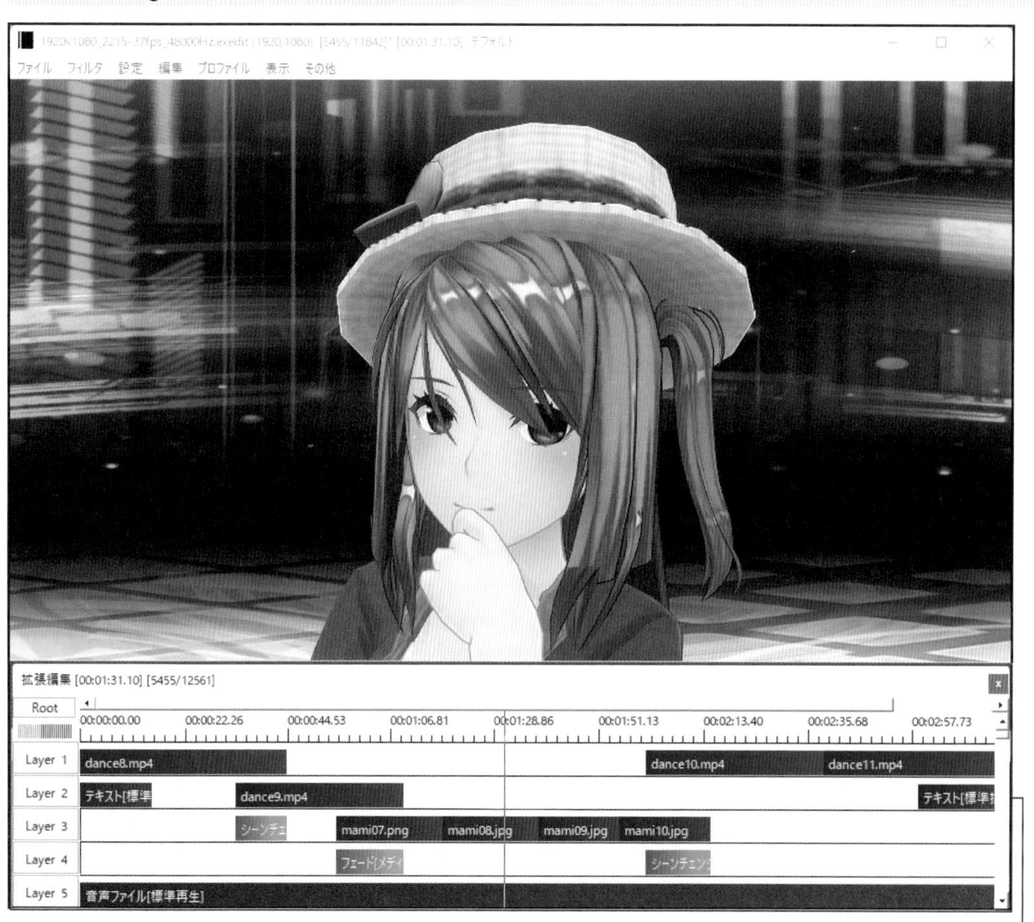

▲拡張編集Pluginを利用した動画編集は、メインウィンドウとは別に表示される専用のウィンドウを利用します。拡張編集Pluginでは、タイムライン方式と呼ばれる「時間軸」に沿って動画や音声を配置していくことで1本の動画に仕上げる編集機能を採用しています。

02 拡張編集Pluginを利用した動画編集の流れを理解する

拡張編集Pluginは、専用の編集ウィンドウ上の時間軸に沿って動画や音声を配置し、各種エフェクトなどを適用することで1本の動画に仕上げる編集機能を提供します。

拡張編集 Plugin を利用した動画編集の流れ

拡張編集 Plugin の動画編集画面（拡張編集ウィンドウ）は、横方向が時間軸（タイムライン）となり、動画や音声の登録を行う場所は縦方向に並べられています。これを「レイヤー」と呼びます。また、レイヤーに配置する動画や音声、各種エフェクト機能は、「オブジェクト」と呼ばれ、オブジェクトごとに「設定ダイアログ」と呼ばれるオブジェクト操作用の専用画面が用意されています。

拡張編集Pluginの画面構成

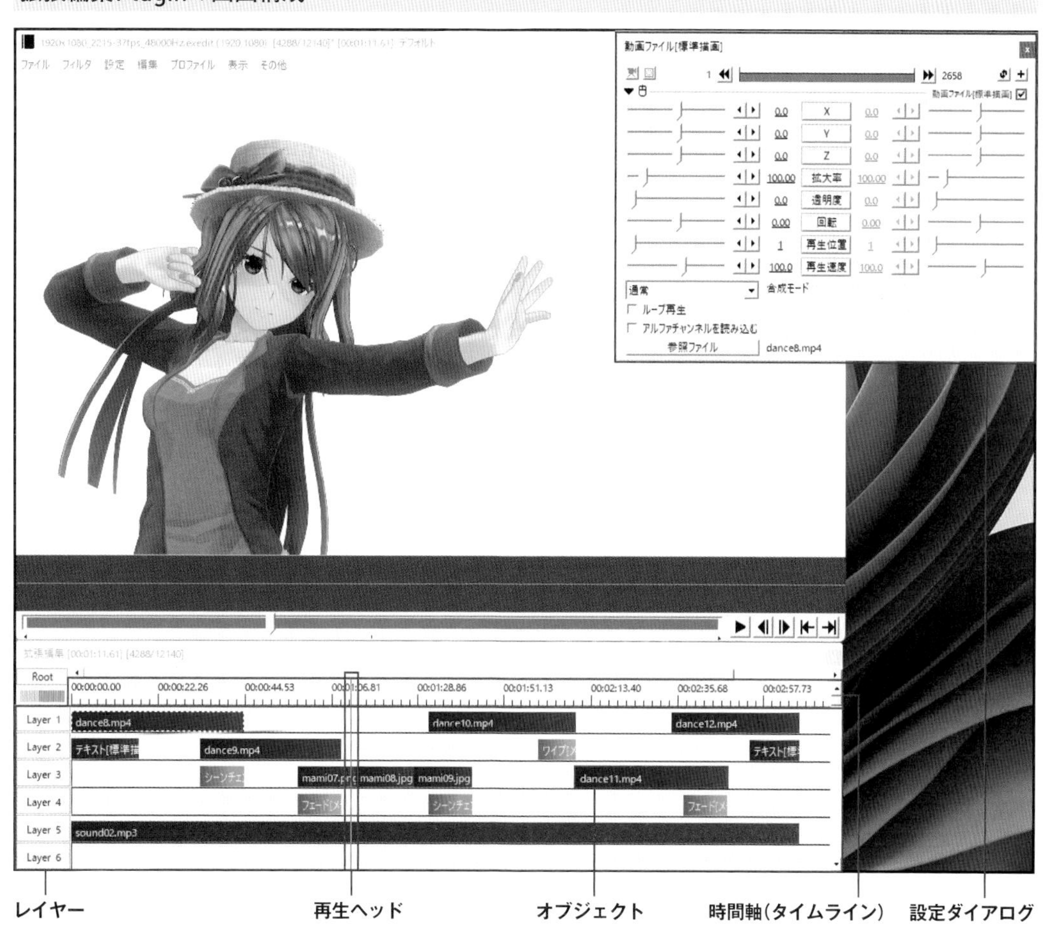

03 レイヤーを理解する

オブジェクトを配置するレイヤーには、重なり順があります。動画の上に文字(テロップ)や写真、物体などを表示するときは、この順番に沿ってオブジェクトが表示されます。

レイヤーの表示順を理解する

拡張編集 Plugin では、一部の例外を除き上のレイヤーから下のレイヤーに向けて順番にオブジェクトが重ねられて表示されます。たとえば、一番上のレイヤー(Layer 1)に動画 A を配置し、その下のレイヤー(Layer 2)に動画 B を配置した場合、同じ時間軸で重なり合っている部分は、下のレイヤーに配置されている動画 B が一番上に表示されます。動画に文字(テロップ)を表示したり、別の動画を小窓で表示したりするときは、この原則に沿ってオブジェクトを配置する必要があります。

動画や写真の表示順

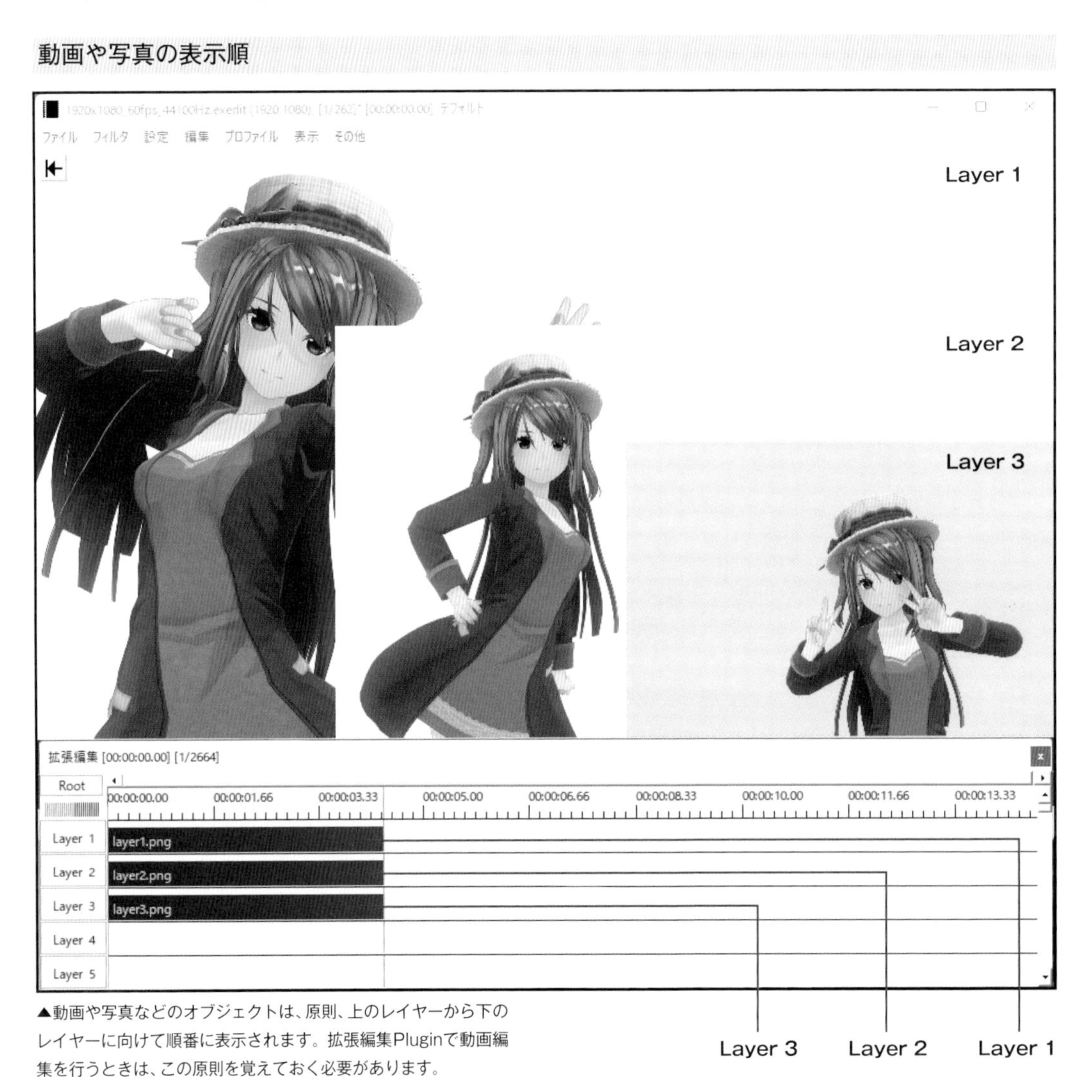

▲動画や写真などのオブジェクトは、原則、上のレイヤーから下のレイヤーに向けて順番に表示されます。拡張編集Pluginで動画編集を行うときは、この原則を覚えておく必要があります。

オブジェクトを理解する

拡張編集Pluginでは、レイヤーにオブジェクトを配置することで動画を仕上げていきます。オブジェクトには、「メディアオブジェクト」と「フィルタオブジェクト」があります。

メディアオブジェクトとフィルタオブジェクトの違い

「メディアオブジェクト」は、画像として表示される素材を中心としたオブジェクトです。素材に対してフィルタ効果を与えたり、複数のレイヤーをまとめて制御するオブジェクトなども用意されています。「フィルタオブジェクト」は、フィルタ効果を付与するオブジェクトです。メディアオブジェクトのフィルタ効果のオブジェクトは、「1つ上のレイヤー」対して効果を適用しますが、フィルタオブジェクトは、上にあるレイヤー「すべて」に対してフィルタ効果を適用します(P.198参照)。

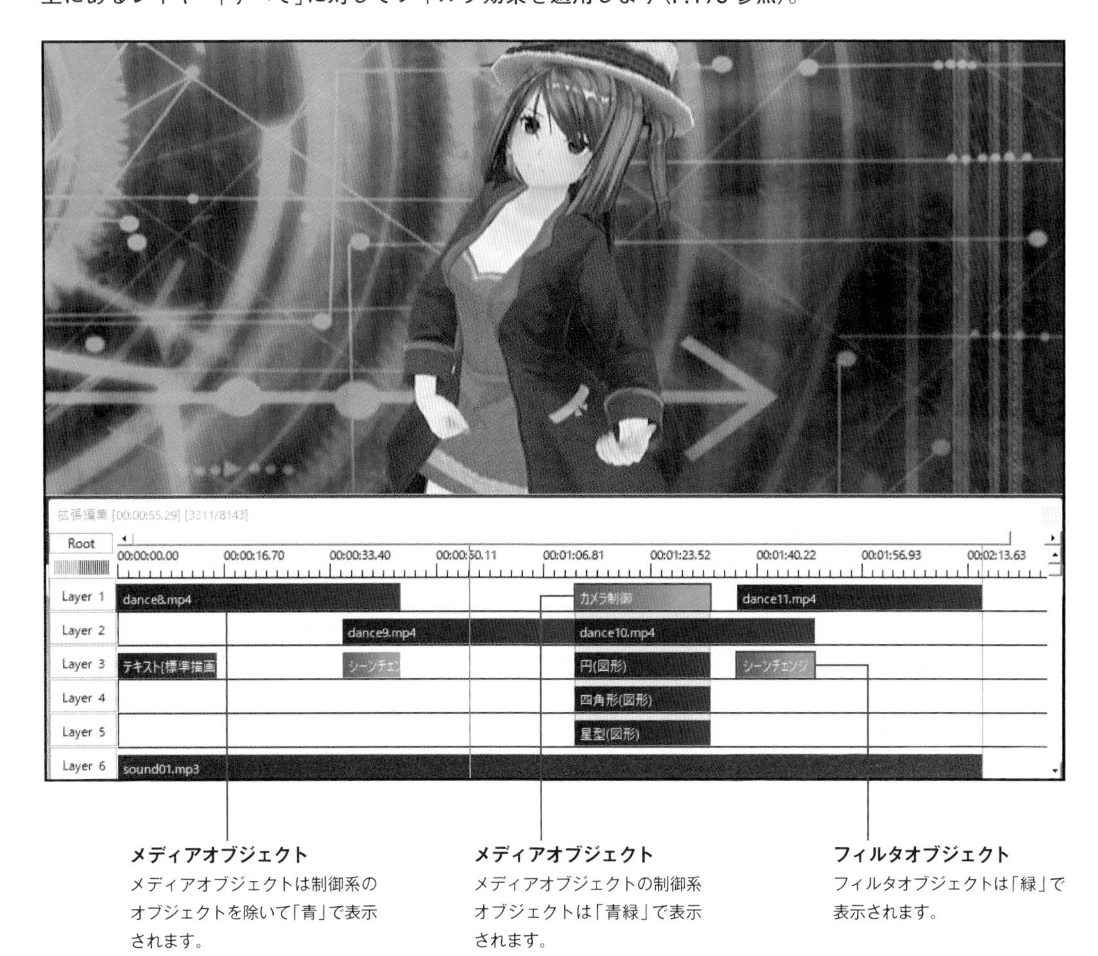

メディアオブジェクトの種類を知る

メディアオブジェクトには、動画や画像、テキスト、図形などの画像として表示されるオブジェクトのほか、制御オブジェクトやフィルタ効果のオブジェクトなどがあります。

メディアオブジェクトの種類と用途

メディアオブジェクトは画像として表示される素材を中心としたオブジェクトですが、それ以外にも素材に対して視覚効果を与えるオブジェクトや複数のレイヤーをまとめて操作するときに利用できる制御オブジェクト、50種類を超えるフィルタ効果のオブジェクトなども用意されています。

メディアオブジェクト一覧

動画ファイル	動画ファイルを追加します（P.090参照）。
音声ファイル	音声ファイルを追加します（P.092参照）。
画像ファイル	写真やイラストなどの画像ファイルを追加します（P.091参照）。
テキスト	テロップなどのテキスト（文字）を表示するオブジェクトを追加します（P.269参照）。
図形	円や三角形、四角形、五角形、六角形、星型などの図形やファイルから読み込んだ画像、背景などのオブジェクトを追加します（P.095参照）。
フレームバッファ	このオブジェクトを配置したレイヤーよりも上にあるすべてのレイヤーに同じ特殊効果を適用するほか、1つの画像として操作できるオブジェクトを追加します（P.233参照）。
音声波形表示	音声波形の画面をオブジェクトとして追加します（P.097参照）。
シーン	シーンをオブジェクトとして追加します（P.262参照）。
シーン（音声）	シーンの音声部分のみをオブジェクトとして追加します（P.262参照）。
直前オブジェクト	1つ上のレイヤーにあるオブジェクトをコピーし、それをオブジェクトとして追加します。
パーティクル出力	図形がパラパラと放出するように動くパーティクル出力のオブジェクトを追加します。
カスタムオブジェクト	集中線や走査線、カウンター、レンズフレア、雲、星、雪、雨など、全15種類のカスタムオブジェクトを追加します（P.255参照）。
時間制御	動画の早送りや逆再生、コマ落ち、繰り返し再生などの時間制御を行うオブジェクトを追加します（P.259、260参照）。
グループ制御	指定した複数のレイヤーをグループ化して、まとめて特殊効果を施せるオブジェクトを追加します（P.234参照）。
カメラ制御	カメラ視点で動画を立体的に動かすカメラ制御のオブジェクトを追加します（P.242～251参照）。
フィルタ効果の追加	動画にさまざまな効果を施すフィルタ効果のオブジェクトを追加します。55種類のフィルタ効果が用意されています。このオブジェクトは、フィルタオブジェクトから追加する効果とは適用されるレイヤーの範囲が異なります（P.198参照）。

06 拡張編集Pluginを ダウンロードする

拡張編集Pluginは、作者の運営するWebサイトで無料配布されています。拡張編集Pluginのインストールは、ここからプログラムをダウンロードし、手作業でインストールを行います。

拡張編集 Plugin をダウンロードする

拡張編集 Plugin のダウンロードは、作者の運営する Web サイト(http://spring-fragrance.mints.ne.jp/aviutl/) から行えます。拡張編集 Plugin のプログラムは、ZIP 形式で圧縮されて配布されています。ダウンロードが完了したら、P.019 の手順を参考にダウンロードしたファイルを展開してください。

1 ダウンロードページを表示する

Web ブラウザー(ここでは「Microsoft Edge」)を起動して、AviUtl のダウンロードページ(http://spring-fragrance.mints.ne.jp/aviutl/) の URL を入力し、Enter キーを押します。

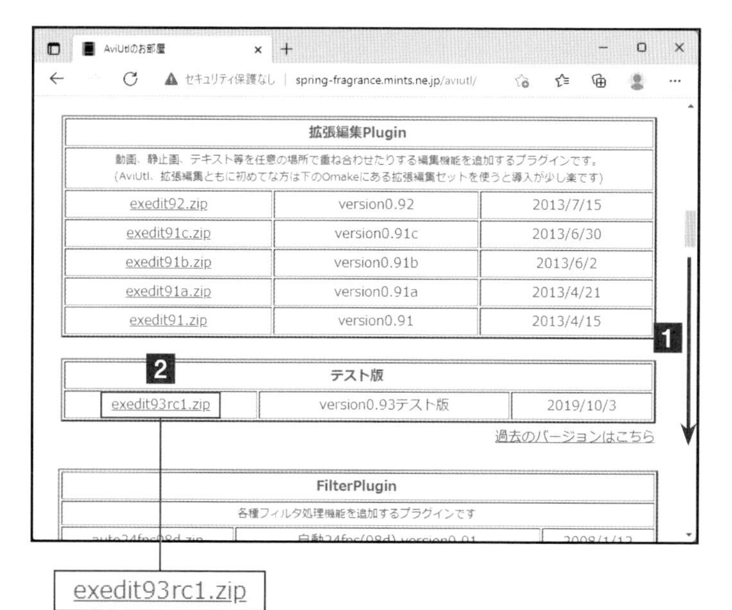

2 拡張編集Pluginをダウンロードする

画面をスクロールして**1**、[exedit93rc1.zip] をクリックします**2**。広告が表示された場合は広告を閉じると、ファイルがダウンロードされます。ダウンロードが完了したら、P.019 の手順を参考にファイルを展開します。

POINT

ファイルのダウンロード時に表示される広告の閉じ方は、表示された広告によって異なります。一般的には、画面右上に表示される✕や[閉じる]などをクリックすることで広告を閉じることができます。

07 拡張編集Pluginをインストールする

拡張編集Pluginのダウンロードとダウンロードしたファイルの展開が完了したら、拡張編集Pluginのプログラムファイルを「Plugins」フォルダーにインストールします。

拡張編集 Plugin をインストールする

拡張編集Pluginのインストールは、AviUtlのインストールフォルダー内に用意した「Plugins」フォルダーに拡張編集 Plugin のファイルをコピーまたは移動することで行います。「Plugins」フォルダーに、展開したファイルをすべてコピーまたは移動します。

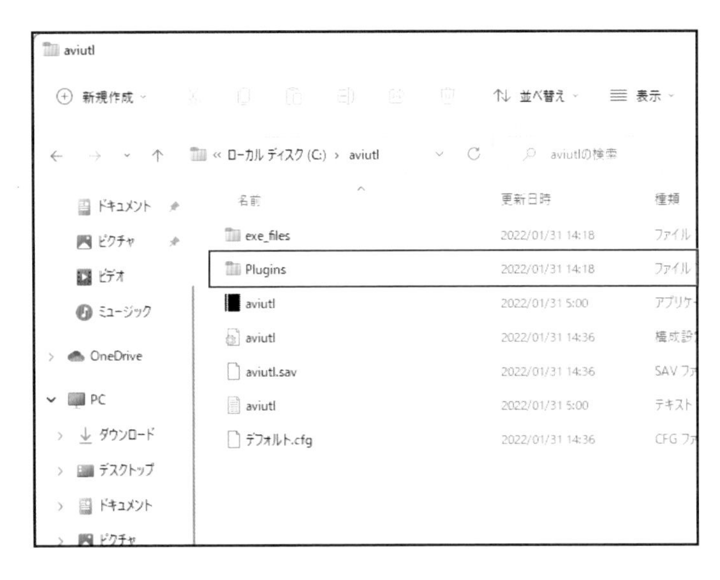

1 インストールフォルダーを開く

AviUtl のファイルが収められたフォルダーをエクスプローラーで開き、[Plugins] をダブルクリックして開きます。

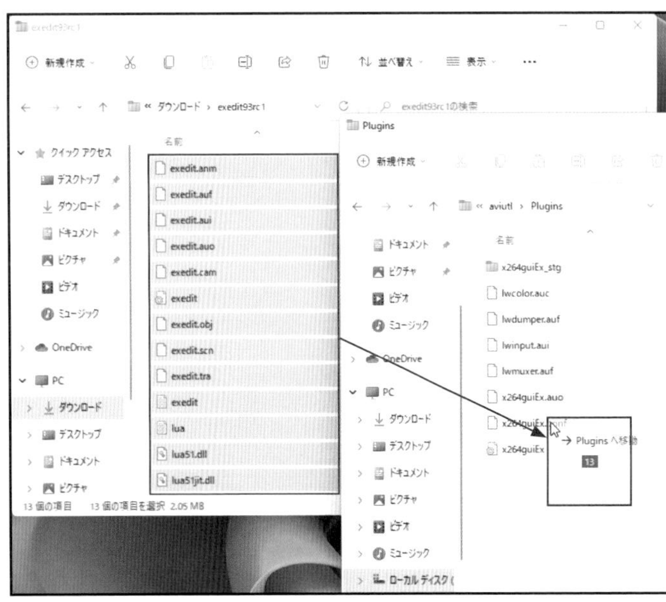

2 ファイルをコピーまたは移動する

拡張編集 Plugin の展開先フォルダー内にあるすべてのファイルを「Plugins」フォルダーにドラッグ＆ドロップします。これで拡張編集 Plugin のインストールは完了です。

08 拡張編集Pluginで利用可能なファイル形式を追加する

拡張編集Pluginは、設定ファイルを編集することで読み込める動画や音声、画像ファイルの種類を増やせます。利用を開始する前に内容を確認しておきましょう。

設定ファイルの内容を確認／編集する

拡張編集 Plugin で読み込める動画や写真／画像、音声などのファイルの種類は、設定ファイル(「exedit.ini」)の内容を表示することで確認／追加できます。読み込みたいファイルの追加は、「(. ドット) 拡張子＝〇〇ファイル(〇〇は動画や音声、画像など)」の形式で記述します。たとえば、動画ファイルの種類を追加するときは、動画の形式を「(. ドット) 拡張子 = 動画ファイル」と「(. ドット) 拡張子＝音声ファイル」の 2 つ形式で記述します。

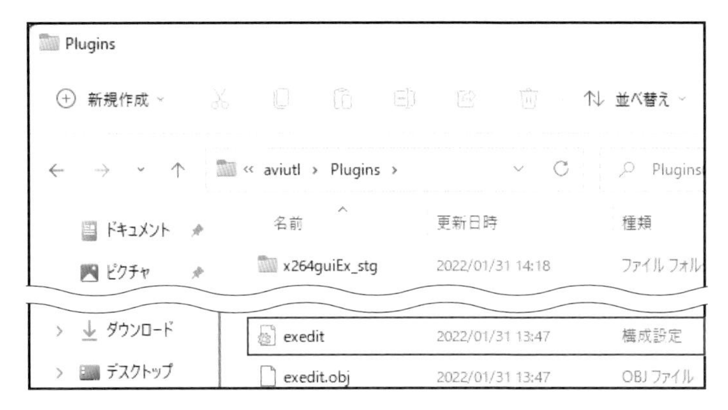

1 設定ファイルを開く

エクスプローラーで AviUtl のインストールフォルダー内に用意した「Plugins」フォルダーを開きます。エクスプローラーの「種類」欄に「構成設定」と表示されている［exedit］をダブルクリックします。

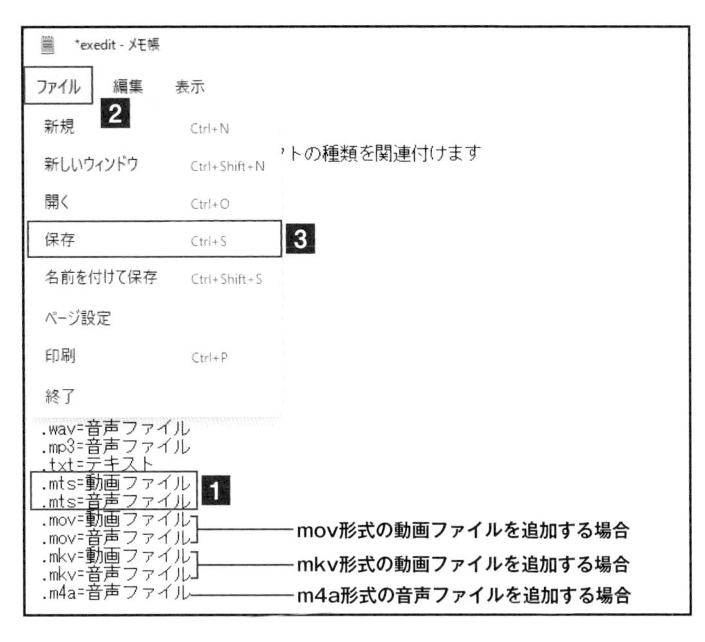

2 設定ファイルの内容を編集する

メモ帳が起動します。「. (ドット) 拡張子 (ここでは「.mts」) ＝動画ファイル」「. (ドット) 拡張子 (ここでは「.mts」) ＝音声ファイル」の形式で、追加したい動画ファイルの形式を入力します1。[ファイル]をクリックし2、[保存] をクリックして3、設定内容を保存します。ファイルを保存したら、✕をクリックして画面を閉じます。

拡張編集Pluginを表示する

拡張編集Pluginの編集ウィンドウの表示／非表示は、[設定]メニューから行えます。拡張編集Pluginの編集ウィンドウは一度表示を行うと、閉じない限り次回も自動表示されます。

拡張編集 Plugin の編集ウィンドウを表示する

拡張編集 Plugin の編集ウィンドウは、拡張編集 Plugin をインストールしただけでは表示されません。拡張編集 Plugin の編集ウィンドウを表示するには、[設定] メニューの [拡張編集の設定] をクリックします。また、再度、この操作を行うと拡張編集 Plugin の編集ウィンドウが閉じます。

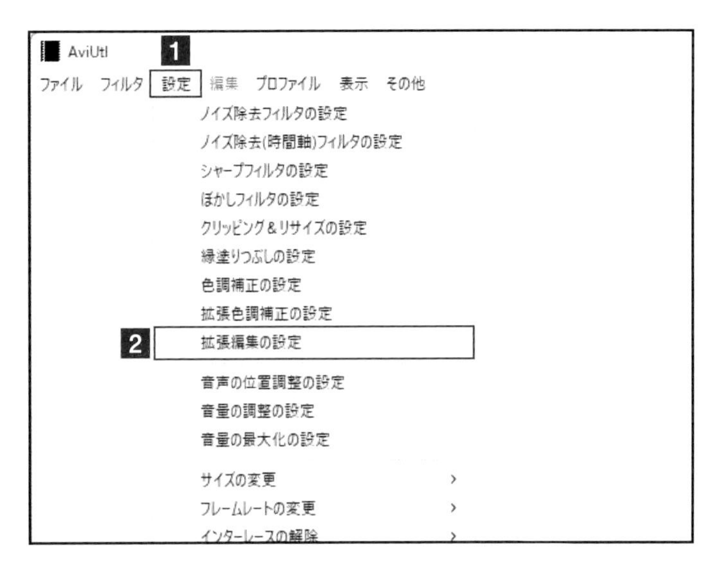

1 編集ウィンドウを表示する

[設定] メニューをクリックし1、[拡張編集の設定] をクリックします2。

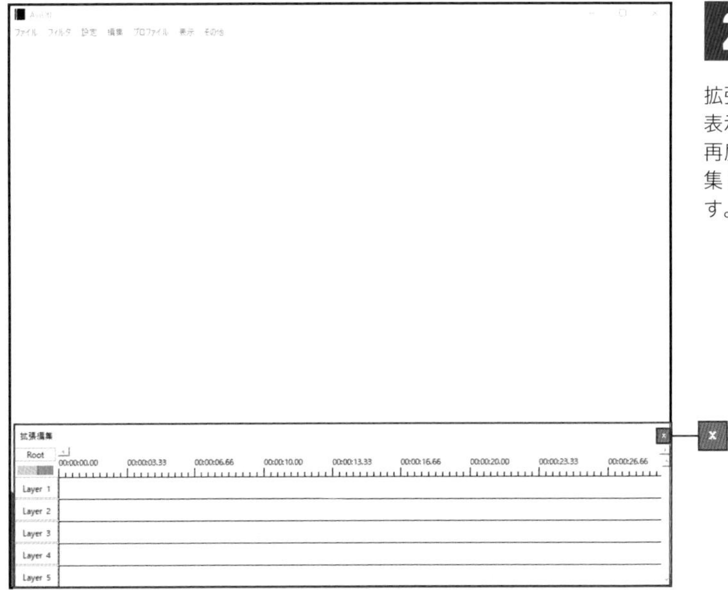

2 拡張編集Pluginの編集ウィンドウが表示される

拡張編集 Plugin の編集ウィンドウが表示されます。×をクリックするか、再度手順1の操作を行うと、拡張編集 Plugin の編集ウィンドウが閉じます。

新規プロジェクトを作成する

拡張編集Pluginで動画の編集を行うには、拡張編集Pluginの編集ウィンドウにオブジェクトを読み込み、新規プロジェクトを作成します。

オブジェクトを読み込む

拡張編集 Plugin の編集ウィンドウに動画や音声、画像（写真）などのオブジェクトをドラッグ & ドロップすると、「新規プロジェクトの作成」画面が表示されます。この画面で［OK］をクリックするとドラッグ & ドロップされたオブジェクトが Layer1 または Layer1 と Layer2 に自動的に読み込まれ、新規プロジェクトが自動作成されます。

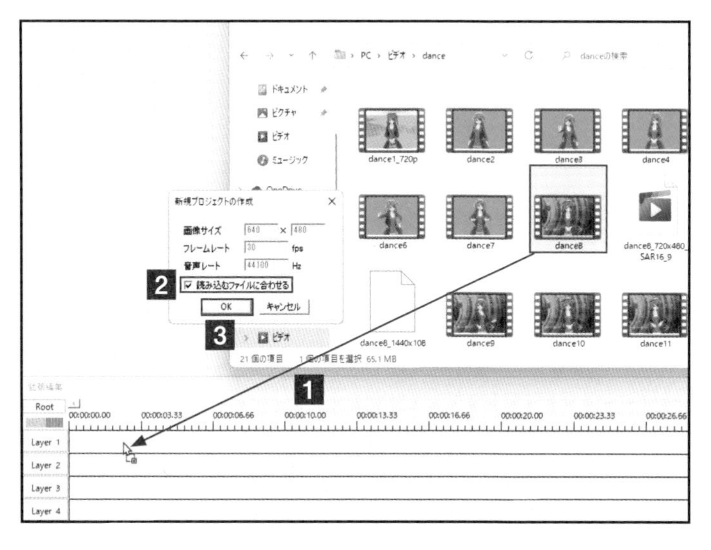

1 読み込みたいファイルをドラッグ&ドロップする

拡張編集 Plugin に読み込みたいファイル（ここでは動画ファイル）を拡張編集 Plugin の編集ウィンドウにドラッグ & ドロップします1。「新規プロジェクトの作成」画面が表示されるので、［読み込むファイルに合わせる］の□をクリックして☑（［オン］）にし2、［OK］をクリックします3。

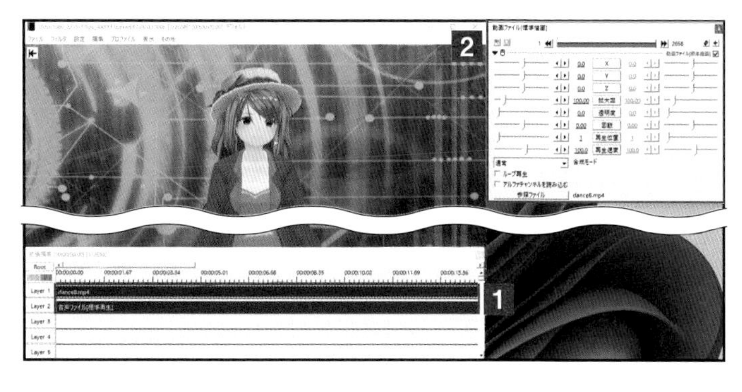

2 新規プロジェクトが作成される

新規プロジェクトが作成され、拡張編集 Plugin の編集ウィンドウに動画が読み込まれて1、その動画の設定ダイアログが表示されます2。

POINT

この方法で新規プロジェクトを作成すると、拡張編集 Plugin の編集ウィンドウに読み込まれた動画は、「Layer 1」に動画の映像部分、「Layer 2」に動画の音声部分が読み込まれます。また、作成する動画の解像度は、読み込んだ動画の解像度に設定されます。

11 指定解像度で新規プロジェクトを作成する

拡張編集Pluginでは、「新規プロジェクトの作成」画面で作成する動画の解像度(画像サイズ)を任意のサイズに指定したり、フレームレートを変更したりできます。

解像度を指定して新規プロジェクトを作成する

拡張編集 Plugin の編集ウィンドウにオブジェクトをドラッグ & ドロップしたときに表示される「新規プロジェクトの作成」画面では、作成する動画の解像度(画像サイズ)やフレームレートの設定を行えます。解像度やフレームレートを指定して動画の作成を行いたいときは、この機能を利用します。

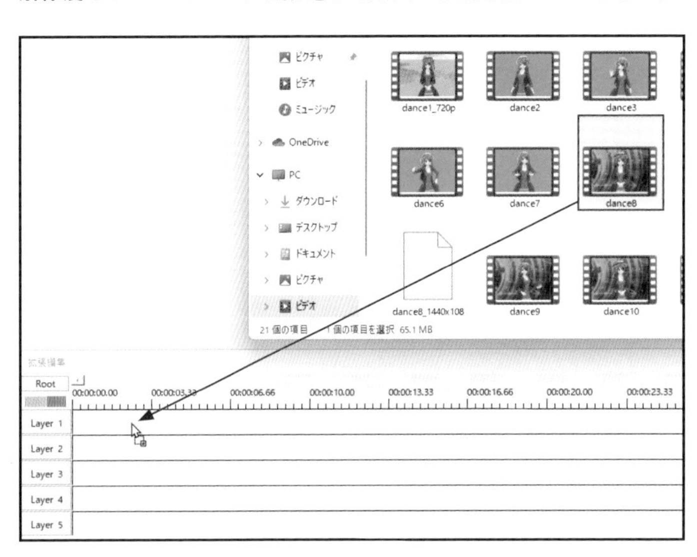

1 読み込みたいファイルをドラッグ&ドロップする

拡張編集 Plugin に読み込みたいファイル（ここでは動画ファイル）を拡張編集 Plugin の編集ウィンドウにドラッグ & ドロップします。

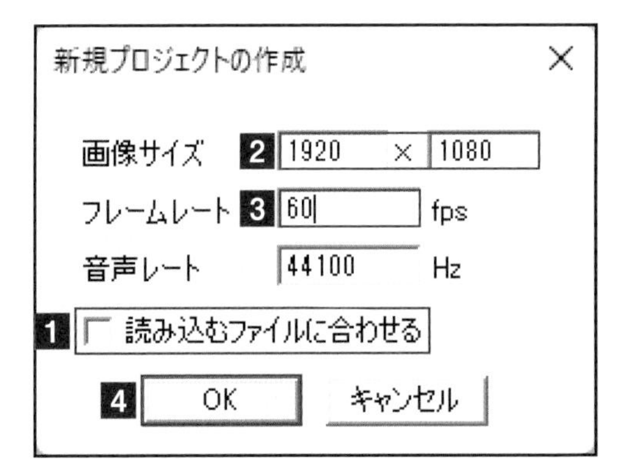

2 「新規プロジェクトの作成」画面の設定を行う

「新規プロジェクトの作成」画面が表示されるので、[読み込むファイルに合わせる] を「 ([オフ]) にし1、画面サイズ（ここでは、「1920」x「1080」）を入力して2、フレームレート（ここでは「60」）を入力します3。[OK] をクリックすると4、指定解像度とフレームレートで動画が読み込まれます。

POINT

横幅が圧縮されて表示される地デジの 1440x1080px や DVD の 720x480px の解像度の動画を読み込むときに 1920x1080px のような「16:9」の解像度を指定しても、横幅の圧縮は解除されません。このような動画の縦横比を正常に表示したいときは、P. 163 や P.208 を参照してください。

SECTION 12

空の新規プロジェクトを作成する

新規プロジェクトは、オブジェクトを読み込むことで作成できるだけでなく、オブジェクトを何も読み込んでいない空の新規プロジェクトを作成することもできます。

空の新規プロジェクトを作成する

空の新規プロジェクトを作成すると、作成したい動画の画像サイズ（解像度）やフレームレートなどをあらかじめ決めてから編集作業を行えます。空の新規プロジェクトは、拡張編集 Pluginの適当なレイヤーの上で右クリックして表示されるメニューから作成できます。

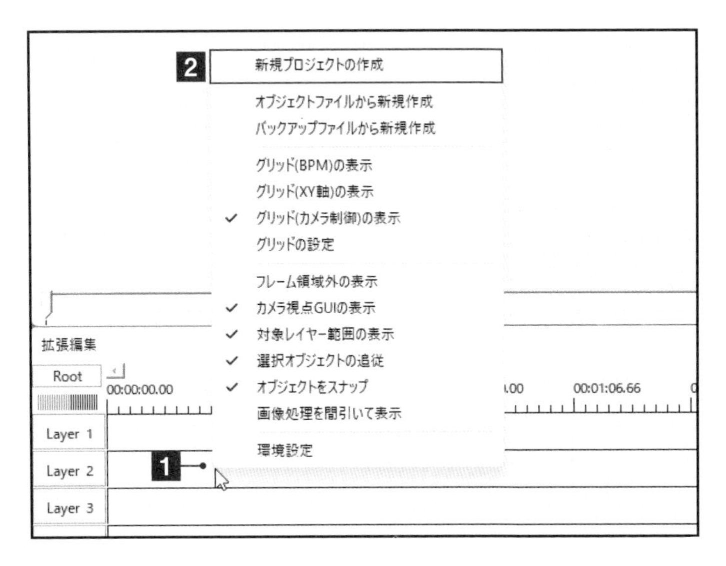

1 右クリックメニューを表示する

拡張編集 Pluginの編集ウィンドウの適当なレイヤー上で右クリックし**1**、［新規プロジェクトの作成］をクリックします**2**。

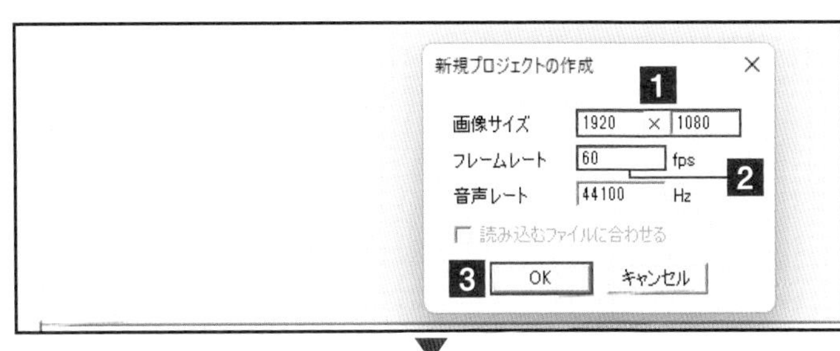

▼

拡張編集 [00:00:00.00] [1/1]
Root
00:00:00.00 00:00:16.66 00:00:33.33 00:00:50.00 00:01:06.66
Layer 1
Layer 2
Layer 3
Layer 4
Layer 5
Layer 6

2 プロジェクトを作成する

「新規プロジェクトの作成」画面が表示されるので、画面サイズ（ここでは、「1920」x「1080」）を入力して**1**、フレームレート（ここでは「60」）を入力します**2**。［OK］をクリックすると**3**、空の新規プロジェクトが作成されます**4**。

レイヤーに動画を追加する

拡張編集Pluginでは、編集ウィンドウのレイヤーに複数の動画を追加できます。動画はどのレイヤーにも追加できますが、一度の操作で追加できるのは1つの動画のみです。

動画を追加する

拡張編集 Plugin の編集ウィンドウへの動画の追加は、エクスプローラーから追加したい動画ファイルを目的のレイヤーの上にドラッグ＆ドロップすることで行えます。追加した動画は、後から別のレイヤーに移動したり、同じレイヤーの別の場所に移動したりできます(P.116 参照)。なお、複数の動画をまとめて追加することはできません。

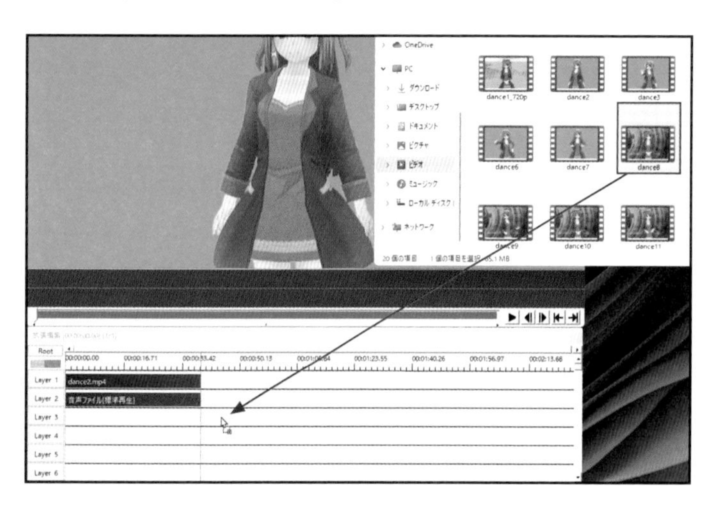

1 動画をレイヤーに追加する

エクスプローラーから追加したい動画ファイルを、配置したいレイヤーの上にドラッグ＆ドロップします。

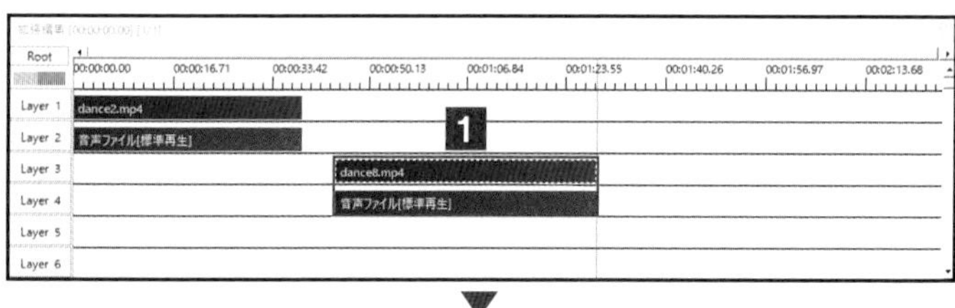

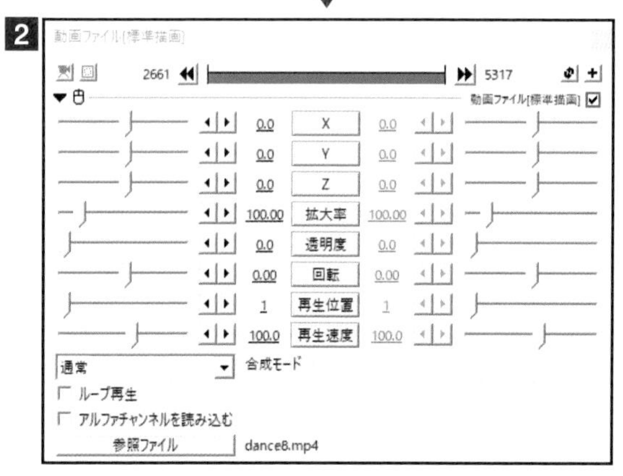

2 動画が追加される

動画がマウスポインターがあった場所に追加され1、その動画の設定ダイアログが表示されます2。

POINT

動画の追加位置は、ドラッグ＆ドロップ時にマウスポインターがあった場所を先頭にして追加されます。

14 レイヤーに画像を追加する

拡張編集Pluginでは、編集ウィンドウのレイヤーに複数の写真やイラストなどの画像を追加できます。画像はどのレイヤーにも追加できますが、一度の操作で追加できるのは1つの画像のみです。

画像を追加する

拡張編集 Plugin の編集ウィンドウへの画像の追加は、エクスプローラーから追加したい画像ファイルを目的のレイヤーの上にドラッグ & ドロップすることで行えます。追加した画像は、あとから再生時間を調整できるほか(P.141、142 参照)、別のレイヤーに移動したり、同じレイヤーの別の場所に移動したりできます(P.116 参照)。なお、複数の画像ファイルをまとめて追加することはできません。

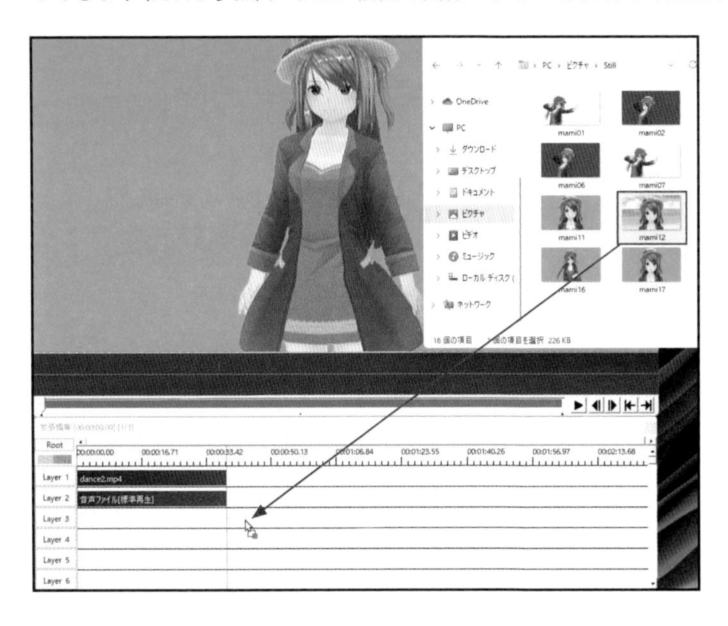

1 画像をレイヤーに追加する

エクスプローラーから追加したい画像ファイルを、配置したいレイヤーの上にドラッグ & ドロップします。

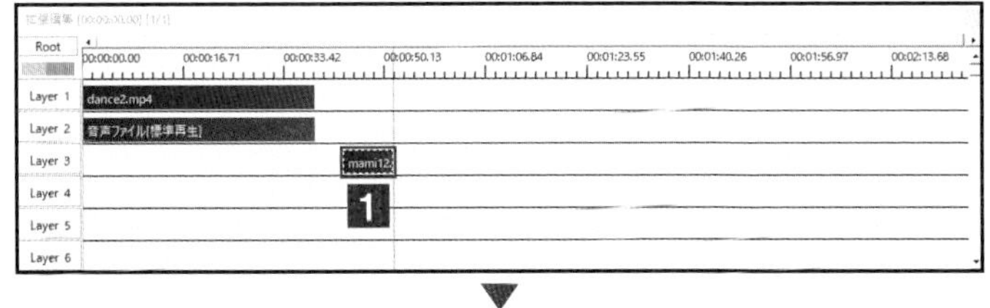

2 画像が追加される

画像がマウスポインターがあった場所に追加され**1**、その画像の設定ダイアログが表示されます**2**。

POINT

画像の追加位置は、ドラッグ & ドロップ時にマウスポインターがあった場所を先頭にして追加されます。

レイヤーに音声を追加する

拡張編集Pluginでは、編集ウィンドウのレイヤーに複数の音声を追加します。動画や画像同様に音声も、好きなレイヤーに追加できます。

音声を追加する

拡張編集 Plugin の編集ウィンドウへの音声の追加は、エクスプローラーから追加したい音声ファイルを目的のレイヤーの上にドラッグ & ドロップすることで行えます。追加した音楽は、あとから別のレイヤーに移動したり、同じレイヤーの別の場所に移動したりできます(P.116 参照)。なお、複数の音声ファイルをまとめて追加することはできません。

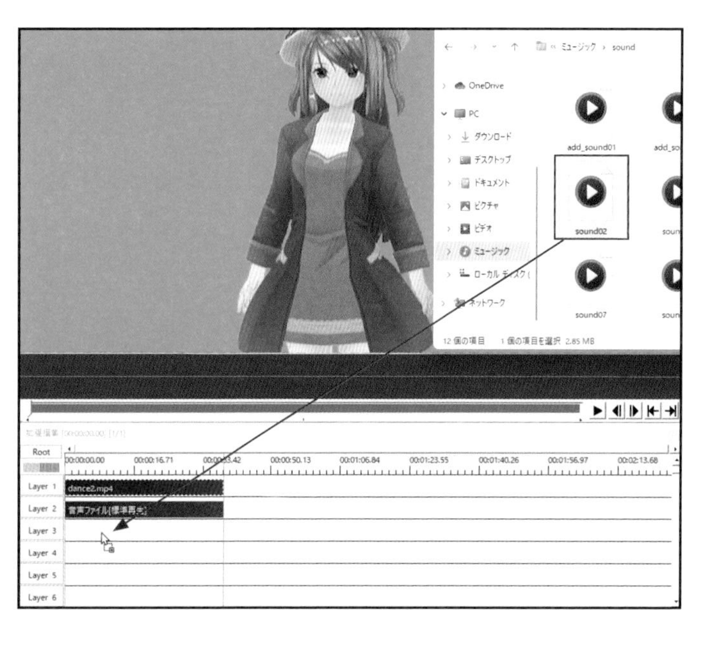

1 音声をレイヤーに追加する

エクスプローラーから追加したい音声ファイルを、配置したいレイヤーの上にドラッグ & ドロップします。

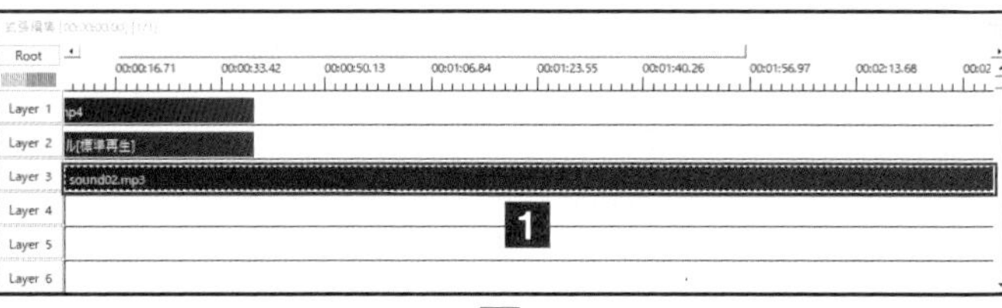

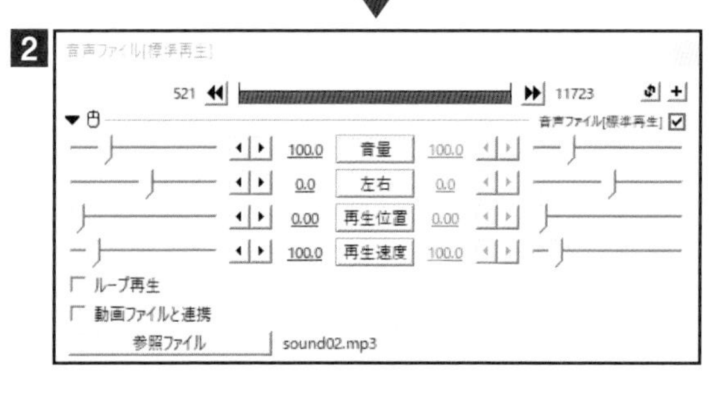

2 音声が追加される

音声がマウスポインターがあった場所に追加され1、その音声の設定ダイアログが表示されます2。

POINT

音声の追加位置は、ドラッグ & ドロップ時にマウスポインターがあった場所を先頭にして追加されます。

16 レイヤーにメディアファイルのオブジェクトを追加する

拡張編集Pluginでは、ファイルを指定していない空のメディアファイルのオブジェクトを配置できます。空のメディアファイルのオブジェクトには、後からファイルを指定できます。

空のメディアファイルのオブジェクトを追加する

拡張編集 Plugin では、「動画ファイル」「音声ファイル」「画像ファイル」のメディアファイルのオブジェクトが用意されています。これらのオブジェクトをレイヤーに追加すると、初期値ではファイル指定がない空の状態のオブジェクトがドラッグ & ドロップ時にマウスポインターがあった場所に追加されます。空のメディアファイルのオブジェクトはあとから利用するファイルを選択できます(P.094 参照)。

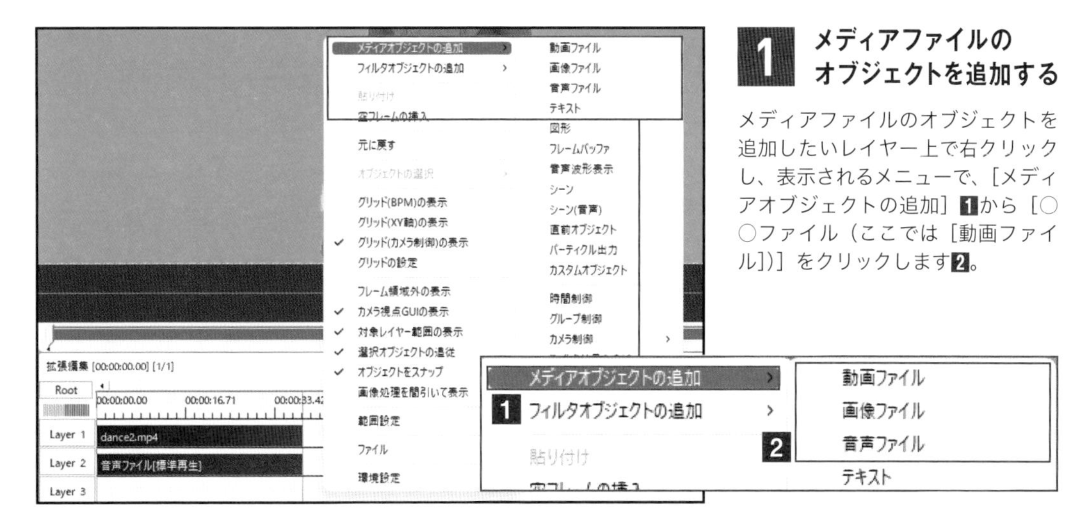

1 メディアファイルのオブジェクトを追加する

メディアファイルのオブジェクトを追加したいレイヤー上で右クリックし、表示されるメニューで、[メディアオブジェクトの追加] 1から [○○ファイル (ここでは [動画ファイル])] をクリックします2。

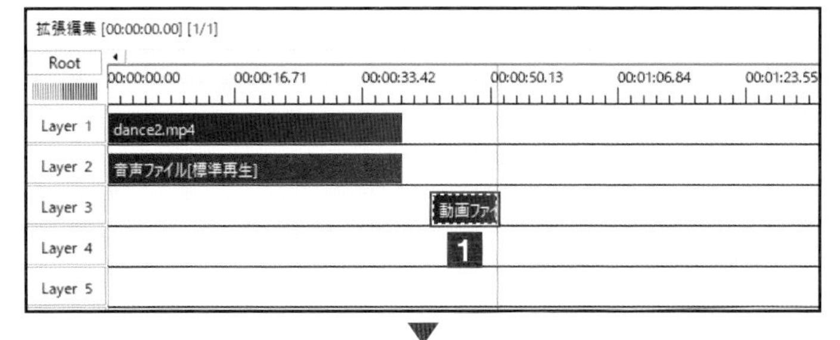

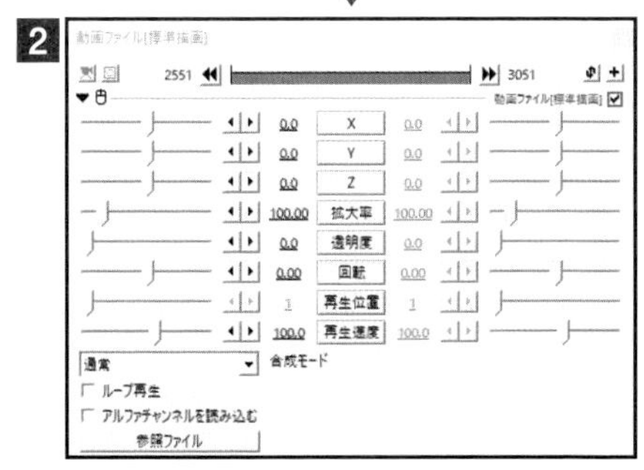

2 オブジェクトが追加される

メディアファイルのオブジェクト(ここでは [動画ファイル]) がマウスポインターがあった場所に追加され1、そのオブジェクトの設定ダイアログが表示されます2。

メディアファイルオブジェクトで扱うファイルを指定する

動画や画像、音声などのメディアファイルのオブジェクトや空のメディアファイルのオブジェクトは、レイヤーに配置したあとで利用するファイルを変更または指定できます。

メディアファイルを指定する

動画や画像、音声などのメディアファイルのオブジェクトは、設定ダイアログの［参照ファイル］をクリックすることで、そのオブジェクトで利用するファイルを指定できます。ここでは、空のメディアファイルのオブジェクトを例に、そのオブジェクトで利用するファイルを指定する方法を説明します。レイヤーに配置されたメディアオブジェクトは、すべて同じ方法で利用するファイルを自由に変更／指定できます。

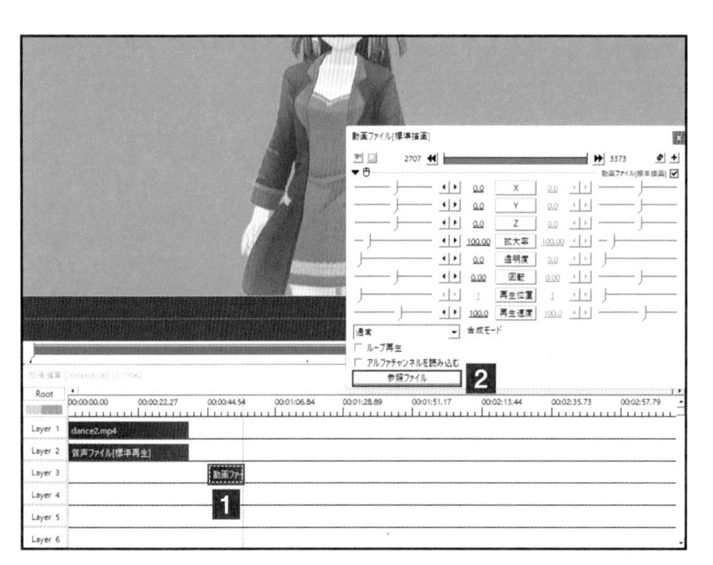

1 「開く」画面を表示する

メディアファイルを指定したいオブジェクトをクリックし1、設定ダイアログの［参照ファイル］をクリックします2。

POINT

手順1で設定ダイアログが表示されていないときは、メディアファイルを指定したいオブジェクトをダブルクリックすると表示されます。

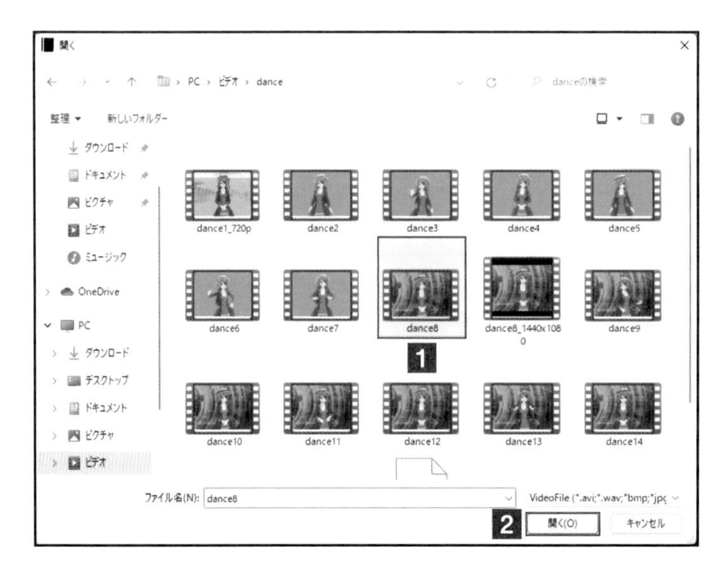

2 メディアファイルを指定する

「開く」画面が表示されます。利用したいメディアファイルをクリックし1、［開く］をクリックすると2、そのメディアファイルが選択したオブジェクトに読み込まれます。

18 図形のオブジェクトを追加する

拡張編集Pluginでは、動画や画像、音声などのメディアファイル以外にも円や三角形、四角形、五角形、六角形、星型などの図形のオブジェクトを追加できます。

図形を追加する

図形のオブジェクトは、オブジェクトを追加したいレイヤーで右クリックして表示されるメニューで、[メディアオブジェクトの追加] から [図形] をクリックすることで追加できます。また、初期値では、図形の形状に「円」が選択された状態で、図形のオブジェクトが追加されますが、あとから図形の形状や色を変更できます(P.096 参照)。

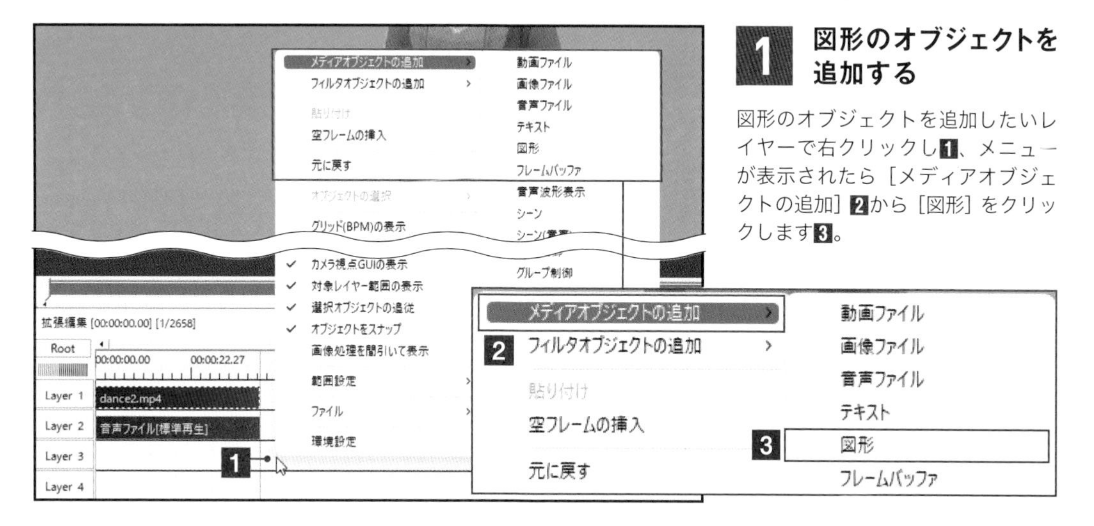

1 図形のオブジェクトを追加する

図形のオブジェクトを追加したいレイヤーで右クリックし1、メニューが表示されたら［メディアオブジェクトの追加］2から［図形］をクリックします3。

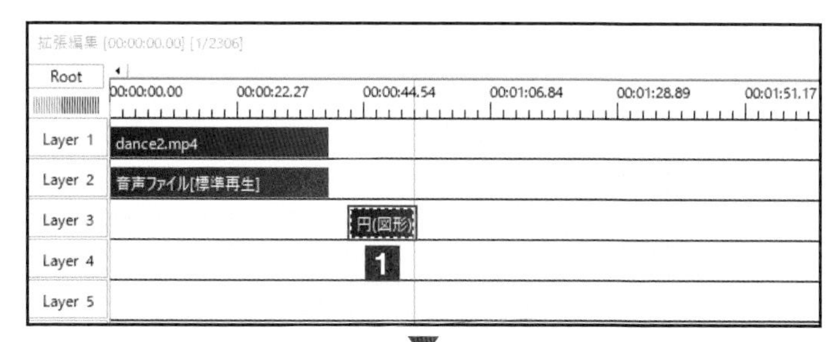

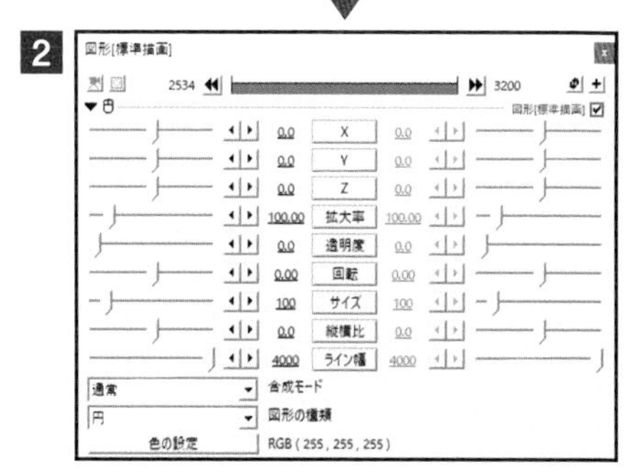

2 図形のオブジェクトが追加される

図形のオブジェクトがマウスポインターがあった場所に追加され1、図形オブジェクトの設定ダイアログが表示されます2。

POINT

図形のオブジェクトは、右クリック時にマウスポインターがあった場所を先頭にして追加されます。

図形オブジェクトの形や色を指定する

レイヤーに追加した図形のオブジェクトは、図形の形状をあらかじめ用意された形状の中から選択できます。また、任意の色に設定することもできます。

図形の形や色を指定する

レイヤーに追加した図形のオブジェクトの形状や色を変更したいときは、設定ダイアログを利用します。形状は、円や三角形、四角形、五角形、六角形、星型などあらかじめ用意された形状から選択できるほか、自分で用意した画像ファイルを利用することもできます。

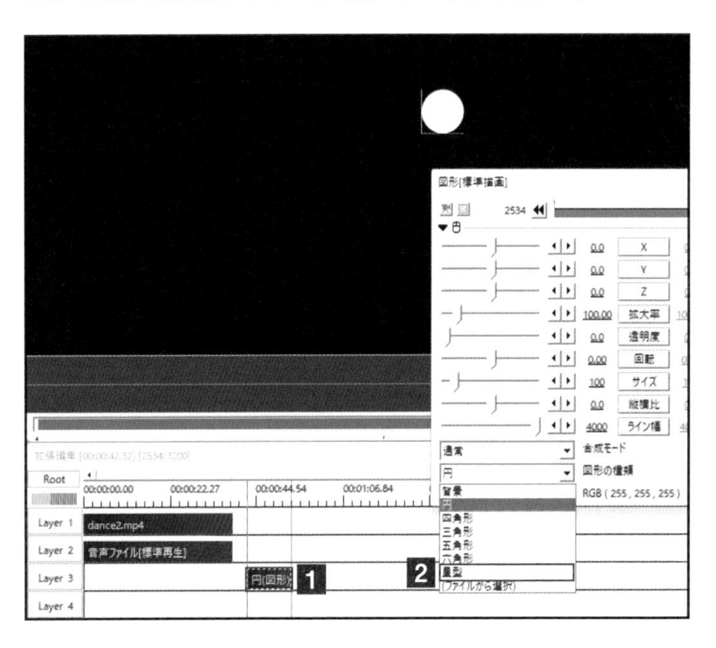

1 図形の形状を選択する

図形のオブジェクトをクリックし**1**、「図形の種類」から利用したい図形（ここでは［星型］）をクリックします**2**。

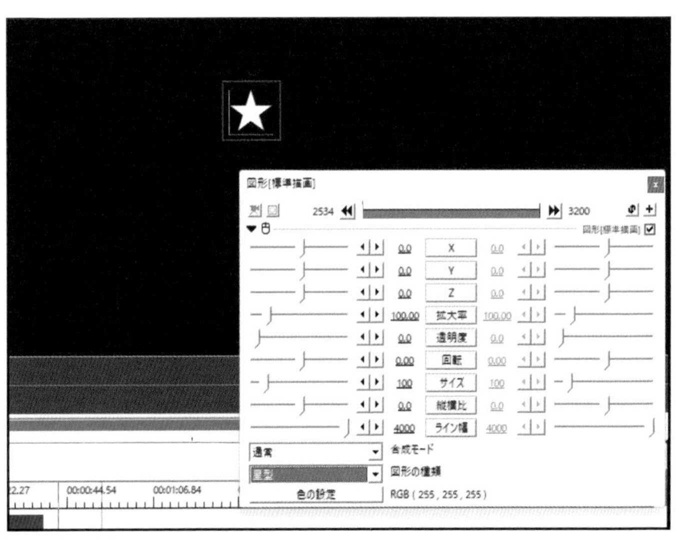

2 図形の形状が変わる

選択した形状に（ここでは［星型］）に図形が変わります。

POINT

図形の色を変更したいときは、［色の設定］をクリックし、「色の選択」画面が表示されたら、利用したい色を設定して［OK］をクリックします。

20 音声波形表示のオブジェクトを追加する

拡張編集Pluginでは、音量を元にした波形グラフを画面に表示できます。これを表示したいときは、「音声波形表示」のオブジェクトをレイヤーに追加します。

音声波形を画面に表示する

音声波形表示のオブジェクトは、音に合わせて波が動く、波形グラフを画面に表示するオブジェクトです。5種類の波形グラフの表示方法があらかじめ用意されています。音声波形表示のオブジェクトは、オブジェクトを追加したいレイヤーで右クリックして表示されるメニューで、[メディアオブジェクトの追加] から [音声波形表示] をクリックすることで追加できます。

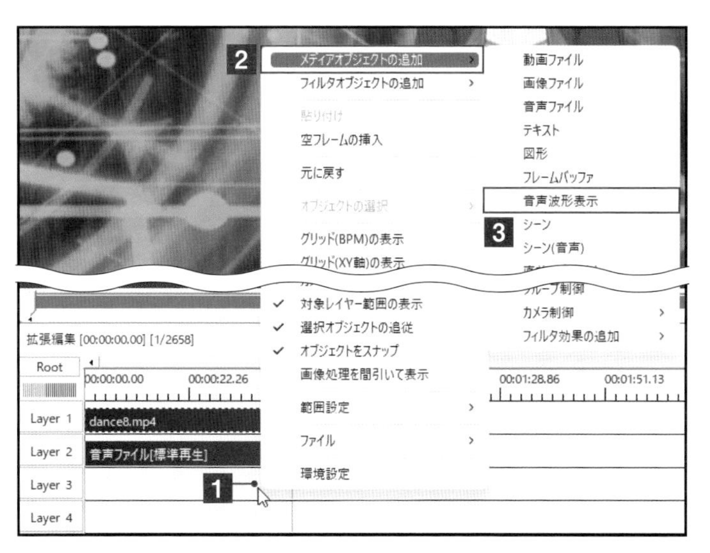

1 音声波形表示のオブジェクトを追加する

音声波形表示のオブジェクトを追加したいレイヤーで右クリックし**1**、メニューが表示されたら [メディアオブジェクトの追加] **2**から [音声波形表示] をクリックします**3**。

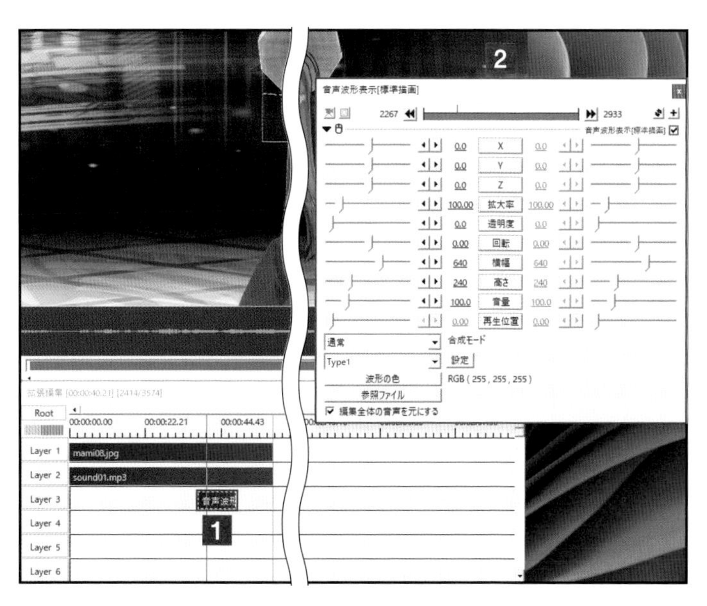

2 音声波形表示のオブジェクトが追加される

音声波形表示のオブジェクトがマウスポインターがあった場所に追加され**1**、音声波形表示オブジェクトの設定ダイアログが表示されます**2**。

POINT

音声波形表示のオブジェクトは、右クリック時にマウスポインターがあった場所を先頭にして追加されます。

拡張編集Pluginのウィンドウサイズを広げる

拡張編集Pluginの編集ウィンドウは、ウィンドウの四隅または縦横の境界をドラッグすることで任意の大きさにウィンドウサイズを変更できます。

編集ウィンドウのサイズを調整する

拡張編集 Plugin を利用した動画編集では、時間軸の横方向だけでなく、縦方向のレイヤーも活用して動画を仕上げていくため、編集ウィンドウの大きさが小さいと見通しが悪く、編集効率が低下する場合があります。このようなときは、編集ウィンドウのウィンドウサイズを変更しましょう。編集ウィンドウは、ウィンドウの四隅をドラッグすると縦横のサイズを同時に変更できます。また、縦の境界をドラッグすると縦方向、横の境界をドラッグすると横方向のサイズを変更できます。

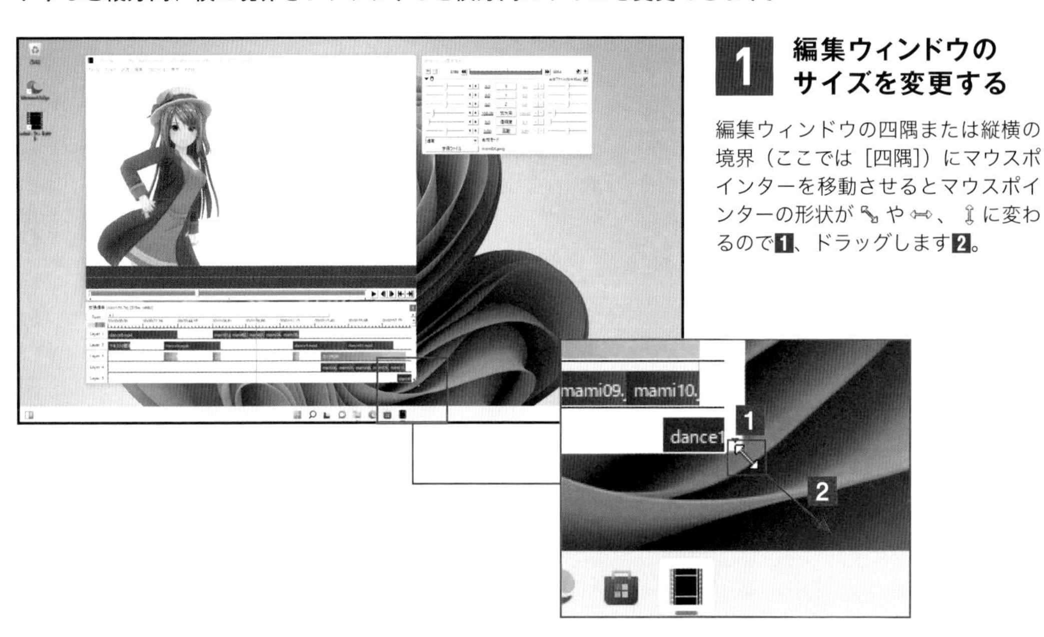

1 編集ウィンドウのサイズを変更する

編集ウィンドウの四隅または縦横の境界（ここでは［四隅］）にマウスポインターを移動させるとマウスポインターの形状が ⤡ や ⇔、⇕ に変わるので**1**、ドラッグします**2**。

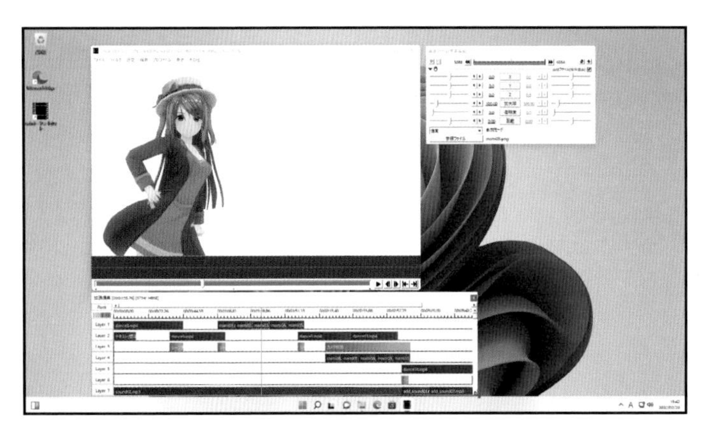

2 編集ウィンドウのサイズが変わる

編集ウィンドウのサイズが変更されます。編集ウィンドウのサイズは、再変更しない限り、次回起動時も同じ大きさで表示されます。

タイムラインをスクロールする

編集ウィンドウのタイムライン(時間軸)に並べられたオブジェクトは、マウスのホイールを利用したり、スクロールバーをドラッグしたりすることで画面をスクロールして確認できます。

タイムラインを左右にスクロールする

編集ウィンドウのライムライン(時間軸)に並べられたオブジェクトは、横スクロールすることで確認できます。タイムラインのスクロールは、編集ウィンドウ上部のスクロールバーを左右にドラッグするか、◀ や ▶ をクリックすることで行えます。また、編集ウィンドウ内にマウスポインターを置き、マウスのホイールを回転させることでもスクロールできます。

1 マウスポインターを移動させる

編集ウィンドウ内にマウスポインターを移動させます。

左スクロール　スクロールバー　右スクロール

2 タイムラインをスクロールする

マウスのホイールを上に回すとタイムラインが左スクロール、下に回すと右スクロールします。

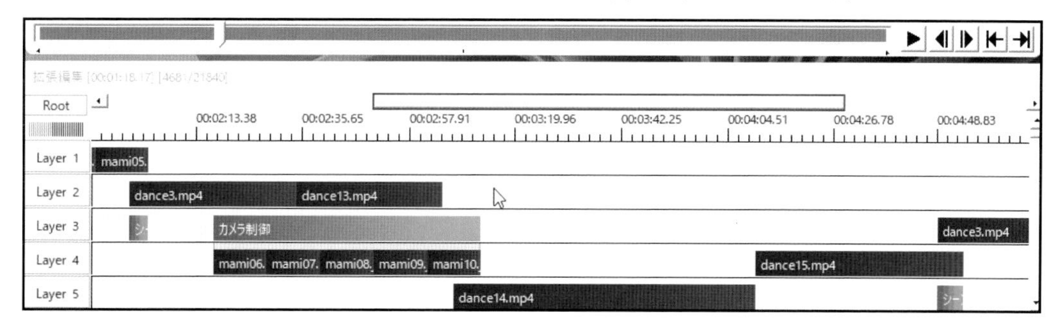

POINT

ノートパソコンなどのトラックパッドでタイムラインをスクロールするときは、マウスポインターを編集ウィンドウ内に置き、トラックパッドのスクロール操作を行います。

23 タイムラインの時間軸を拡大／縮小する

編集ウィンドウの時間軸(タイムライン)は、拡大／縮小できます。時間軸を調整すると、オブジェクトの配置の見通しをよくしたり、位置調整をしやすくしたりできます。

時間軸を拡大／縮小する

編集ウィンドウの時間軸(タイムライン)を縮小すると、ウィンドウ内により多くのオブジェクトを表示できます。また、拡大すると、時間の間隔が広がり、オブジェクトの配置位置の調整をより詳細に行えます。タイムラインの時間軸の拡大／縮小は、Ctrlキーを押しながらマウスのホイールを回すことでも拡大／縮小を行えます。また、編集ウィンドウの［Root］下にある ［「青い目盛り」付きのバー］の目盛り部分をクリックすることでも行えます。

1 マウスのホイールを回転させる

マウスポインターを編集ウィンドウ内に移動し、Ctrlキーを押しながらマウスのホイールを回転させます（ここでは、下に回転）。上に回すと時間軸が縮小、下に回すと拡大されます。または、バーの目盛り左部分をクリックします。

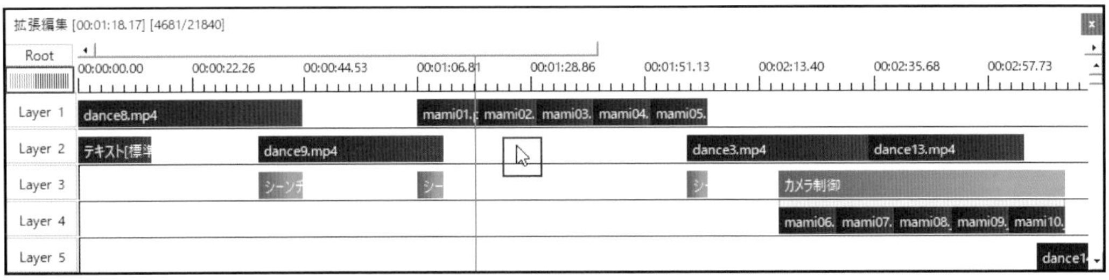

2 時間軸が拡大／縮小する

時間軸が拡大または縮小されます。ここでは、マウスホイールを下に回したので拡大されます。

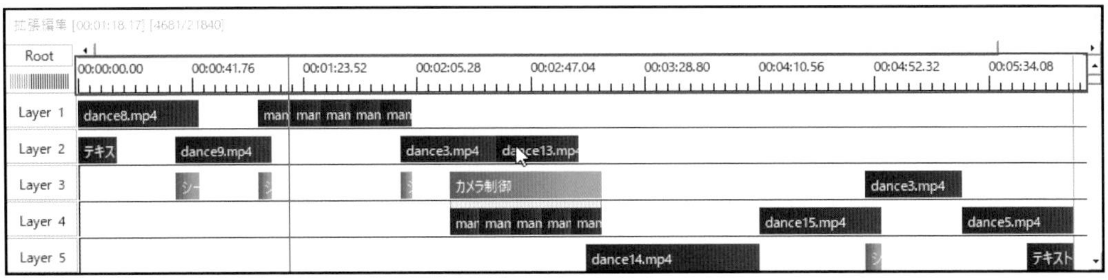

POINT

［「青い目盛り」付きのバー］で時間軸を拡大／縮小を行うときは、青い目盛りを増やすと拡大し、少なくすると縮小されます。

レイヤーをスクロールする

編集ウィンドウのレイヤーに並べられたオブジェクトは、マウスのホイールを利用したり、スクロールバーをドラッグしたりすることで、画面をスクロールして確認できます。

レイヤーのオブジェクトを確認する

拡張編集 Plugin では、縦方向のレイヤーと横方向の時間軸の両方を活用して動画を仕上げるため、縦方向のレイヤーに配置したオブジェクトの確認も必要になります。レイヤーのスクロールは、編集ウィンドウ右側のスクロールバーを上下にドラッグするか、▲や▼をクリックすることで行えます。また、編集ウィンドウ内にマウスポインターを置き、Altキーを押しながらマウスのホイールを回転させることでもスクロールできます。

1 レイヤーをスクロールする

マウスポインターを編集ウィンドウ内に移動し、Altキーを押しながらマウスのホイールを回転させます（ここでは、下に回転）。

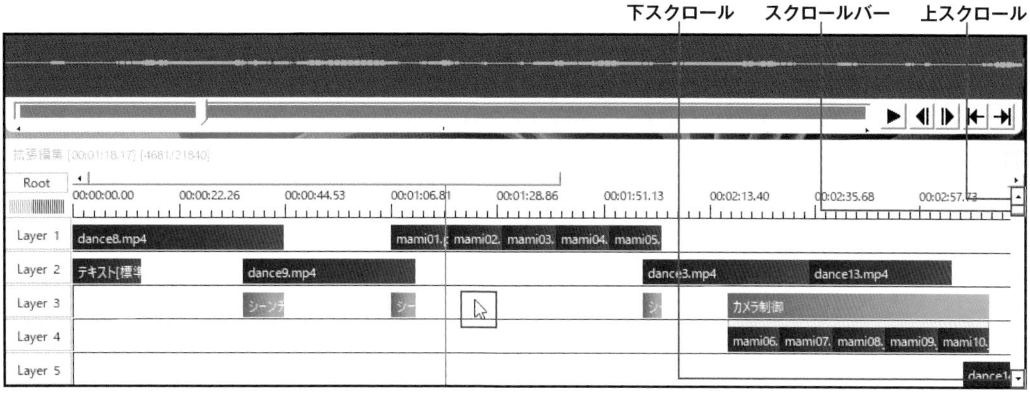

下スクロール　スクロールバー　上スクロール

2 レイヤーがスクロールする

レイヤーがスクロールします。マウスのホイールを上に回すと上にスクロール、下に回すと下にスクロールします。

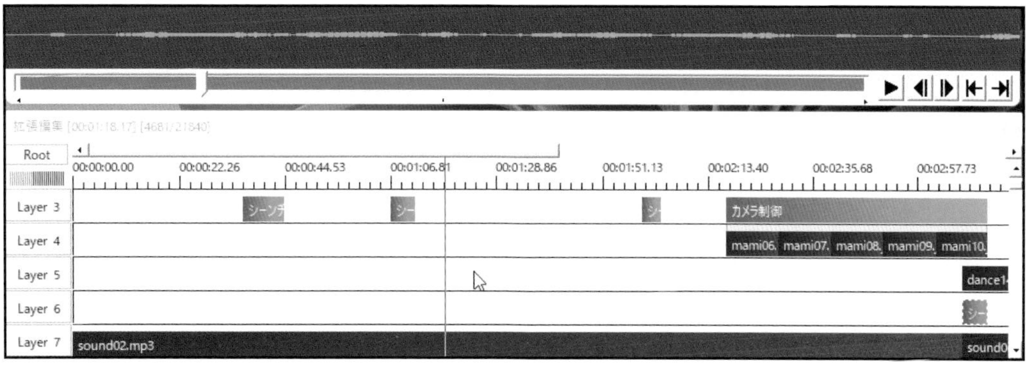

25 メインウィンドウにグリッドを表示する

拡張編集Pluginでは、メインウィンドウにグリッド(格子状の枠)を表示できます。グリッドを表示すると、画面上に配置するオブジェクトの位置調整を行いやすくなります。

グリッドを表示する

メインウィンドウにグリッドを表示するには、拡張編集 Plugin の編集ウィンドウ内で右クリックして表示されるメニューから［グリッド(XY 軸の表示)］をクリックします。なお、グリッドの間隔は、ユーザーが任意の間隔に設定できますが(P.104 参照)、メインウィンドウの拡大表示の設定(P.040 参照)によっては、縦軸のみが表示され、横軸が表示されません。横軸も表示したいときは、メインウィンドウの拡大表示の設定を［100%］以上に設定してください。

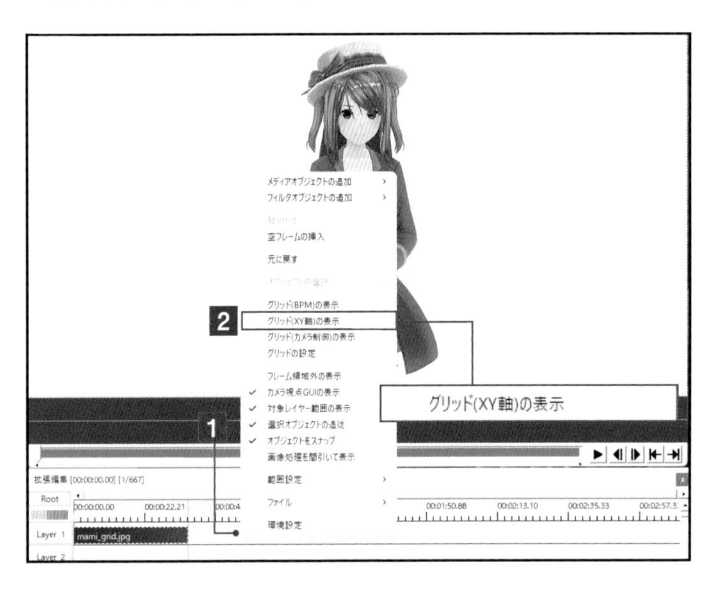

1 メインウィンドウにグリッドを表示する

拡張編集 Plugin の編集ウィンドウ内で右クリックし1、メニューから［グリッド（XY 軸）の表示］をクリックします2。

POINT

グリットが表示できるのは、拡張編集 Plugin を利用する場合のみです。メインウィンドウに動画を読み込んだ場合は、グリッドは表示されません。

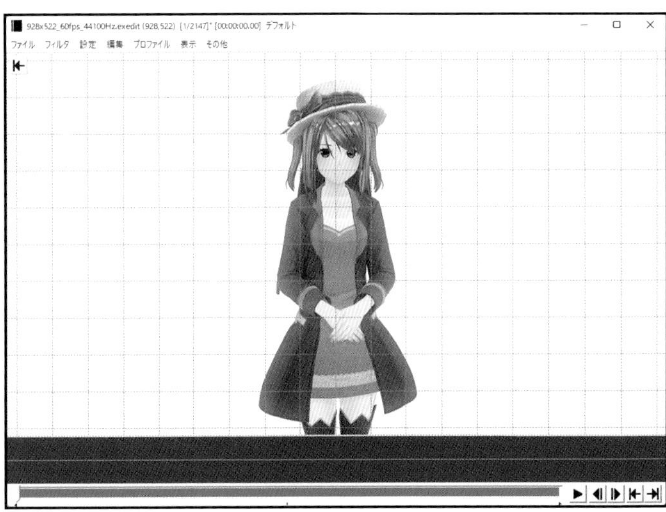

2 グリッドが表示される

メインウィンドウにグリッドが表示されます。グリッドを非表示にしたいときは、再度、手順1の操作を行います。

タイムラインにグリッドを表示する

拡張編集Pluginは、編集ウィンドウのタイムラインにグリッドを表示できます。グリッドを表示すると、タイムラインに配置するオブジェクトの調整を行いやすくなります。

グリッドをタイムラインに表示する

タイムラインにグリッドを表示すると、位置調整を行うときの目安に利用できる格子状の枠が表示され、オブジェクトの位置調整を行いやすくなります。グリッドを表示するには、編集ウィンドウ内で右クリックして表示されるメニューから［グリッド(BPM)の表示)］をクリックします。なお、グリッドは、時間軸の表示を一定以上縮小表示すると、表示されなくなります。

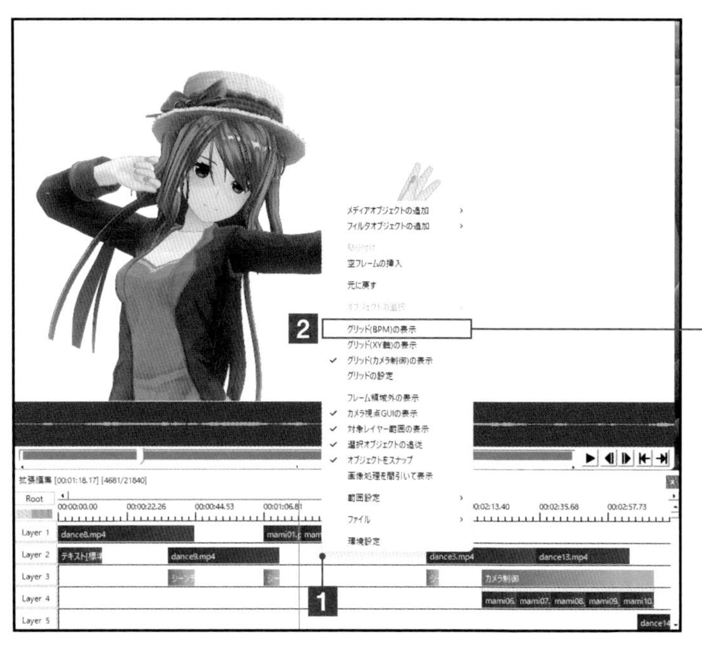

1 拡張編集ウィンドウにグリッドを表示する

拡張編集 Plugin の編集ウィンドウ内で右クリックし1、メニューから［グリッド（BPM）の表示］をクリックします2。

2 タイムラインにグリッドが表示される

拡張編集 Plugin の編集ウィンドウのタイムラインにグリッドが表示されます。グリッドを非表示にしたいときは、再度、手順1の操作を行います。

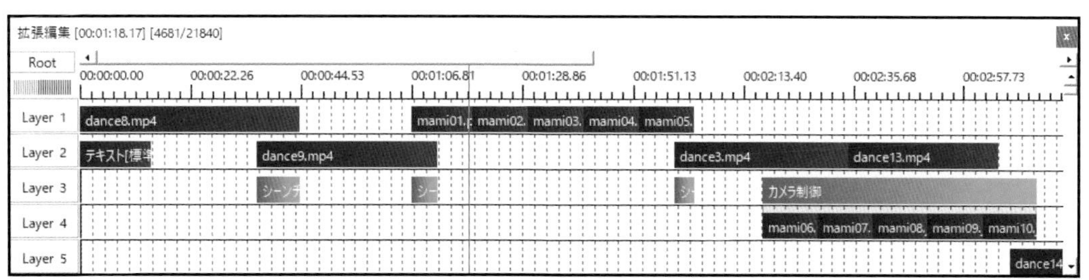

グリッドの設定を行う

メインウィンドウや拡張編集Pluginの編集ウィンドウのタイムラインに表示したグリッドは、縦や横の幅を調整できます。調整は、「グリッドの設定」画面で行います。

グリッドの縦や横の幅を調整する

「グリッドの設定」画面で変更できます。タイムラインのグリッドの縦幅や幅の設定は、「グリッドの設定」画面の「グリッド(BPM)の表示」の［テンポ］と［拍子］で設定します。テンポを少なくすると横幅が広がり、指定された拍子ごとにやや太い線が表示されます。また、メインウィンドウのクリッドは、「グリッド(XY軸)の表示間隔」の［横幅］／［縦幅］で設定します。

1 「グリッドの設定」画面を表示する

拡張編集 Plugin の編集ウィンドウ内で右クリックし1、メニューから［グリッドの設定］をクリックします2。

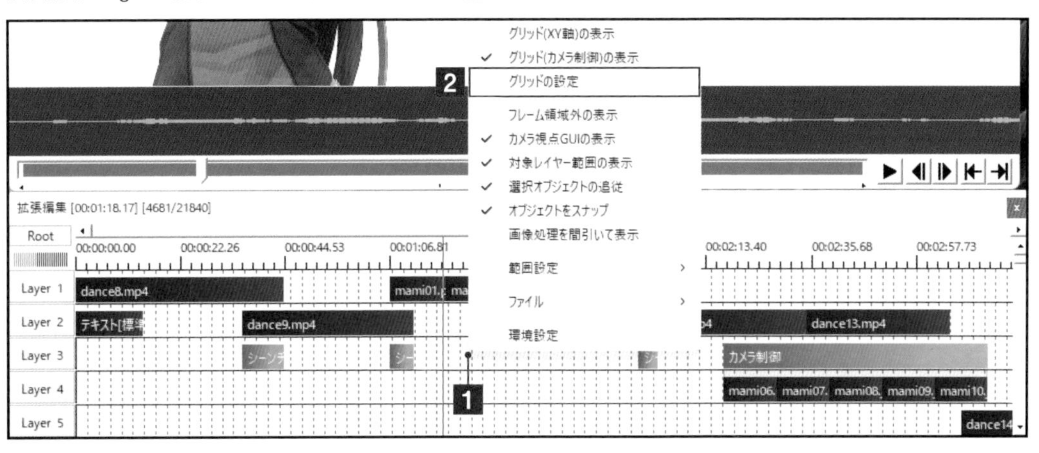

2 グリッドの設定を変更する

グリッドの設定を変更し（ここでは、「グリッド（BPM）の表示」の［テンポ］に「50」を入力）1、［OK］をクリックすると2、グリッドの設定が変更されます3。

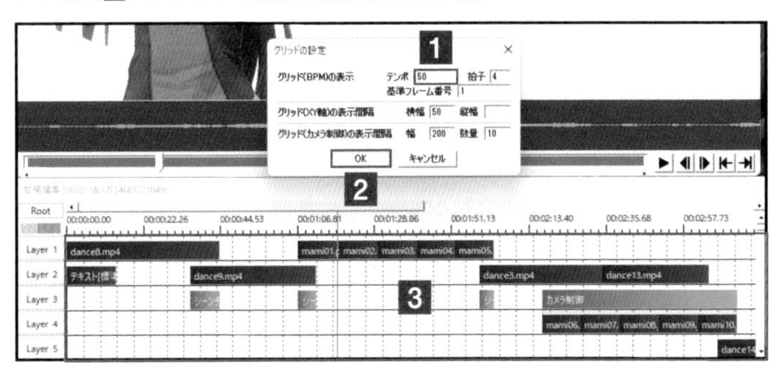

POINT

タイムラインのグリッドでは、拍子の設定数値ごとにやや太い線が表示されますが、タイムラインの時間軸の拡大率によっては線の太さがわかりづらい場合があります。そのようなときは、タイムラインの時間軸を拡大するとわかりやすくなります（P.100 参照）。

フレーム領域外を表示する

フレーム領域外は、画像としては表示されない外側の領域です。拡張編集Pluginでは、この領域を表示し、オブジェクトを動かしたりするときの移動域の設定などに利用できます。

フレーム領域外も表示する

拡張編集 Plugin では、画像としては表示されない画像の外側の領域(フレーム領域外)も表示できます。この機能を有効にすると、フレーム領域を実サイズの3分の2や3分の1のサイズに切り替えて表示し、実際には表示されない領域(フレーム領域外)を表示できます。このフレーム外の領域は、オブジェクトを画面の見えない部分にまで動かす指定や確認を行うときなどに利用できます。

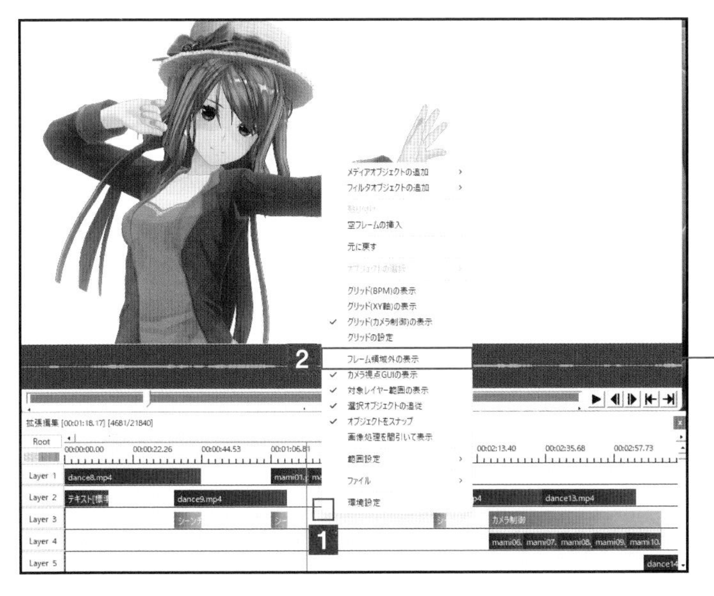

1 フレーム領域外の表示を行う

拡張編集 Plugin の編集ウィンドウ内で右クリックし**1**、メニューから［フレーム領域外の表示］をクリックします**2**。

フレーム領域外の表示

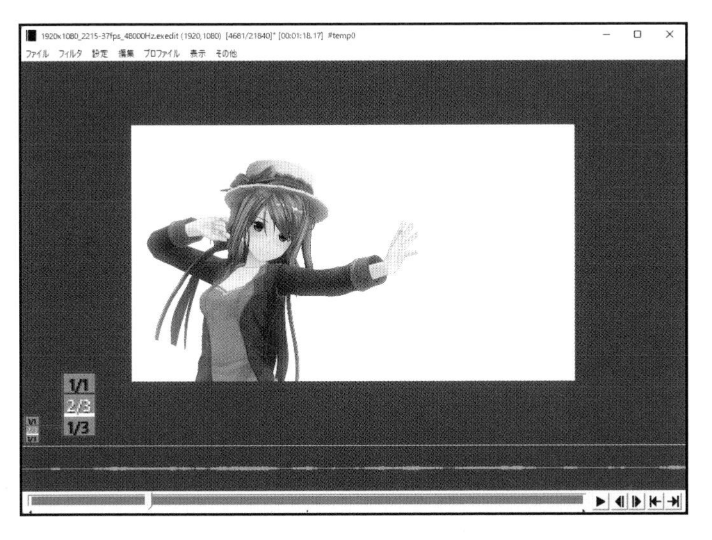

2 表示が切り替わる

フレーム領域外の表示に切り替わり、初期値では画像が実サイズの3分の2の大きさで表示されます。画面左下の［1/1］をクリックすると実サイズでの表示に切り替わり、［1/3］をクリックすると3分の1の表示に切り替わります。

POINT

フレーム領域外の表示を無効にしたいときは、手順**1**の作業を再度行います。

29 編集プロジェクトを保存／読み込み／破棄する

拡張編集Pluginで行った編集作業は、編集プロジェクトをファイルに保存したり、それを読み込んで作業を再開したりできるほか、作業内容を破棄して作業をやり直せます。

編集プロジェクトの保存／読み込み／破棄

「グリッドの設定」画面で変更できます。タイムラインのグリッドの縦幅や幅の設定は、「グリッドの設定」画面の「グリッド（BPM）の表示」の［テンポ］と［拍子］で設定します。テンポを少なくすると横幅が広がり、指定された拍子ごとにやや太い線が表示されます。また、メインウィンドウのグリッドは、「グリッド（XY軸）の表示間隔」の［横幅］／［縦幅］で設定します。

1 ［ファイル］メニューを表示する

メインウィンドウの［ファイル］をクリックすると、ファイルに関するメニューが表示されます。編集プロジェウトを保存するときは［編集プロジェクトの保存］、編集プロジェクトを読み込むときは［編集プロジェクトを開く］、作業内容を破棄するときは［閉じる］をクリックします。

POINT

編集プロジェクトの保存／読み込み／破棄の手順の詳細については、それぞれP.073、074、039を参照してください。

CHAPTER

▼

03

THE PERFECT GUIDE FOR AVIUTL

[オブジェクトや レイヤーの選択操作]

01 オブジェクトを選択する

拡張編集Pluginのタイムラインに配置したオブジェクトをクリックまたはダブルクリックすると、そのオブジェクトが選択され、移動やコピー、削除などの操作を行えます。

オブジェクトを選択する

拡張編集 Plugin では、選択状態にあるオブジェクトを点線で囲んで表示します。通常、設定ダイアログが表示されているときはクリック、表示されていないときはダブルクリックで選択できます。また、オブジェクトがグループ化(P.113 参照)されている場合は、クリックしただけでは選択状態にならない場合があります。そのようなときは、ダブルクリックすることで選択状態になります。

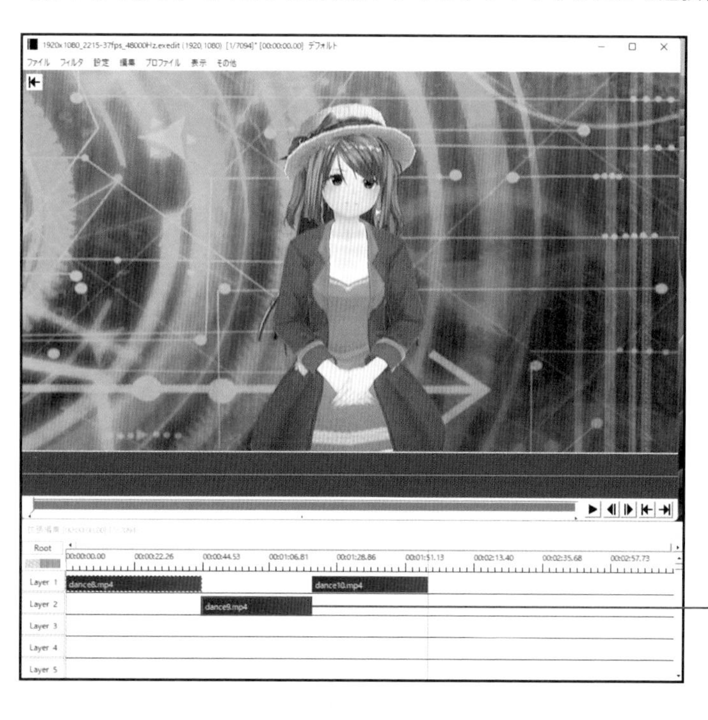

dance9.mp4

1 オブジェクトをクリックする

選択したいオブジェクト（ここでは[dance9.mp4]）をクリックします。

2 オブジェクトが選択される

クリックしたオブジェクトが選択され、そのオブジェクトの周囲が点線で囲まれて表示されます。

拡張編集 [00:00:00.00] [1/7094]

Root	00:00:00.00	00:00:22.26	00:00:44.53	00:01:06.81	00:01:28.86	00:01:51.13	00:02:13.40	00:02:35.68	00:02:57.73
Layer 1	dance8.mp4			dance10.mp4					
Layer 2			dance9.mp4						
Layer 3									
Layer 4									
Layer 5									

dance9.mp4

02 複数のオブジェクトを選択する

拡張編集Pluginのタイムラインに配置された複数のオブジェクトをまとめて移動したり、削除したりしたいときは、Ctrlキーを押しながらオブジェクトの選択を行います。

複数のオブジェクトをまとめて選択する

Ctrlキーを押しながら、拡張編集 Plugin のタイムラインに配置されたオブジェクトをクリックすると、クリックしたオブジェクトすべてを選択できます。この操作で選択されたオブジェクトはハイライト状態で表示されます。また、Ctrlキーを押しながら、マウスをドラッグして範囲指定を行うと、その範囲内にあるオブジェクトすべてを選択できます。なお、これらの操作は、Ctrlキーを押している間のみ有効です。オブジェクトの移動や削除などの操作は、Ctrlキーを押したまま行います。

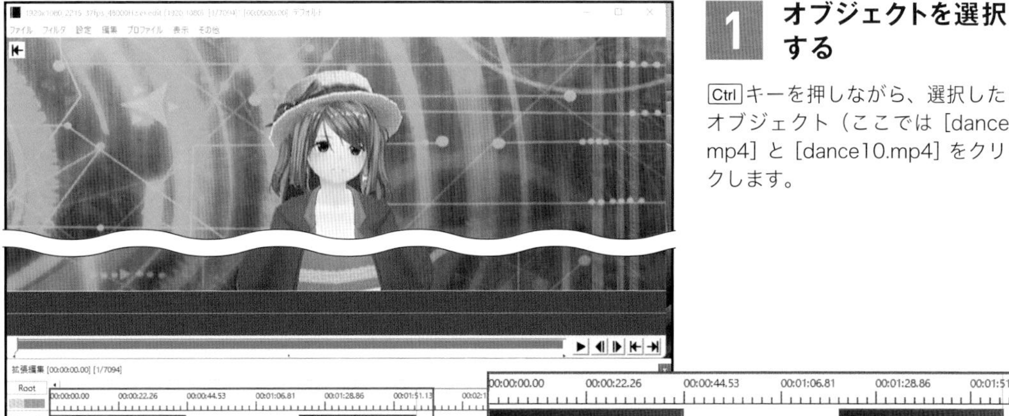

1 オブジェクトを選択する

Ctrlキーを押しながら、選択したいオブジェクト（ここでは［dance8.mp4］と［dance10.mp4］をクリックします。

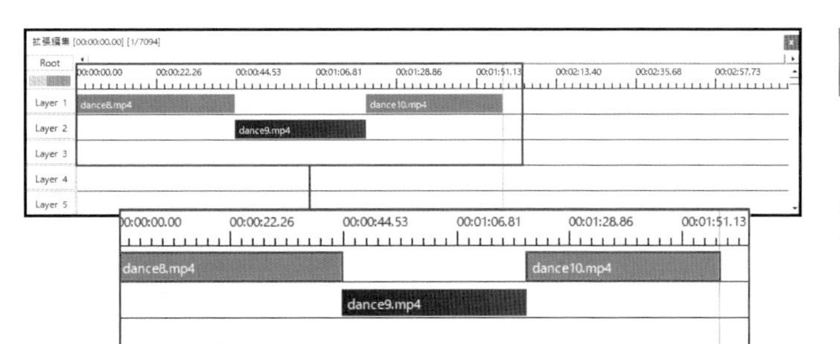

2 複数のオブジェクトが選択される

Ctrlキーを押している間だけ、クリックしたオブジェクトが選択されます。選択したオブジェクトはハイライト状態（ここでは明るい青）で表示されます。

POINT

選択したオブジェクトがグループ化されているときは、グループ化されたオブジェクトすべてが選択されます。たとえば、画像と音声がグループ化されている場合に、Ctrlキーを押しながら、画像または音声のオブジェクトをクリックすると、画像と音声の両方が選択されます。

特定レイヤーのオブジェクトを一括選択する

拡張編集Pluginは、特定のレイヤーにあるオブジェクトを一括選択できます。この機能を利用すると、特定レイヤーのオブジェクトをまとめて移動したり、削除したりできます。

レイヤー上のオブジェクトをすべて選択する

Ctrlキーを押しながら、拡張編集Pluginのレイヤーをクリックすると、そのレイヤーに配置されたすべてのオブジェクトを選択できます。ただし、この操作は、Ctrlキーを押している間のみ有効です。オブジェクトの移動や削除などの操作を行うときは、Ctrlキーを押したまま行います。

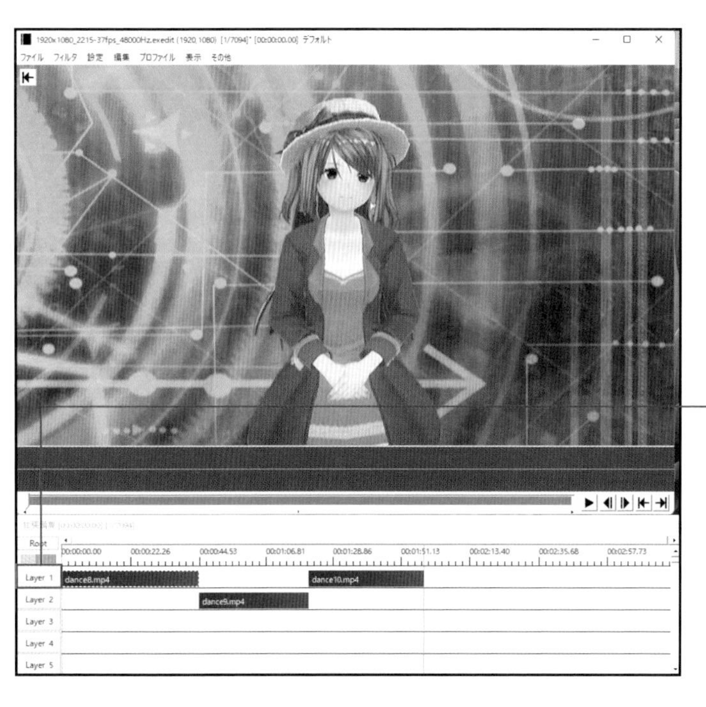

1 レイヤーを選択する

Ctrlキーを押しながら、選択したいオブジェクトがあるレイヤー（ここでは［Layer 1］をクリックします。

2 レイヤー内のオブジェクトが選択される

Ctrlキーを押している間だけ、クリックしたレイヤー内に配置されたすべてのオブジェクトが選択されます。選択したオブジェクトはハイライト状態（ここでは明るい青）で表示されます。

POINT

この方法でオブジェクトの選択を行うときは、オブジェクトのグループ化の影響は受けません。たとえば、画像と音声がグループ化されたオブジェクトは、クリックしたレイヤー上にあるオブジェクトのみが選択されます。

04 間にあるオブジェクトをすべて選択する

拡張編集Pluginでは、選択したいオブジェクトの最初と最後を指定することでその間にあるオブジェクトをまとめて選択できます。

▶ 選択したいオブジェクトの最初と最後を指定する

拡張編集 Plugin では、Ctrlキーと Shiftキーを押しながらオブジェクトをクリックしたあとに、同一レイヤー上の別のオブジェクトをクリックすると、その間にあるオブジェクトをまとめて選択できます。ただし、この操作は、Ctrlキーを押している間のみ有効です。Shiftキーの押下を解除しても選択は解除されませんが、Ctrlキーの押下を解除すると選択が解除されます。オブジェクトの移動や削除などの操作を行うときは、Ctrlキーまたは両方のキーを押したまま行ってください。

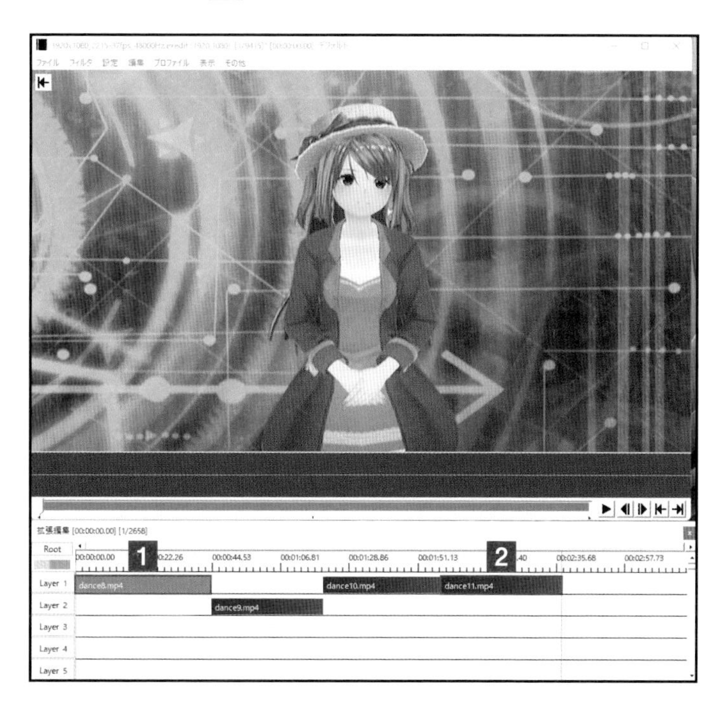

1 最初と最後のオブジェクトを選択する

Ctrlキーと Shiftキーを押しながら選択したい最初のオブジェクト（ここでは［dance8.mp4］）をクリックし**1**、続いて最後のオブジェクト（ここでは［dance11.mp4］をクリックします**2**。

2 オブジェクトが選択される

Ctrlキーを押している間だけ、同一レイヤー上の間にあるオブジェクトも含めて選択されます。選択されたオブジェクトはハイライト状態（明るい青）で表示されます。

拡張編集 [00:00:00.00] [1/2658]
Root
00:00:00.00 00:00:22.26 00:00:44.53 00:01:06.81 00:01:28.86 00:01:51.13 00:02:13.40 00:02:35.68 00:02:57.73
Layer 1 dance8.mp4 dance10.mp4 dance11.mp4
Layer 2 dance9.mp4
Layer 3
Layer 4
Layer 5

現在フレームの前後または すべてのオブジェクトを選択する

拡張編集Pluginでは、対象のオブジェクトより前にあるすべてのオブジェクト、またはうしろにあるすべてのオブジェクトを選択する機能を備えています。

オブジェクトの前またはうしろのすべてのオブジェクトを選択する

対象のオブジェクトより前、またはうしろのオブジェクトをすべて選択したいときは、拡張編集 Plugin のカーソル(赤い縦棒)を、対象とするオブジェクト内に移動させ、Ctrl キーを押しながら右クリックして表示されるメニューにある［オブジェクトの選択］から操作を選択します。

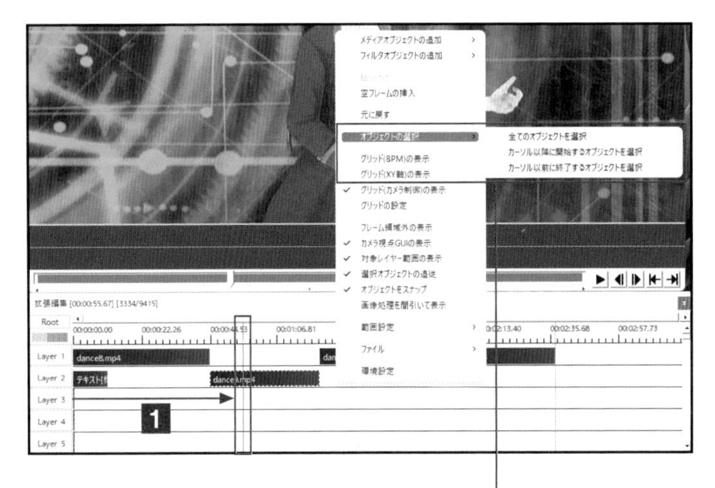

1 右クリックメニューを表示する

対象とするオブジェクト内にカーソルをドラッグして移動し1、Ctrl キーを押しながら右クリックします。メニューが表示されるので［オブジェクトの選択］から2、行いたい操作（ここでは［カーソル以降に開始するオブジェクトを選択］）をクリックします3。

POINT

この操作は、Ctrl キーを押している間のみ有効です。オブジェクトの移動や削除などの操作を行うときは、Ctrl キーを押したまま行います。

2 オブジェクトが選択される

オブジェクトが選択されます。選択したオブジェクトはハイライト状態（ここでは明るい青）で表示されます。

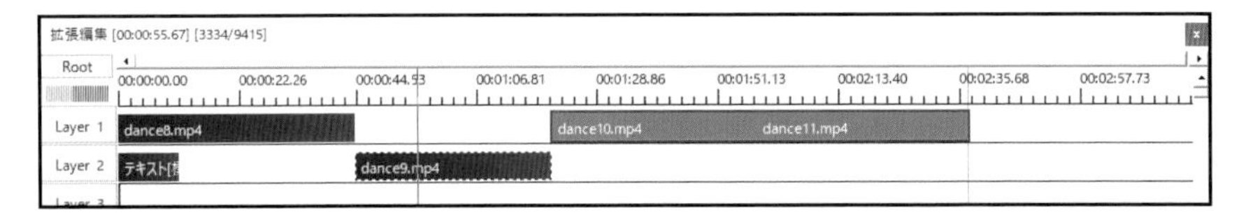

POINT

手順1の3でクリックした［カーソル以降に開始するオブジェクトを選択］は、カーソルのあるオブジェクトは含まずにカーソルのうしろにあるオブジェクトすべてを選択できます。同様に［カーソル以前に終了するオブジェクトを選択］は、カーソルの前にあるオブジェクトすべてを選択できます。また、［全てのオブジェクトを選択］は、拡張編集 Plugin に配置したすべてのオブジェクトを選択できます。

オブジェクトのグループ化を理解する

多数のオブジェクトを利用する拡張編集Pluginでは、オブジェクトのグループ化できます。この機能を利用すると、オブジェクトをグループ単位でまとめて操作できます。

オブジェクトのグループ化とは

グループ化されたオブジェクトは、配置位置が固定され、長さ（再生時間）の調整などの一部の操作を除き、他の操作はグループ単位でのみ行えます。また、オブジェクトの上でマウスの左クリックボタンを押し続けると、グループを構成しているオブジェクトがハイライト状態で表示されます。右クリックすると、グループを構成しているオブジェクトがハイライト状態になり、［グループ化］／［グループ解除］の項目が選択可能な状態でメニューが表示されます。

グループ化されたオブジェクト

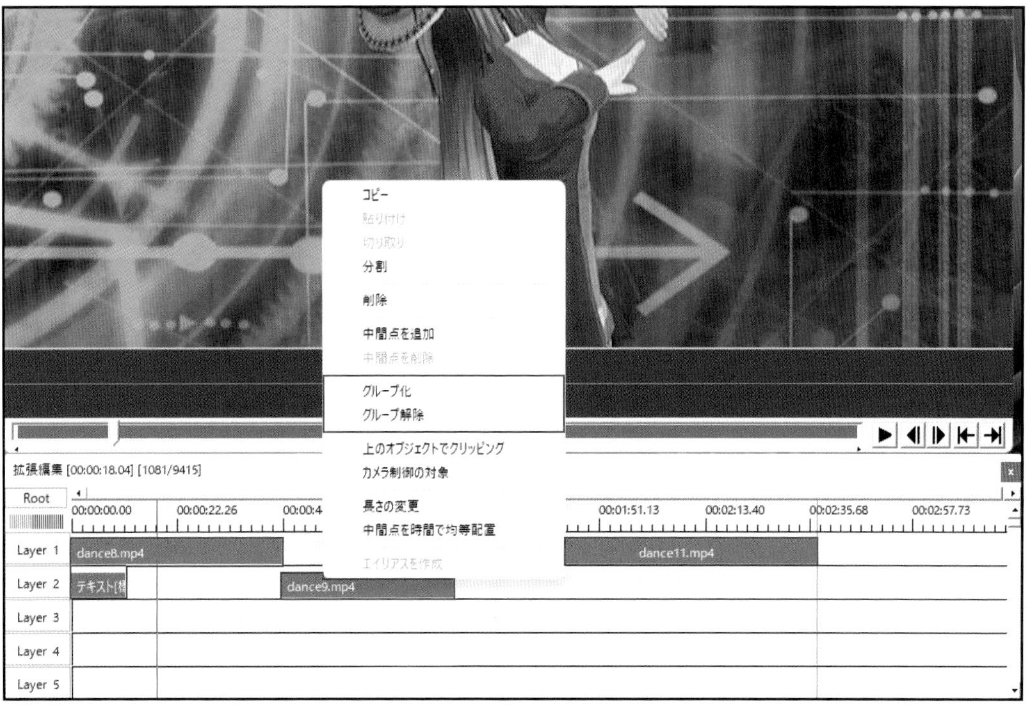

▲グループ化されたオブジェクトは、オブジェクトの上で左クリックボタンを押し続けるか、右クリックするとハイライト状態で表示されます。また、右クリックメニューは、［グループ化］／［グループ解除］の項目が有効な状態になっています。

POINT

拡張編集 Plugin の初期値では、ドラッグ & ドロップ操作によって追加した動画に音声が含まれている場合、自動的に動画の画像部分と音声部分のオブジェクトをグループ化します。この設定は、拡張編集 Plugin の「環境設定」ダイアログ（P.126 参照）の［D & D 読み込み時に複数オブジェクトをグループ化］をオフにすることで解除できます。

07 オブジェクトをグループ化する

オブジェクトをグループ化すると、グループ内のオブジェクトの配置形状が固定され、その配置形状を保持したままグループ単位でオブジェクトの移動や削除などの操作を行えます。

選択したオブジェクトをグループ化する

オブジェクトをグループ化するには、最初にグループ化したいオブジェクトを選択します(P.109～P.112参照)。次にCtrlキーを押しながら右クリックし、表示されたメニューから［グループ化］をクリックします。なお、オブジェクトの選択時にCtrlキーを押したときは、Ctrlキーを押したまま続けて操作を行ってください。右クリックメニューが表示される前にCtrlキーの押を解除すると、オブジェクトの選択が解除されます。

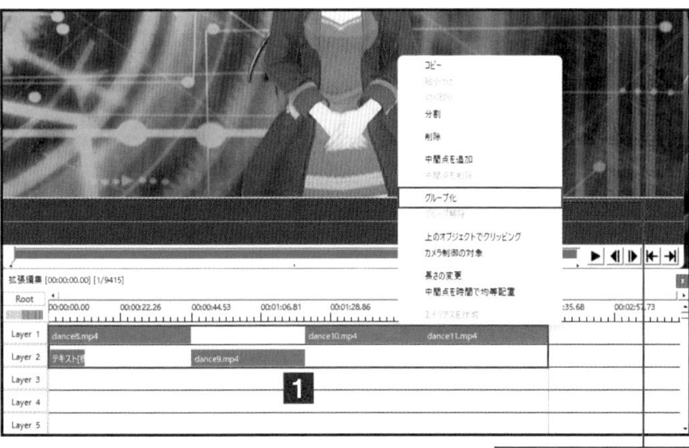

1 オブジェクトのグループ化を行う

P.109～P.112を参考にグループ化したいオブジェクトを選択し1、Ctrlキーを押しながら右クリックます。メニューが表示されるので［グループ化］をクリックします2。

2 オブジェクトがグループ化される

オブジェクトがグループ化されます。グループを構成するオブジェクトのいずれかの上でマウスの左クリックボタンを押すと、グループを構成しているオブジェクトすべてがハイライト状態で表示されます。

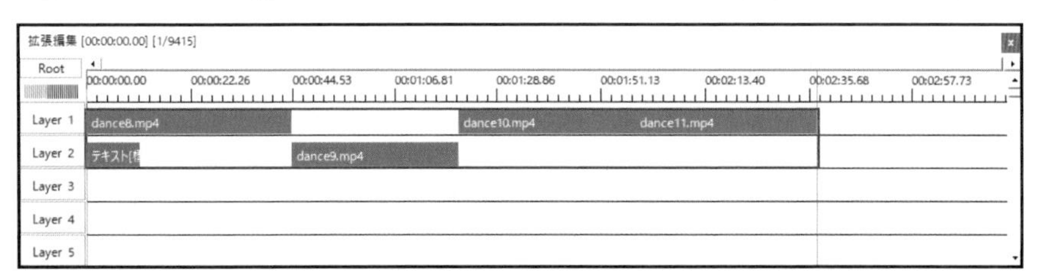

POINT

グループ化を行うときに、すでにグループ化済みのオブジェクトが含まれている場合、そのグループ化は解除され、選択中のオブジェクトで新しくグループ化が行われます。

オブジェクトのグループ化を解除する

グループ化されたオブジェクトは、いつでもグループ化を解除できます。グループ化を解除すると、移動や削除などの操作が、オブジェクトごとに行えます。

グループ化を解除する

拡張編集 Plugin の初期値では、ドラッグ&ドロップで追加した動画は、映像部分のオブジェクトと音声部分のオブジェクトが自動的にグループ化されます。このようなグループ化されたオブジェクトで、オブジェクトごとに配置の移動や削除などを行いたいときは、グループ化を解除します。グループ化の解除は、オブジェクトを右クリックして表示されるメニューから行います。

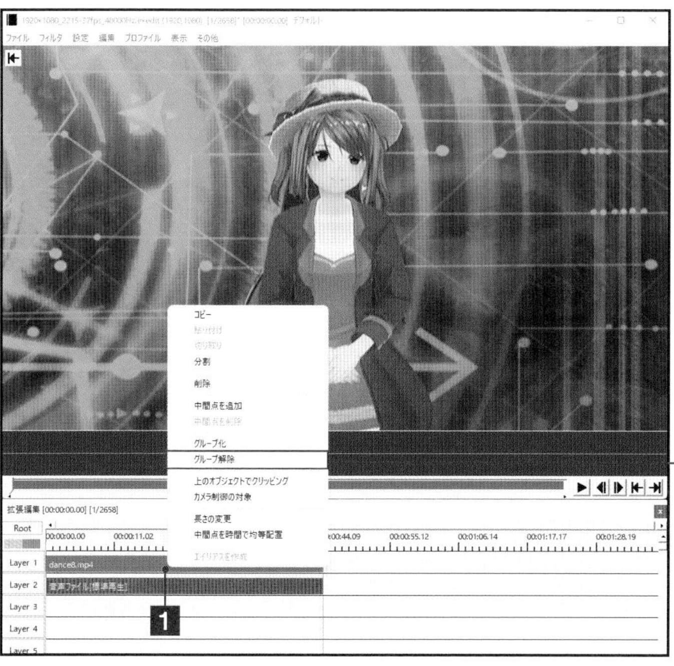

1 グループ化を解除する

グループを構成するオブジェクトを右クリックし1、メニューが表示されたら［グループ解除］をクリックします2。

2 グループ化が解除される

オブジェクトのグループ化が解除されます。オブジェクトの上でマウスの左クリックボタンを押すと、そのオブジェクトのみがハイライト状態で表示されます。

オブジェクトを任意の場所に移動させる

拡張編集Pluginのタイムラインに配置されたオブジェクトは、同一タイムラインの任意の場所や別のレイヤーに移動できます。

オブジェクトを移動する

タイムラインに配置されたオブジェクトを移動したいときは、オブジェクトを目的の場所にドラッグします。この操作でオブジェクトを前後に移動させたり、別のレイヤーに移動させたりできます。なお、オブジェクトがグループ化されている場合は、グループを構成するすべてのオブジェクトがまとめて移動します。

1 オブジェクトを移動させる

移動させたいオブジェクトを目的の場所（ここでは「前」）にドラッグします。

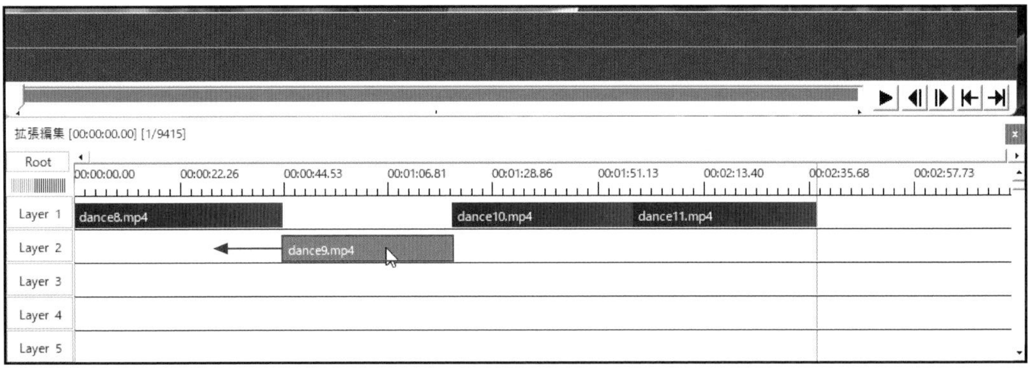

2 オブジェクトが移動する

オブジェクトが移動します。ここでは、前に移動していますが、別のレイヤーに移動することもできます。

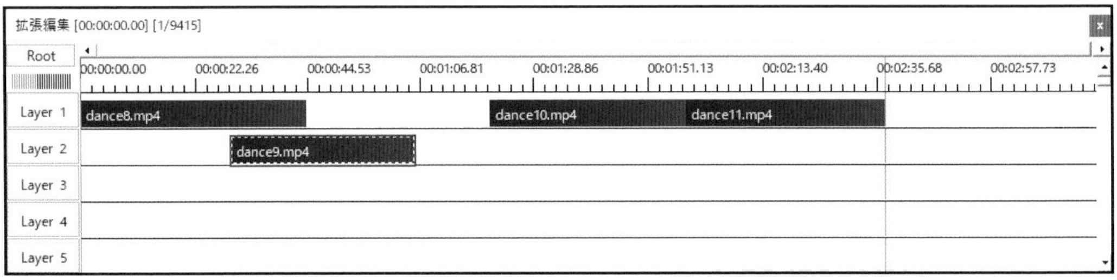

POINT

オブジェクトを別のレイヤーのオブジェクトと重ね合わせたいときは、タイムラインの時間軸を拡大すると、配置位置を詳細に調整できます（P.100 参照）。

10 オブジェクトのコピーを作成する

タイムラインに配置されたオブジェクトは、コピーできます。この機能を利用すると、かんたんな操作で同じ内容のオブジェクトを動画内で複数利用できます。

コピーを作成する

同じオブジェクトを複数配置したいときや同じ設定のオブジェクトを動画内で再利用したいときは、オブジェクトのコピーを作成します。コピーの作成は、最初にコピーしたいオブジェクトの選択を行い、続いて右クリックメニューを利用し、コピーと貼り付けの作業を行います。また、オブジェクト選択時に複数のオブジェクトを選択すると、選択したオブジェクトの配置形状を保ったまま選択したオブジェクトのコピーを作成できます。

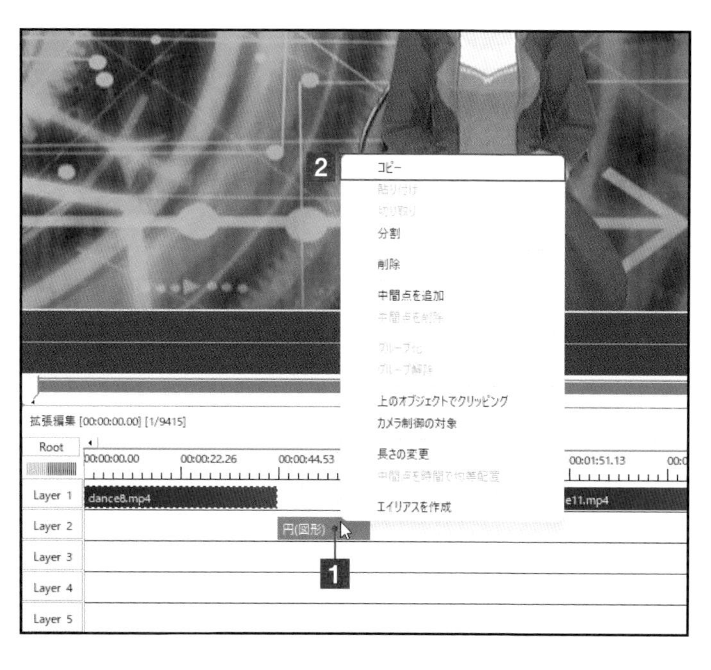

1 オブジェクトをコピーする

コピーしたいオブジェクトの上で右クリックし**1**、表示されるメニューから［コピー］をクリックします**2**。

POINT

コピーしたいオブジェクトがグループ化されている場合、この操作でコピーを行うと、グループを構成しているオブジェクトすべてがコピーの対象になります。特定のオブジェクトのみコピーしたいときは、ショートカットキーでオブジェクトのコピーを行ってください（P.118 参照）。

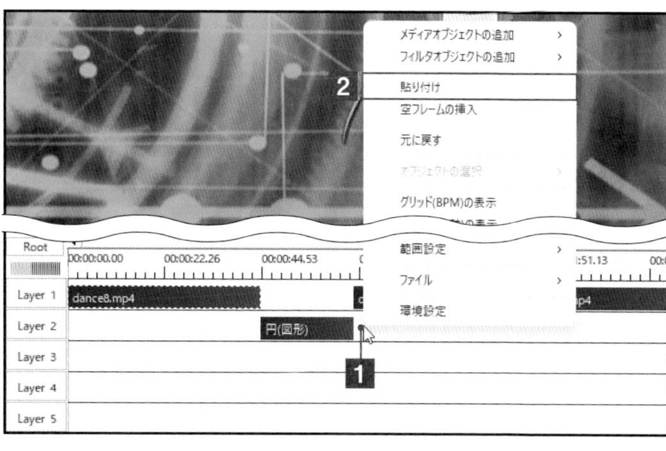

2 コピーしたオブジェクトを貼り付ける

コピーを配置したい場所で右クリックし**1**、表示されるメニューから［貼り付け］をクリックします**2**。マウスポインターがあった場所にオブジェクトのコピーが作成されます。なお、マウスポインターがあった場所がオブジェクトの上だった場合は、そのオブジェクトのうしろにコピーが作成されます。

11 ショートカットキーでオブジェクトのコピーを作成する

オブジェクトのコピーの作成は、ショートカットキーでも行えます。ショートカットキーでは、グループ化されたオブジェクトもオブジェクト毎にコピーを作成できます。

ショートカットキーでオブジェクトをコピーする

Ctrl キーを押しながら C キーを押すと選択したオブジェクトがコピーされ、Ctrl キーを押しながら V キーを押すとコピーしたオブジェクトを貼り付けます。ショートカットキーを利用すると、短時間で同じオブジェクトのコピーを複数作成できます。

1 オブジェクトをコピーする

コピーしたいオブジェクトをクリックして選択し、Ctrl キーを押しながら C キーを押します。

2 コピーしたオブジェクトを貼り付ける

オブジェクトを配置したい場所をクリックすると、カーソル（赤い縦棒）がその場所に移動します。Ctrl キーを押しながら V キーを押すと、クリックしたレイヤーのカーソル（赤い縦棒）がある場所にオブジェクトのコピーが作成されます。

POINT

コピーしたいオブジェクトがグループ化されている場合、オブジェクトをクリックして選択してもオブジェクトが選択されたことを示す点線の枠が表示されない場合があります。その場合は、コピーしたいオブジェクトをダブルクリックすると選択中であることを示す点線の枠が表示されます。また、グループを構成しているすべてのオブジェクトをコピーしたいときは、Ctrl キーを押しながら、すべての操作を行ってください。

12 オブジェクトを削除する

間違ったオブジェクトを配置したり、配置したオブジェクトが不要になったときは、オブジェクトの削除を行います。オブジェクトの削除は、右クリックメニューから行えます。

不要なオブジェクトを削除する

オブジェクトの削除を行いたいときは、削除したいオブジェクトを右クリックし、表示されたメニューから［削除］をクリックします。また、複数のオブジェクトを選択してから、削除作業を行うと、選択したオブジェクトをまとめて削除できます。

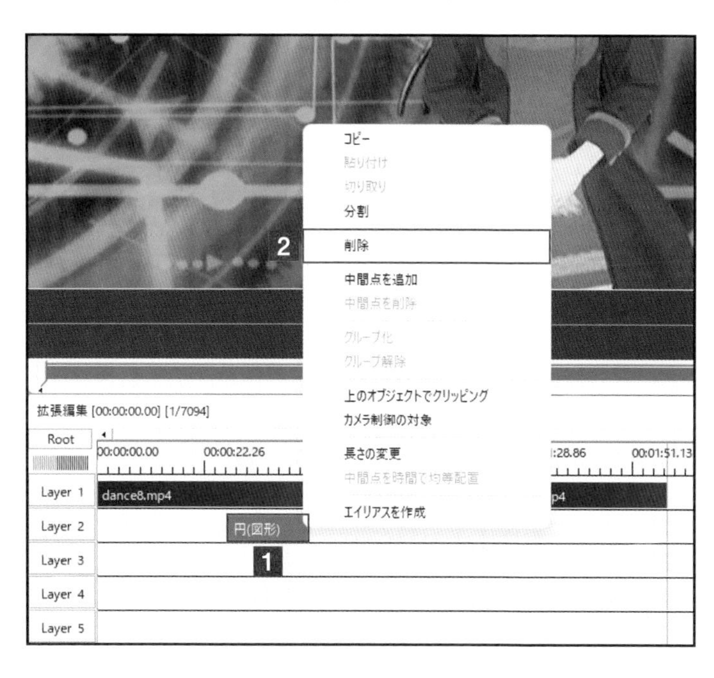

1 オブジェクトを削除する

削除したいオブジェクトの上で右クリックし**1**、表示されるメニューから［削除］をクリックします**2**。

2 オブジェクトが削除される

オブジェクトが削除されます。なお、グループ化されているオブジェクトを選択したときは、グループを構成しているすべてのオブジェクトが一度に削除されます。

POINT

オブジェクトの削除は、削除したいオブジェクトを選択し、Deleteキーを押すことでも削除できます。また、グループ化されたオブジェクトのうち、特定のオブジェクトのみを削除したいときは、削除したいオブジェクトをダブルクリックして選択し、Deleteキーを押します。

13 レイヤー名を変更する

拡張編集Pluginのレイヤーの名称は、初期値の「Layer 1」「Layer 2」といった表記から別の名称に変更できます。レイヤーの名称の変更は、レイヤーごとに行えます。

レイヤーの名称を変更する

レイヤーの名称変更は、レイヤーを右クリックし、表示されるメニューから行います。なお、変更したレイヤーの名称は、編集中のプロジェクトでのみ有効な名称です。AviUtl を終了したり、編集中のプロジェクトを保存せずに閉じたり(P.106 参照)すると、リセットされて初期値に戻ります。また、プロジェクトを保存しておくと、そのプロジェクトを編集する場合に限って次回以降も変更したレイヤー名で作業を行えます。

1 メニューを表示する

名称を変更したいレイヤー名（ここでは［Layer 1］）の部分で右クリックし1、表示されるメニューから［レイヤー名を変更］をクリックします2。

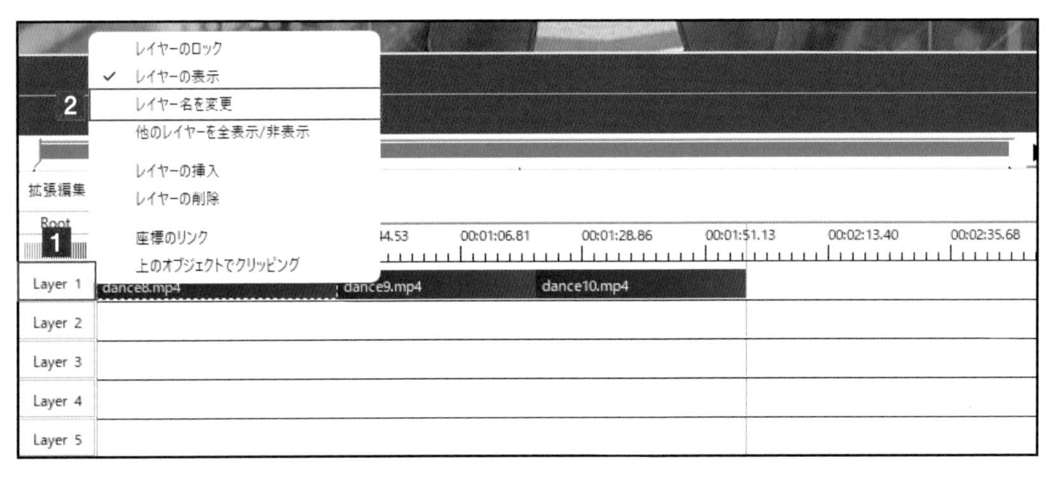

2 レイヤー名を変更する

「レイヤー名」ダイアログが表示されるので、レイヤーの名称（ここでは「メイン画像」）を入力し1、［OK］をクリックすると2、レイヤーの名称が変更されます3。

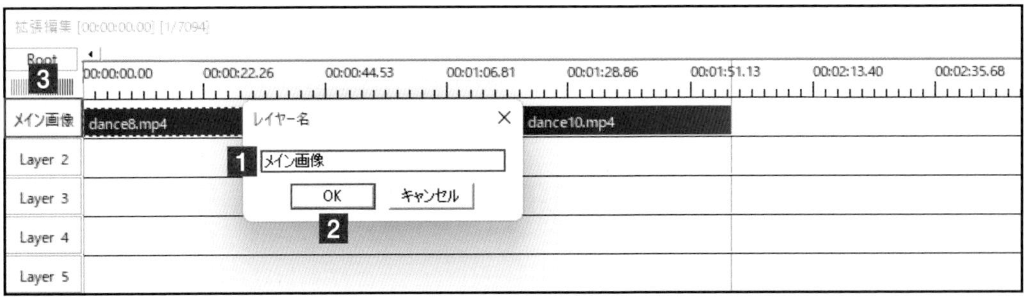

レイヤーをロックしてオブジェクトを保護する

レイヤーをロックすると、そのレイヤーに配置されたオブジェクトの動かしたり、右クリックメニューから削除したりできなくして、誤操作から保護できます。

誤操作からオブジェクトを保護する

レイヤーをロックすると、ロックしたレイヤーに配置されたオブジェクトを誤操作から保護できます。たとえば、ロックされたレイヤーに配置されたオブジェクトは、配置位置が固定されて動かせなくなるほか、オブジェクトを右クリックしたときに表示されるメニューの項目も変更されてメニューから削除や分割、コピーなどの操作を行ったりできなくなります。

1 レイヤーをロックする

ロックしたいレイヤー名（ここでは[Layer 1]）の部分で右クリックし❶、表示されるメニューから［レイヤーのロック］をクリックします❷。

2 レイヤーがロックされる

レイヤー（ここでは［Layer 1］）がロックされ、ロックされたレイヤーの横は、◥が表示されます。また、ロックを解除したいときは、手順❶の操作を再度行います。

CHECK!

レイヤーをロックしても一部の機能は利用できる点には注意してください。たとえば、設定ダイアログを利用した各種設定は反映されます。Deleteキーを利用したオブジェクトの削除も行えます（P.123参照）。

15 レイヤーの表示／非表示を切り替える

拡張編集Pluginでは、選択したレイヤーの表示／非表示を切り替えることで、レイヤーに配置した画像などのオブジェクトの表示を確認できます。

レイヤーを表示する／非表示にする

レイヤーの表示／非表示の切り替えは、表示を切り替えたいレイヤーをクリックすることで行います。表示中のレイヤーをクリックすると非表示に切り替わり、再度クリックすると表示に切り替わります。また、非表示のレイヤーは、レイヤー全体がグレーアウトして表示されます。

1 レイヤーの表示を切り替える

表示または非表示（ここでは［非表示］）にしたいレイヤー名（[Layer 2]）の部分をクリックします。

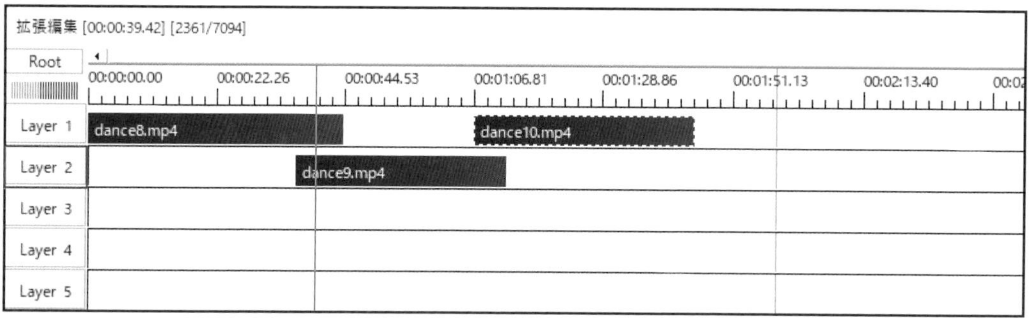

2 レイヤーの表示が切り替わる

表示中のレイヤーの場合は非表示に切り替わり、そのレイヤー全体がグレーアウトします。また、非表示だった場合は、表示に切り替わります。

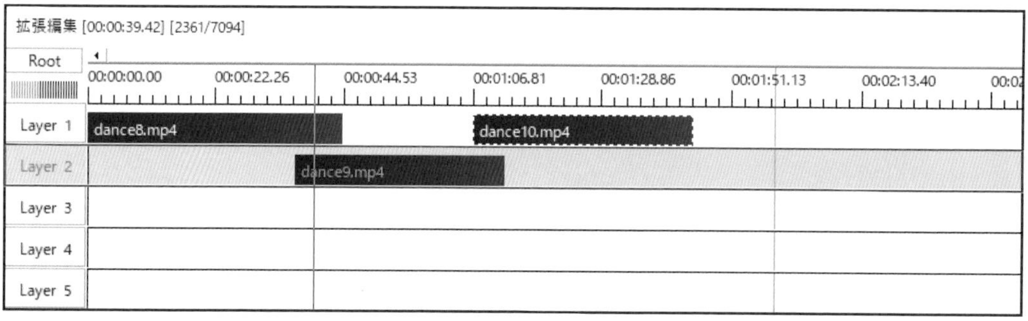

POINT

レイヤー名の部分で右クリックし、［他のレイヤーを全表示／非表示］をクリックすると、右クリックしたレイヤー以外のすべてのレイヤーの表示／非表示を切り替えられます。

レイヤーを削除する

複数のオブジェクトをまとめて削除したいときに便利なのが、レイヤーの削除です。レイヤーを削除すると、配置されているすべてのオブジェクトを一括削除できます。

レイヤーにあるオブジェクトを一括削除する

レイヤーの削除は、削除したいレイヤーで右クリックし、表示されるメニューから行います。また、レイヤーを削除すると、削除したレイヤーにあったオブジェクトもすべて削除され、下にあるレイヤーの内容がすべて1つずつ繰り上がります。

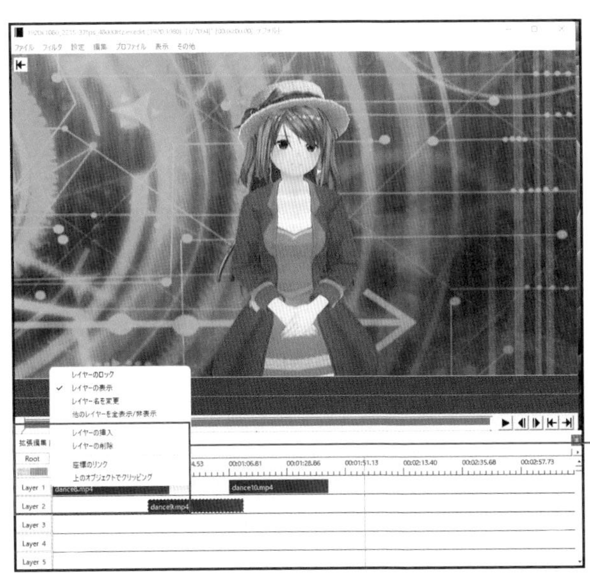

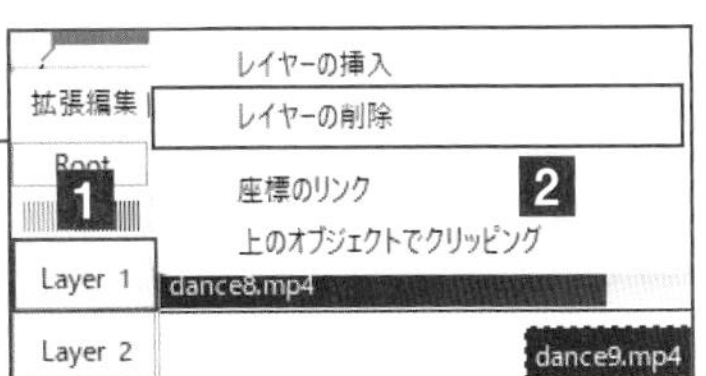

1 レイヤーを削除する

削除したいレイヤー名（ここでは［Layer 1］）の部分で右クリックし1、表示されるメニューから［レイヤーの削除］をクリックします2。

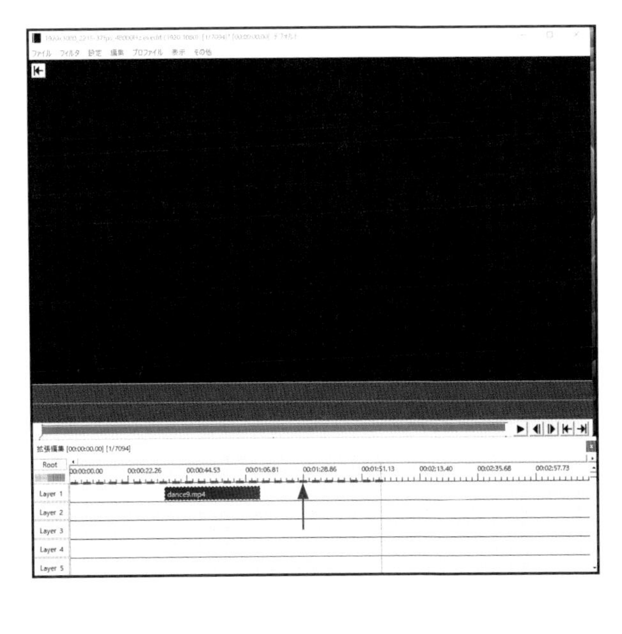

2 レイヤーが削除される

選択したレイヤーが削除されます。また、下にあるレイヤーはレイヤー名が1つずつ繰り上がります（ここでは［Layer 2］が［Layer 1］になります）。

レイヤーを挿入する

拡張編集Pluginは、必要に応じて新しいレイヤーを挿入できます。オブジェクトの位置を変更することなく、新しいレイヤーを間に挿入したいときなどにこの機能を利用します。

新しいレイヤーを挿入する

さまざまなオブジェクトを配置して動画を作成する拡張編集 Plugin では、レイヤーとレイヤーの間に別のオブジェクトを配置したいというケースがでてきます。そのようなときは、新しいレイヤーを挿入します。レイヤーの挿入は、対象レイヤーを右クリックして表示されるメニューから行い、レイヤーの挿入場所は、挿入操作を行ったレイヤーの上になります。

1 レイヤーを挿入する

レイヤーの挿入を行いたいレイヤー名（ここでは［Layer 2］）の部分で右クリックし**1**、表示されたメニューから［レイヤーの挿入］をクリックします**2**。

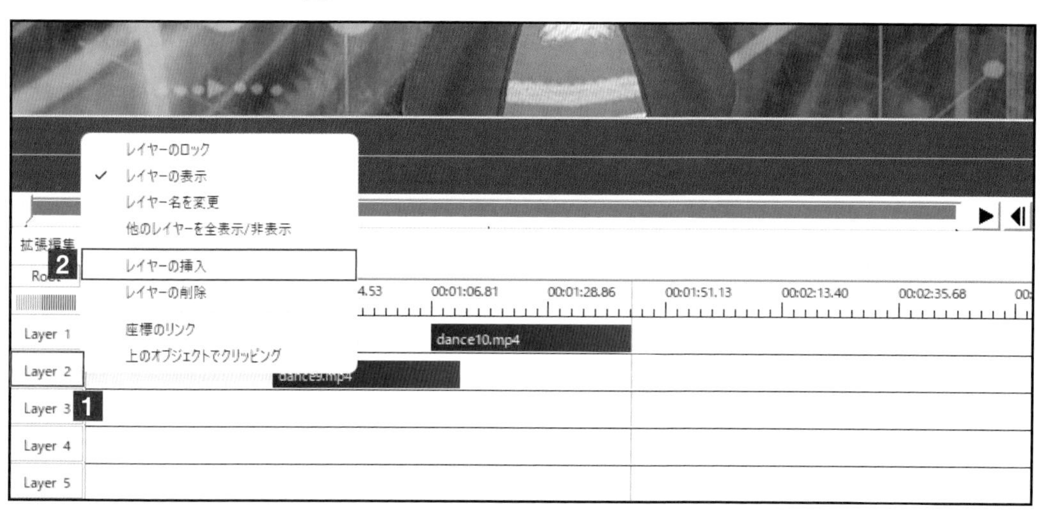

2 レイヤーが挿入される

操作を行ったレイヤーの上に新しいレイヤーが挿入されます。また、挿入されたレイヤーの下にあるレイヤーはレイヤー名が 1 つずつずれます（ここでは［Layer 2］が［Layer 3］になります）。

拡張編集 [00:00:00.00] [1/7094]
Root
00:00:00.00 00:00:22.26 00:00:44.53 00:01:06.81 00:01:28.86 00:01:51.13 00:02:13.40 00:02:35.68
Layer 1 dance8.mp4 dance10.mp4
Layer 2
Layer 3 dance9.mp4
Layer 4
Layer 5

18 操作を元に戻す

拡張編集Pluginは、操作状態を1つ前に戻す機能を備えています。この機能を利用すると、間違った操作を行ったときに、元の状態に戻せます。

操作状態を元に戻す

オブジェクトが配置されていない場所で右クリックして表示されるメニューから［元に戻す］をクリックするか、Ctrlキーを押しながらZキーを押すと、1つ前の操作状態に戻せます。この操作は、拡張編集Pluginが保持している履歴の数だけ戻ることができます。ただし、拡張編集Pluginには、「やり直す」機能は備わっていないため、戻り過ぎたときにそれをやり直すことはできません。

1 操作状態を元に戻す

ここでは、削除したオブジェクトを、右クリックメニューから戻す方法を紹介します。オブジェクトが配置されていない場所で右クリックし1、表示されたメニューから［元に戻す］をクリックします2。

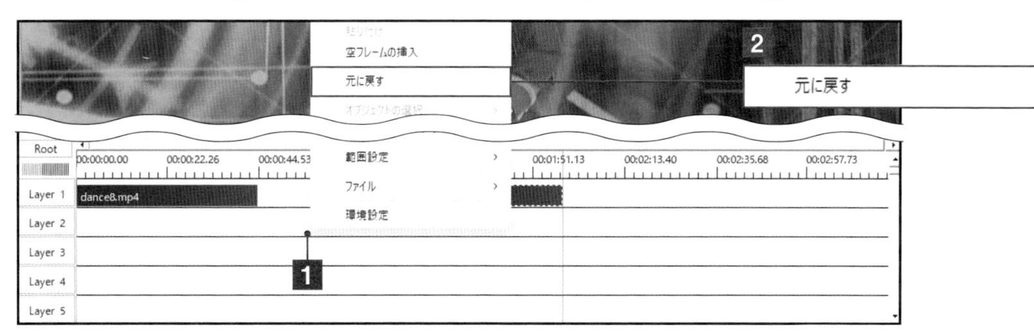

2 操作状態が1つ前の状態に戻る

操作状態が1つ前の状態に戻ります。ここでは、削除したオブジェクトが復元されます。

POINT

バックアップからプロジェクトの復元を行うと、目的の状態に近い状態を復元できる場合があります。戻りすぎてしまった場合は、その状態でプロジェクトを保存し、バックアップからの復元を試してみてください（P.127参照）。また、編集中のプロジェクトを間違って閉じたときは、プロジェクトを閉じてしまったときに近い状態に復元できる場合があります。

拡張編集Pluginの「環境設定」ダイアログを表示する

「環境設定」ダイアログを表示すると、自動バックアップや時間の表示単位、オブジェクト読み込み時の操作など、拡張編集Pluginの各種設定が行えます。

「環境設定」ダイアログを表示する

拡張編集 Plugin の各種動作の設定を行う「環境設定」ダイアログは、オブジェクトが配置されていない場所で右クリックして表示されるメニューから［環境設定］をクリックすることで表示できます。通常、初期設定のまま使用しても問題はない設定になっていますが、必要に応じて設定の変更を行ってください。なお、「環境設定」ダイアログで行う一部の設定は、AviUtl を再起動することで有効になります。

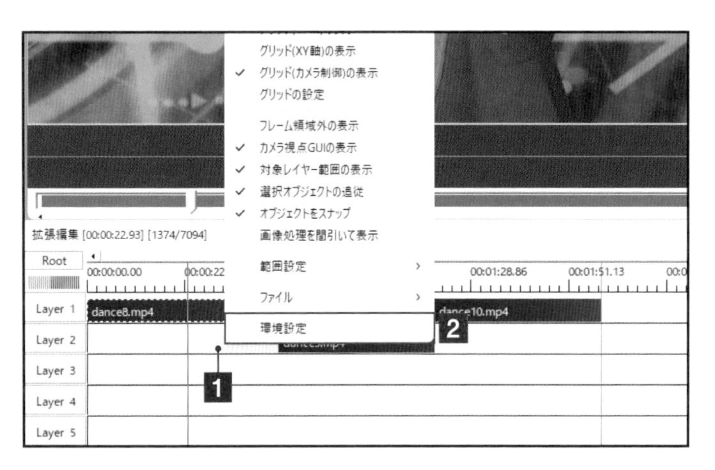

1 「環境設定」ダイアログを表示する

オブジェクトが配置されていない場所で右クリックし**1**、表示されたメニューから［環境設定］をクリックします**2**。

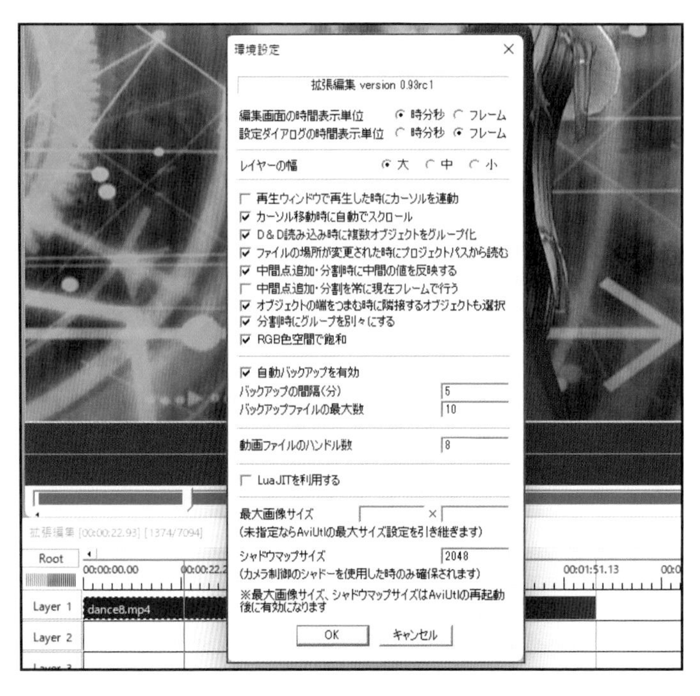

2 「環境設定」ダイアログが表示される

「環境設定」ダイアログが表示されます。設定を変更したときは、それを反映するために AviUtl の再起動が必要になる場合があります。

バックアップファイルから作業を再開する

拡張編集 Pluginは、編集中のプロジェクトの自動バックアップ機能を備えています。これによって、何かあった場合でもバックアップファイルを読み込むことで作業を再開できます。

バックアップから作業を再開する

拡張編集 Plugin の自動バックアップ機能は、初期値でオンに設定されており、5 分間に一度、最大 10 個の編集中のプロジェクトのバックアップを作成しています(P.128 参照)。バックアップファイルは、AviUtl のインストールフォルダー内に作成した「Plugins」フォルダー内に自動作成される「backup」フォルダーに保存されています。なお、バックアップからの作業の再開は、プロジェクトの作成の段階から行います。編集作業中にバックアップから作業を再開することはできません。

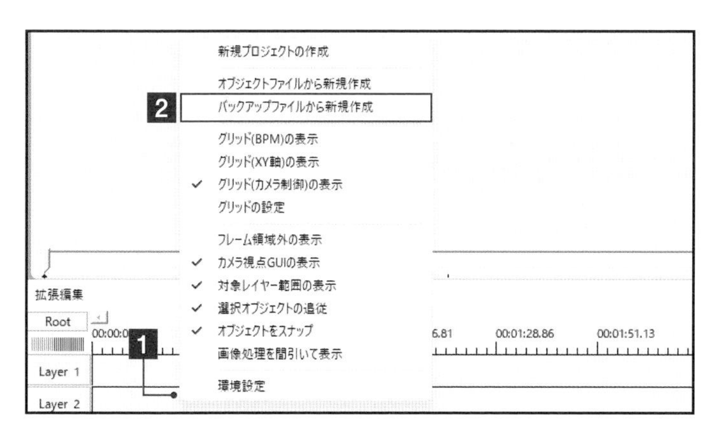

1 [バックアップファイルから新規作成]を開く

オブジェクトが配置されていない場所で右クリックして1、表示されたメニューから[バックアップファイルから新規作成]をクリックします2。

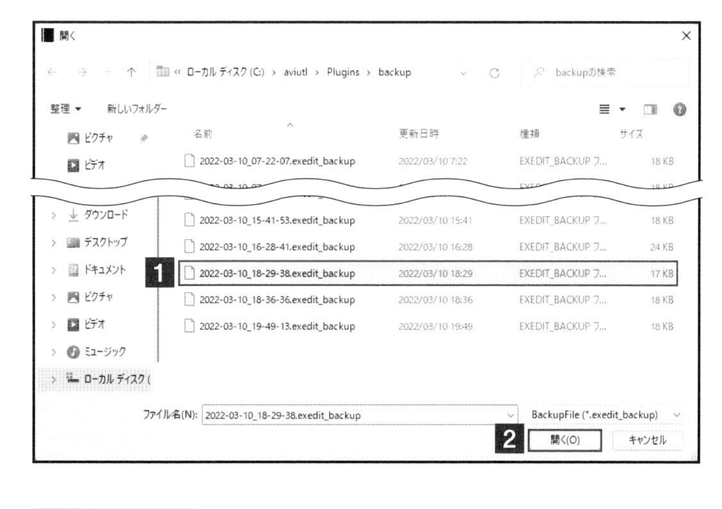

2 バックアップファイルを読み込む

バックアップファイルが保存されているフォルダーが「開く」画面で表示されます。開きたいバックアップファイルをクリックし1、[開く]をクリックすると2、バックアップファイルが読み込まれ、作業を再開できます。

POINT

上の手順では、メニューからの操作でバックアップファイルを読み込んでいますが、バックアップからの作業の再開は、バックアップファイルを拡張編集 Plugin にドラッグ & ドロップすることでも読み込めます。

バックアップの設定を変更する

拡張編集Pluginの自動バックアップ機能はオン／オフを切り替えられるほか、バックアップを作成する間隔や作成するバックアップの最大個数をカスタマイズできます。

バックアップの作成間隔や最大個数を変更する

拡張編集Pluginの自動バックアップに関する設定は、「環境設定」ダイアログで行います。「環境設定」ダイアログでは、自動バックアップのオン／オフ（初期値は［オン］）を切り替えられるほか、バックアップの作成間隔（分単位）とバックアップファイルの最大作成数を設定できます。初期値では、「バックアップの間隔（分）」は「5」、「バックアップファイルの最大数」は「10」に設定されています。

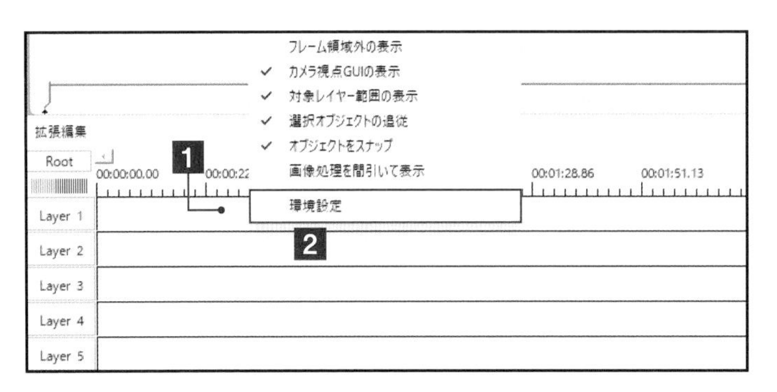

1 「環境設定」ダイアログを表示する

オブジェクトが配置されていない場所で右クリックし1、表示されたメニューから［環境設定］をクリックします2。

2 バックアップの間隔と最大数を設定する

「環境設定」ダイアログが表示されます。「バックアップの間隔（分）」（ここでは「3」）を入力し1、「バックアップファイルの最大数」（ここでは「100」）を入力します2。［OK］をクリックします3。

CHAPTER

▼

04

THE PERFECT GUIDE FOR AVIUTL

[カット編集や動画の再生操作]

01 拡張編集Pluginのプレビュー方法を理解する

拡張編集Pluginで編集中の動画のプレビューは、メインウィンドウに動画を読み込んだときと同様に再生ウィンドウまたはメインウィンドウを利用して行えます。

▶ 拡張編集 Plugin のプレビュー方法を知る

メインウィンドウまたは再生ウィンドウの▶をクリックすると、プレビューを行えます。再生開始位置は「赤色」のカーソルがある位置です。また、プレビューがはじまると、プレビュー中のフレーム位置を示す「緑色」のカーソルがタイムライン上を移動します。⏸をクリックして再生を停止すると、赤色のカーソルが停止位置（緑色のカーソルの最終位置）に移動し、Spaceキーを押して再生を停止すると、緑色のカーソルが赤色のカーソルの位置に戻ります。

初期値では⏸をクリックして再生を停止すると、緑色のカーソルのあった場所に移動する

POINT

赤色のカーソルの動作は、緑色のカーソルの機能を兼務するように変更できます。この設定に変更すると、緑色のカーソルが非表示になり、プレビュー中に赤色のカーソルが移動します。この設定は、拡張編集Plugin の環境設定」ダイアログを開き、［再生ウィンドウで再生した時にカーソルを連動］をオンすることで行えます。

フレームを選択する

拡張編集Pluginに表示されるカーソル(赤い縦棒)は、プレビューの開始位置や動画分割を行うときの分割フレームまたは分割フレームの位置の目安として利用されます。

赤色のカーソルを動かす

拡張編集 Plugin に表示されるカーソル(赤い縦棒)は、タイムライン上をクリックするかオブジェクトの配置されていない場所でクリックすると、クリックした位置に移動するほか、そのままドラッグすることで動かせます。また、位置をフレーム単位で微調整したいときは、メインウィンドウの ◀| (コマ戻し)または |▶ (コマ送り)をクリックするか、←キー(コマ戻し)または→キー(コマ送り)を押します。

1 カーソルを目的の場所に移動させる

タイムライン上の目的の場所付近をクリックします。

2 カーソルが移動する

クリックした場所にカーソル(赤い縦棒)が移動します1。タイムライン上でカーソルをドラッグして動かすこともできます2。

POINT

拡張編集 Plugin の初期値では、カーソル(赤い縦棒)は、動画分割を行うときの分割フレームとして利用できません。動画分割を行うときの分割フレームとして利用したいときは、「環境設定」ダイアログを開き、[中間点追加・分割を常に現在フレームで行う]の設定を[オン]にする必要があります(P.137 参照)。

03 指定フレームに移動する

拡張編集Pluginのカーソル(赤い縦棒)は、指定フレームに移動できます。指定フレームへの移動は、メインウィンドウの[編集]メニューまたはショートカットキーから行えます。

指定フレームにカーソルを移動する

指定フレームにカーソル(赤い縦棒)を移動したいときは、メインウィンドウの［編集］メニューから［指定のフレームに移動］をクリックするか、Ctrlキーを押しながらGキーを押すと表示される「移動先の指定」ダイアログから行えます。

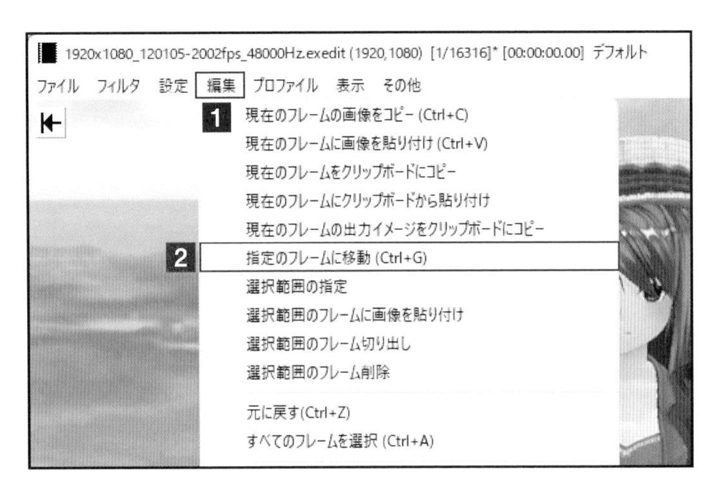

1 「移動先の指定」ダイアログを表示する

メインウィンドウの［編集］をクリックし1、［指定のフレームに移動］をクリックします2。ショートカットキーで操作する場合は、Ctrlキーを押しながらGキーを押します。

2 移動先のフレームを指定する

「移動先の指定」ダイアログが表示されます。移動先のフレームを入力し、Enterキーを押すと1、入力したフレームにカーソル（赤い縦棒）が移動します2。

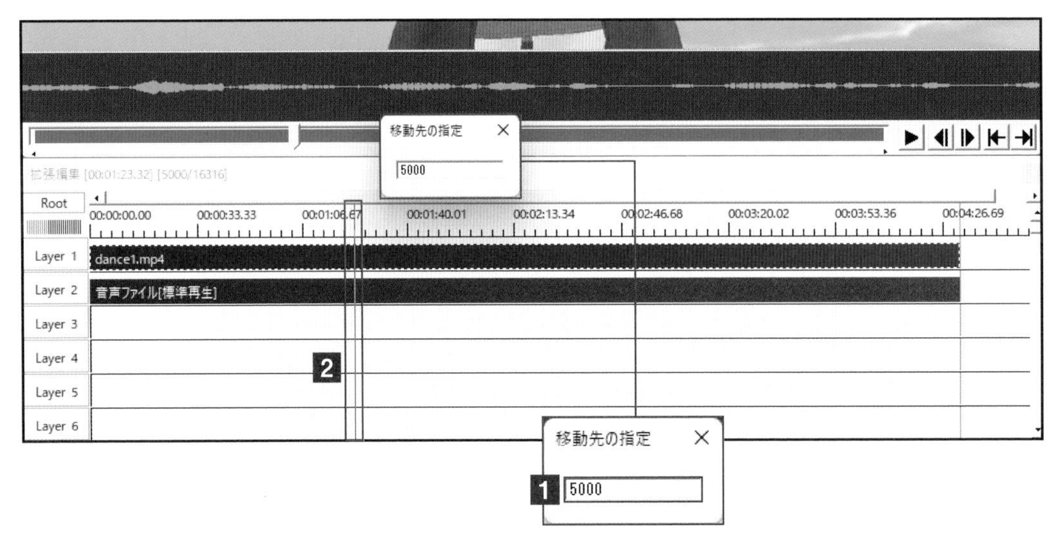

タイムラインで範囲選択を行う

拡張編集Pluginでは、タイムラインの特定範囲を選択できます。この範囲選択は、拡張編集Pluginで編集した動画の特定部分のみをファイルに出力したいときに利用します。

タイムラインの特定範囲を選択する

Shiftキーを押しながらタイムラインをドラッグすると、ドラッグした部分が薄い青で表示され範囲選択できます。拡張編集 Plugin で編集した動画の特定部分のみをファイルに出力したいときは、この操作を行って出力したい範囲を選択します。また、タイムラインの範囲選択は、メインウィンドウからも行えます。メインウィンドウから行う方法については、P.045 を参照してください。

1 タイムラインをドラッグする

タイムライン上の選択範囲の開始フレームをクリックしてカーソル（赤い縦棒）を移動させ**1**、Shiftキーを押しながら、終了フレームの位置までドラッグします**2**。

2 範囲が選択される

範囲が選択されます。選択された範囲は薄い青で表示されます。

POINT

範囲選択の解除は、ショートカットキーまたはメインウィンドウから行えます。ショートカットキーを利用するときは、Ctrlキーを押しながらAキーを押します。メインウィンドウから行うときは、P.047 を参照してください。

05 タイムラインの先頭から動画を再生する

拡張編集Pluginで編集中または編集済みの動画を先頭からプレビューしたいときは、カーソル(赤い縦棒)をタイムラインの先頭に移動させて再生を開始します。

▶ 先頭から動画を再生する

タイムラインの先頭からプレビューを行うときは、再生開始位置となるカーソル(赤い縦棒)をタイムラインの先頭までドラッグしてからメインウィンドウまたは再生ウィンドウの▶をクリックします。また、カーソルは、[Home]キーを押すことでもタイムラインの先頭に戻すことができます。

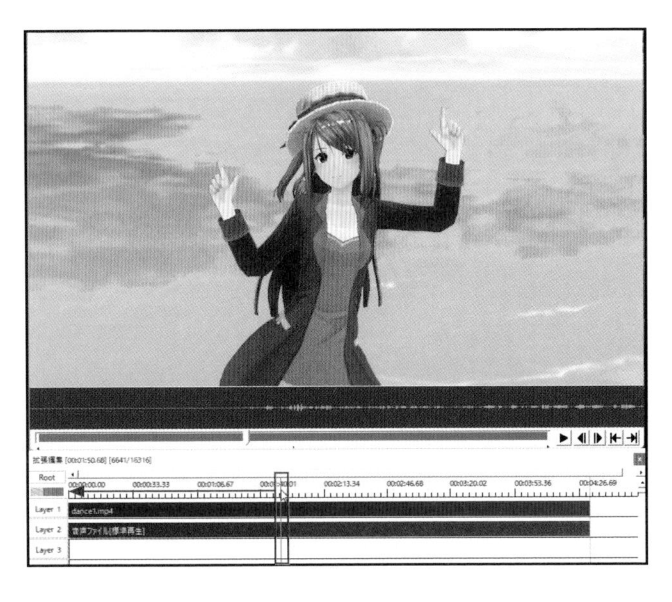

1 カーソルを先頭に移動する

カーソル（赤い縦棒）をタイムラインの先頭までドラッグするか、[Home]キーを押します。

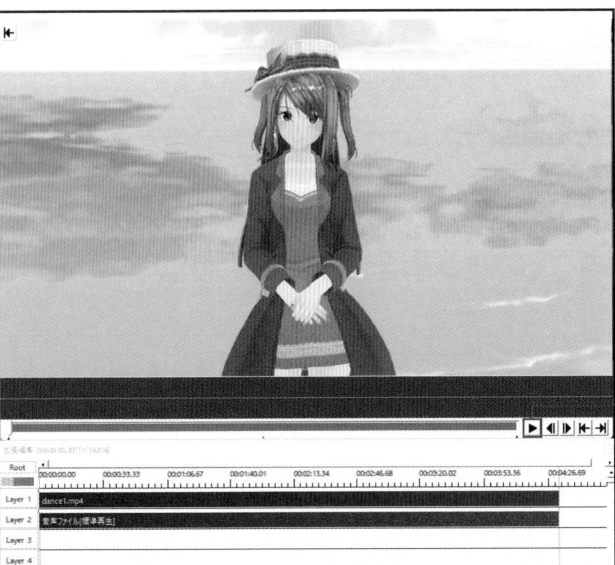

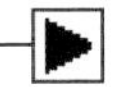

2 プレビューを開始する

メインウィンドウまたは再生ウィンドウの▶をクリックすると、動画のプレビューが開始されます。

06 任意の場所から動画を再生する

拡張編集Pluginで編集中または編集済みの動画を任意の場所からプレビューしたいときは、カーソル(赤い縦棒)を再生開始フレームに移動させてから再生を開始します。

任意の場所から再生する

拡張編集 Plugin では、メインウィンドウまたは再生ウィンドウの▶をクリックすると、カーソル(赤い縦棒)がある場所から動画がはじまります。このため、任意の場所から動画をプレビューしたいときは、カーソルを再生開始位置付近まで移動させてから、再生を開始します。

1 カーソルを再生開始位置に移動する

再生開始位置付近のタイムラインをクリックする(P.131 参照)、カーソルをドラッグする、フレーム指定(P.132 参照)を行う、以上のいずれかの方法でカーソルを再生開始位置に移動します。

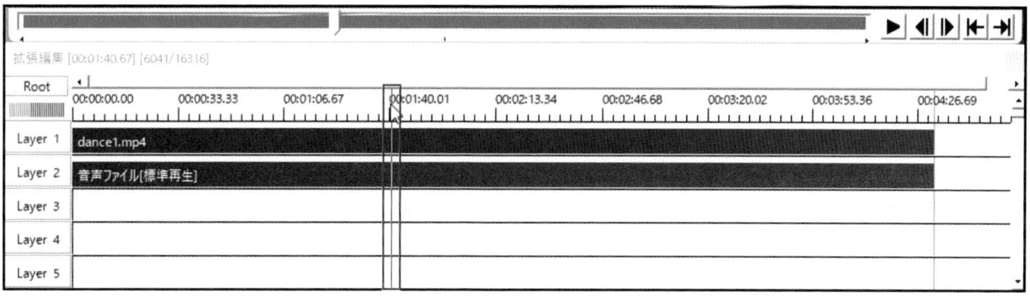

拡張編集 [00:01:40.67] [6041/16316]
Root 00:00:00.00 00:00:33.33 00:01:06.67 00:01:40.01 00:02:13.34 00:02:46.68 00:03:20.02 00:03:53.36 00:04:26.69
Layer 1 dance1.mp4
Layer 2 音声ファイル[標準再生]
Layer 3
Layer 4
Layer 5

2 プレビューを開始する

メインウィンドウまたは再生ウィンドウの▶をクリックして、プレビューを開始します。

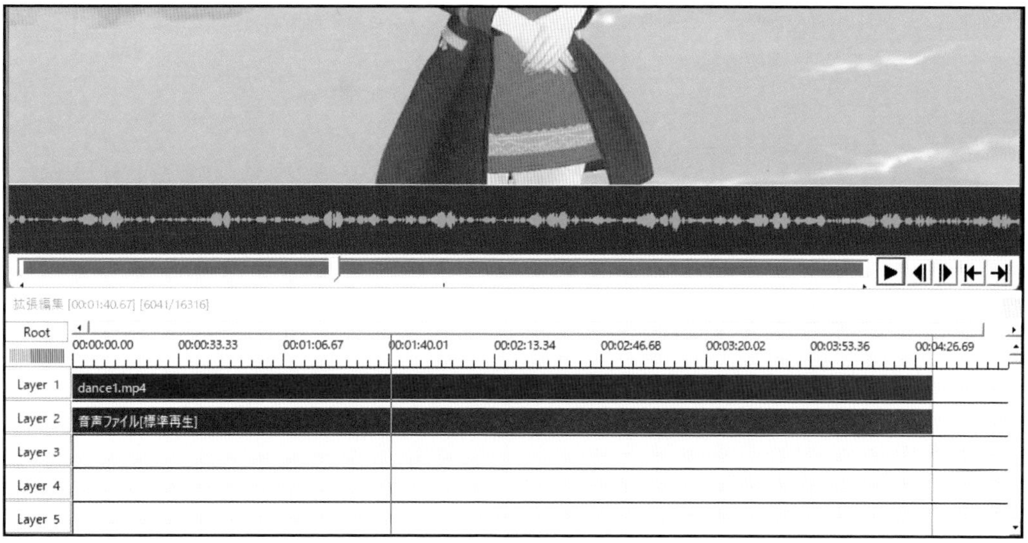

拡張編集 [00:01:40.67] [6041/16316]
Root 00:00:00.00 00:00:33.33 00:01:06.67 00:01:40.01 00:02:13.34 00:02:46.68 00:03:20.02 00:03:53.36 00:04:26.69
Layer 1 dance1.mp4
Layer 2 音声ファイル[標準再生]
Layer 3
Layer 4
Layer 5

07 選択したオブジェクトの先頭から再生する

拡張編集Pluginに配置されている複数のオブジェクトの中で選択中または選択したオブジェクトの先頭からプレビューを行いたいときは、設定ダイアログを利用するのがお勧めです。

オブジェクトの先頭にカーソルを移動する

選択したオブジェクトの先頭からプレビューを行いたいときは、対象のオブジェクトの先頭にカーソル(赤い縦棒)を移動させます。カーソルを移動させる方法にはいくつかありますが、中でもお勧めの方法が、設定ダイアログの⏮をクリックすることです。

1 カーソルをオブジェクトの先頭に移動する

プレビューを開始したいオブジェクトをクリックまたはダブルクリックし1、設定ダイアログの⏮をクリックします2。

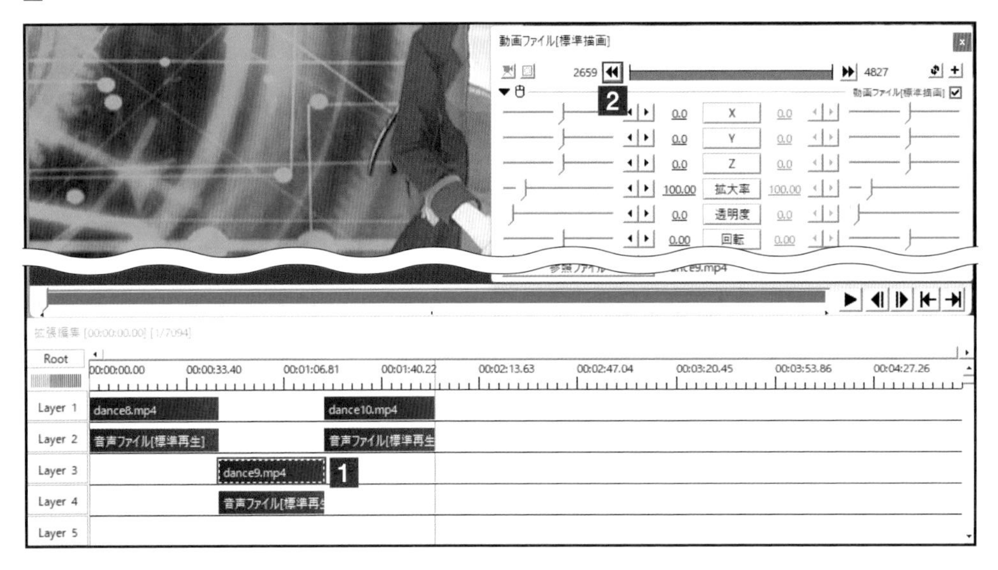

2 カーソルが移動する

カーソル(赤い縦棒)が、選択したオブジェクトの先頭に移動します1。▶をクリックすると2、選択したオブジェクトの先頭からプレビューがはじまります。

オブジェクトの分割方法を変更する

拡張編集Pluginではオブジェクトの分割を行うときにカーソル(赤い縦棒)の場所で分割する方法とマウスポインターがある場所で分割する方法があり、どちらか一方を選択できます。

オブジェクトの分割方法を設定する

拡張編集 Plugin の初期値では、オブジェクトの分割操作をマウスポインターがある場所(フレーム)で行います。このため、詳細な場所で分割したいときは、最初にカーソル(赤い縦棒)を目的の場所に移動させ、それを目印に分割操作を行う必要があります。拡張編集 Plugin では、「環境設定」ダイアログからカーソル(赤い縦棒)の場所で分割するように変更できます。

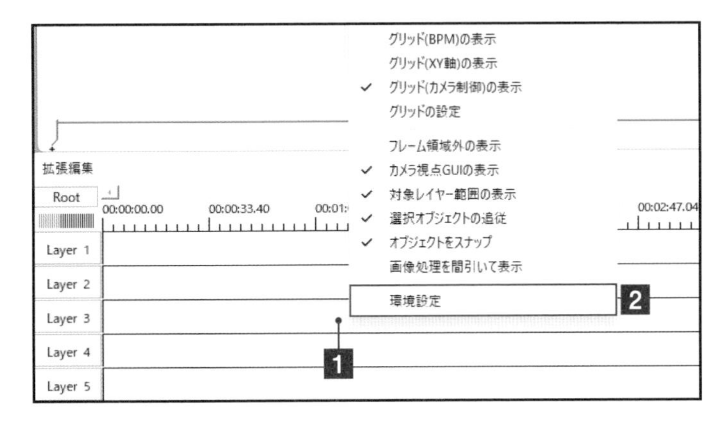

1 「環境設定」ダイアログを開く

拡張編集 Plugin のオブジェクトのない場所で右クリックし**1**、メニューから[環境設定]をクリックします**2**。

2 設定を変更する

「環境設定」ダイアログが開きます。[中間点追加・分割を常に現在フレームで行う] の設定を [オン] にし**1**、[OK] をクリックします**2**。

オブジェクトを指定フレームで分割する

オブジェクトの分割を行うと、オブジェクトを指定フレームの前とうしろの2つのオブジェクトに分けることができます。この操作は、不要フレームの削除を行うときなどに利用します。

オブジェクトを分割する

オブジェクトの分割は、オブジェクトを右クリックして表示されるメニューから［分割］をクリックすることで行います。また、オブジェクトの分割位置(フレーム)の初期値は、右クリック時にマウスポインターがあった場所です。詳細な調整を行って分割したいときは、最初にカーソル(赤い縦棒)を目的の場所に移動させ、それを目印に分割操作を行います。また、カーソルがある場所(フレーム)で分割したいときは、「環境設定」ダイアログで設定を変更します(P.137 参照)。

1 オブジェクトの分割を行う

オブジェクトを分割したい位置にカーソル（赤い縦棒）を移動させておきます。目印としたカーソルの上にマウスポインターを移動させて右クリックし1、メニューから［分割］をクリックします2。

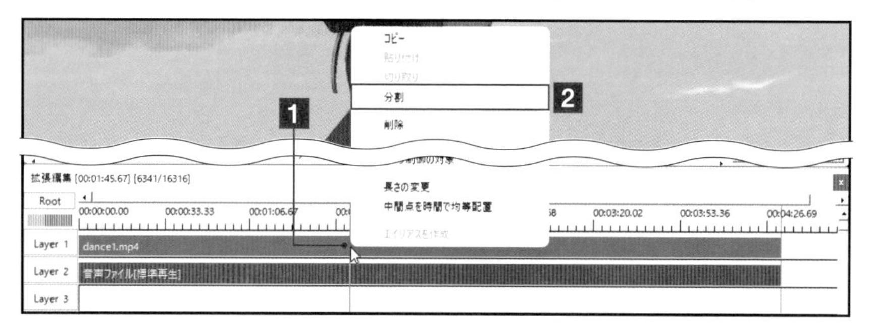

2 オブジェクトが分割される

オブジェクトが分割されます。なお、オブジェクトがグループ化されていて、かつその中の特定オブジェクトが選択状態にない場合（点線で囲まれていない状態）は、グループ化されているほかのオブジェクトも同時に分割されます。

POINT

オブジェクトが選択状態（点線で囲まれている状態）にある場合に分割を行ったときは、グループ化されていても選択状態のオブジェクトのみが分割されます。また、オブジェクトが選択状態にある場合は、メインウィンドウの［編集］→［拡張編集］から［選択オブジェクトを分割］をクリックするか、Sキーを押すことでもオブジェクトを分割できます。

オブジェクトの不要な部分を削除する

拡張編集Pluginで動画などのオブジェクトの不要な部分を削除するには、オブジェクトの分割を利用する方法とオブジェクトの長さを変更する方法があります。

オブジェクトの不要部分を削除するには

拡張編集 Plugin では、オブジェクト内の特定部分を範囲選択して、そこを削除することはできません。そのため、拡張編集 Plugin でオブジェクトの不要な部分を削除するときは、オブジェクトの分割やオブジェクトの長さの変更を利用します。前者のオブジェクトの分割では、オブジェクトを不要な部分と残す部分に分割して、不要な部分を削除します(P.140 参照)。また、後者のオブジェクトの長さの変更では、オブジェクト内の開始位置や終了位置を変更することで必要な部分のみを残せます(P.141 参照)。

オブジェクトの分割を利用して不要部分を削除

拡張編集 [00:00:00.00] [1/16316]
Root
00:00:00.00 00:00:33.33 00:01:06.67 00:01:40.01 00:02:13.34 00:02:46.68 00:03:20.02 00:03:53.36 00:04:26.69
Layer 1 dance1.mp4 dance1.mp4 dance1.mp4
Layer 2 音声ファイル[標準再生] 音声ファイル[標準再生] 音声ファイル[標準再生]
Layer 3
Layer 4
Layer 5
分割 削除したいフレーム 分割

▲オブジェクトの不要な部分の開始フレームと終了フレームの2箇所でオブジェクトの分割を行うと、その間の部分を削除できます。また、オブジェクトを2分割すれば、前またはうしろのオブジェクトのみを残すこともできます。

オブジェクトの長さを変更する

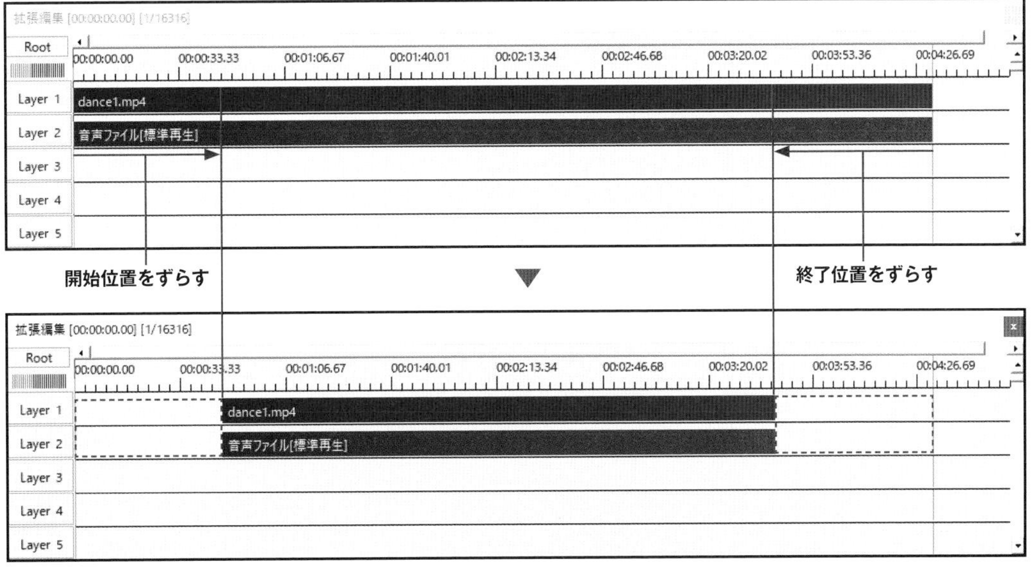

▲オブジェクト内の開始位置や終了位置を変更すると、特定の範囲のみを残すことができます。

選択範囲のフレームを削除する

拡張編集Pluginでオブジェクトの選択範囲のフレームを削除したいときは、不要な部分の開始フレームと終了フレームの2箇所でオブジェクトの分割を行い、不要な部分を削除します。

分割を利用して範囲選択を行う

オブジェクトの不要な部分の開始フレームと終了フレームの2箇所でオブジェクトの分割を行うと、1つのオブジェクトが3つのオブジェクトに分割され、中間のオブジェクトが不要な部分のオブジェクトとなります。これを削除すると、選択範囲のフレームの削除を行えます。なお、削除した部分は空白区間となり、再生時には「黒」の画像が表示され、音声は無音になります。そのため、空白区間に別のオブジェクトを配置するか、うしろのオブジェクトを前に移動させ、空白をなくします。

1 選択したフレームの削除を行う

不要な部分の開始フレームと終了フレームの2箇所でオブジェクトを分割しておきます**1**（P.138参照）。削除したいオブジェクトで右クリックし**2**、メニューから［削除］をクリックします**3**。

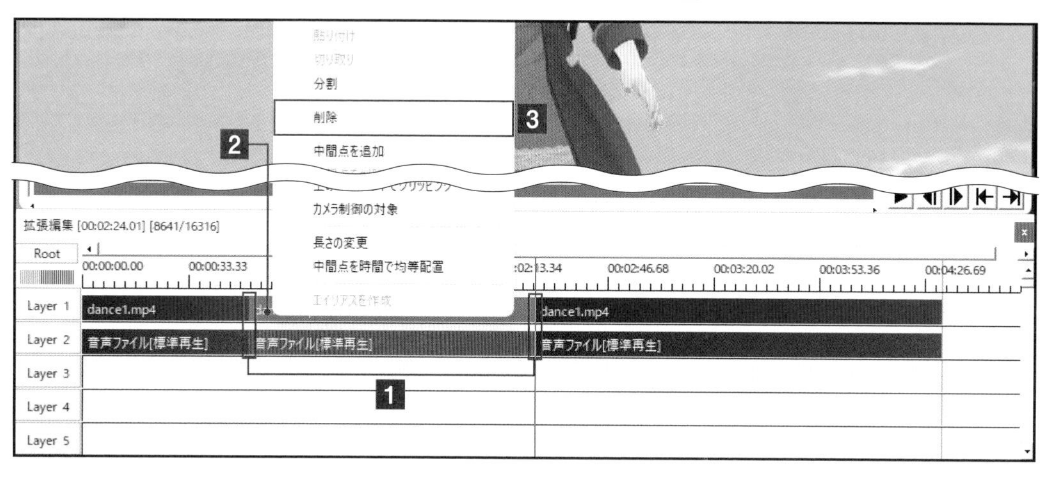

2 オブジェクトが削除される

選択したオブジェクトが削除され、そのオブジェクトがあった部分が空白になります**1**。空白のうしろのオブジェクトを前のオブジェクトに付くまでドラッグします**2**。

メディアファイルオブジェクトの再生時間をドラッグ操作で変更する

動画や写真、音声などのオブジェクトは、オブジェクトの長さ（再生時間）を変更できます。この機能を利用すると、オブジェクトの前後をトリミングできます。

オブジェクトの前後をトリミングする

拡張編集 Plugin は、ドラッグ操作でオブジェクトの長さ（再生時間）を変更できます。たとえば、オブジェクトの先端にマウスポインターを移動し、マウスポインターの形状が ⇔ になったら右方向にドラッグすると、ドラッグした場所まで前方向からオブジェクトがトリミングされます。逆にオブジェクトの後尾にマウスポインターを移動させて、左方向にドラッグするとドラッグした場所までうしろ方向からトリミングできます。

1 オブジェクトの先頭または後尾をドラッグする

マウスをオブジェクトの先頭または後尾（ここでは「先頭」）に移動し、マウスポインターの形状が ⇔ になったら、ドラッグ（ここでは右方向）します。

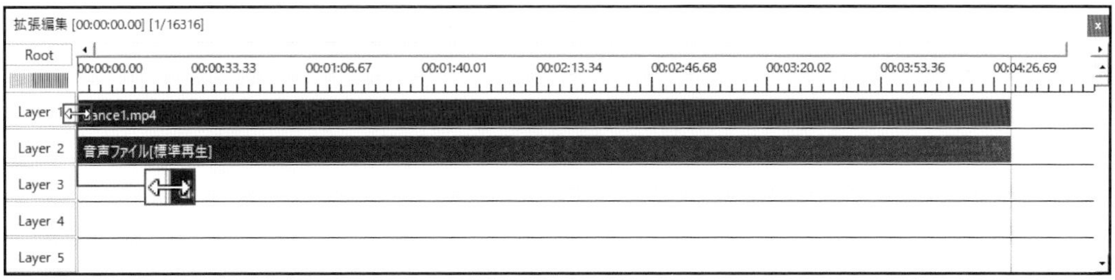

2 オブジェクトがトリミングされる

ドラッグした場所までオブジェクトの前またはうしろ（ここでは「前」）がトリミングされます。

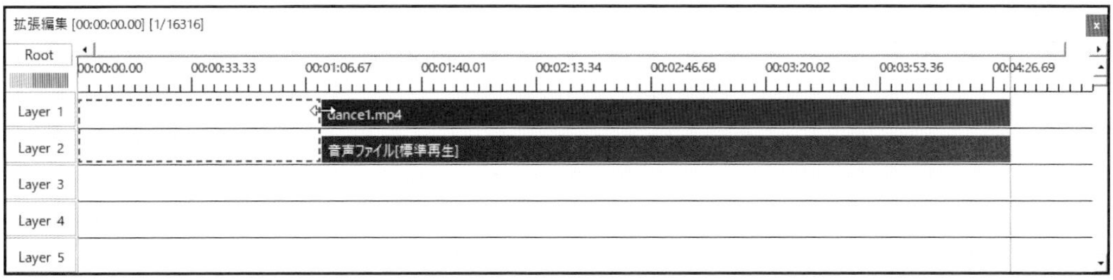

POINT

ドラッグしたオブジェクトがグループ化されている場合、開始位置または終了位置が揃っているオブジェクトは、上の手順のようにまとめて長さが調節されます。

SECTION 13

メディアファイルオブジェクトの再生時間を指定する

拡張編集Pluginでは、選択したオブジェクトの再生時間を指定できます。この操作は、写真や図形、テキストなどの画像の再生時間を指定したいときなどに活用できます。

オブジェクトの再生時間を指定する

拡張編集 Plugin は、オブジェクトを右クリックして表示されるメニューから［長さの変更］をクリックすることで、オブジェクトの再生時間を指定できます。この機能は、写真などの画像ファイルのオブジェクトや図形、テキストなどの再生時間を設定したり、動画や音声ファイルのオブジェクトの先頭からの再生時間を指定したりするときに利用します。

1 「長さの変更」ダイアログを表示する

再生時間を変更したいオブジェクトで右クリックし1、メニューから［長さの変更］をクリックします2。

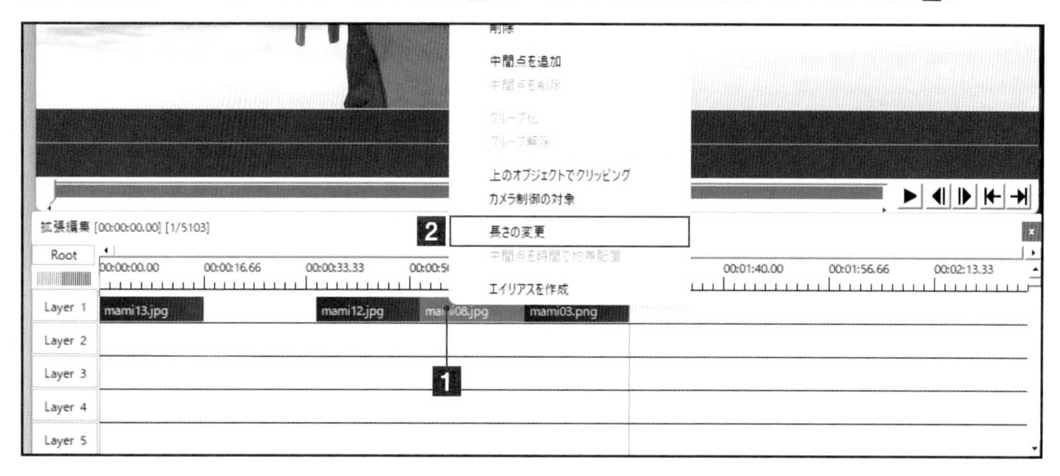

2 再生時間を変更する

「長さの変更」ダイアログが表示されます。再生時間を「秒数指定」または「フレーム数指定」（ここでは、「秒数指定」で「5 秒」）で入力し1、［OK］をクリックすると2、再生時間が変更されます。

CHECK!

オブジェクトの再生時間を現状よりも長くしたいときは、そのオブジェクトと同一レイヤー上に配置された別のオブジェクトとの空白の長さだけ再生時間を長くできます。再生時間を変更したいオブジェクトの直後に別のオブジェクトが隙間なく配置されているときは、再生時間を現状よりも長くすることはできません。

オブジェクトの再生時間を統一する

拡張編集Pluginでは、複数のオブジェクトの再生時間をまとめて同じ時間に変更できます。この操作は、画像やテキストなどの再生時間を統一したいときに利用できます。

オブジェクトの長さをまとめて変更する

複数のオブジェクトを選択してから再生時間の変更（長さの変更）を行うと、選択したオブジェクトの再生時間をまとめて同じ時間に変更できます。たとえば、スライドショーなどの画像を活用した動画を作成したいときなど、画像の再生時間を統一したいときは、この操作で統一できます。ただし、この操作には、制限があります。再生時間をまとめて長くできるのは、別レイヤーに配置されているオブジェクトのみです。同一レイヤー上のオブジェクトは短くすることのみが行えます。

1 「長さの変更」ダイアログを表示する

再生時間を変更したい画像のオブジェクトをすべて選択し（P.109～P.112参照）、右クリックして**1**、メニューから［長さの変更］をクリックします**2**。

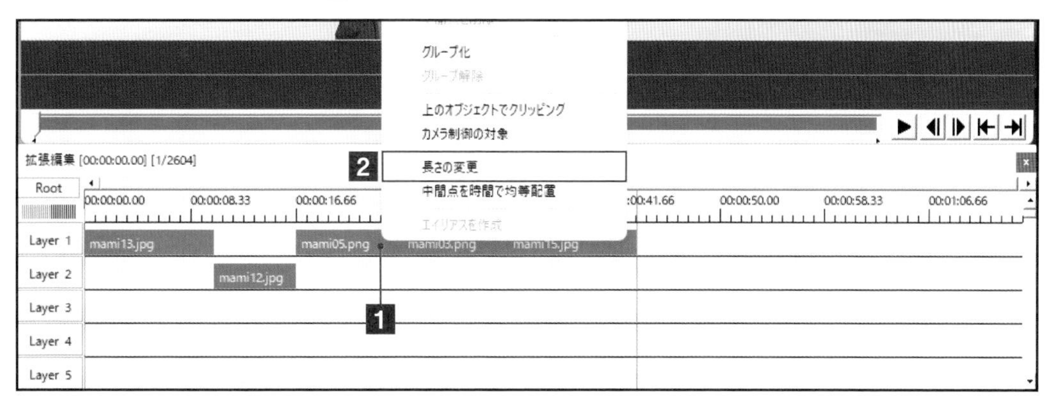

2 再生時間をまとめて変更する

「長さの変更」ダイアログが表示されます。再生時間を「秒数指定」または「フレーム数指定」（ここでは、「秒数指定」で［5秒］）で入力し**1**、［OK］をクリックすると**2**、選択した画像のオブジェクトの再生時間がまとめて変更されます。

POINT

画像のオブジェクトのみでグループ化されていて、そのグループの再生時間をまとめて変更したいときは、選択操作は不要です。その場合は、グループ内のいずれかの画像のオブジェクトを右クリックして再生時間の変更を行うことで、グループを構成しているすべての画像のオブジェクトの再生時間をまとめて変更できます。

空フレームを挿入する

拡張編集Pluginでは､｢空フレーム｣を挿入できます。空フレームの挿入は､オブジェクトとオブジェクトの間に新しいオブジェクトを配置したいときなどに利用します。

オブジェクト間に空きを作る

空フレームの挿入は､オブジェクトとオブジェクトの間に空間を設ける機能です。たとえば､あるオブジェクトをオブジェクトの間に写真を1枚挿入したいといったときに利用できます。拡張編集Pluginでは､カーソル(赤い縦棒)のあるオブジェクトのうしろに｢空フレーム｣を挿入できます。

1 「空フレームの挿入」ダイアログを表示する

カーソル（赤い縦棒）を空フレームを挿入したいオブジェクトの上に移動し1、オブジェクトのない場所で右クリックして2、メニューから［空フレームの挿入］をクリックします3。

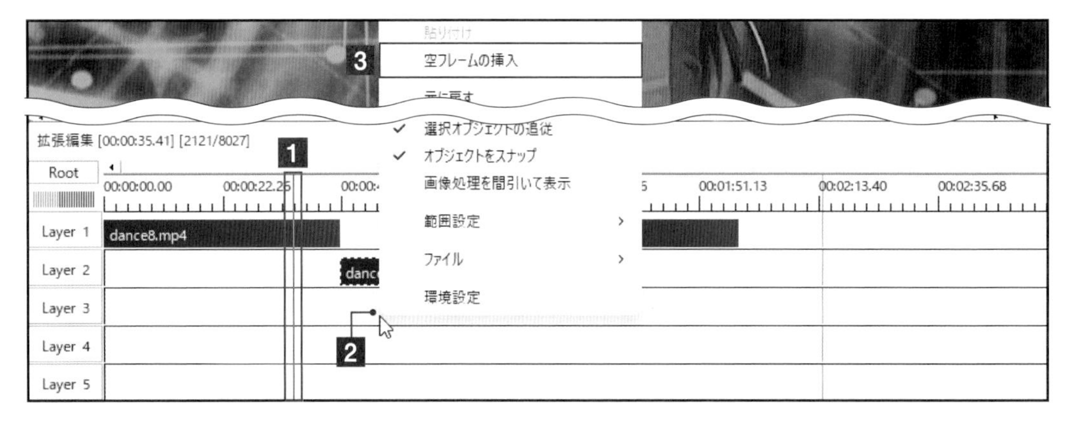

2 空フレームを挿入する

｢空フレームの挿入｣ダイアログが表示されます。空フレームを挿入したい時間を｢秒数指定｣または｢フレーム数指定｣（ここでは、「秒数指定」で「10秒」）で入力し1、［OK］をクリックすると2、カーソルがあるオブジェクトのうしろに指定時間で空フレームが挿入されます3。

CHAPTER 04 カット編集や動画の再生操作

CHAPTER

▼

05

THE PERFECT GUIDE FOR AVIUTL

設定ダイアログの基本操作

01 設定ダイアログの機能を理解する

設定ダイアログは、オブジェクトごとに用意された設定画面です。この画面では、オブジェクトの表示に関する設定を行ったり、フィルタ処理やエフェクトを施したりできます。

設定ダイアログとは

拡張編集 Plugin で動画編集を行うときの特長的な機能の 1 つが、「設定ダイアログ」です。設定ダイアログは、オブジェクトごとに用意されており、選択したオブジェクトに対して多彩な機能を提供します。たとえば、オブジェクトの表示位置を上下左右に移動させたり、拡大／縮小、回転させたりなどです。そのオブジェクトにのみ適用されるフィルタ処理も施せるほか、画面内でオブジェクトを動かすときにも利用します。

設定ダイアログ

▲設定ダイアログは、選択したオブジェクトに対してさまざまな機能を提供します。画面は、動画のオブジェクトを選択した場合の設定ダイアログです。設定ダイアログは、オブジェクトの種類によって利用できる機能が異なります。

設定ダイアログでできる代表的な操作

設定ダイアログでは、約 50 種類にもおよぶフィルタやエフェクトをオブジェクトに対して施せるなど、大変多くの操作を行えます。ここでは、動画のオブジェクトを例に、代表的な操作を紹介します。

オブジェクトの拡大／縮小

▲オブジェクトを拡大／縮小できます。

表示位置の変更

▲オブジェクトを表示位置を好きな場所に変更できます。

オブジェクトの回転

▲オブジェクトを360度好きな角度に回転できます。

色調補正

▲オブジェクトの色調補正を行えます。

クリッピング

▲画像の特定部分のみを残すクリッピングが行えます。

オブジェクトの移動

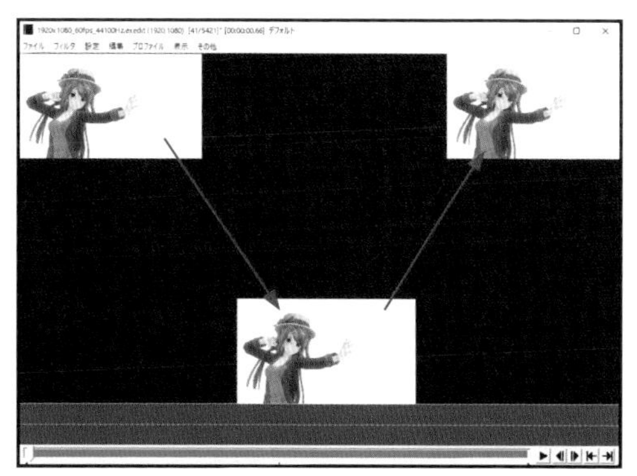

▲オブジェクトの位置を時間経過とともに動かせます。

設定ダイアログの画面構成を理解する

設定ダイアログに表示される設定項目は、動画ファイルや画像／音楽ファイルなどのオブジェクトの種類によって異なります。

設定ダイアログの画面構成

設定ダイアログは、タイムラインに配置したオブジェクトに用意されている設定画面です。通常は、画面左側の項目のみが変更でき、画面右側の項目は、時間の経過に連動してオブジェクトに変化を加えるときに限って変更できるようになります。その場合、画面左側が開始時、画面右側が終了時の設定となります。また、「設定」ダイアログは、画面上部、中央部、下部の3つのセクションに分かれており、表示される内容／項目は、オブジェクトの種類によって変化します。

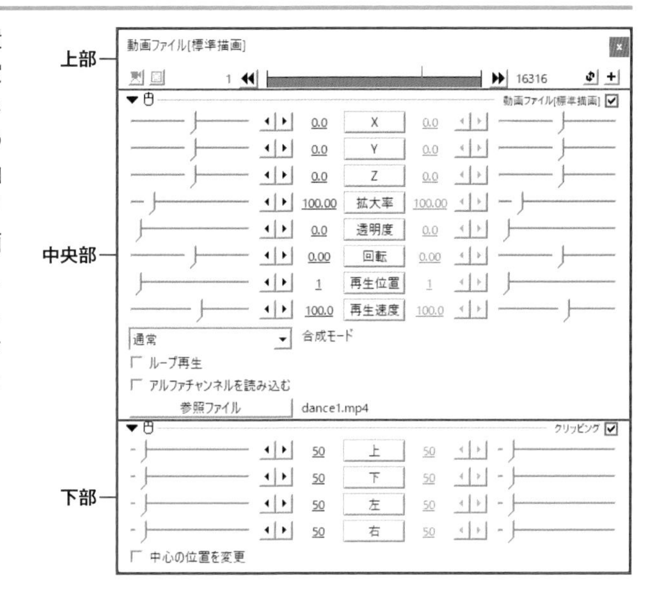

設定ダイアログの画面上部

設定ダイアログの画面上部は、オブジェクトの再生位置を示す情報やルーラー、◀◀／▶▶などのフレームの先頭／終了位置への移動ボタン、フィルタやエフェクトを追加する＋のボタンなどが配置されているほか、や、など選択したオブジェクトによって表示／非表示が切り替わるボタンもあります。

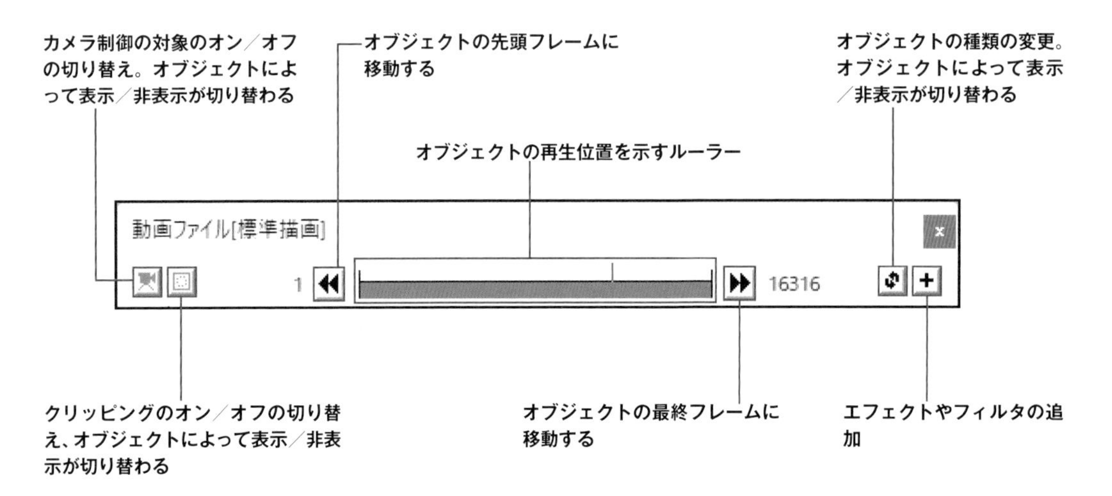

設定ダイアログの画面中央部

設定ダイアログの画面中央部は、選択したオブジェクトの調整可能な項目が配置されており、表示される項目はオブジェクトの種類によって変化します。また、画面右上には、オブジェクト制御のオン／オフを切り替えるチェックボックスが配置されています。これを☑にすると制御がオンになり、□にすると制御がオフになります。制御をオフにすると、動画や画像などのオブジェクトの場合は表示が非表示になり、音声のオブジェクトの場合は非再生になります。

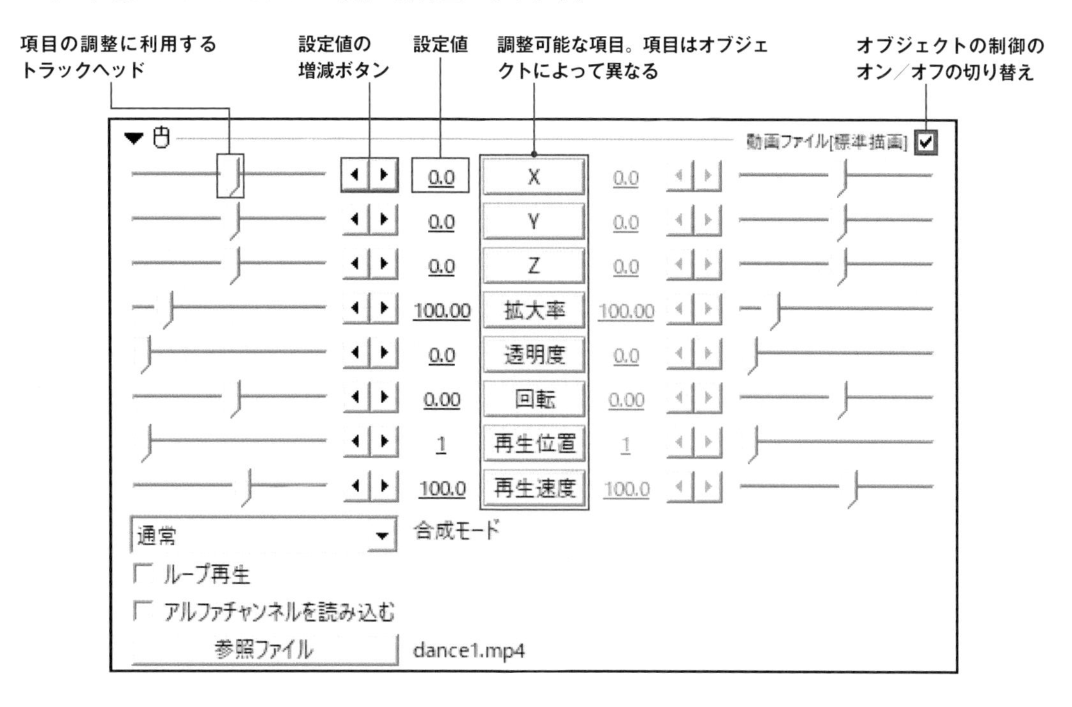

設定ダイアログの画面下部

設定ダイアログの画面下部は、フィルタ効果などを追加した場合に区切り線で区切られて調整項目が表示されます。区切り線で区切られた画面右上には、追加したフィルタ効果などの名称とともにその右横に制御のオン／オフを切り替えるチェックボックスが配置されています。これを☑にすると制御がオンになり、□にすると制御がオフになります。なお、複数のフィルタやエフェクトを追加した場合は、区切り線で区切られ、設定項目が下に追加されていきます。

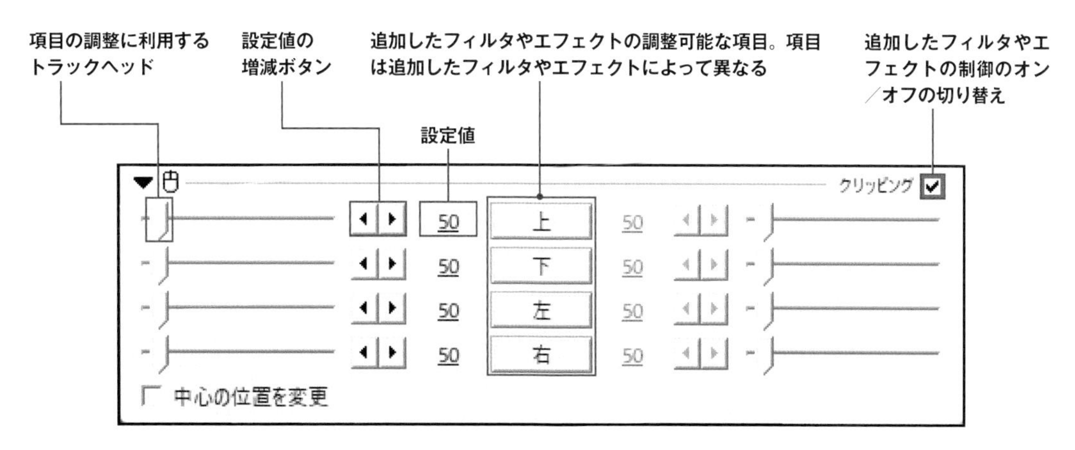

設定ダイアログを表示する

設定ダイアログは、タイムラインにオブジェクトを追加すると自動表示され、別のオブジェクトに対象を変更したいときは、そのオブジェクトをクリックします。

設定ダイアログを表示／非表示にする

設定ダイアログは、オブジェクトを追加すると自動表示されるほか、操作対象のオブジェクトをクリックまたはダブルクリックすることで表示されます。クリックは、設定ダイアログが表示されているときに利用し、ダブルクリックは、設定ダイアログが表示されていないときに利用します。また、設定ダイアログを表示中のオブジェクトは、点線で囲まれて表示されます。ここでは、設定ダイアログが表示されていないときを例に、設定ダイアログを表示する方法を説明しています。

1 オブジェクトをクリックまたはダブルクリックする

設定ダイアログを表示したいオブジェクト（ここでは、[dance1.mp4]）をクリックまたはダブルクリック（ここでは「ダブルクリック」）します。

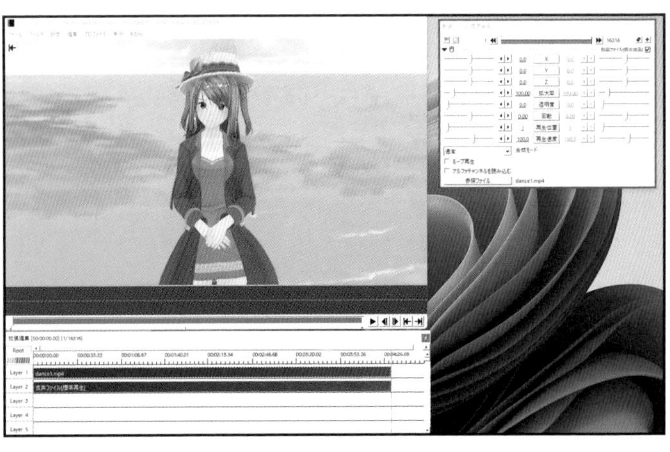

2 設定ダイアログが表示される

対象オブジェクトの設定ダイアログが表示されます。また、設定ダイアログが表示されているときに、オブジェクトをダブルクリックすると、設定ダイアログが閉じます。

オブジェクトを拡大/縮小する

設定ダイアログを利用すると、動画や画像などのオブジェクトの拡大/縮小をかんたんに行えます。オブジェクトの拡大/縮小は、設定ダイアログの[拡大率]で調整します。

オブジェクトを拡大/縮小する

設定ダイアログの［拡大率］を調整すると、選択した動画や画像、図形などのオブジェクトの拡大や縮小を行えます。［拡大率］の調整は、設定ダイアログ左側の［拡大率］の ⌋(トラックヘッド)を右(拡大)または左(縮小)にドラッグするか、数値(初期値は［100］)をクリックして、拡大率を入力します。ここでは、動画のオブジェクトを例に手順を説明しますが、［拡大率］の設定を備えているほかのオブジェクトも同じ方法で調整できます。

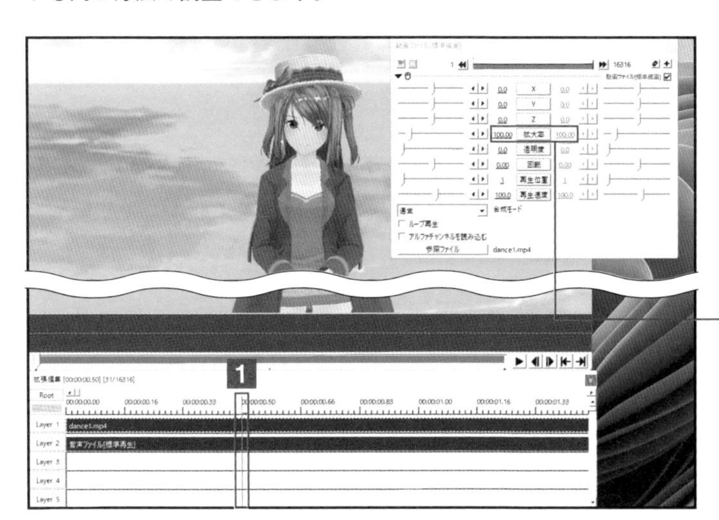

1 拡大率を調整する

拡大/縮小したいオブジェクトの上にカーソル（赤い縦棒）を移動させて**1**、設定ダイアログを開きます。[拡大率］の左側の数字をクリックします**2**。

2 オブジェクトを拡大/縮小する

拡大率の数値（ここでは「50」）を入力すると**1**、オブジェクトが拡大または縮小（ここでは縮小）されます**2**。

POINT

トラックヘッドによる調整には、最大拡大率に制限値が設けられていますが、数値を直接入力すると、トラックヘッドの制限値を超えた拡大率を設定できます。また、オブジェクトを時間経過とともに徐々に拡大/縮小する方法については、P.182 を参照してください。

05 オブジェクトの角度を変える

設定ダイアログを利用すると、動画や画像などのオブジェクトの角度をかんたんに変更できます。オブジェクトの角度は、設定ダイアログの[回転]で調整します。

オブジェクトを任意の角度に回転させる

設定ダイアログの［回転］を調整すると、選択したオブジェクトの角度を変更できます。角度の調整は、「設定」ダイアログ左側の［回転］の 」(トラックヘッド)を右(時計回りに回転)または左(反時計回りに回転)にドラッグするか、数値(初期値は［0］)をクリックして、角度(負の数値は反時計回り、正の数値は時計回り)を入力します。ここでは、動画のオブジェクトを例に手順を説明しますが、［回転］の設定を備える画像や図形などのほかのオブジェクトも同じ方法で調整できます。

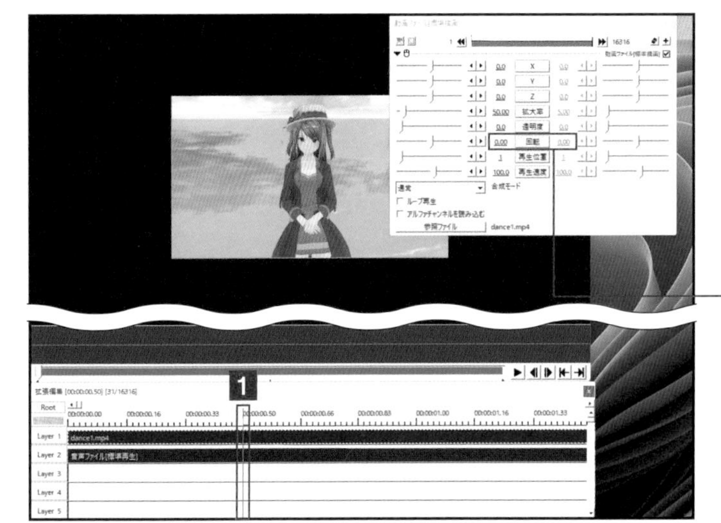

1 ［回転］の数字をクリックする

回転させたいオブジェクトの上にカーソル(赤い縦棒)を移動させて1、設定ダイアログを開きます。［回転］の左側の数字をクリックします2。

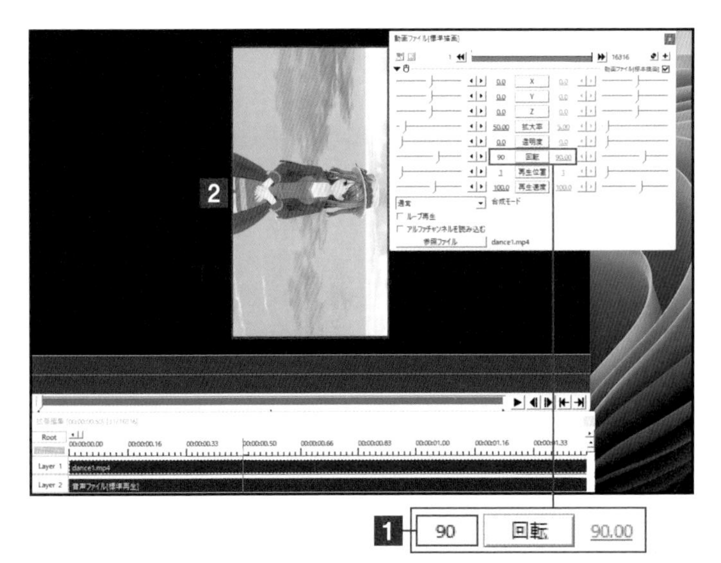

2 オブジェクトを回転する

回転する角度（ここでは「90」）を入力すると1、オブジェクトが回転（ここでは時計回りに90度）します2。

POINT

ここでは、オブジェクトの角度を変える方法のみを紹介していますが、オブジェクトは連続回転させることもできます（P.181 参照）。

06 オブジェクトの透明度を変更する

設定ダイアログを利用すると、動画や画像などのオブジェクトの透明度を変更できます。オブジェクトの透明度の変更は、設定ダイアログの[透明度]を調整します。

オブジェクトの透明度を調整する

設定ダイアログの［透明度］を調整すると、選択したオブジェクトの透明度を変更できます。［透明度］の調整は、設定ダイアログ左側の［透明度］の ｣（トラックヘッド）をドラッグするか、数値（初期値は［0］）をクリックして、透明度の数値を入力します。ここでは、動画のオブジェクトを例に手順を説明しますが、［透明度］の設定を備えているほ画像や図形などのほかのオブジェクトも同じ方法で調整できます。

1 透明度を調整する

透明度を調整したいオブジェクトの上にカーソル（赤い縦棒）を移動させて**1**、設定ダイアログを開きます。［透明度］の左側の ｣（トラックヘッド）をドラッグします**2**。

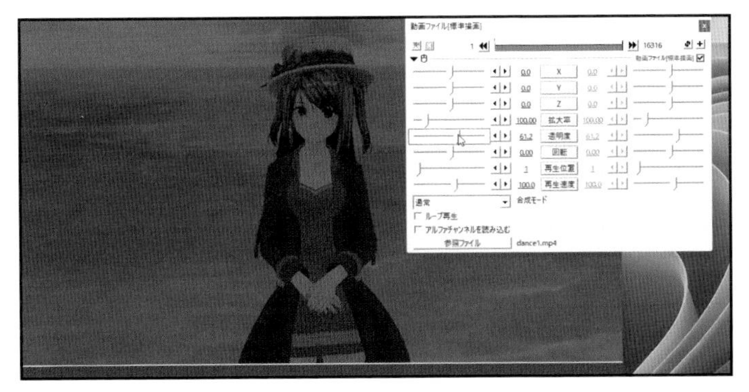

2 透明度が変更される

透明度が変更されます。トラックヘッドを右に寄せるほど、透明度が高くなります。

POINT

オブジェクトは、時間経過とともに徐々に透明度を高くしたり、低くしたりすることもできます。時間経過とともに透明度を変更する方法については P.183 を参照してください。

オブジェクトを画面内の任意の場所に配置する

拡張編集Pluginを用いた動画編集では、動画や画像、図形、テキストなどのオブジェクトを画面内の任意の場所に配置できます。

オブジェクトを任意の場所に配置する

メインウィンドウに表示されているオブジェクトを目的の場所にドラッグするか、設定ダイアログの［X軸］または［Y軸］の数値を変更すると、オブジェクトを任意の場所に配置できます。［X軸］は横方向の移動です。負の数値でオブジェクトが左に動き、正の数値で右に動きます。［Y軸］は縦方向の移動です。負の数値で上に動き、正の数値で下に動きます。メインウィンドウに表示されているオブジェクトをドラッグすると、それに連動して「X軸」と「Y軸」の数値が自動的に変わります。

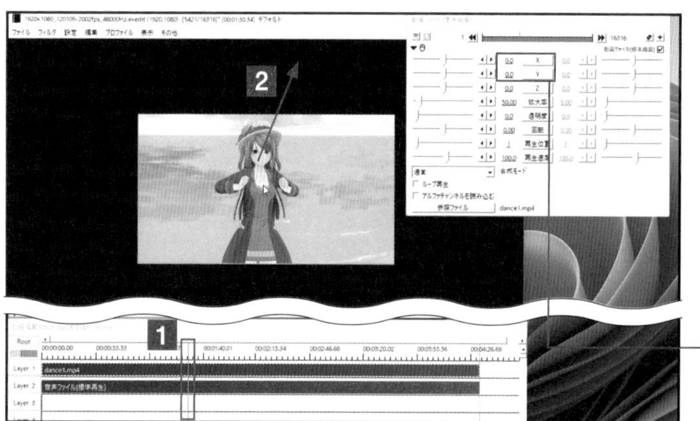

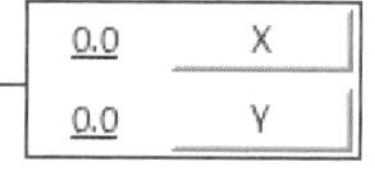

1 オブジェクトを目的の位置に動かす

動かしたいオブジェクトの上にカーソル（赤い縦棒）を移動させて**1**、メインウィンドウのオブジェクトを目的の位置までドラッグします**2**。

2 オブジェクトの位置が移動する

オブジェクトが目的の位置に移動し、設定ダイアログの［X軸］と［Y軸］の数値が自動的に変わります。

POINT

オブジェクトの表示位置の変更をメインウィンドウ内のドラッグ操作で行うときは、設定ダイアログを表示していなくても行えます。また、オブジェクトを時間経過とともに特定の場所に徐々に移動させる方法については、P.174を参照してください。

レイヤー内のすべてのオブジェクトを同じ場所に表示する

同一レイヤー上に配置された動画や画像、図形などのオブジェクトを同じ場所に表示したいときは、[座標のリンク]を利用します。

[座標のリンク] で同じ場所に表示する

[座標のリンク] を利用すると、同一レイヤー上に配置されたオブジェクトを同じ座標に表示できます。たとえば、A→B→C→Dの順に表示される4つ動画のオブジェクトをピクチャー・イン・ピクチャーで画面内の同じ場所に表示したいときなどにこの機能は活用できます。なお、この機能をオンにすると、同一レイヤー上のいずれかのオブジェクトの位置を変更すると、ほかのオブジェクトすべての位置が変更されるので注意してください。

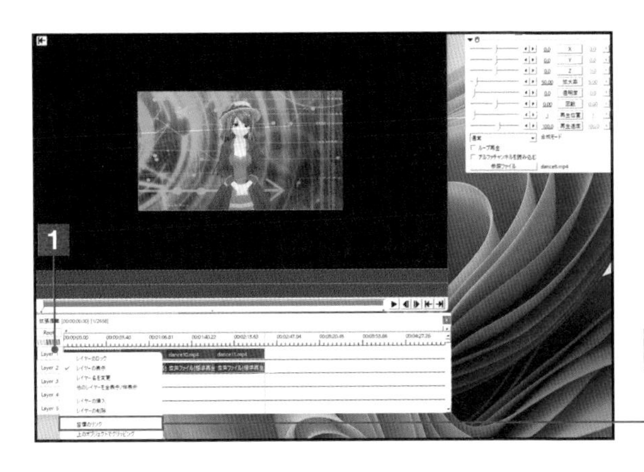

1 [座標のリンク]をオンにする

座標をリンクさせたいレイヤー（ここでは [Layer 1]）の上で右クリックし1、[座標のリンクをクリックします2。

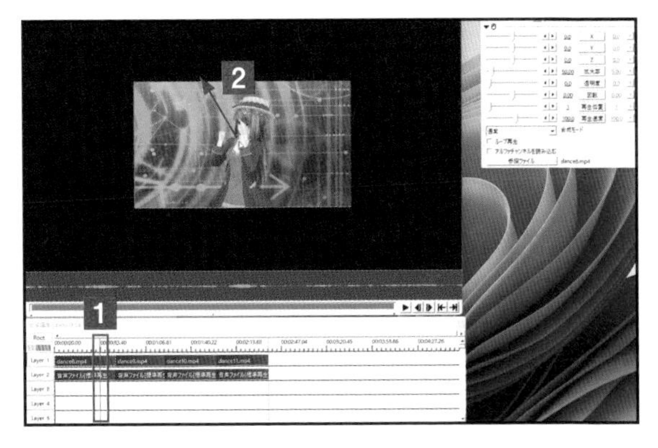

2 オブジェクトの位置を調整する

動かしたいオブジェクトの上にカーソル（赤い縦棒）を移動させて1、メインウィンドウのオブジェクトを目的の位置までドラッグして移動させると2、同一レイヤー上にあるすべてのオブジェクトがその位置で表示されます。

CHECK!

[座標のリンク] を利用して、すべてのオブジェクトを完全一致で同じ位置に表示したいときは、オブジェクトの表示サイズをすべて同じにしておく必要があります。オブジェクトの表示サイズが異なる場合、表示位置の配置に利用したオブジェクトと同じ表示サイズのオブジェクトのみが同じ位置で表示され、それ以外のオブジェクトは画面が一部切れたり、ズレたりして表示されます。

オブジェクトの再生開始位置を変更する

設定ダイアログを利用すると、動画や画像、音声などのオブジェクトの再生開始位置を変更できます。再生開始位置の変更は、設定ダイアログの[再生位置]を調整します。

オブジェクトの再生開始位置を調整する

設定ダイアログの［再生位置］を調整すると、オブジェクトの再生開始位置をフレーム単位で変更できます。再生位置の調整は、設定ダイアログ左側の［再生位置］の 亅(トラックヘッド)をドラッグするか、数値(初期値は［1］)をクリックして、フレーム数を入力します。なお、この機能は、オブジェクトの長さ(総フレーム数)を維持したまま再生開始位置が変更され、ズラしたフレーム数分の画像は最終フレームの画像によって補われます。

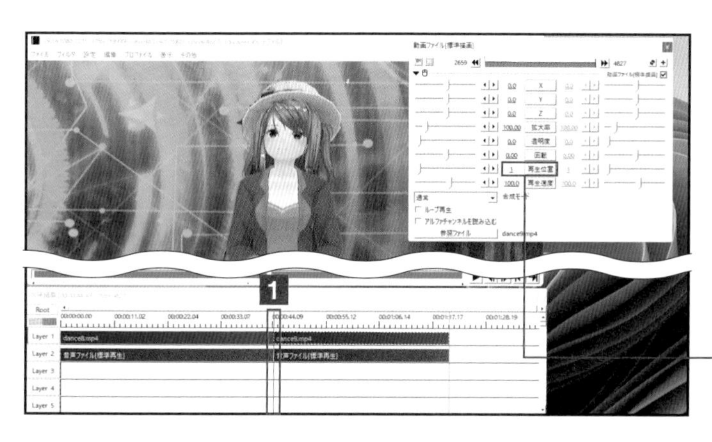

1 [再生位置]の数値をクリックする

再生開始位置を調整したいオブジェクトの先頭にカーソル（赤い縦棒）を移動させて1、そのオブジェクトの設定ダイアログを開きます。［再生位置］の左側の数値をクリックします2。

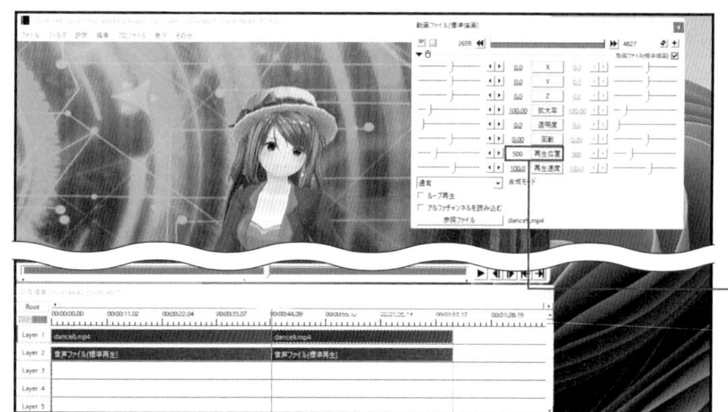

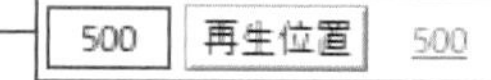

2 再生開始位置を変更する

再生位置開始位置のフレーム数（ここでは「500」）を入力すると、再生開始位置が変更されます。

POINT

動画の画像部分と音声部分が連携している動画のオブジェクトの再生開始位置を変更した場合、音声のオブジェクトの再生開始位置も同時に変更されます。また、オブジェクトの終端部分の音声は、設定したフレーム数だけ無音になります。音声の再生開始位置を変更したくないときは、その動画のオブジェクトと連携している音声のオブジェクトの設定ダイアログで［動画ファイルと連携］をオフに設定してください（P.160 参照）。

10 オブジェクトの再生速度を変更する

設定ダイアログを利用すると、動画や画像、音声などのオブジェクトの再生速度を変更できます。再生速度の変更は、設定ダイアログの[再生速度]を調整します。

オブジェクトを高速／低速再生、逆再生する

設定ダイアログの［再生速度］を調整すると、オブジェクトの再生速度を速くしたり、遅くしたりできるほか、逆再生を行えます。再生速度の調整は、「設定」ダイアログ左側の［再生速度］の 」(トラックヘッド)をドラッグするか、数値をクリックして、再生速度を入力します。初期値の[100.0]は1倍速で、[200]とすると2倍速になります。また、逆再生は、負の数値を入力することで行えるほか、時間制御オブジェクトを利用することでも行えます(P.259参照)。

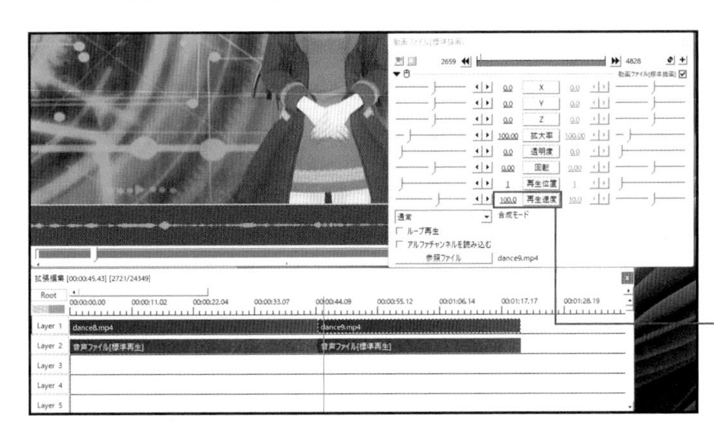

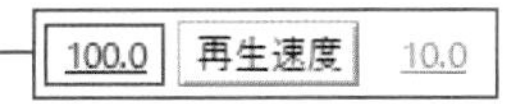

1 [再生速度]の数値をクリックする

再生速度を調整したいオブジェクトの設定ダイアログを開きます。[再生速度]の左側の数値をクリックします。

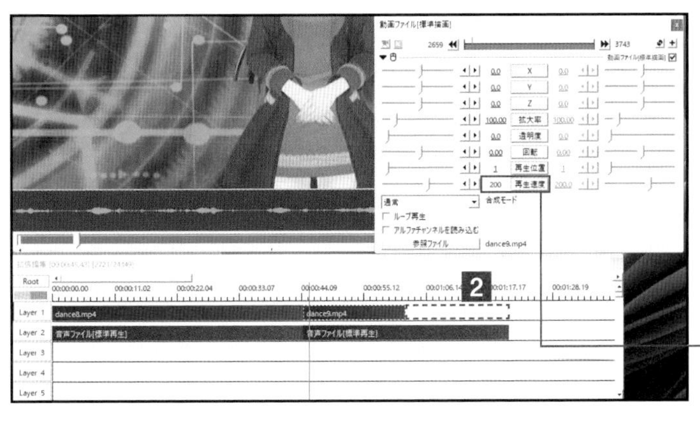

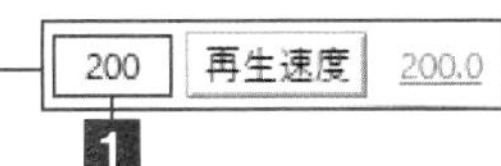

2 再生速度を変更する

再生速度（ここでは「200」）を入力すると1、再生速度が変更されます。また、再生速度を速くした場合は動画の再生時間がオリジナルよりも短くなり2、遅くした場合は長くなります。

POINT

動画の画像部分と音声部分が連携している動画のオブジェクトの逆再生を行った場合、音声のオブジェクトは無音になります。音声をそのまま再生し、動画のみ逆再生したいときは、その動画のオブジェクトと連携している音声のオブジェクトの設定ダイアログで［動画ファイルと連携］をオフに設定してください（P.160参照)。

11 ほかのレイヤーの動画との合成モードを指定する

拡張編集Pluginでは、動画や画像、図形などのオブジェクトを重ねたときの互いの色をどのように変化させるかをオブジェクトごとに設定できます。

合成モードを変更する

設定ダイアログの［合成モード］の設定を変更すると、上のレイヤーにあるオブジェクトと重なり合う部分の色の変化を変更できます。合成モードは、［通常］［加算］［減算］［乗算］［スクリーン］［オーバーレイ］［比較(明)］［比較(暗)］［輝度］［色差］［陰影］［明暗］［差分］の13種類が用意されており、初期値では上のレイヤーの影響を受けることなく、オブジェクトをそのまま表示する［通常］が選択されています。

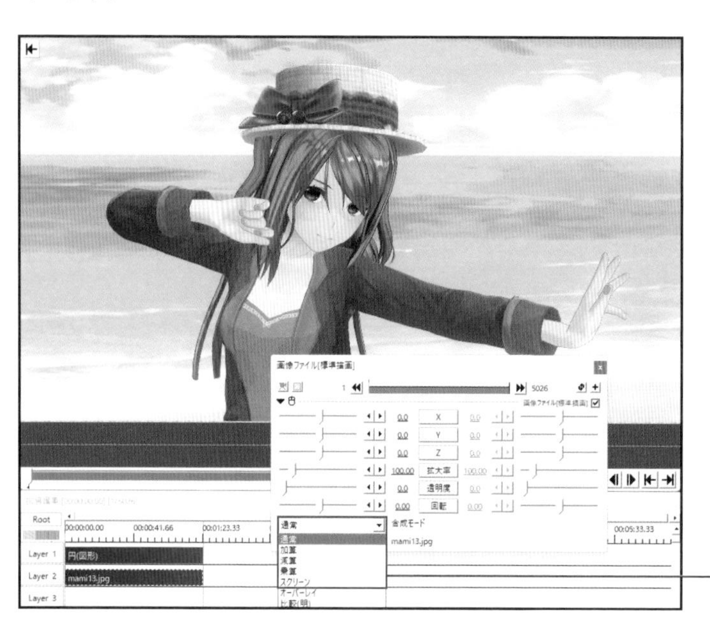

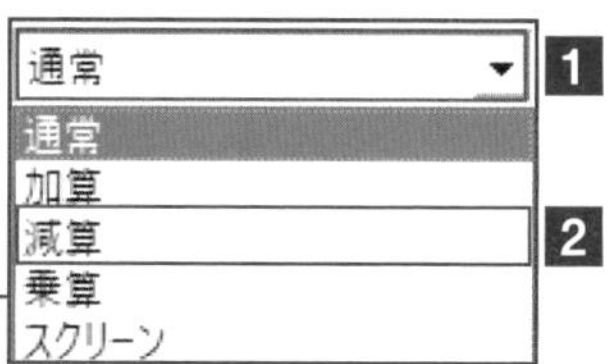

1 合成モードを変更する

ここでは、Layer 1に図形オブジェクト（形は円、色はグレー）を配置し、Layer 2に配置した画像のオブジェクトの合成モードを変更します。合成モードを変更したいオブジェクト（ここでは［Layer 2）の設定ダイアログを開きます。［合成モード］の［通常］をクリックし1、合成モード（ここでは［減算］）をクリックします2。

2 オブジェクトの色が変更される

選択したオブジェクトの合成モードが変更され、色が変わります。

オブジェクトをループ再生する

設定ダイアログを利用すると、動画や画像、音声などのオブジェクトのループ再生を行えます。ループ再生を行うときは、設定ダイアログの[ループ再生]をオンにします。

ループ再生を設定する

ループ再生を行うには、ループ再生を行いたいオブジェクトの設定ダイアログを開き、[ループ再生]を[オン]にした上で、オブジェクトの長さをループ再生したいだけ引き伸ばします(P.141 〜 142 参照)。なお、[ループ] 再生をオンにして音声が無音になった場合は、その音声の設定ダイアログを開き、[動画ファイルと連携] をオフに設定(P.160 参照)した上で、再度、ループ再生の設定を行ってください。

1 [ループ再生]をオンにする

ループ再生を行いたいオブジェクトの設定ダイアログを開きます。[ループ再生] の□をクリックして、☑(オン)にします。

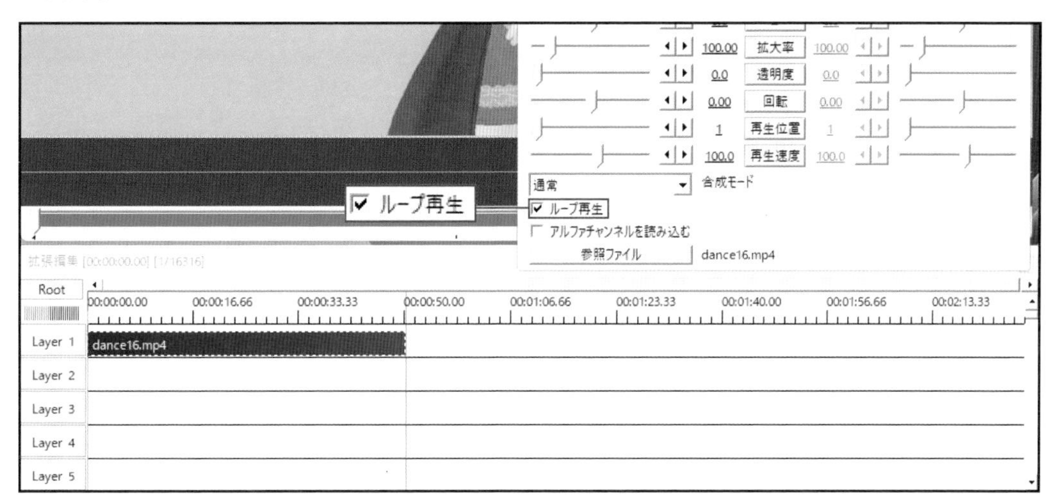

2 オブジェクトの再生時間を変更する

ループ再生するオブジェクトの長さ(再生時間)をドラッグ操作(P.141 参照)または「長さの変更」ダイアログ(P.142 参照)で引き伸ばします。

拡張編集 [00:00:00.00] [1/5026]
Root
Layer 1
Layer 2
Layer 3
Layer 4
Layer 5
Layer 6
dance16.mp4

音声オブジェクトの動画オブジェクトとの連携をオフにする

設定ダイアログを利用して動画のオブジェクトの設定を変更したことで音声が無音になったときは、音声のオブジェクトの設定を変更します。

動画オブジェクトとの連携をオフにする

動画のオブジェクトを設定ダイアログの［再生速度］で逆再生の設定を行ったり（P.157 参照）、再生開始位置を変更したり（P.156 参照）、ループ再生を行ったりすると（P.159 参照）、その動画のオブジェクトと連携している音声のオブジェクトの全体または一部が自動的に無音に設定されます。このようなケースで音声を無音にしたくないときは、動画のオブジェクトと連携している音声のオブジェクトの［動画ファイルと連携］を［オフ］に設定します。

1 ［動画ファイルと連携］を［オフ］にする

設定を変更したい音声のオブジェクト（ここでは［音声ファイル（標準再生）］）の設定ダイアログを開きます。［動画ファイルと連携］の☑をクリックして、□にします。

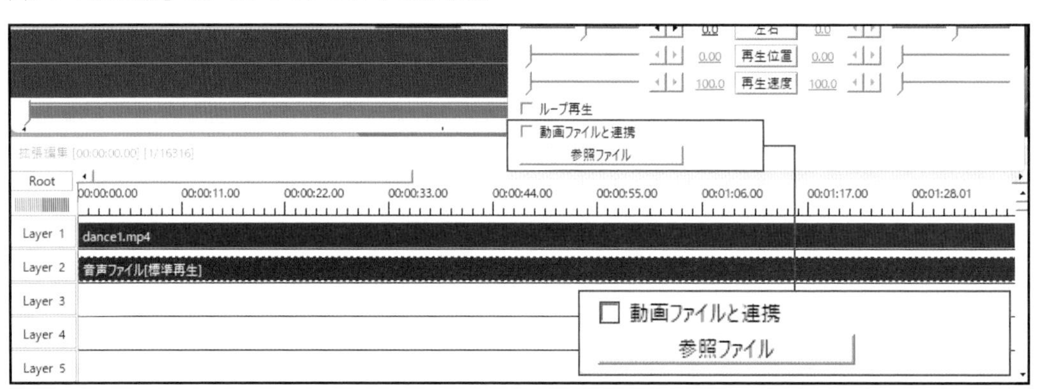

2 ［動画ファイルと連携］が解除される

［動画ファイルと連携］が［オフ］に設定され、［参照ファイル］の横にファイル名が表示されます**1**。また、タイムライン上の音声オブジェクトの表示名にファイル名が表示されます**2**。

再生位置
再生速度
ループ再生
動画ファイルと連携
参照ファイル dance1.mp4
拡張編集 [00:00:00.00] [1/16316]
Root
00:00:00.00
00:00:11.00
00:00:22.00
00:00:33.00
00:00:44.00
00:00:55.00
00:01:06.00
00:01:17.00
00:01:28.01
Layer 1 dance1.mp4
Layer 2 dance1.mp4
Layer 3
Layer 4
Layer 5
1 動画ファイルと連携
参照ファイル dance1.mp4
2 dance1.mp4

拡張描画を利用する

動画や画像、図形、テキストなどの画面上に描画を行うオブジェクトの設定ダイアログには、「拡張描画」と呼ばれる詳細な設定項目が用意されています。

拡張描画とは

拡張描画とは、設定ダイアログに用意されている詳細設定機能です。拡張描画は、動画や画像、図形、テキスト、フレームバッファ、音声波形、シーンなどのオブジェクトのほか、直前オブジェクトやカスタムオブジェクトなど、画面上に描画を行うオブジェクトにのみ用意されています。これらのオブジェクトでは、設定ダイアログを開くと「標準描画」と呼ばれる利用頻度の高い設定項目が初期値で表示され、拡張描画に切り替えることによってより詳細な設定を行えます。

標準描画と拡張描画

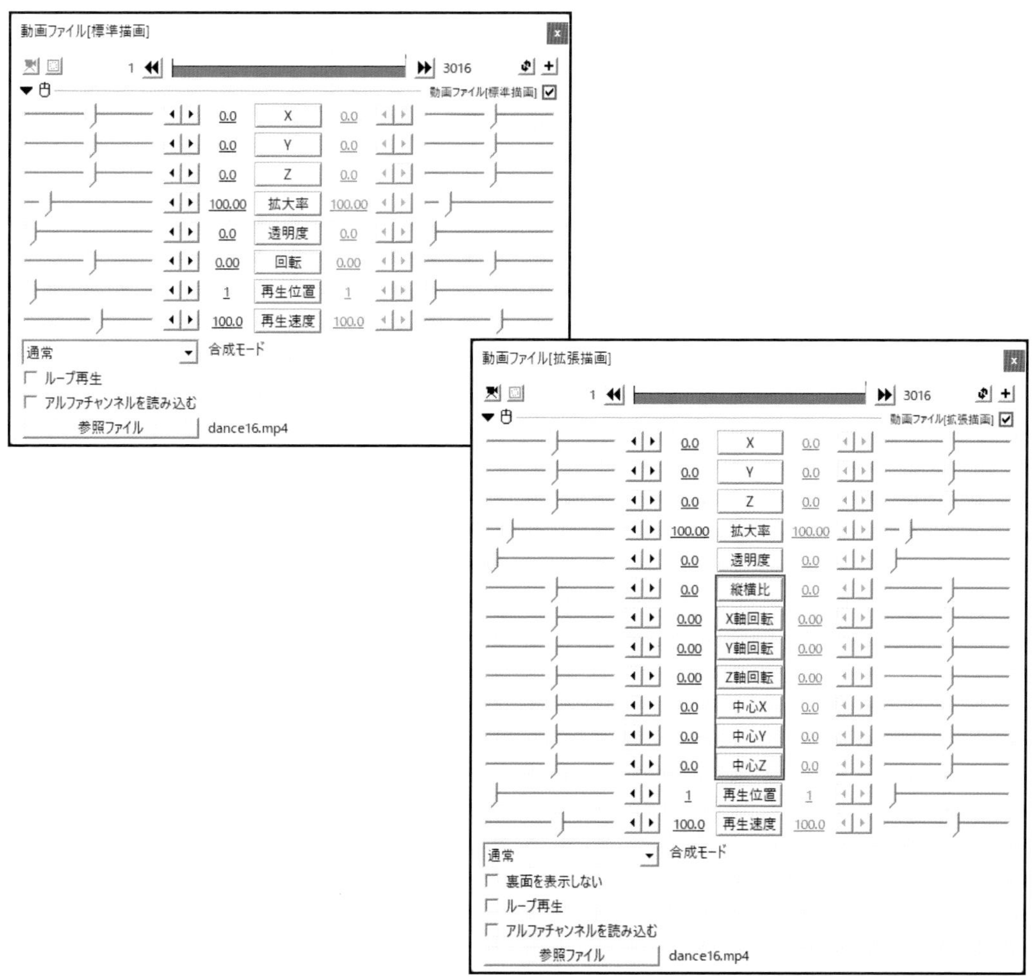

▲左が初期値で表示される標準描画の画面、右が動画オブジェクトの拡張描画の画面。拡張描画では、標準描画と比較してより詳細な設定が行えます。また、「縦横比」や「裏面を表示しない」などのように標準描画にはない新しい設定項目が追加されます。

拡張描画を表示する

拡張描画を利用できるオブジェクトでも、設定ダイアログを開いたときに最初に表示されるのは「標準描画」です。「拡張描画」を利用するには、表示を切り替えます。

拡張描画を表示する

標準描画と拡張描画の切り替えは、設定ダイアログの右上に表示されているをクリックして表示されるメニューから［拡張描画］をクリックすることで行います。また、標準描画に戻したいときは、同じ手順でメニューから［標準描画］をクリックします。なお、拡張描画は、動画や画像、図形、テキストなどの画面上に描画を行うオブジェクトでのみ表示されます。音声などのオブジェクトではメニューに［拡張描画］は表示されません。

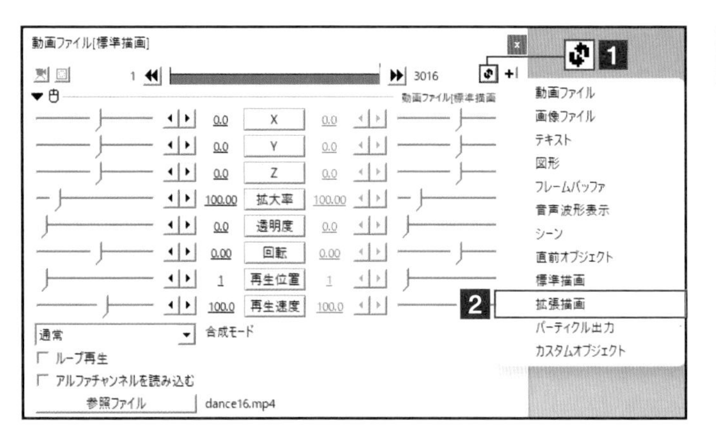

1 拡張描画に切り替える

拡張描画に切り替えたいオブジェクトの設定ダイアログを開きます。をクリックし1、メニューから［拡張描画］をクリックします2。

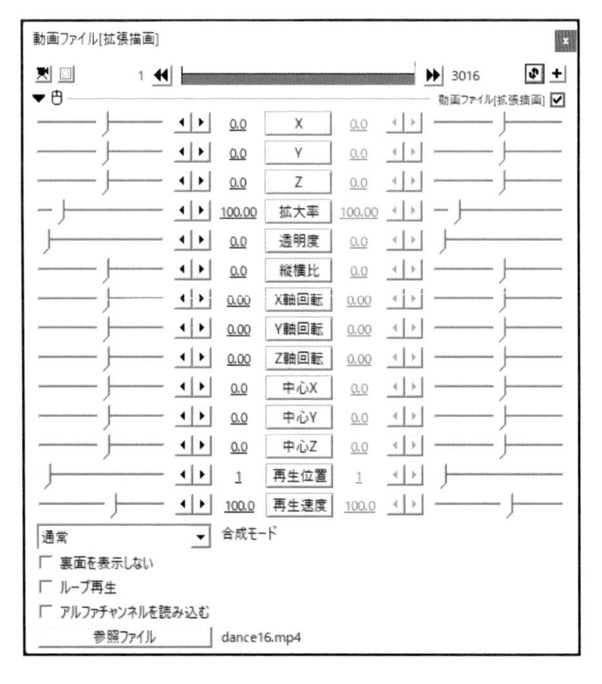

2 拡張描画に切り替わる

設定ダイアログが拡張描画に切り替わります。標準描画に戻したいときは、再度をクリックし、メニューから［標準描画］をクリックします。

拡張描画でオブジェクトの縦横比を変更する

設定ダイアログの拡張描画では、動画や画像、図形などのオブジェクトの縦横比を調整できます。縦横比は、拡張描画の[縦横比]で調整します。

オブジェクトの縦横比を調整する

オブジェクトの縦横比を調整するには、対象オブジェクトの「設定」ダイアログを開き、拡張描画に切り替えて［縦横比］の調整を行います。調整は、「設定」ダイアログ左側の［縦横比］の 亅(トラックヘッド)をドラッグするか、数値をクリックして、縮めたい比率(単位は%)を入力します。数値が正の数値になると、高さを保持したまま幅が狭くなります。また、負の数値になると、幅を保持したまま高さが狭くなります。

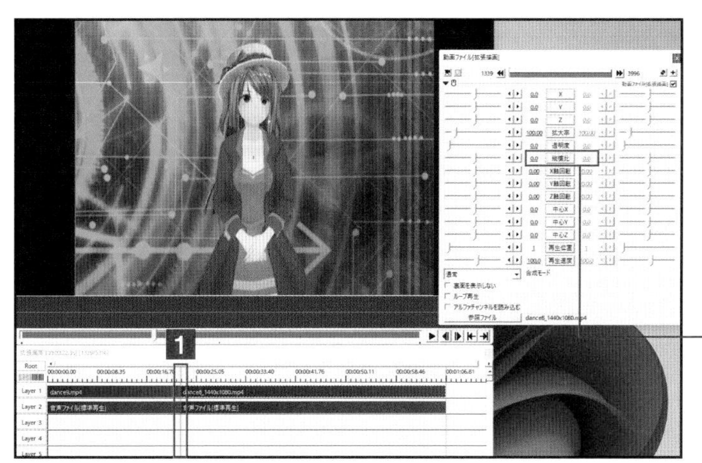

1 [縦横比]の数値をクリックする

縦横比を調整したいオブジェクトの上にカーソル（赤い縦棒）を移動させて1、設定ダイアログを開いて［拡張描画］に切り替えます（P.162 参照）。[縦横比]の左側の数値をクリックします2。

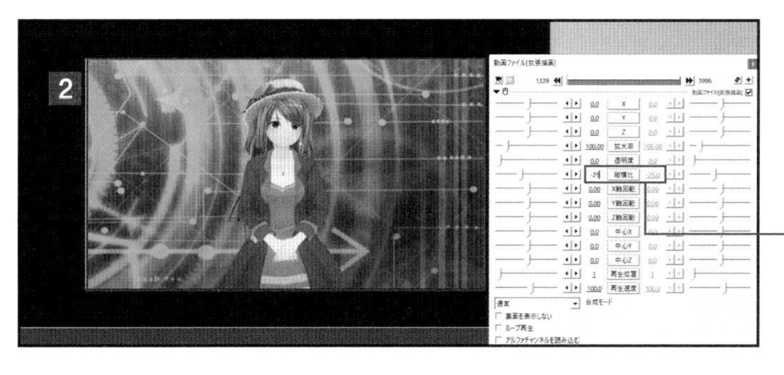

2 縦横比を調整する

比率（ここでは「-25」）を入力すると1、オブジェクトの縦横比が変更されます2。

POINT

フルHD動画（1920x1080px）の編集中に地デジ解像度の動画（1440x1080px）やDVD解像度の動画（720x480px）などをタイムラインに配置すると、その動画は横幅が圧縮されて表示されます。そのときは、[縦横比]に「-25」（1440x1080pxの場合）または「-16（720x480pxの場合）を入力すると、正しい比率に調整できますが、この方法で調整すると黒枠ができます。この黒枠を消したいときは、拡大率の調整も併せて行ってください(P.151参照)。

拡張描画でオブジェクトを軸回転させる

設定ダイアログでは、動画や画像、図形などのオブジェクトを軸回転できます。軸回転は、拡張描画の[X軸回転][Y軸回転][Z軸回転]で調整します。

オブジェクトを軸回転する

オブジェクトを軸回転させるには、設定ダイアログの「拡張描画」で［X軸回転］［Y軸回転］［Z軸回転］を調整します。［X軸回転］は縦回転、［Y軸回転］は横回転、［Z軸回転］は中心座標を軸に回る風車のような回転です。［X軸回転］は正の数値で前方回転、負の数値で後方回転します。［Y軸回転］は正の数値で右から左の横回転、負の数値で左から右の横回転します。［Z軸回転］は、正の数値で時計回り、負の数値でで反時計回りに回転します。

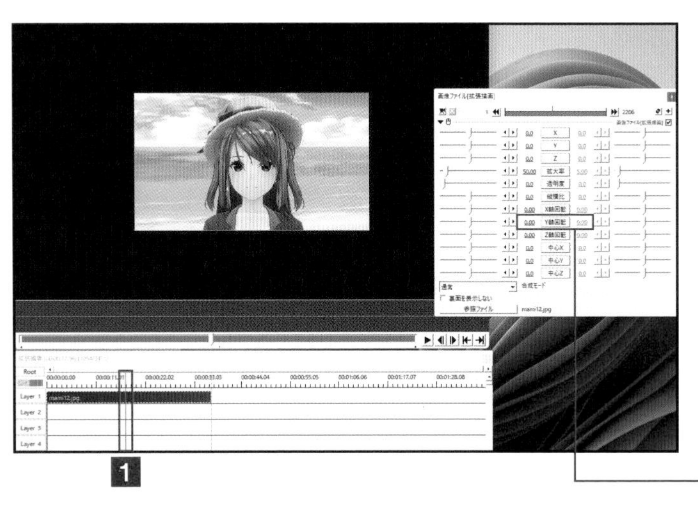

1 回転の数値をクリックする

軸回転させたいオブジェクトの上にカーソル(赤い縦棒)を移動させて1、設定ダイアログを開いて［拡張描画］に切り替えます（P.162参照）。［X軸回転］［Y軸回転］［Z軸回転］のいずれか（ここでは［Y軸回転］）の左側の数値をクリックします2。

2 角度を調整する

角度（ここでは「-45」）を入力すると1、オブジェクトの傾きが変更されます2。

POINT

ここでは［Y軸回転］の設定のみを行っていますが、［X軸回転］や［Z軸回転］も同時に設定すると、より複雑な傾きを設定できます。また、オブジェクトは連続回転させることもできます（P.181参照）。

18 軸回転に利用する中心座標を変更する

オブジェクトの軸回転に利用する回転軸の座標は、任意の場所に変更できます。座標の変更は、[中心X][中心Y][中心Z]で行います。

回転軸の位置を調整する

オブジェクトの軸回転で利用する回転軸の位置(座標)は、「拡張描画」の［中心X］［中心Y］［中心Z］を調整することで変更できます。［中心X］を変更すると画面中央の中心座標から左右にオブジェクトの位置が移動します。正の数値で左、負の数値で右に回転軸の座標が移動します。［中心Y］は上下の位置調整で、正の数値で上、負の数値で下に移動します。［中心Z］は奥行方向の位置調整で正の数値で手前、負の数値で奥に移動します。

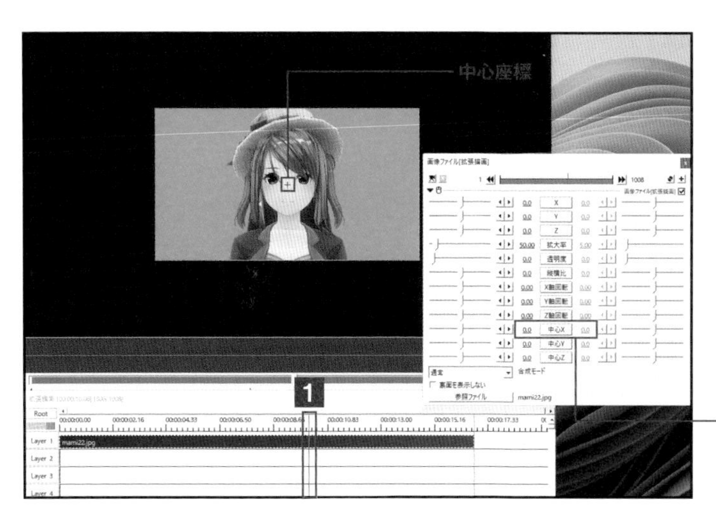

1 数値をクリックする

回転軸を調整したいオブジェクトの上にカーソル（赤い縦棒）を移動させて1、設定ダイアログを開いて［拡張描画］に切り替えます（P.162参照）。［中心X］［中心Y］［中心Z］のいずれか（ここでは［中心X］）の左側の数値をクリックします2。

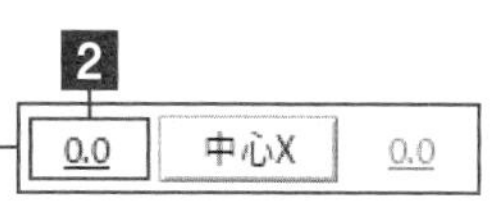

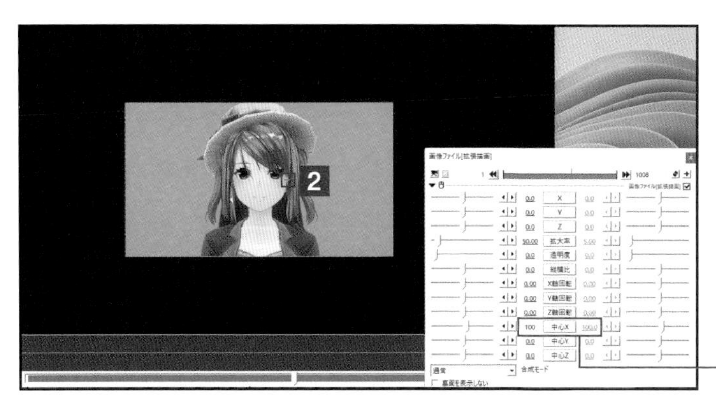

2 座標を調整する

座標（ここでは「100」）を入力すると1、オブジェクトの位置が左にずれます2。

POINT

［中心X］［中心Y］［中心Z］に入力した数値と同じ数値を［X］［Y］［Z］に入力すると、オブジェクトの位置が元に場所に戻り、中心座標の位置を移動させることができます。

軸回転時の裏面の表示を切り替える

設定ダイアログの拡張描画では、動画や画像、図形などのオブジェクトを軸回転させたときの裏面の表示／非表示を切り替えられます。

裏面の表示／非表示を切り替える

動画や画像、図形などのオブジェクトを軸回転させたときの裏面の表示の切り替えは、設定ダイアログを開き、拡張描画に切り替えて［裏面を表示しない］のオン／オフを変更することで行います。［裏面を表示しない］をオフにすると裏面を表示し、オンにすると裏面を表示しません。ここでは、画像のオブジェクトで裏面を表示しない方法を例に手順を説明しますが、［裏面を表示しない］の設定を備えているほかのオブジェクトも同じ方法で調整できます。

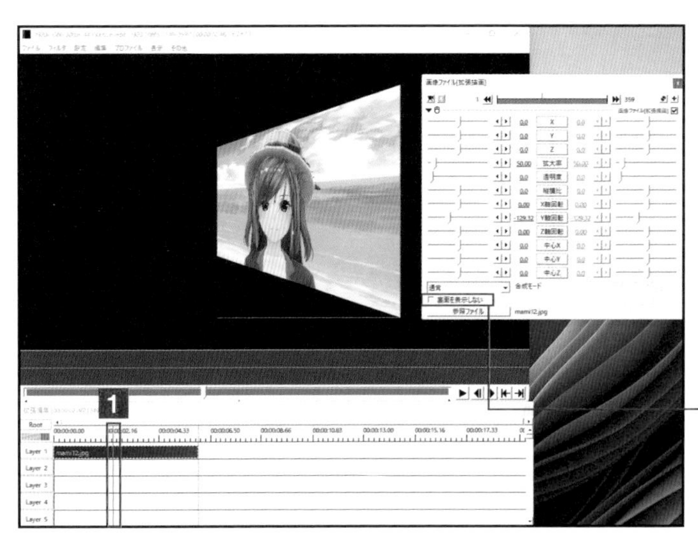

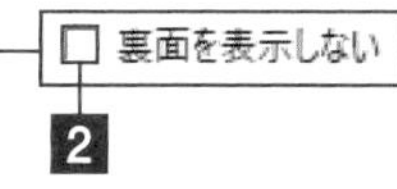

1 裏面の表示を切り替える

裏面の表示を切り替えたいオブジェクトの上にカーソル（赤い縦棒）を移動させて1、設定ダイアログを開いて［拡張描画］に切り替えます（P.162 参照）。［裏面を表示しない］を［オン］または［オフ］（ここでは、［オン］）にします2。

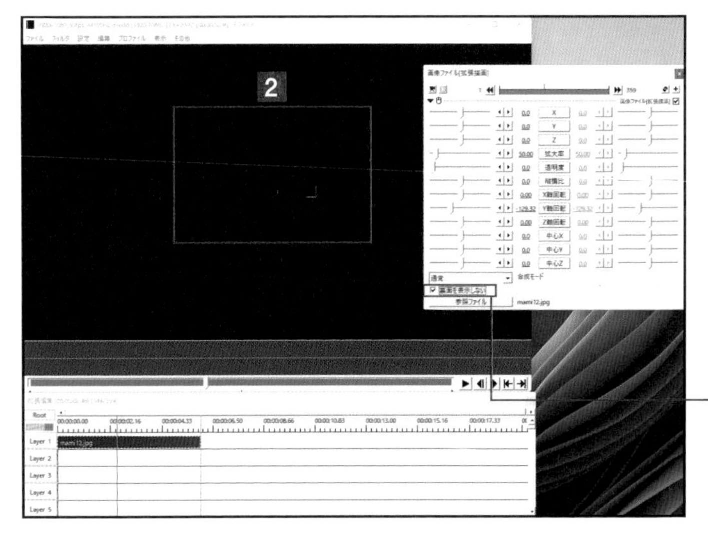

2 表示が切り替わる

裏面の表示が切り替わります。ここでは、［裏面を表示しない］を［オン］にしたので1、裏面を表示していた場合は、オブジェクトが非表示になります2。

20 設定値をリセットする

設定ダイアログは、設定値のリセットを行えます。設定値のリセットを行うと対象のオブジェクトの設定ダイアログの設定値を初期値に戻せます。

設定ダイアログの設定値を初期値に戻す

設定ダイアログ内で右クリックして表示されるメニューから［設定の初期化］をクリックすると、調整中のオブジェクトの設定ダイアログの設定値が初期値に戻ります。なお、設定ダイアログの初期値は、オブジェクトの種類ごとに保存されており、ユーザーが任意の設定値を初期値として設定できます（P.168 参照）。オブジェクトの初期値を変更している場合、この操作を行うとユーザーが変更した初期値に戻ります。

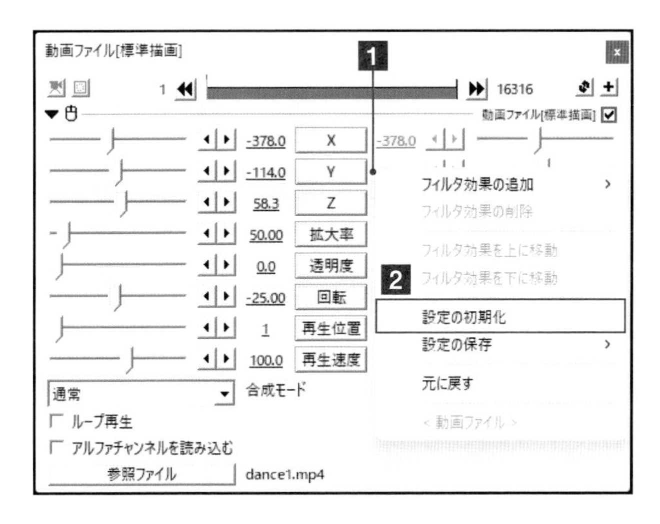

1 設定を初期化する

設定ダイアログ内で右クリックし1、表示されたメニューから［設定の初期化］をクリックします2。

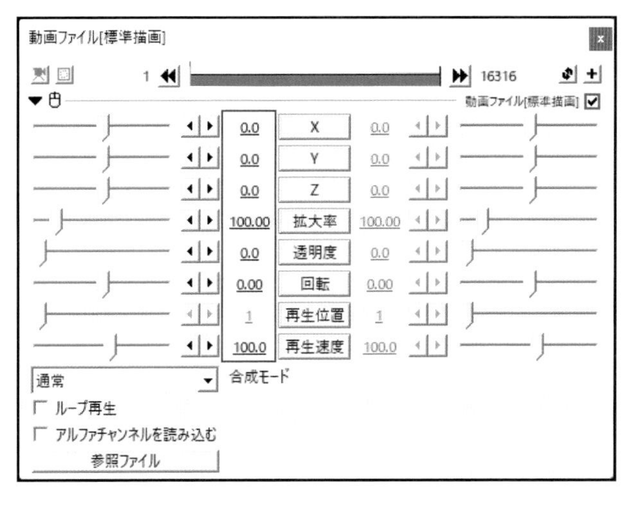

2 設定値がリセットされる

設定値がリセットされて、初期値に戻ります。

CHECK!

ここでは、拡張編集 Plugin インストール直後の状態を初期値として利用しているため、P.093 の空のオブジェクトを追加したときと同じ状態に戻っています。

現在の設定値を初期値にする

拡張編集Pluginでは、設定ダイアログの初期値を変更できます。この機能を利用すると、設定ダイアログの初期値を自分好みの設定値に変更できます。

オブジェクトの初期値を変更する

設定ダイアログ内で右クリックして表示されるメニューから、[設定の保存] → [現在の設定を初期値にする] をクリックすると、そのオブジェクトの初期値を変更できます。たとえば、動画のオブジェクトを編集中にこの操作を行うと、動画のオブジェクトの初期値が変更されます。ただし、動画や画像、音声などのオブジェクトの初期値を変更すると、参照ファイルの情報も初期値として保存されます。また、テキストオブジェクトの場合は、入力した文字情報も保存されます。

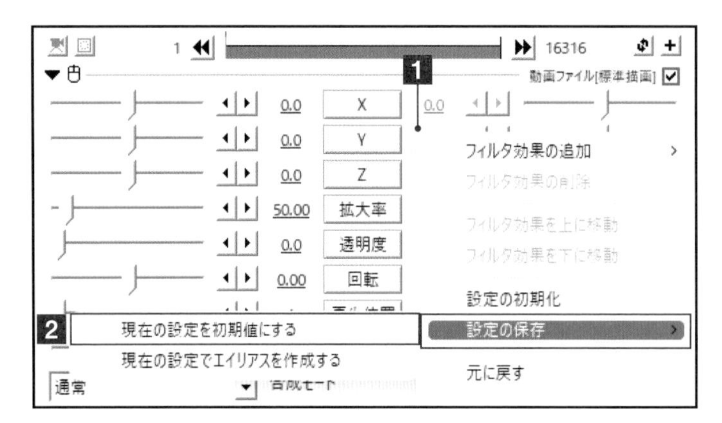

1 設定ダイアログの初期値を変更する

拡張編集Pluginに初期値を変更したいオブジェクト（ここでは「動画」）を配置し、そのオブジェクトの設定ダイアログを開いて、初期値にしたい設定値に調整しておきます。設定ダイアログ内で右クリックし1、表示されるメニューから［設定の保存］→［現在の設定を初期値にする］をクリックします2。

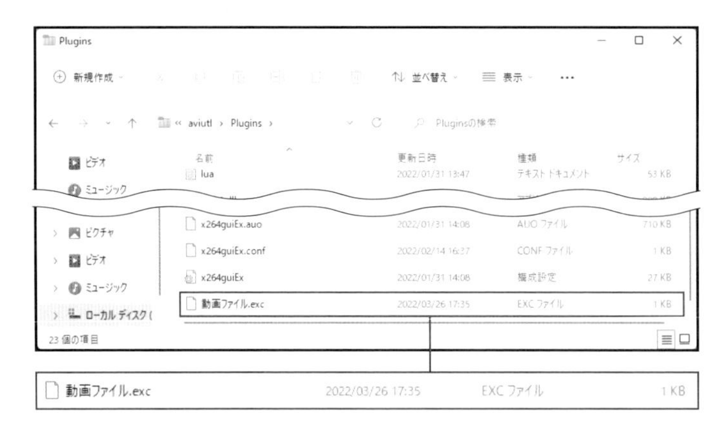

2 初期設定の情報ファイルを確認する

設定ダイアログの初期設定が変更されると、拡張編集Pluginをインストールしたフォルダー内に設定ファイル（ここでは「動画ファイル.exc」）が作成されます。設定ファイルは、オブジェクトの種類ごとに作成され、ファイル名の拡張子は「.exc」です。また、設定ファイルはテキストファイルで、メモ帳などのアプリで閲覧・修正できます。

POINT

設定ダイアログでフィルタ効果を追加している場合、追加されているフィルタの項目内で右クリックして表示されるメニューから［設定の保存］→［現在の設定を初期値にする］をクリックすると、追加したフィルタ効果の初期値の情報を記述した設定ファイルが作成され、初期値を変更できます。フィルタ効果の設定ファイルは、フィルタの種類ごとに作成され、ファイル名の拡張子は「.exc」です。

初期値を元に戻す／修正する

設定ダイアログの初期値を変更すると、拡張編集Pluginをインストールしたフォルダー内に設定ファイルが作成されます。これを削除すると、初期値を元に戻せます。

初期値を元に戻す／修正する

設定ダイアログの初期値を拡張編集 Plugin をインストールした直後の状態に戻したいときは、AviUtl のプラグインをインストールしたフォルダー内に作成された設定ファイルを削除します。また、メモ帳などのアプリでこの設定ファイルを開くと、初期値の内容を修正することもできます。ここでは、動画のオブジェクトの初期値の設定ファイルを開き、参照ファイルの情報を削除する方法を例に、設定ファイルの編集方法を説明します。

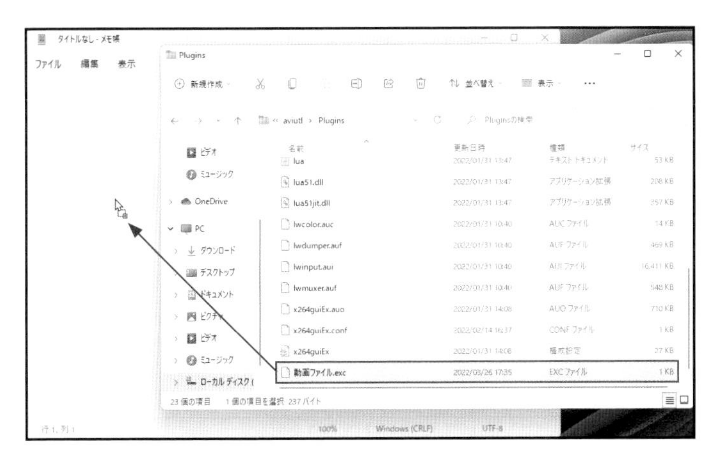

1 設定ファイルを表示する

メモ帳を起動し、エクスプローラーで拡張編集 Plugin をインストールしたフォルダーを開きます。メモ帳に初期設定の設定ファイル（ここでは［動画ファイル .exc］）をドラッグ＆ドロップします。また、初期設定を拡張編集 Plugin をインストールした直後の状態に戻したいときは、設定ファイル（ここでは［動画ファイル .exc］）を削除します。

動画ファイル.exc - メモ帳

ファイル　編集　表示

```
[vo.0]
_name=動画ファイル
再生位置=1
再生速度=100.0
ループ再生=0
アルファチャンネルを読み込む=0
file=C:¥Users¥Taro¥Videos¥dance¥dance1.mp4
[vo.1]
_name=標準描画
X=0.0
Y=0.0
Z=0.0
拡大率=50.00
透明度=0.0
回転=0.00
blend=0
```

2 情報を修正する

設定ファイルの内容がメモ帳で表示されます。参照ファイルの情報を削除したいときは［file=...］の行を削除します。また、内容を修正したときは、［ファイル］→［上書き保存］をクリックして、修正内容を保存し、アプリを終了してください。

現在の設定値でオブジェクトのエイリアスを作成する

オブジェクトのエイリアスを作成すると、拡張編集Pluginのエイリアスの保存機能によって、設定済みのオブジェクトをかんたんな操作で再利用できるようになります。

エイリアスを作成する

エイリアスは、オブジェクトの設定ダイアログの設定値などを保存し、それを必要に応じて再利用できる機能です。エイリアスは、設定ダイアログから作成する方法とタイムラインから作成する方法があります。設定ダイアログから作成すると、中間点(P.186参照)や設定ダイアログに追加したフィルタ情報などを除いた情報を保存します。タイムラインから作成すると、中間点や設定ダイアログに追加したフィルタ情報(P.200参照)などを含むすべての設定情報を保存します。

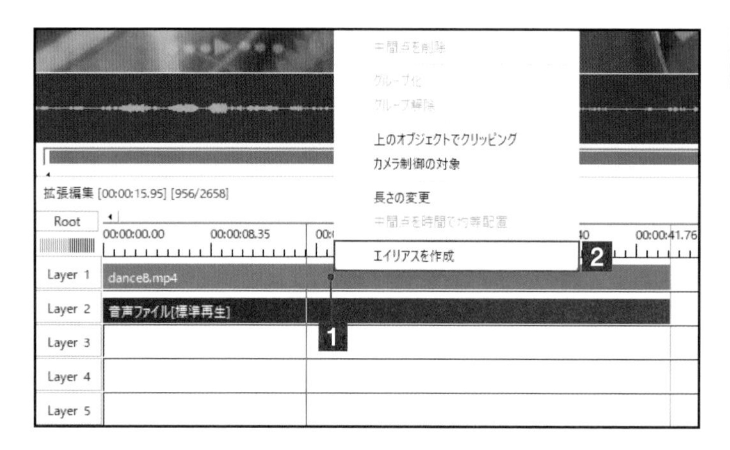

1 エイリアスを作成する

タイムラインからエイリアスを作成するときは、エイリアスを作成したいオブジェクトを右クリックし❶、表示されるメニューから［エイリアスを作成］をクリックします❷。また、設定ダイアログからエイリアスを作成するときは、エイリアスを作成したいオブジェクトの設定ダイアログの上で右クリック→［設定の保存］→［現在の設定でエイリアスを作成する］とクリックします。

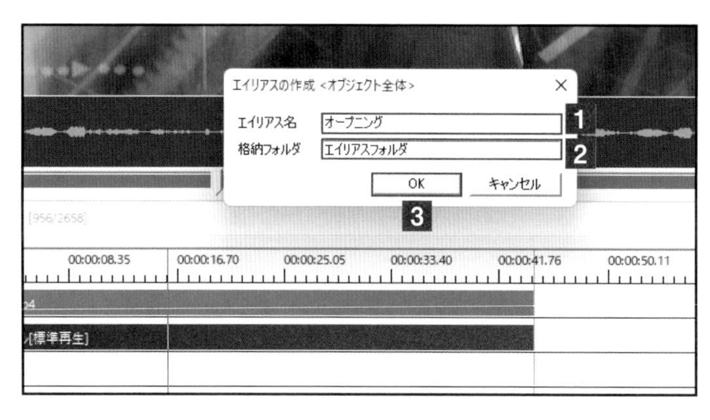

2 エイリアスを保存する

［エイリアス名］に作成するエイリアスの名称（ここでは「オープニング」）を入力し❶、［格納先フォルダ］に保存先のフォルダー名（ここでは「エイリアスフォルダ」）を入力します❷。［OK］をクリックすると❸、エイリアスが保存されます。

POINT

エイリアスは、拡張編集Pluginをインストールしたフォルダー内に手順2の❷で入力したフォルダー（上の例では［エイリアスフォルダ］）が作成され、その中に保存されます。また、作成されるファイルはテキストファイルで、ファイル名は「入力した名称（上の例では［オープニング］）＋拡張子（.exa）」の形式で保存されます。なお、オブジェクトがグループ化されている場合、設定ダイアログからのみエイリアスを作成できます。

24 エイリアスをオブジェクトとして追加する

作成したエイリアスは、動画や画像、音声などのオブジェクトと同様にオブジェクトとして拡張編集Pluginのタイムラインに追加できます。

▶ エイリアスをタイムラインに追加する

エイリアスを拡張編集 Plugin のタイムラインに追加するには、タイムライン上で右クリックして表示されるメニューで、［メディアオブジェクトの追加］または［フィルタオブジェクトの追加］から［格納フォルダー名］→［追加したいエイリアス］とクリックします。また、エイリアスが保存されているフォルダーから追加したいエイリアスをタイムラインにドラッグ & ドロップすることでもエイリアスを追加できます。

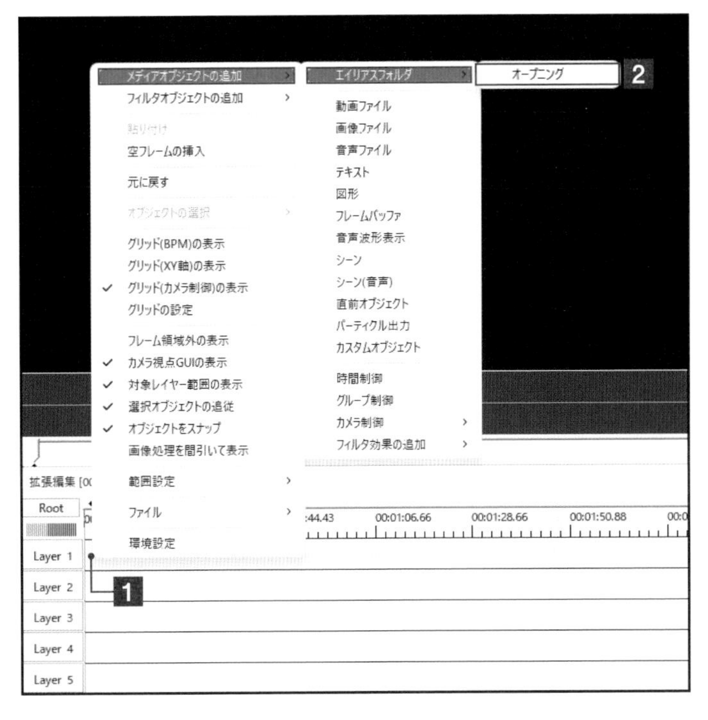

1 エイリアスをタイムラインに追加する

拡張編集 Plugin で新規プロジェクトを作成するか、オブジェクトを追加し編集作業を進めておきます。タイムラインで右クリックし1、メニューが表示されたら、［メディアオブジェクトの追加］または［フィルタオブジェクトの追加］から［格納フォルダー名（ここでは［エイリアスフォルダ］）］→［追加したいエイリアス（ここでは［オープニング］）］とクリックします2。

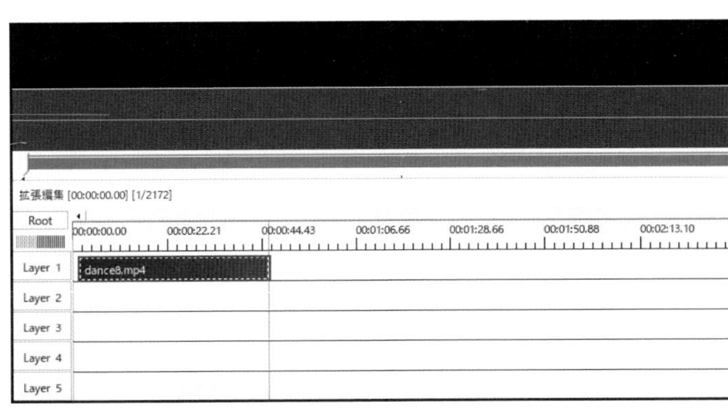

2 エイリアスが追加される

タイムラインにエイリアスがオブジェクトとして追加されます。

25 作成したエイリアスを削除／修正する

作成したエイリアスは、メモ帳などのテキストエディタで内容を閲覧／修正できます。また、エイリアスが保存されているフォルダーを削除すると、エイリアスを削除できます。

エイリアスを修正／削除する

エイリアスは、拡張編集 Plugin のインストールフォルダー内にエイリアス保存時に入力した「格納先フォルダ」の名称で保存先フォルダーが作成され、そこに保存されています。エイリアスを削除したいときはこの保存先フォルダーを削除するか、保存先フォルダー内から目的のエイリアスを削除します。また、エイリアスは、メモ帳などのアプリで開いて、内容を修正することもできます。

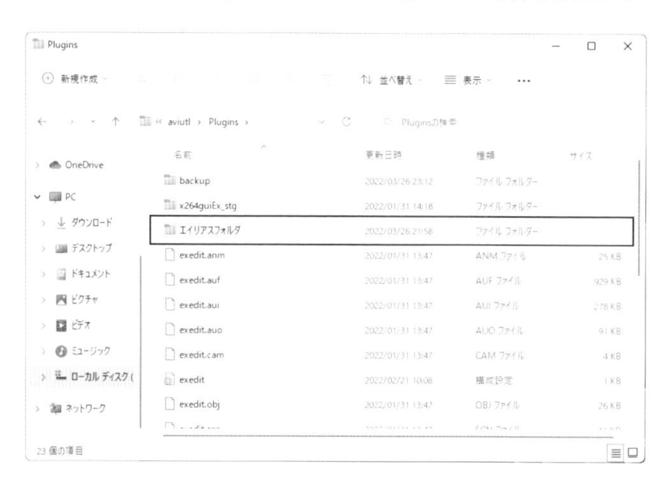

1 エイリアスの保存先フォルダーを表示する

エクスプローラーで拡張編集 Plugin をインストールしたフォルダーを開きます。すべてのエイリアスを削除したいときは、保存先フォルダー（ここでは［エイリアスフォルダ］）を削除します。また、特定のエイリアスを削除したいときは、エイリアスの保存先フォルダー（ここでは［エイリアスフォルダ］）をダブルクリックします。

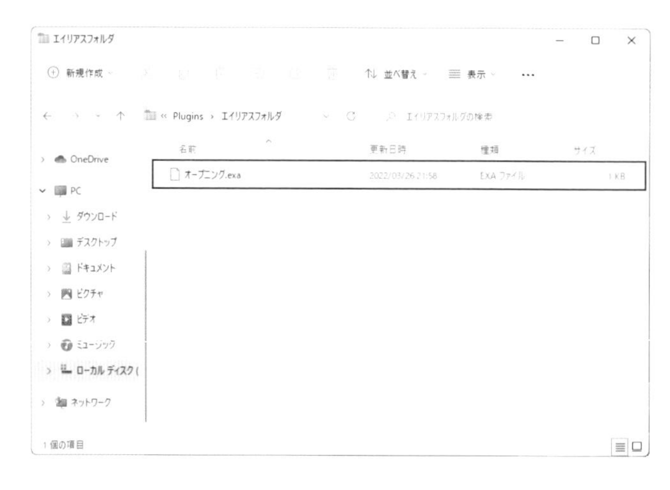

2 エイリアスを削除する

保存されているエイリアス（拡張子「.exa」のファイル）が表示されます。エイリアスを削除したいときは、削除したいエイリアスのファイルをごみ箱にドラッグ＆ドロップするなどして削除します。

POINT

エイリアスを修正したいときは、メモ帳を起動しておき、メモ帳に修正したいエイリアスをドラッグ＆ドロップすると内容が表示され、修正できます。

CHAPTER

06

設定ダイアログの応用操作

01 オブジェクトを画面内で移動させる方法を理解する

設定ダイアログは、時間の経過とともにオブジェクトの位置を移動させたり、回転させたり、フィルタ効果を徐々に適用したりといった変化を伴う効果を設定できます。

時間の経過とともにオブジェクトを画面内で変化させる

時間の経過とともにオブジェクトを画面内で変化させるには、対象のオブジェクトの設定ダイアログで動かし方／変化の仕方を設定します。この設定を行うと、当初は利用できなかった設定ダイアログの右側の設定が有効になり、設定項目の左側が対象オブジェクトの再生開始位置の設定（始点の設定）、新たに有効になった右側が再生終了時の設定（終点の設定）になります。

設定ダイアログの動かし方／変化の仕方のメニュー

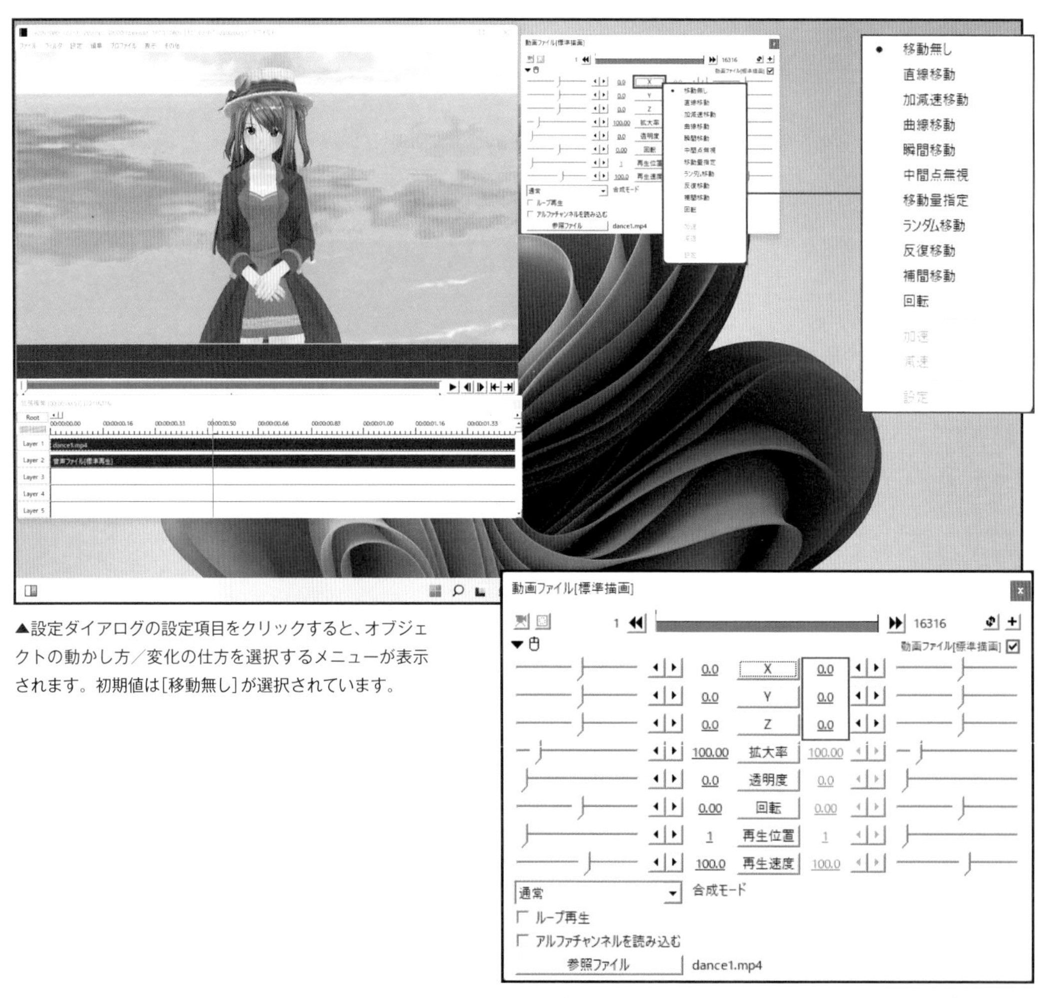

▲設定ダイアログの設定項目をクリックすると、オブジェクトの動かし方／変化の仕方を選択するメニューが表示されます。初期値は[移動無し]が選択されています。

▲設定ダイアログでオブジェクトの動かし方／変化の仕方を［移動無し］以外を選択すると、設定項目右側の設定が有効になり、再生終了時の設定を行えます。再生開始位置での設定は、左側で行います。

画面内でオブジェクトを動かす／変化させるときの設定手順

オブジェクトに時間の経過とともに変化を伴う効果を設定したいときは、最初に対象オブジェクトの設定ダイアログの設定項目名の左側でオブジェクトの始点の設定を行います。次に動かし方／変化の仕方（下の表を参照）を選択し、最後に設定項目名の右側で終点の設定を行います。また、オブジェクトに複雑な動き／変化を適用したいときは、「中間点」(P.186 参照) と呼ばれるオブジェクト内に複数設定できる動きや変化を与えるための「支点」を利用します。

中間点を利用した場合のイメージ

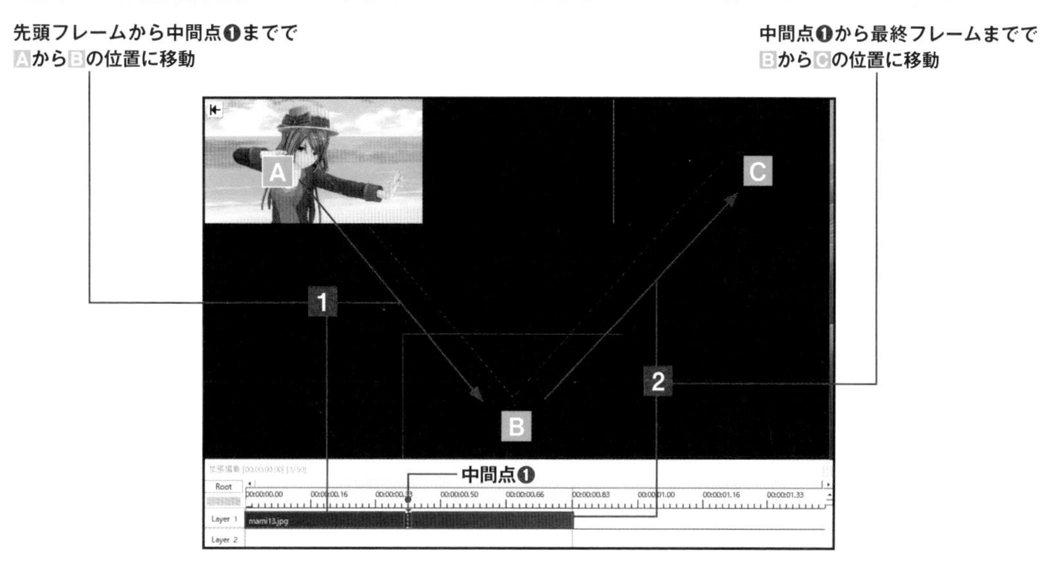

オブジェクトの移動方法

移動方法	内容
直線移動	終点に向けて真っ直ぐに均一の速度で移動します。
加減速移動	移動開始当初は加速し、終わりに近づくに連れて減速して移動します。この方法を選択すると、「加速」「減速」の設定が有効になります。加速のみ、減速のみも設定できます。
曲線移動	終点に向けて曲線を描くように滑らかに均一の速度で移動します。
瞬間移動	オブジェクトが瞬間移動します。この移動方法は、開始点の設定のみが利用されるため、中間点を1つ以上、設定している場合のみ利用できます。
中間点無視	中間点を無視してオブジェクトが移動します。中間点が設定されていてもオブジェクトの開始フレームが開始点、終了フレームが終了点になります。
移動量指定	始点からの移動量を指定してオブジェクトを動かします。この移動方法を選択すると、右側の設定内容が始点からの " 移動量 " に変更されます。
ランダム移動	オブジェクトが始点と終点の間を指定フレーム数ごとに終始ランダムで移動します。この移動方法を選択すると、移動タイミングのフレーム数を指定できます。また、常にランダムで動くため、中間点の設定は利用できません。
反復移動	オブジェクトが始点と終点の間を指定フレーム数ごとに交互に移動します。この移動方法を選択すると、移動タイミングのフレーム数を指定できます。また、常に反復移動するため、中間点の設定は利用できません。
補完移動	終点に向けて曲線を描くように滑らかに均一の速度で移動します。曲線移動と似たような動きをします。
回転移動	オブジェクトを円を描くように移動させます。

02 オブジェクトを直線移動する

直線移動は、オブジェクトを終点に向けて真っ直ぐに「均一」の速度で移動させる方法です。拡大／縮小やフィルタ効果を均一の速度で変化させるときにも利用します。

オブジェクトを目的の場所に直線移動する

直線移動を利用するときは、対象オブジェクトの設定ダイアログで設定したい項目をクリックして表示されるメニューから［直線移動］を選択します。ここでは、動画のオブジェクトを画面左上から右斜め下に移動する方法を例に、直線移動の設定方法を説明します。なお、直線移動を選択すると、設定したい項目をクリックして表示されるメニューで「加速」「減速」のオン／オフを選択できます。「加速」「減速」の両方をオンにすると、「加減速移動」と同じ効果を得られます(P.177 参照)。

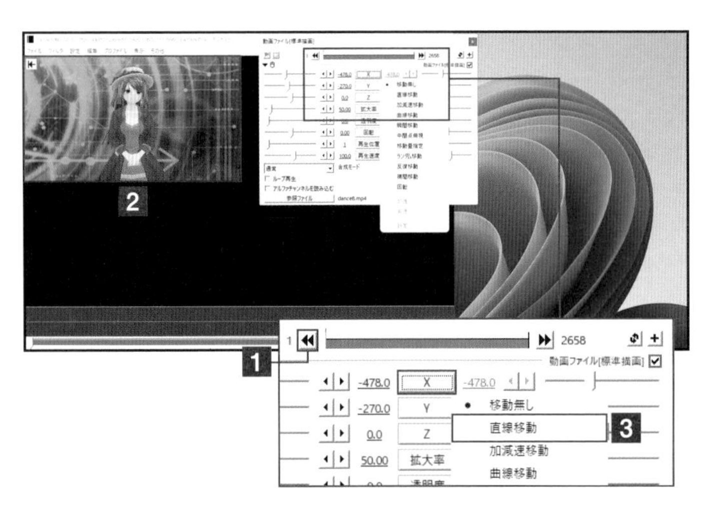

1 開始位置と移動方法を設定する

移動させたいオブジェクトの設定ダイアログを開きます。⏪をクリックして再生開始位置をオブジェクトの先頭フレームに移動させ**1**、移動開始位置に配置します**2**。[X] [Y] [Z] のいずれか（ここでは [X]）をクリックし、メニューから［直線移動］をクリックします**3**。

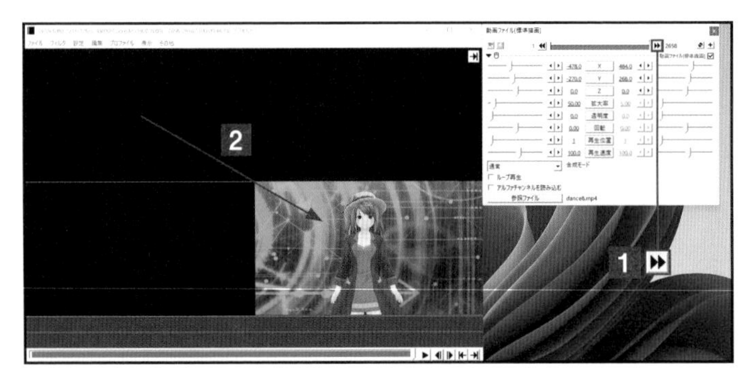

2 終了位置を設定する

設定ダイアログの⏩をクリックしてオブジェクトの最終フレームに移動し**1**、移動させたいオブジェクトを終了位置にドラッグします**2**。

POINT

表示位置の設定は、[X] や [Y] の数値をクリックして、座標を直接入力することでも設定できます。表示位置の座標を直接入力する場合は、⏪や⏩をクリックして先頭フレーム／終了フレームを表示する必要はありません。また、[X] [Y] [Z] の項目は、3 つのうちいずれか 1 つで移動方法を設定すると、その方法が 3 つすべてに適用されます。

オブジェクトを目的の場所に加減速移動する

オブジェクトの移動速度や変化の速度を加減速したいときは、移動方法に「加減速移動」を利用します。また、加減速移動では、加速のみや減速のみも利用できます。

オブジェクトを加減速移動する

加減速移動は、オブジェクトの移動開始当初は加速し、終わりに近づくにつれて減速する直線移動です。この方法を選択すると、「加速」「減速」の設定が有効になり、加減速だけでなく、終点に向けて終始加速し続ける加速のみ、一定の速度から終点が近づくにつれて徐々に減速する減速のみも設定できます。加減速移動は、対象オブジェクトの設定ダイアログで設定したい項目をクリックして、メニューから［加減速移動］をクリックします。

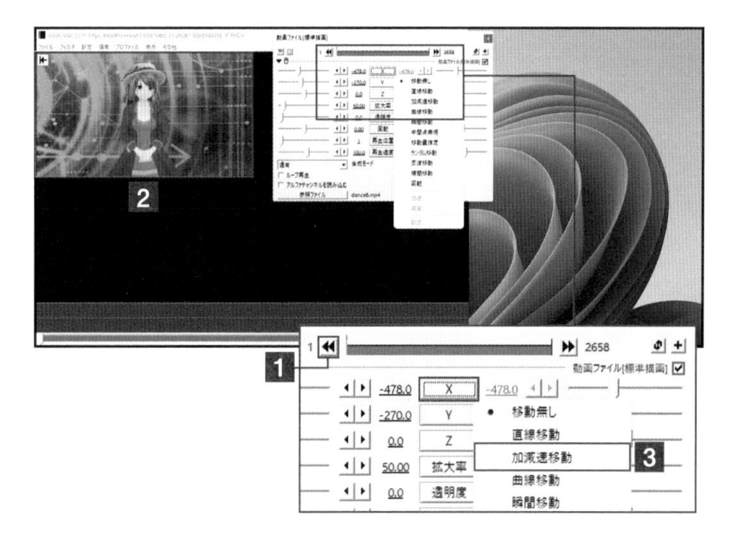

1 開始位置と移動方法を設定する

移動させたいオブジェクトの設定ダイアログを開きます。◀◀|をクリックして再生開始位置をオブジェクトの先頭フレームに移動させ 1 、移動開始位置に配置します 2 。［X］［Y］［Z］のいずれか（ここでは［X］）をクリックし、メニューから［加減速移動］をクリックします 3 。

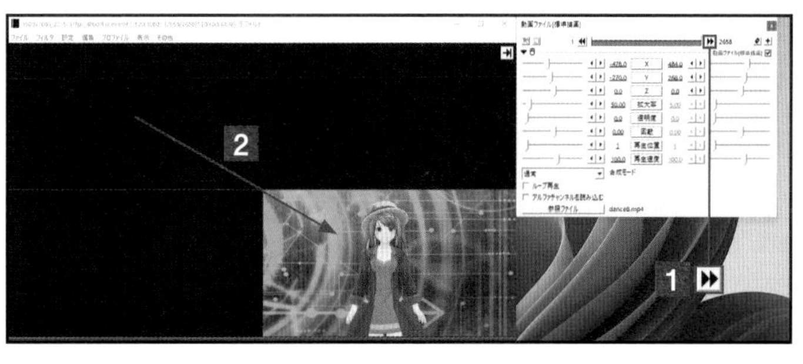

2 終了位置を設定する

設定ダイアログの▶▶|をクリックしてオブジェクトの最終フレームに移動し 1 、移動させたいオブジェクトの終了位置にドラッグします 2 。

POINT

移動方法に［加減速移動］を選択すると、［X］や［Y］などの設定項目をクリックして表示されるメニューから、「加速」「減速」のオン／オフの切り替えが行えます。また、表示位置の設定は、［X］や［Y］の数値をクリックして、座標を直接入力することでも設定できます。また、表示位置の座標を直接入力する場合は、◀◀|や▶▶|をクリックして先頭フレーム／終了フレームを表示する必要はありません。

04 オブジェクトの位置を指定量単位で移動させる

移動方法に[移動量指定]を選択すると、始点からの1フレーム当たりの移動量をもとにオブジェクトを移動させたり、効果を適用したりできます。

オブジェクトを指定量単位で移動させる

[移動量指定] は、1フレーム当たりの始点からの移動量／変化の量を指定したいときに利用します。この方法を選択すると、設定ダイアログ右側の内容が始点からの“移動量／変化の量”に変更されます。たとえば、[X]（左右の移動）や [Y]（上下の移動）の項目では、1フレーム当たりの移動量をピクセル単位で指定できます。[移動量指定] を利用するときは、対象オブジェクトの設定ダイアログで設定したい項目をクリックして、メニューから [移動量指定] をクリックします。

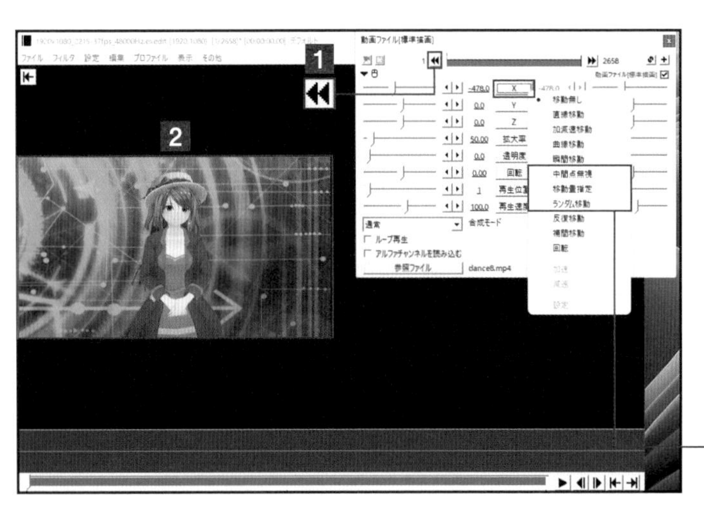

1 開始位置と移動方法を設定する

移動させたいオブジェクトの設定ダイアログを開きます。⏪をクリックして再生開始位置をオブジェクトの先頭フレームに移動させ**1**、移動開始位置に配置します**2**。[X] [Y] [Z] のいずれか（ここでは [X]）をクリックし、メニューから [移動量指定] をクリックします**3**。

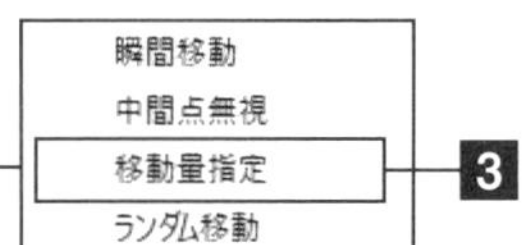

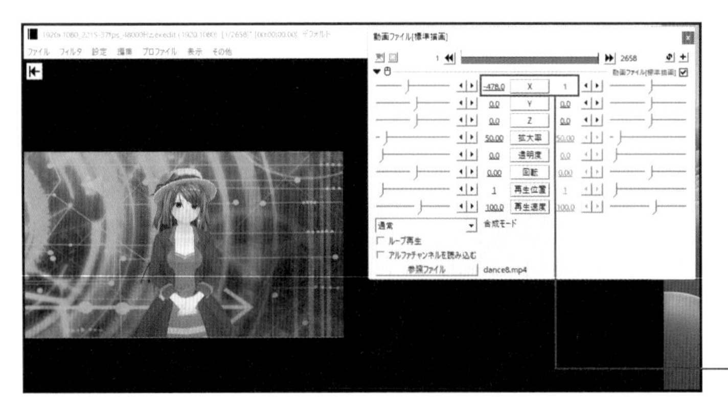

2 移動量を設定する

ここでは、手順**1**で設定した位置からオブジェクトが1フレーム当たり1pxずつ右に移動する設定を行います。設定ダイアログの設定項目名（ここでは [X]）の右側の数値をクリックして、移動させたい量（ここでは「1」）を入力します。

-478.0 X 1

POINT

[拡大率] で [移動量指定] を利用すると、正の数で数値の%分拡大し、負の数値で縮小します。また、[回転] では、正の数値で右回転、負の数値で左回転します。

05 オブジェクトをランダム移動させる

移動方法に[ランダム移動]を選択すると、始点と終点の間でオブジェクトを終始ランダムに動かしたり、ランダムな効果を施したりできます。

ランダム移動する

ランダム移動は、1フレームごとにオブジェクトが絶えず移動や変化を繰り返します。始点の設定は移動量／変化の量の「最小値」に、終点の設定は「最大値」に近い意味になり、オブジェクトの最終フレームの設定が必ずしても終点の設定となるわけではありません。[ランダム移動] を利用するときは、対象オブジェクトの設定ダイアログを開き、設定したい項目をクリックして、メニューから [ランダム移動] をクリックします。

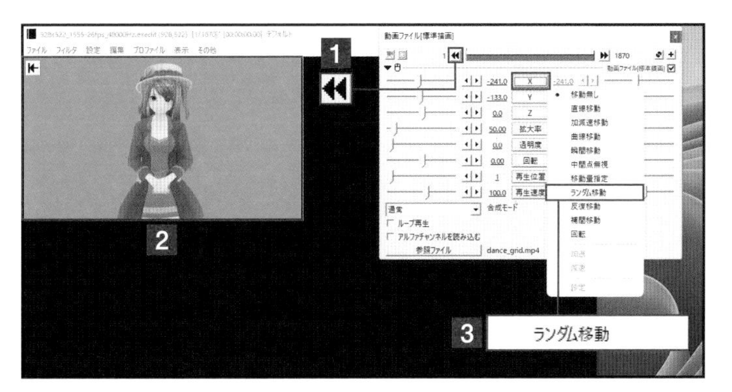

1 始点の位置(量)と移動方法を設定する

ランダム移動させたいオブジェクトの設定ダイアログを開きます。◀◀|をクリックして再生開始位置をオブジェクトの先頭フレームに移動させ1、始点としたい位置に配置します2。[X] [Y] [Z] のいずれか (ここでは [X]) をクリックし、メニューから [ランダム移動] をクリックします3。

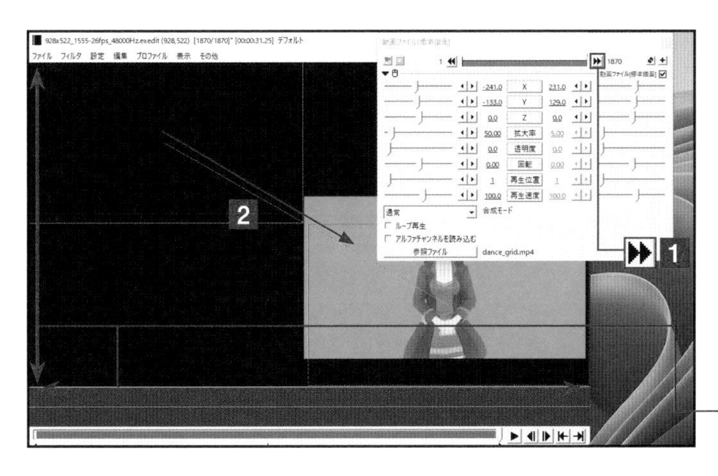

2 終点の位置(量)を設定する

設定ダイアログの▶▶|をクリックしてオブジェクトの最終フレームに移動し1、ランダム移動させたいオブジェクトを終点の位置にドラッグします2。また、オブジェクトが震えてうまく設定できないときは、[X] や [Y] の右側の数値をクリックして、数値を直接入力してください (P.154 参照)。

この幅の中でオブジェクトはランダムに移動します。

POINT

移動方法に [ランダム移動] を選択すると、[X] や [Y] などの設定項目をクリックして表示されるメニューから [設定] が利用できるようになり、[設定] をクリックすると、オブジェクトを変化させるタイミングを設定する [移動フレーム間隔] の設定が行えます。この設定では、フレーム数を少なくすると動きが高速で激しくなり、大きくするとゆっくりなめらかに動きます。

オブジェクトを反復移動させる

移動方法に[反復移動]を選択すると、始点と終点の間でオブジェクトが行ったり来たりする効果を施せます。また、反復移動では、画像の伸縮を繰り返すこともできます。

オブジェクトを反復移動する

反復移動は、始点の設定値(位置や効果の強さ)と終点の設定値(位置や効果の強さ)の間を行ったり来たりする移動方法です。反復移動を利用するには、対象オブジェクトの設定ダイアログを開き、設定したい項目をクリックして、メニューから［反復移動］をクリックします。また、反復移動を選択すると、設定したい項目をクリックして表示されるメニューから「加速」「減速」のオン／オフを選択できるようになり、加速／減速の効果を付加できます(P.177 参照)。

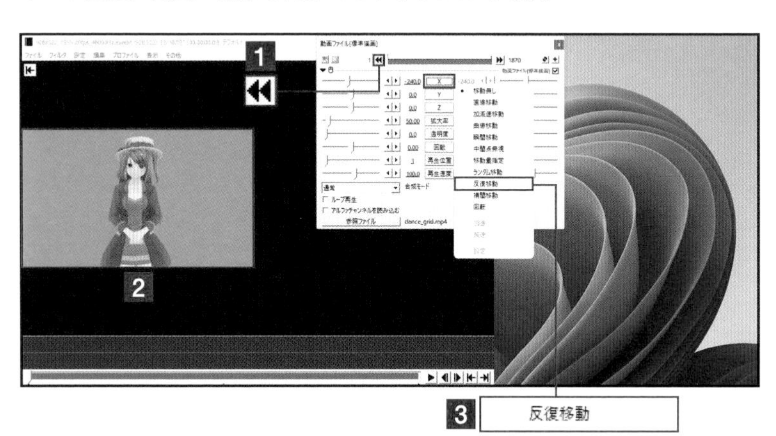

1 始点の位置と移動方法を設定する

反復移動させたいオブジェクトの設定ダイアログを開きます。⏮をクリックして再生開始位置をオブジェクトの先頭フレームに移動させ❶、始点としたい位置に配置します❷。[X] [Y] [Z] のいずれか（ここでは [X]）をクリックし、メニューから［反復移動］をクリックします❸。

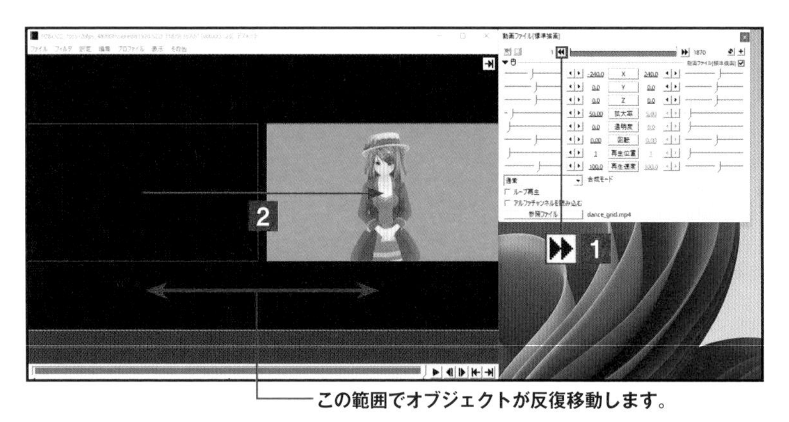

この範囲でオブジェクトが反復移動します。

2 終点の位置(量)を設定する

設定ダイアログの⏭をクリックしてオブジェクトの最終フレームに移動し❶、反復移動させたいオブジェクトを終点の位置にドラッグします❷。また、始点／終点の設定は、[X] や [Y] の数値をクリックして、座標を直接入力することでも設定できます (P.154 参照)。

POINT

移動方法に［反復移動］を選択すると、[X] や [Y] などの設定項目をクリックして表示されるメニューから［設定］が利用でき、これをクリックすると、オブジェクトが行ったり来たりするフレームの間隔を設定する「移動フレーム間隔」の設定を行えます。たとえば、「移動フレーム間隔」に 3 フレームを設定すると、3 フレームで始点から終点まで移動または変化し、次の 3 フレームで終点から始点まで移動または変化するを繰り返します。

07 オブジェクトを回転移動させる

移動方法に[回転]を選択すると、オブジェクトを円を描くように回転移動する公転を利用できます。回転移動では、時計回り、反時計回りの回転が利用できます。

オブジェクトを円を描きながら動かす

回転移動を利用するには、対象オブジェクトの設定ダイアログを開き、設定したい項目をクリックして、メニューから［回転］をクリックします。また、[回転］を選択すると、[X］や［Y］などの設定項目をクリックして表示されるメニューから［設定］が利用できるようになります。この［設定］では回転回数を設定できます。正の数値で時計回り、負の数値で反時計回りに回転し、「100(初期値)」なら1回転、「200」なら2回転します。

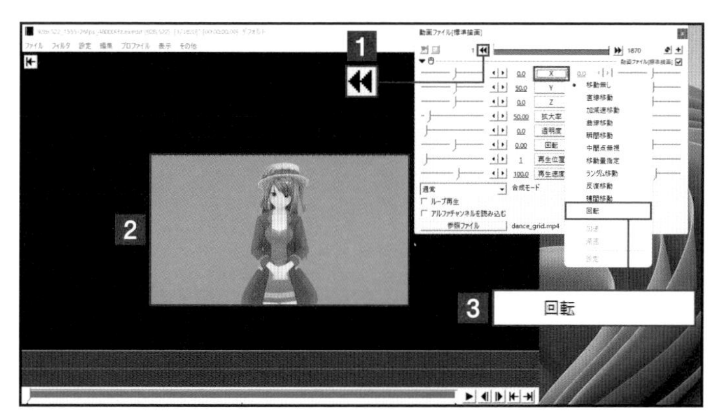

1 開始位置と移動方法を設定する

回転移動させたいオブジェクトの設定ダイアログを開きます。⏪をクリックして再生開始位置をオブジェクトの先頭フレームに移動させ**1**、移動開始位置に配置します**2**。[X]［Y］［Z］のいずれか（ここでは［X］）をクリックし、メニューから［回転］をクリックします**3**。

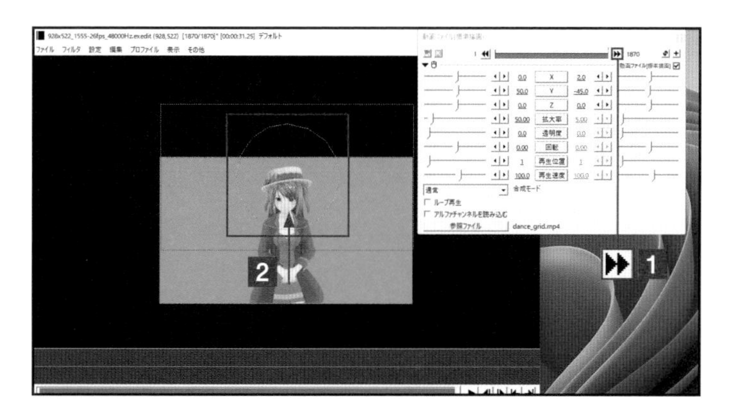

2 回転を設定する

設定ダイアログの⏩をクリックしてオブジェクトの最終フレームに移動し**1**、回転させたいオブジェクトをドラッグすると、画面内に円が表示されるのでそれを参考に回転させたい場所を設定します**2**。

POINT

手順**2**で画面内に表示される円は、メインウィンドウの［表示］→［拡大表示］の設定で「50%」の縮小表示を選択している場合、正常に表示されない場合があります。正常に表示されないときは「100%」を選択してください。また、回転は、拡大率（P.182参照）や透明度（P.183参照)、回転（P.184参照）などでも選択できますが、実際に適用される効果が回転とは異なるものとなる場合があります。

オブジェクトを徐々に拡大／縮小表示する

設定ダイアログを利用すると、動画や画像、図形などのオブジェクトを時間の経過とともに徐々に拡大／縮小することもかんたんに行えます。

オブジェクトを拡大／縮小率を変化させる

オブジェクトを時間の経過とともに拡大／縮小したいときは、設定ダイアログの［拡大率］をクリックして表示されるメニューから移動方法を選択します。オブジェクトを単純に拡大または縮小を行うときは、［直線移動］または［加減速移動］の選択がお勧めです。また、拡大と縮小を繰り返したいときは、［ランダム移動］や［反復移動］を選択します。なお、一部の移動方法では、設定したい項目をクリックして表示されるメニューから加速／減速の効果も付加できます(P.177)。

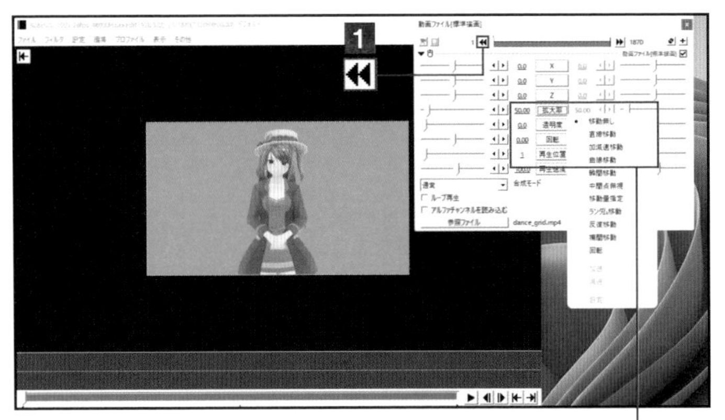

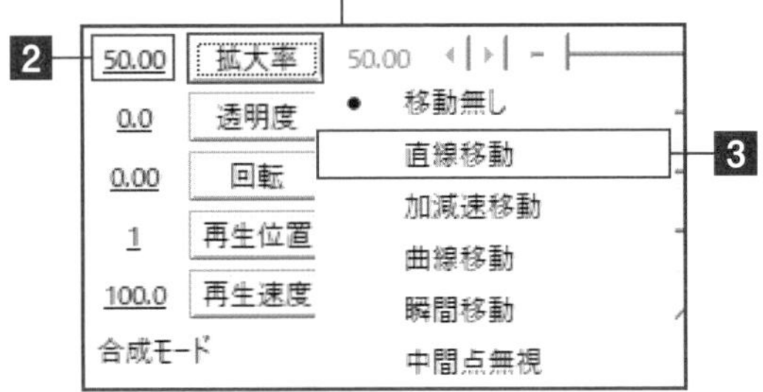

1 始点の拡大率と移動方法を設定する

拡大／縮小したいオブジェクトの設定ダイアログを開きます。⏪をクリックして再生開始位置をオブジェクトの先頭フレームに移動させ**1**、［拡大率］左側の数値をクリックして拡大率（ここでは「50」）を入力します**2**。［拡大率］をクリックし、メニューから移動方法（ここでは［直線移動］）をクリックします**3**。

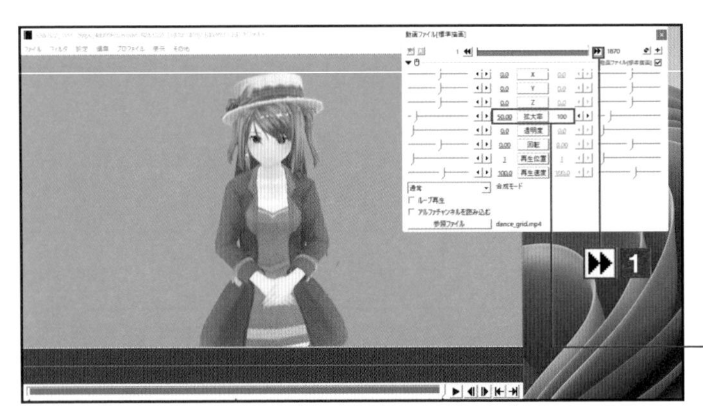

2 終点の拡大率を設定する

設定ダイアログの⏩をクリックしてオブジェクトの最終フレームに移動し**1**、設定ダイアログの［拡大率］の右側の数値をクリックして、拡大率（ここでは「100」）を入力します**2**。

オブジェクトの透明度を徐々に変化させる

設定ダイアログを利用すると、動画や画像、図形などのオブジェクトの透明度を時間の経過とともに変化させることができます。

オブジェクトの透明度を変化させる

オブジェクトの透明度を時間の経過とともに変化させたいときは、設定ダイアログの［透明度］をクリックして表示されるメニューから移動方法を選択します。透明度を単純に高めたり薄めたりするときは、［直線移動］または［加減速移動］の選択がお勧めです。また、透明度を高めたり薄めたりを繰り返したいときは、［ランダム移動］や［反復移動］を選択します。なお、一部の移動方法では、設定したい項目をクリックして表示されるメニューから加速／減速の効果も付加できます(P.177)。

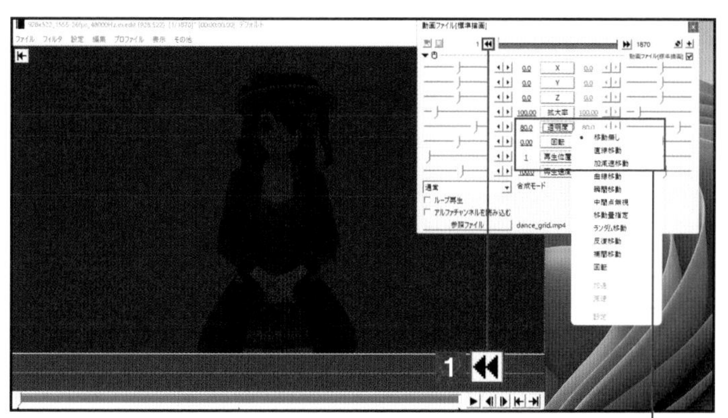

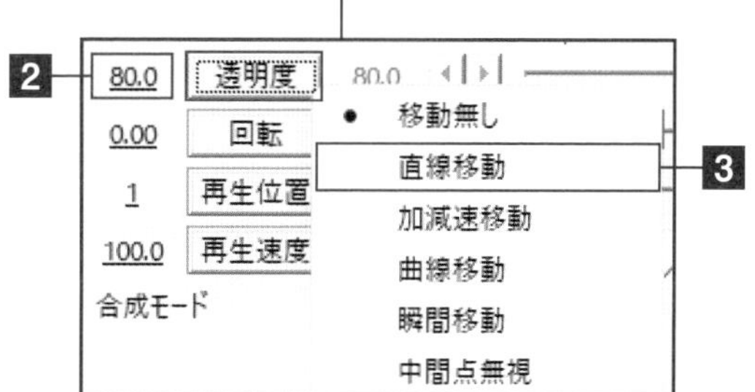

1 始点の透明度と移動方法を設定する

透明度を変化させたいオブジェクトの設定ダイアログを開きます。◀◀をクリックして再生開始位置をオブジェクトの先頭フレームに移動させ**1**、［透明度］左側の数値をクリックして透明度（ここでは「80」）を入力します**2**。［透明度］をクリックし、メニューから移動方法（ここでは［直線移動］）をクリックします**3**。

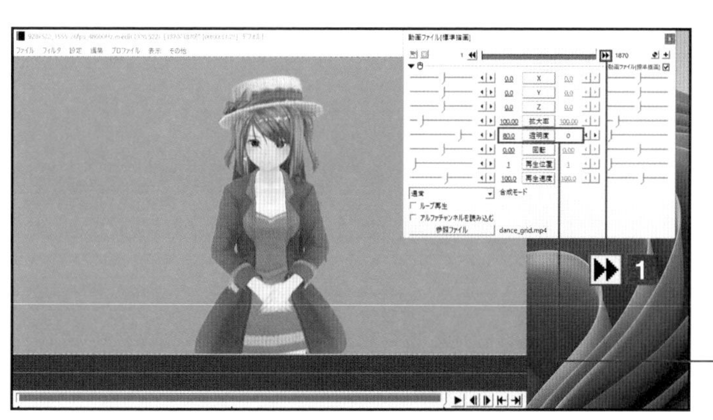

2 終点の透明度を設定する

設定ダイアログの▶▶をクリックしてオブジェクトの最終フレームに移動し**1**、設定ダイアログの［透明度］の右側の数値をクリックして、透明度（ここでは「0」）を入力します**2**。

10 オブジェクトを自転させる

設定ダイアログの[回転]を利用すると、かんたんな設定で、動画や画像、図形などのオブジェクトをぐるぐる自転させることができます。

オブジェクトをぐるぐる自転させる

オブジェクトを自転させたいときは、対象オブジェクトの設定ダイアログを開き、拡張描画に切り替えて［X 軸回転］［Y 軸回転］［Z 軸回転］のいずれかをクリックして表示されるメニューから移動方法を選択します。オブジェクトの総回転数は角度で設定し、正／負ともに最大 3600 度まで設定できます。また、始点よりも終点の角度が大きい場合は、［X 軸回転］は前方回転、［Y 軸回転］は右から左回り、［Z 軸回転］は時計回りに回転します。始点も終点の角度が小さい場合は、逆に回転します。

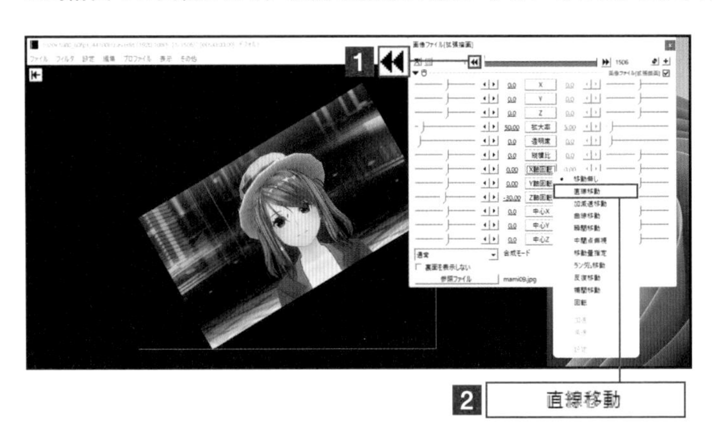

1 拡張描画で移動方法を設定する

自転させたいオブジェクト（ここでは「画像」のオブジェクト）の設定ダイアログを開いて［拡張描画］に切り替えます（P.162 参照）。◀◀ををクリックして再生開始位置をオブジェクトの先頭フレームに移動させ1、［X 軸回転］をクリックし、メニューから移動方法（ここでは［直線移動］）をクリックします2。

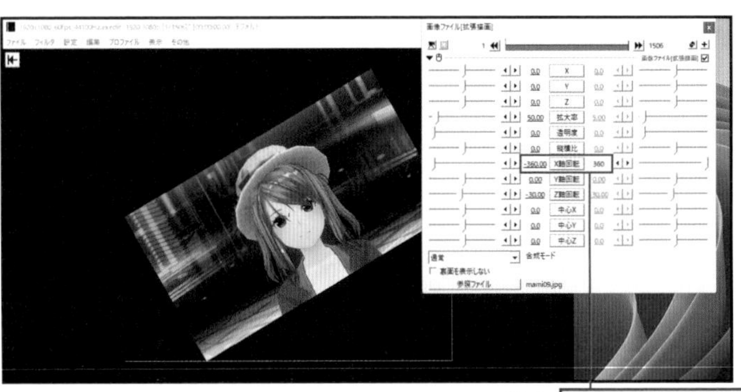

2 始点と終点の角度を設定する

設定ダイアログの［X 軸回転］の左側の数値をクリックして始点の角度（ここでは「-360」）を入力します1。続いて、［X 軸回転］の右側の数値をクリックして始点の角度（ここでは「360」）を入力します2。

POINT

回転速度を速くしたいときは、オブジェクトの長さ（再生時間）を半分に設定すると（P.142）、2 倍の速さで回転します。また、オブジェクトを 20 回転を超えて回転させたいときは、オブジェクトのコピーを作成し、それを必要な数だけ配置します。なお、［中心 X］［中心 Y］［中心 Z］の設定値を変更すると、回転軸の位置を変更することもできます（P.165 参照）。

11 複数の効果を加えてオブジェクトを動かす

設定ダイアログで時間経過に伴う動きや変化の効果を複数同時に設定すると、オブジェクトを回転させながら、画面内を移動させるといったことが行えます。

オブジェクトに複数の効果を設定する

設定ダイアログは、動きや変化を伴う設定を複数同時に設定できます。たとえば、設定ダイアログを利用して、時間の経過とともにオブジェクトの場所を画面内で動かす設定(P.176 ～ P.178)と、オブジェクトを自転させる設定(P.184)を同時に行うと、オブジェクトを回転させながら、画面内を動かせます。ほかにも、オブジェクトを拡大／縮小しながら、透明度を上げたり、下げたり、画面内を動かしたり、といったことも設定ダイアログの設定のみで実現できます。

複数の効果を設定してオブジェクトを複雑に変化させる

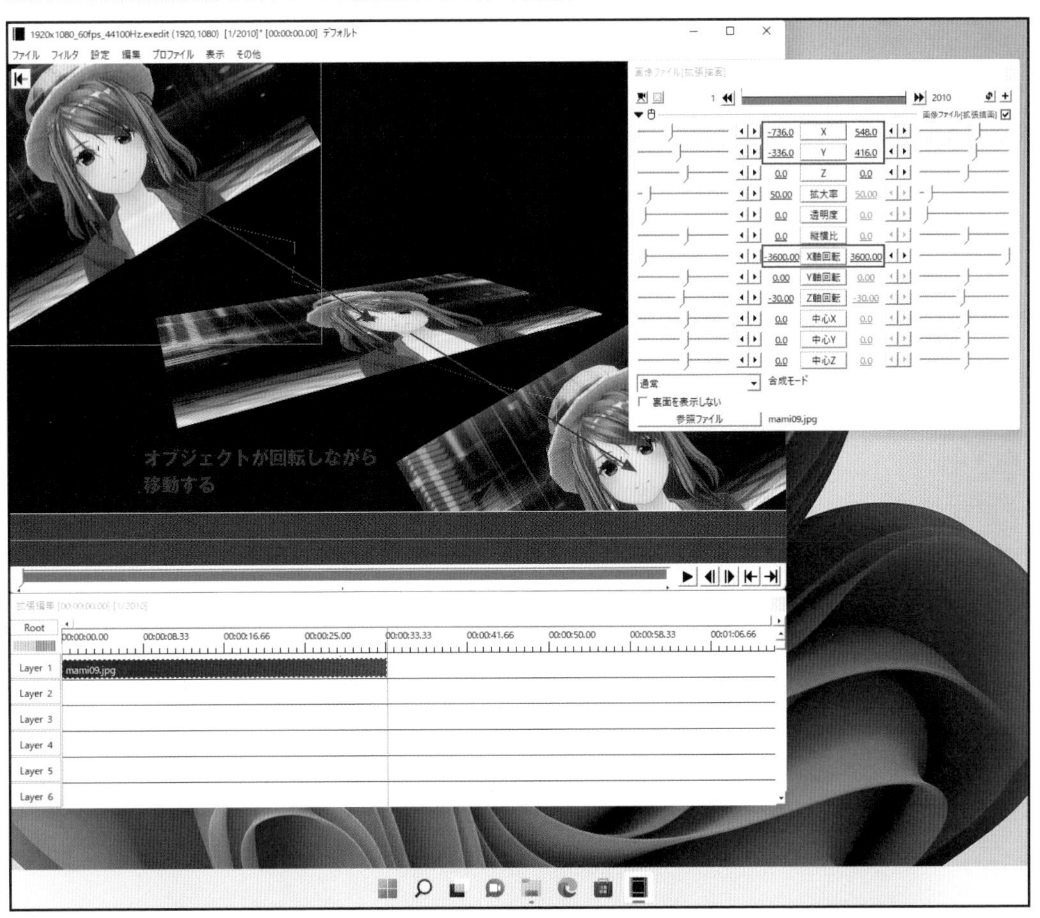

▲設定ダイアログを利用して、画面左端から右下端に画像オブジェクトを縦回転させながら移動させる設定を行った場合の例。[X軸回転]と[X][Y]のオブジェクトを移動させる設定を行っています。

中間点を利用する

中間点は、オブジェクトの分割を行うことなく、複雑な動きや変化を設定できます。中間点とは、オブジェクト内に複数設定できる動きや変化を与えるための「支点」です。

中間点を活用する

中間点を利用すると、オブジェクトの先頭フレームから中間点までの設定、中間点から最終フレームまでの設定というかたちで、オブジェクトの分割を行うことなく、複雑な動きや変化を設定ダイアログのみで設定できます。たとえば、オブジェクトの表示位置をA→B→Cと移動させたい場合には、A→Bに移動するオブジェクトと、B→Cに移動するオブジェクトの2つが必要ですが、中間点を利用すれば、これと同じことをオブジェクトを分割することなく実現できます。

オブジェクトの分割と中間点を利用した場合のイメージ

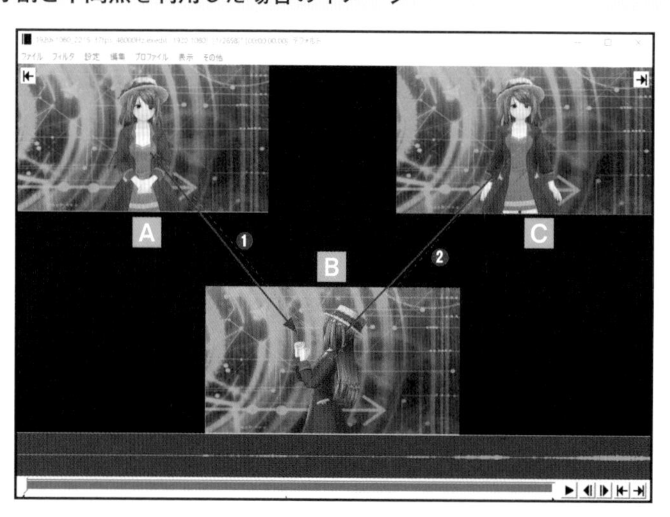

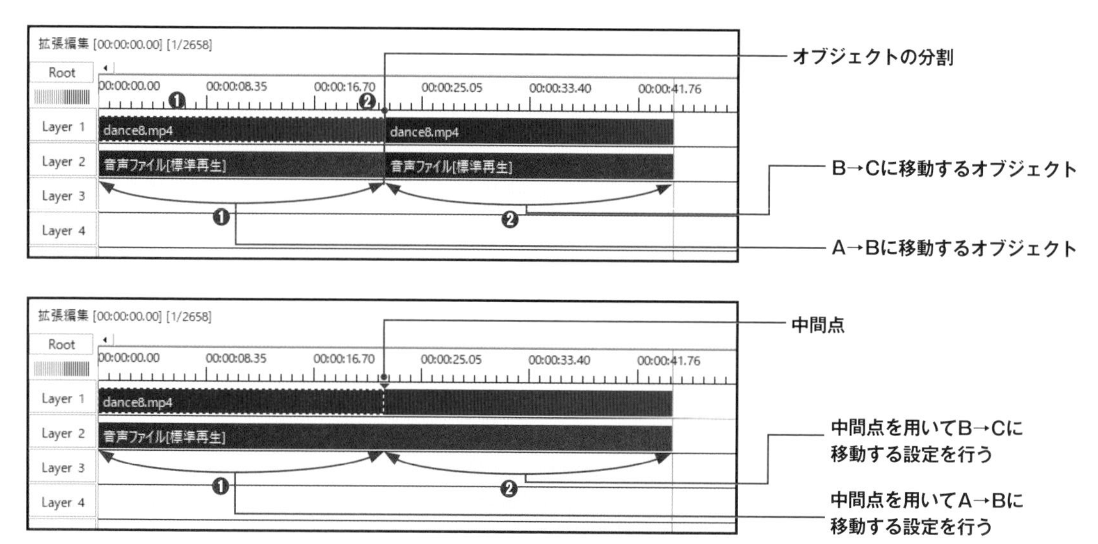

中間点を追加する

中間点の追加は、オブジェクトを右クリックして表示されるメニューまたは設定ダイアログのルーラーを右クリックして表示されるメニューから行えます。

支点としたいフレームに中間点を追加する

中間点の追加は、オブジェクトを右クリックして表示されるメニューから［中間点を追加］をクリックするか、設定ダイアログのルーラー付近で右クリックして表示されるメニューから［現在位置に中間点を追加］をクリックすることで行えます。オブジェクトを右クリックする方法は、右クリック時にマウスポインターがあった場所に中間点が追加されます。後者の設定ダイアログを右クリックする方法は、タイムライン上のカーソル（赤い縦棒）がある場所に中間点を追加します。

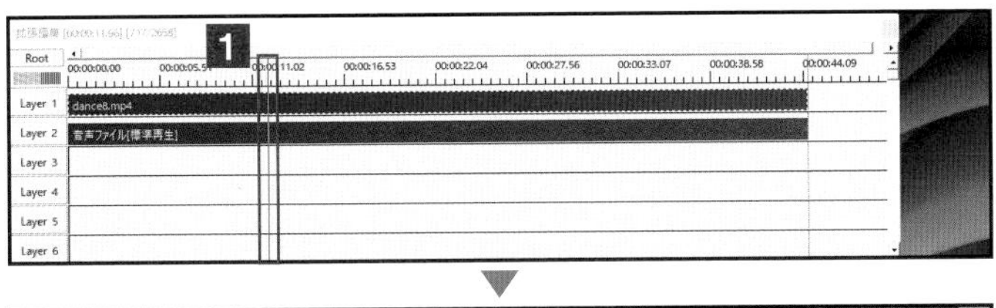

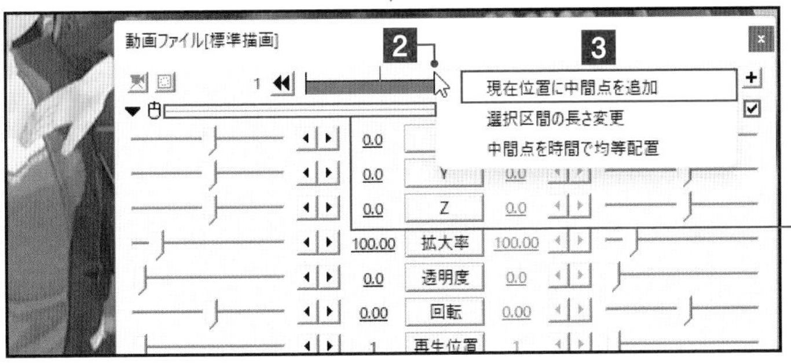

1 中間点を追加する

中間点を追加したいフレームにカーソル（赤い縦棒）を移動させ1、中間点を追加したいオブジェクトの設定ダイアログを開きます。設定ダイアログのルーラー付近で右クリックし2、メニューから［現在位置に中間点を追加］をクリックします3。

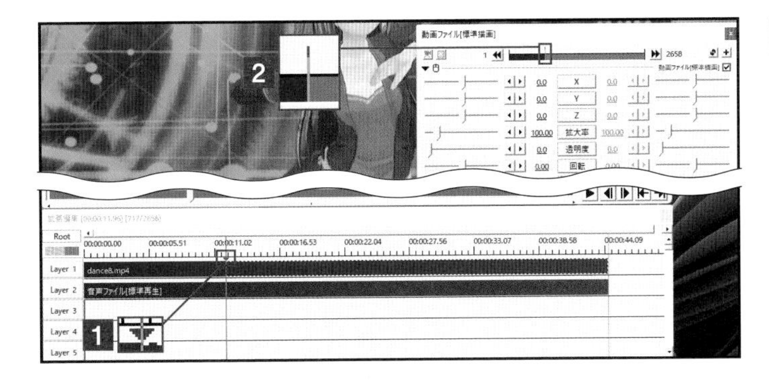

2 中間点が追加される

選択中のオブジェクトに中間点が追加されます。タイムライン上のオブジェクトには中間点が追加されたフレームに ▼ のアイコンが付きます1。また、設定ダイアログのルーラー上には ! の目印が付きます2。なお、この例の場合、動画のオブジェクトを選択しているため、音声のオブジェクトに中間点は付きません。

POINT

オブジェクトを右クリックして中間点を追加する方法で、正確な位置に中間点を追加したいときは、最初にカーソル（赤い縦棒）を目的の場所に移動させておき、それを目印に中間点を追加してください。

14 中間点を切り替える

中間点は、オブジェクト内の区切りとして利用されます。設定ダイアログの設定値の変更は、中間点によって作られた区切られた区間を切り替えながら作業します。

中間点の切り替え

中間点が追加されたオブジェクトでは、中間点で区切られた区間ごとに設定ダイアログの各種設定が行えます。また、中間点で区切られた区間の切り替え／選択は、タイムラインに配置されたオブジェクトで目的の区間をクリックするか、設定ダイアログのルーラーで目的の区間をクリックすることで行えます。また、設定ダイアログの◀◀|（前に移動）または▶▶|（うしろに移動）をクリックすることでも区間を移動できます。

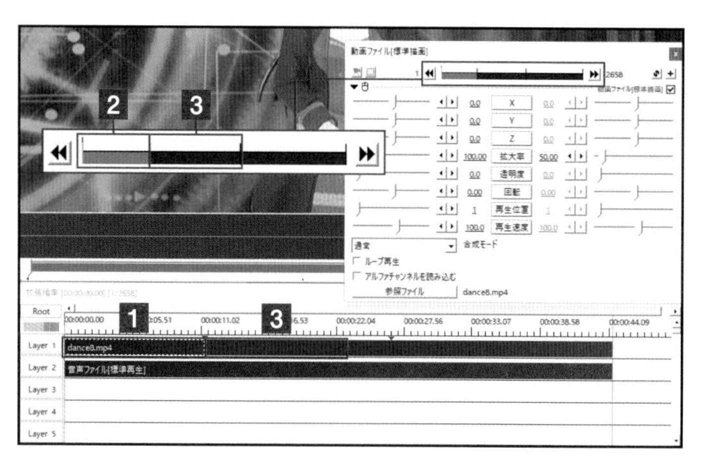

1 中間点に区切られた区間を選択する

オブジェクトの設定ダイアログを表示しておきます。タイムライン上のオブジェクトでは、選択中の区間が点線で囲まれて表示されます**1**。また、設定ダイアログのルーラーでは選択中の区間が青のハイライト状態で表示されます**2**。切り替えたい区間をタイムラインのオブジェクト内または設定ダイアログのルーラー（ここではタイムラインのオブジェクト）でクリックします**3**。

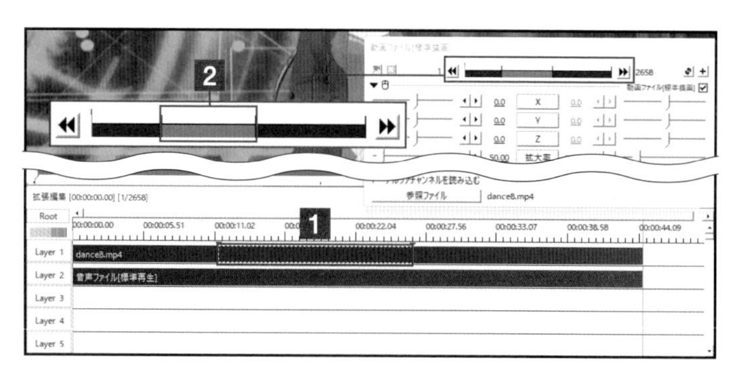

2 選択中の区間が切り替わる

選択した区間に切り替わり、選択した区間が点線で囲まれて表示されます**1**。また、設定ダイアログのルーラーの表示区間も切り替わります**2**。

POINT

選択区間を切り替えると、設定ダイアログで設定されている設定値もそれに合わせて変更されます。たとえば、AとBの2つの中間点を追加しているオブジェクトで、先頭フレーム→中間点Aまでの区間から、中間点A→中間点Bまでの区間に切り替えると、中間点A→中間点Bまでの区間の始点の設定値は、先頭フレーム→中間点Aの終点の設定値に変わります。また、中間点A→中間点Bまでの区間の終点の設定値は、中間点B→終了フレームの区間の始点の設定値に変わります。

中間点の位置を変更する

中間点は、任意の位置に変更できます。中間点の位置の変更は、タイムラインに追加された中間点のアイコンをマウスでドラッグすることで行えます。

中間点の位置を変更する

中間点は、タイムラインに表示されている中間点を示す ▼ アイコンをドラッグすることで位置を変更できます。カーソル(赤い縦棒)を中間点として再設定したいフレームに移動させてから、カーソルに重なるようにドラッグすると、目的のフレームに正確に中間点の位置を移動できます。

1 中間点の位置を移動する

カーソル(赤い縦棒)を中間点として再設定したいフレームに移動させておきます1(P.135 参照)。移動させたい中間点の上にマウスポインターの置くとマウスポインターの形状が ⟺ になるので、目的の位置までドラッグします2。

2 中間点の位置が変更される

中間点の位置が変更され、タイムラインに追加された中間点を示す ▼ アイコンの位置が変更されます。

POINT

中間点の位置は、設定ダイアログのルーラー付近で右クリックして表示されるメニューから[選択区間の長さ変更]をクリックすることでも行えます。この方法で中間点の位置を変更するときは、「長さの変更(区間)」ダイアログが表示され、選択中の区間の長さを秒数やフレーム数で設定できます。

16 中間点を均等配置する

中間点は、あとからオブジェクトの再生時間に応じた均等配置に変更できます。この機能を利用すると、オブジェクトに対して均一な時間で変化を付けることができます。

中間点を均等配置に変更する

オブジェクトに追加した中間点を均等配置に変更したいときは、設定ダイアログのルーラー下にある敷居線よりも上の場所で右クリックして表示されるメニューから［中間点を時間で均等配置］をクリックするか、タイムライン上のオブジェクトを右クリックして表示されるメニューから［中間点を時間で均等配置］をクリックします。均等配置を行うこと、中間点で区切られた区間の再生時間が、すべて均一にできます。

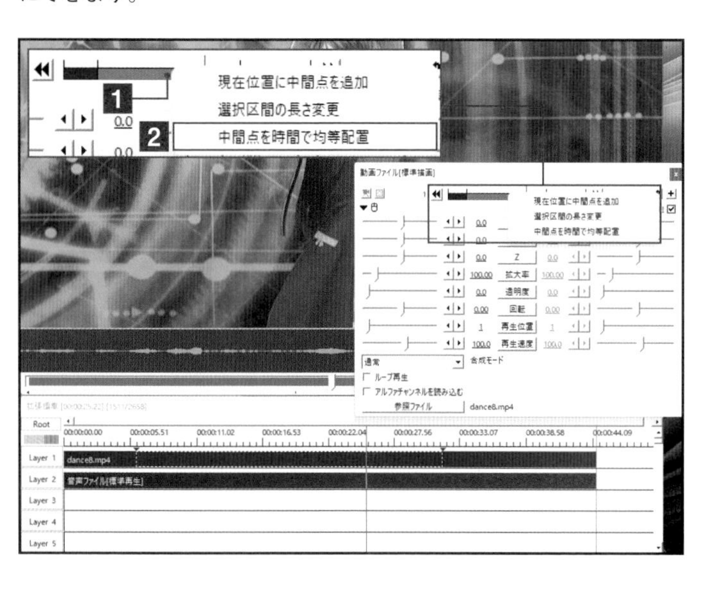

1 中間点を均等配置する

1つ以上の中間点が追加されたオブジェクトの設定ダイアログを表示しておきます。設定ダイアログのルーラーまたはタイムライン上のオブジェクト（ここでは、設定ダイアログのルーラー）を右クリックして**1**、表示されるメニューから［中間点を時間で均等配置］をクリックします**2**。

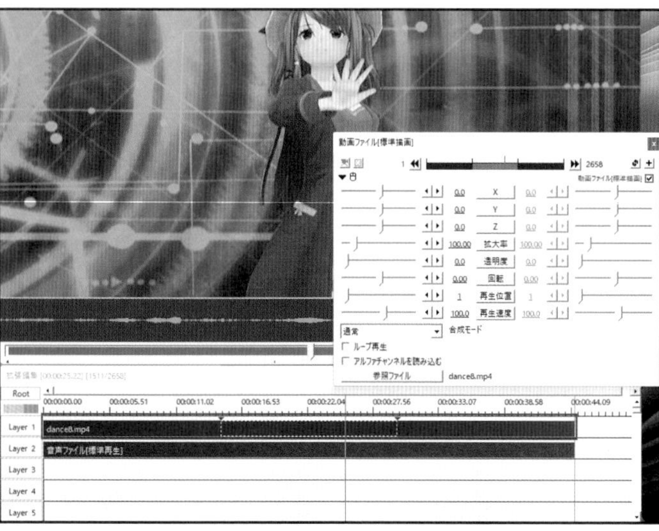

2 中間点が均等配置される

中間点が再生時間に応じて均等配置されます。

POINT

中間点が均等配置されないときは、最初の区間以外の区画をクリックして選択してから、均等配置を行ってみてください。

中間点を削除する

中間点を追加したときは、その中間点を削除します。中間点の削除は、タイムラインに配置されたオブジェクトを右クリックして表示されるメニューから行います。

不要な中間点を削除する

追加した中間点を削除したいときは、タイムラインに配置されているオブジェクトに付けられている中間点を右クリックして表示されるメニューから［中間点の削除］をクリックします。なお、中間点は複数をまとめて削除することはできません。中間点の削除は、1つずつ行う必要があります。

1 中間点を削除する

削除したい中間点を、タイムラインに配置されているオブジェクトで右クリックし、表示されたメニューから［中間点を削除］をクリックします。

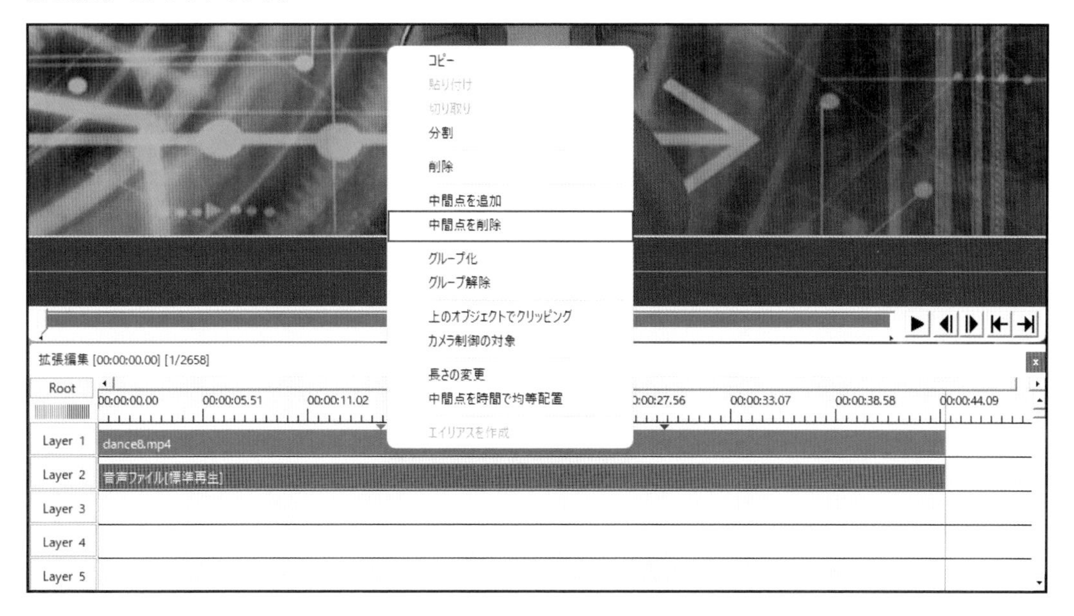

2 中間点が削除される

選択した中間点が削除されます。複数の中間点を削除したいときは、同じ操作を繰り返して行います。

中間点を利用して複雑にオブジェクトを動かす

画面内でオブジェクトを複雑に動かしたいときは、動きを変化させたいポイントに中間点を追加し、設定ダイアログで区間ごとにオブジェクトの位置などを設定します。

中間点を利用してオブジェクトを動かす

中間点を利用すると、そこを支点にオブジェクトの動きを変化させることができます。たとえば、中間点を支点として動きの方向を変えることでオブジェクトをジグザグや波線を描くように移動させたり、複数の効果を適用することで、移動途中からオブジェクトに前方回転や後方回転といった動きを加えたりといったこともできます。

中間点利用時の注意点

中間点を利用するときは、区画ごとに始点と終点の設定を行います。ただし、設定値を直接入力で行う場合は、始点と終点の両方の設定が必要なのは先頭区画のみです。次の区間以降は直前の区間の終点の設定が始点の設定に自動設定され、通常は終点の設定のみを行います。また、オブジェクトの配置位置をメインウィンドウ内のオブジェクトのドラッグで設定する場合は、最終区画のみ始点と終点の設定が必要です。それ以外の区画では始点(前区画の終点)の設定のみを行います。

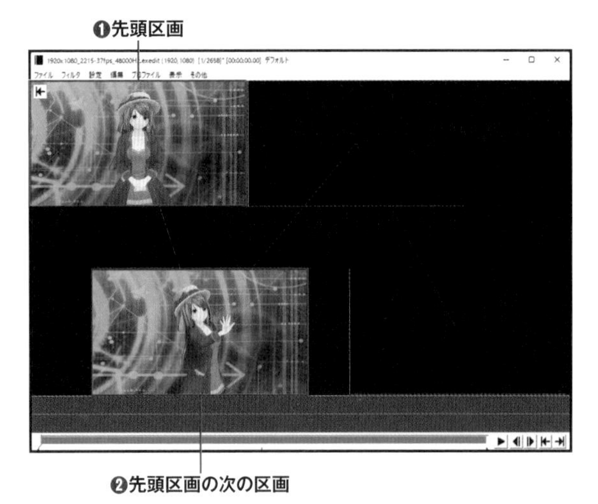
❶先頭区画
❷先頭区画の次の区画

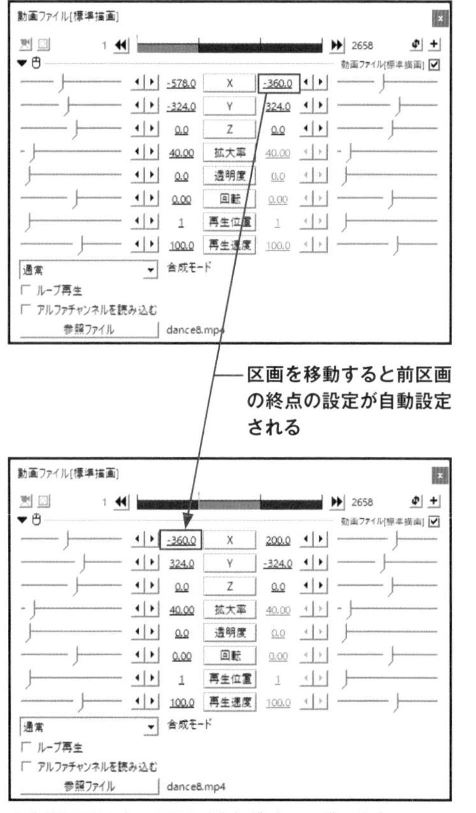
❶先頭区画の設定ダイアログの内容
区画を移動すると前区画の終点の設定が自動設定される
❷先頭区画の次の区画の設定ダイアログの内容

オブジェクトをジグザグに動かす

ここでは、1つの中間点を利用してオブジェクトをA地点→B地点→C地点の3つの場所に動かす方法を例に、中間点を利用してオブジェクトを動かす方法を説明します。この設定では、最初に先頭区画の設定を行います。先頭区画では移動開始位置（A地点）の設定を最初に行い、次に移動方法を選択して、最終区画の設定に移ります。最終区画の設定では、最初にオブジェクトの移動先（B地点）の設定を行い、続いて、最終フレームに移動して最後の移動先（C地点）の設定を行います。

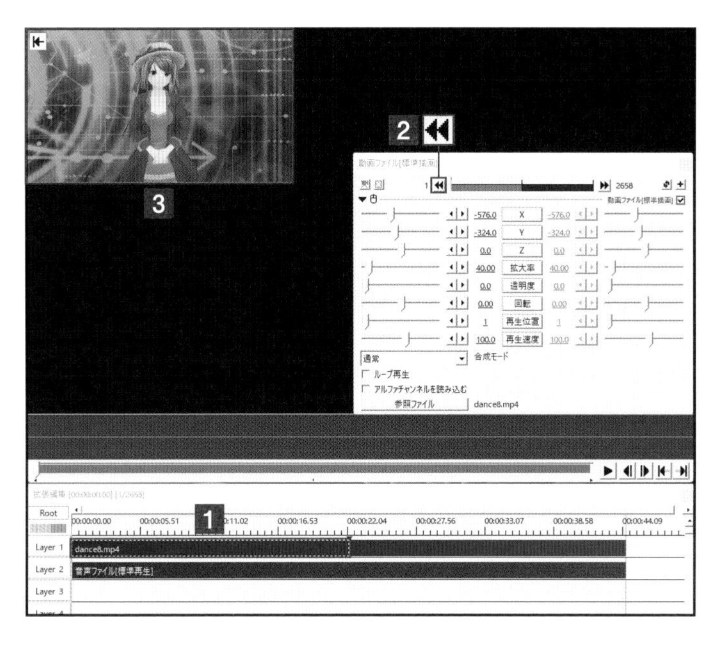

1 先頭区画の位置設定を行う

動かしたいオブジェクトに中間点を追加し、設定ダイアログを表示しておきます。タイムラインでオブジェクトの先頭区画をクリックし1、設定ダイアログの◀◀をクリックします2。メインウィンドウ内のオブジェクトをドラッグして移動開始位置に配置します3。

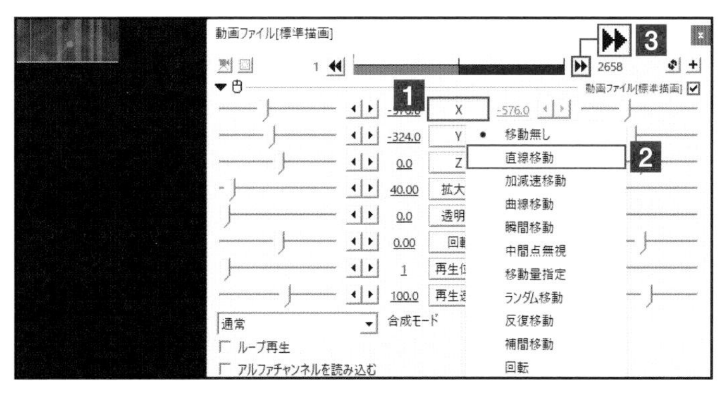

2 移動方法を選択する

設定ダイアログの［X］［Y］のいずれかの項目（ここでは［X］）をクリックして1移動方法（ここでは［直線移動］）を選択し2、▶▶をクリックします3。

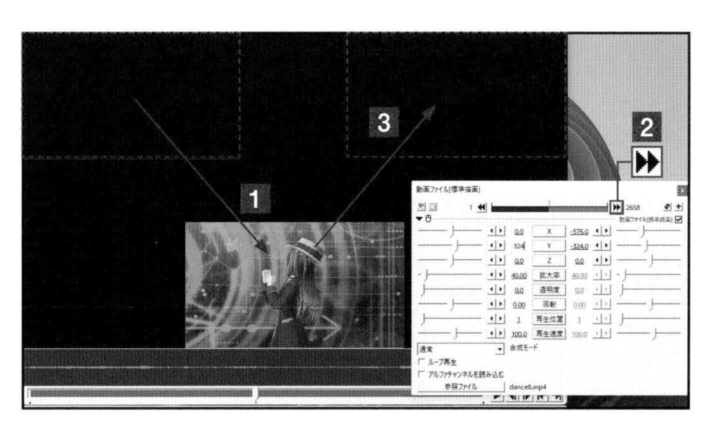

3 最終区画の位置設定を行う

メインウィンドウ内のオブジェクトをドラッグして、移動先の位置に配置します1。設定ダイアログの▶▶をクリックします2。メインウィンドウ内のオブジェクトをドラッグして、最後の移動先の位置に配置します3。

19 オブジェクトを瞬間移動する

瞬間移動は、オブジェクトを瞬時に別の場所に移動させたり、一瞬で拡大／縮小したりしたいときに利用する移動方法です。瞬間移動を利用するには、中間点を追加する必要があります。

オブジェクトを一瞬で動かす／変化させる

瞬間移動は、オブジェクトに中間点が追加されている場合にのみ機能する移動方法です。瞬間移動では、中間点で区切られた各区画の始点の設定のみが利用されます。このため、最後の移動位置は、最終区画の始点で設定した位置までとなります。終点を設定しても無視される点には注意してください。瞬間移動を利用するには、オブジェクトに中間点を1つ以上追加した上で、移動方法に［瞬間移動］を選択します。

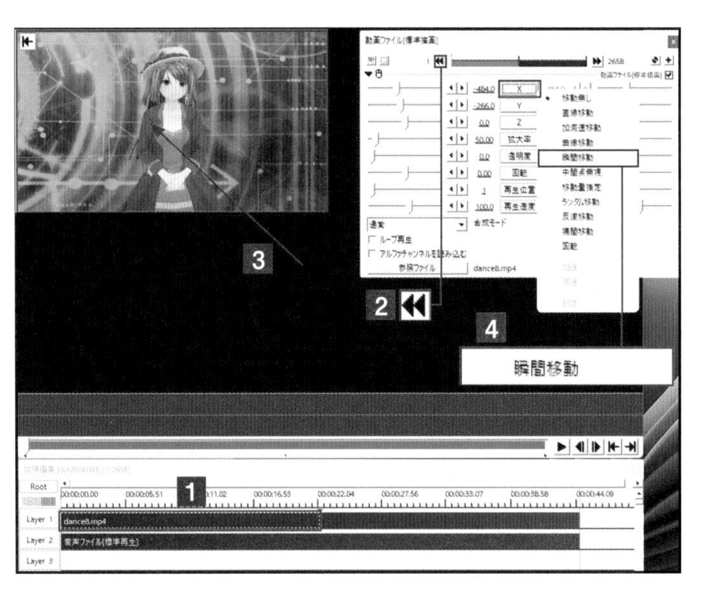

1 移動前の位置を設定する

瞬間移動させたいオブジェクトに瞬間移動させたい回数分の中間点を追加し、設定ダイアログを開きます。中間点で区切られた先頭区画をクリックして選択し1、設定ダイアログの⏪をクリックして再生開始位置を先頭フレームに移動させます2。メインウィンドウ内のオブジェクトをドラッグして、移動前の位置に配置し3、［X］［Y］［Z］のいずれか（ここでは［X］）をクリックし、メニューから［瞬間移動］をクリックします4。

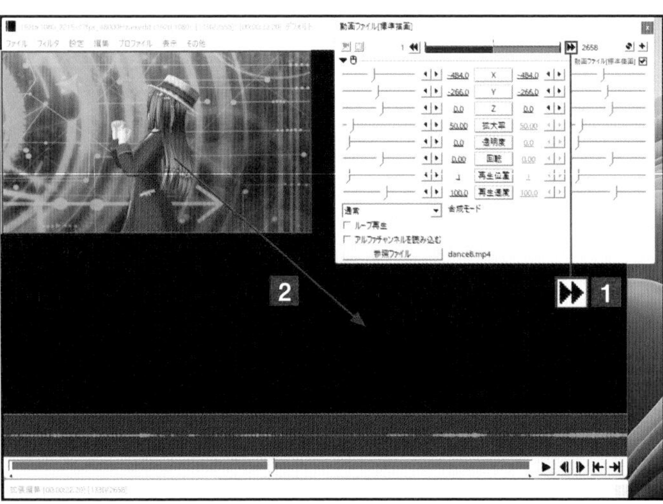

2 移動先の位置を設定する

設定ダイアログの⏩をクリックし1、メインウィンドウ内のオブジェクトをドラッグして、移動後の位置に配置します2。

POINT

複数の中間点を利用してオブジェクトを瞬間移動させたいときは、手順2の設定を最後の区画まで繰り返し行います。

20 オブジェクトを目的の場所に曲線移動する

弧を描くようにオブジェクトを移動させたいときは、「曲線移動」または「補完移動」を利用します。これらの移動方法を利用するには、中間点を追加する必要があります。

オブジェクトを曲線移動させる

曲線移動や補完移動は、オブジェクトに中間点が追加されている場合にのみ機能する移動方法です。中間点が追加されていない場合に選択すると、直線移動と同じ移動になる点に注意してください。また、曲線移動と補完移動の違いは、移動時にオブジェクトが画面からはみ出すことが多いか少ないかです。曲線移動はそれが多く、補完移動はそれよりも少なくなります。なお、曲線移動／補完移動を選択すると、加速／減速の効果も付加できます（P.177 参照）。

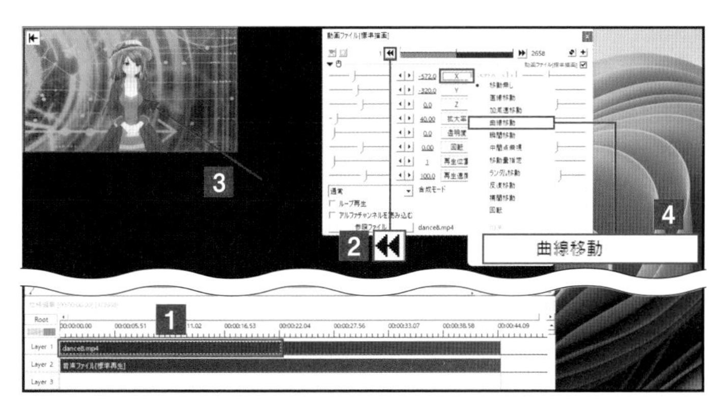

1 移動前の位置を設定する

曲線移動させたいオブジェクトに中間点（ここでは１つ）を追加し、設定ダイアログを開きます。中間点で区切られた先頭区画をクリックして選択し1、設定ダイアログの◀◀をクリックして再生開始位置を先頭フレームに移動させます2。メインウィンドウ内のオブジェクトをドラッグして、移動開始位置に配置し3、［X］［Y］［Z］のいずれか（ここでは［X］）をクリックし、メニューから［曲線移動］または［補完移動］（ここでは［曲線移動］）をクリックします4。

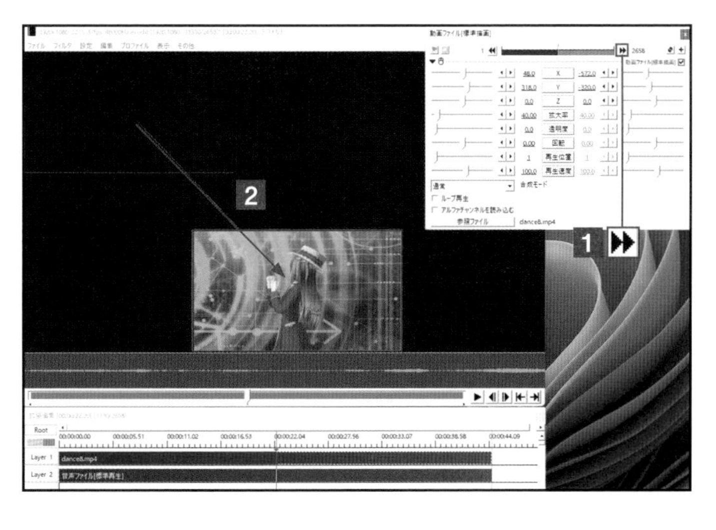

2 移動先の位置を設定する

設定ダイアログの▶▶をクリックして次の区画の始点（現在区画の終点）に移動します1。メインウィンドウ内のオブジェクトをドラッグして、移動後の位置に配置します2。▶▶をクリックして、次の区画の始点（ここでは、現在区画の終点）に移動し、再びオブジェクトを移動の位置にドラッグして配置します。最終区画の終点の設定になるまで、この手順を繰り返します。

POINT

ここでは、１つの中間点で設定を行っているため、２つ目の区画（最終区画）の始点を底とした半円を描くようにオブジェクトが移動します。

21 中間点を無視してオブジェクトを変化／移動させる

移動方法に[中間点無視]を利用すると、先頭区画の設定をオブジェクト全体に適用できます。この移動方法は、複数の効果を与える場合に設定の簡略化につながる場合があります。

中間点無視で設定を簡略化する

[中間点無視] は、中間点を無視して、先頭区画の始点と終点の設定をオブジェクト全体に適用する移動方法です。たとえば、中間点を利用して画面内を動かしているオブジェクトを徐々に透明化したいときなどに利用すると、先頭区画で行った透明化の設定をオブジェクト全体に適用でき、設定の簡略化につながります。中間点無視を利用するには、移動方法に [中間点無視] を選択します。なお、中間点無視を選択した場合は、加速／減速の効果も付加できます(P.177 参照)。

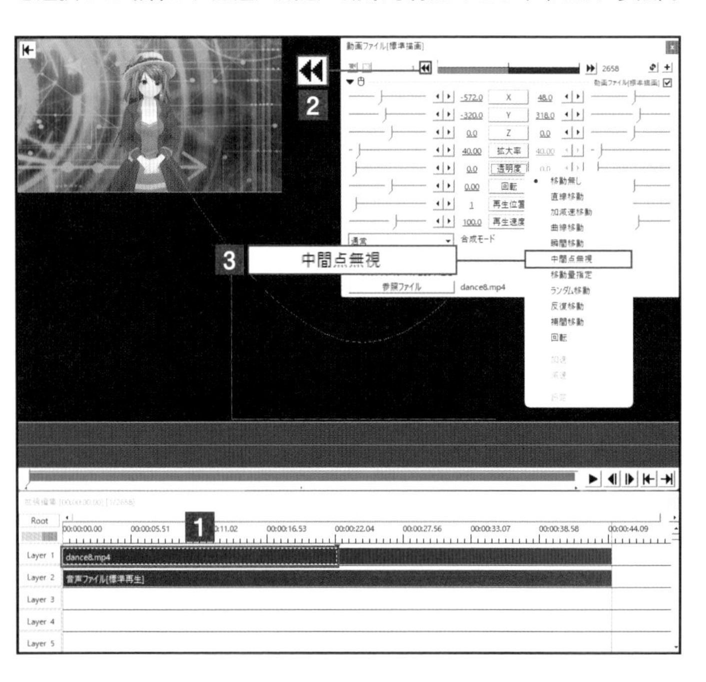

1 [中間点無視]を選択する

中間点無視を設定したいオブジェクトの設定ダイアログを開きます。中間点で区切られた先頭区画をクリックして選択し**1**、設定ダイアログの ◀◀ をクリックして再生開始位置を先頭フレームに移動させます**2**。設定項目（ここでは [透明度]）をクリックし、メニューから [中間点無視] をクリックします**3**。

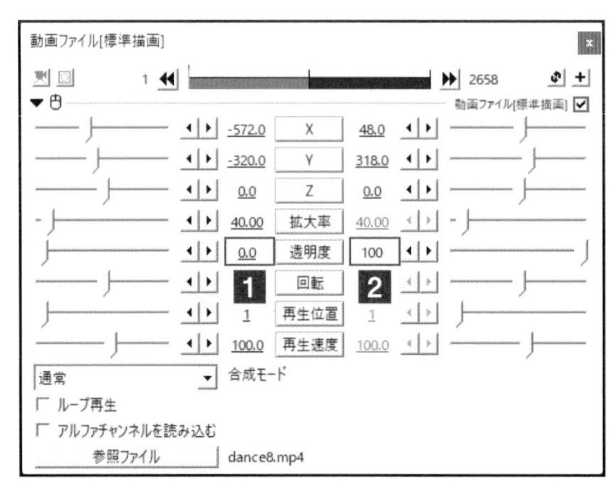

2 設定値を入力する

設定項目（ここでは [透明度]）の左側の数値をクリックして、始点の設定値を入力します**1**。設定項目（ここでは [透明度]）の右側の数値をクリックして終点の設定値を入力します**2**。

CHAPTER

▼

07

[フィルタや特殊効果の適用]

オブジェクトにフィルタ効果を適用する方法を理解する

拡張編集Pluginでは、オブジェクトに対してフィルタ効果を適用する方法が3種類用意されており、目的の効果を得るために複数の方法でアプローチできます。

フィルタ効果を適用する 3 種類の方法の違いとは

オブジェクトに対してフィルタ効果を適用する方法には、設定ダイアログから行う方法、「メディアオブジェクトの追加」から行う方法、「フィルタオブジェクトの追加」から行う方法の 3 種類があります。これらの 3 種類の方法は、複数のオブジェクトへの適用の可否やオブジェクト内の特定範囲のみに適用できるかどうかといった、適用できるオブジェクトの範囲に違いがあります。また、利用できるフィルタ効果の種類にも違いがあります。

設定ダイアログから行う方法

設定ダイアログからフィルタ効果を適用する方法は、フィルタ効果の設定を「オブジェクト単位」で行います。この方法では、フェードやワイプなどの一部の例外を除き、フィルタ効果がオブジェクト全体に適用されます。この方法は、設定ダイアログに＋が表示されているオブジェクトすべてで利用でき、複数の効果を追加し同時に適用することもできます。なお、複数のフィルタ効果を追加した場合、追加されたフィルタ効果は上から順番に適用されます。

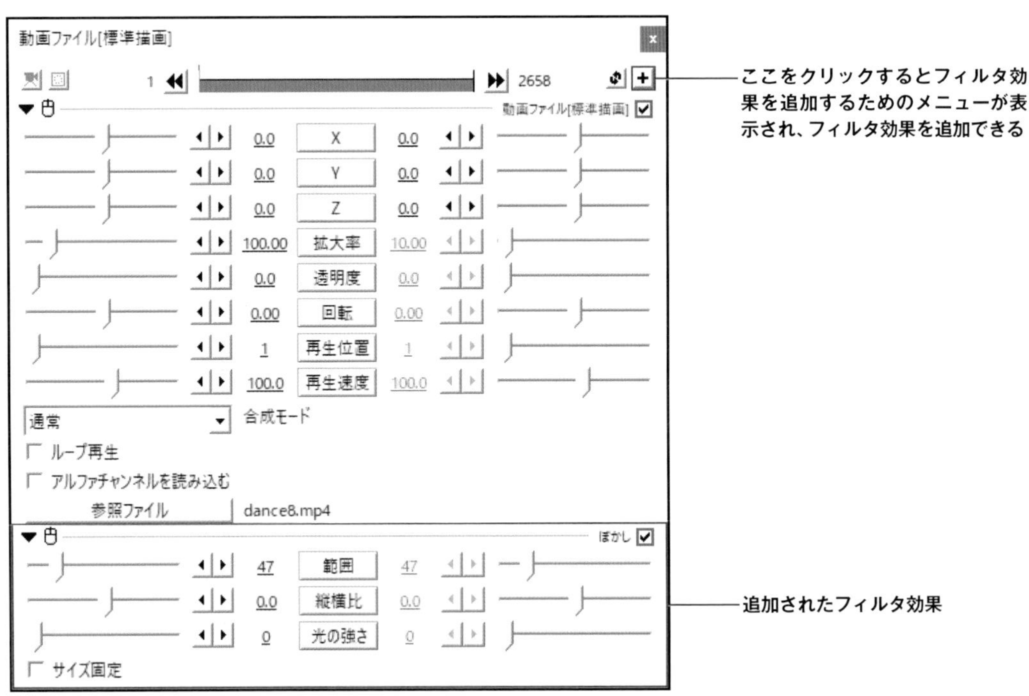

▲設定ダイアログから行えるフィルタ効果は、「音声ファイル」オブジェクトや「シーン（音声）」オブジェクトなどの音声系のオブジェクトで3種類、それ以外のオブジェクトでは54種類のフィルタ効果が利用できます。

「メディアオブジェクトの追加」から行う方法

「メディアオブジェクトの追加」からフィルタ効果を適用する方法は、オブジェクトの特定の部分にフィルタ効果を適用したいときに便利な方法です。この方法では、フィルタや特殊効果が「オブジェクト」としてタイムラインに追加され、1つ上のレイヤーに登録されたオブジェクトに対して指定時間のフィルタ効果を適用できます。なお、この方法で適用されたフィルタ効果は、「音声ファイル」オブジェクトや「シーン（音声）」オブジェクトなどの音声系オブジェクトには適用されません。1つ上のレイヤーが「空」または「音声ファイル」オブジェクト／「シーン（音声）」オブジェクトが配置されている場合は、その上のレイヤーにある動画や画像、図形などのオブジェクトにフィルタ効果が適用されます。また、1つ上のレイヤーにあるオブジェクトが「時間制御」「グループ制御」「カメラ制御」などの制御系のオブジェクトである場合は、フィルタ効果そのものが適用されません。

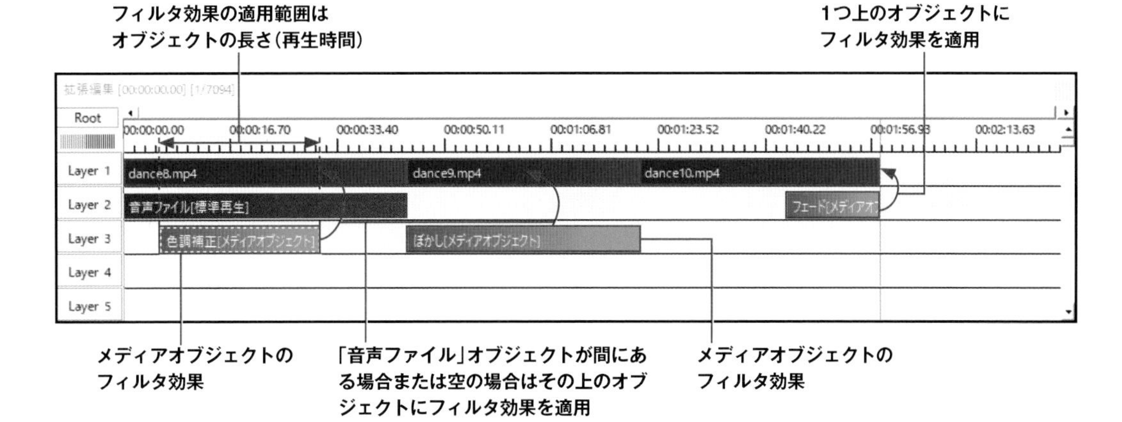

▲この方法では、設定ダイアログから行える54種類（音声系のオブジェクト用の3種類を除く）のフィルタ効果を利用できます。

「フィルタオブジェクトの追加」から行う方法

この方法では、「メディアオブジェクトの追加」からフィルタ効果を適用するときと同様にフィルタや特殊効果が「オブジェクト」としてタイムラインに追加されます。「メディアオブジェクトの追加」からフィルタ効果を適用するときとの違いは、適用されるレイヤー数です。この方法では、上にあるレイヤーに登録されたすべてのオブジェクトが対象となります。このため、この方法は、同一時間軸上にある複数のオブジェクトに対して指定時間のフィルタや特殊効果を施したいときに便利な方法です。なお、この方法で適用できるフィルタや特殊効果は、「音量の調整」を除き、音声系のオブジェクトや制御系オブジェクトには適用されません。また、「音量の調整」は、音声系のオブジェクトのみに適用されます。

上にあるすべてのオブジェクト（音声やグループ制御は除く）にフィルタ効果を適用

▲この方法では、動画や画像、図形、テキストなど表示系のオブジェクトで利用できる27種類と音声系のオブジェクト用の1種類、合計28種類のフィルタ／特注効果を利用できます。

設定ダイアログで各種フィルタを適用する

設定ダイアログは、動画や画像、図形、テキストなど画面表示を行うオブジェクトに対して54種類、音楽などのオブジェクトに3種類のフィルタ効果を適用できます。

設定ダイアログでフィルタ効果を施すには

設定ダイアログから適用するフィルタ効果は、設定ダイアログの＋をクリックするか、設定ダイアログの画面中央部で右クリックして表示されるメニューの［フィルタ効果の追加］から利用するフィルタ効果を追加します。また、フィルタ効果は複数追加でき、追加されたフィルタ効果は、設定ダイアログの画面下部に敷居線で区切られて、設定項目が追加されていきます。

設定ダイアログで追加できるフィルタ効果

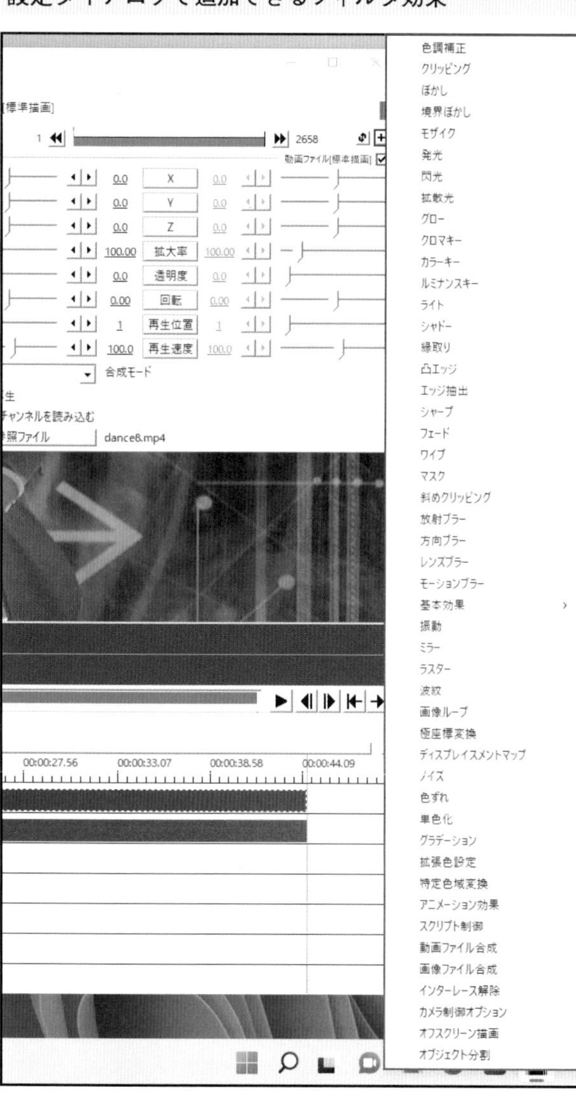

◀設定ダイアログ右上の＋をクリックすると、フィルタ効果を追加するためのメニューが表示されます。同様のメニューは設定ダイアログの画面中央部で右クリックして表示されるメニューから［フィルタ効果の追加］を選択することでも表示できます。

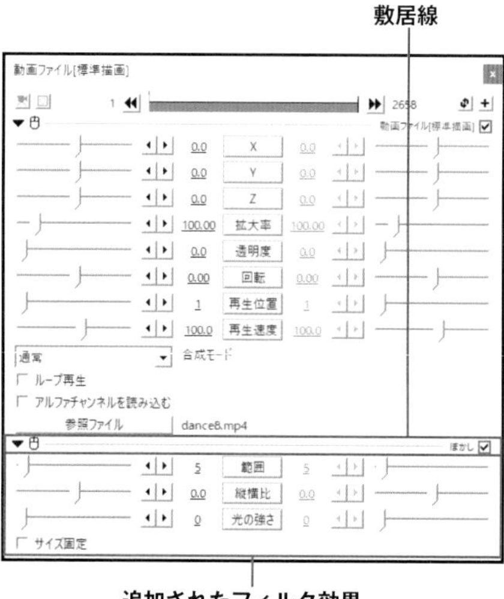

▲フィルタ効果を追加すると、設定ダイアログの画面下部に敷居線で区切られて追加したフィルタ効果の設定項目が追加されます。

フィルタ効果を追加する

設定ダイアログから適用できるフィルタ効果の種類は、動画や画像、図形、テキストなど画面表示を行うオブジェクトと音声やシーン(音声)などの音声系のオブジェクトで異なります。前者の画面表示を行うオブジェクトでは 54 種類、後者の音声系のオブジェクトでは 3 種類のフィルタ効果を利用できます。ここでは、動画のオブジェクトに［モザイク］を追加する方法を例に、フィルタ効果の追加方法を説明します。

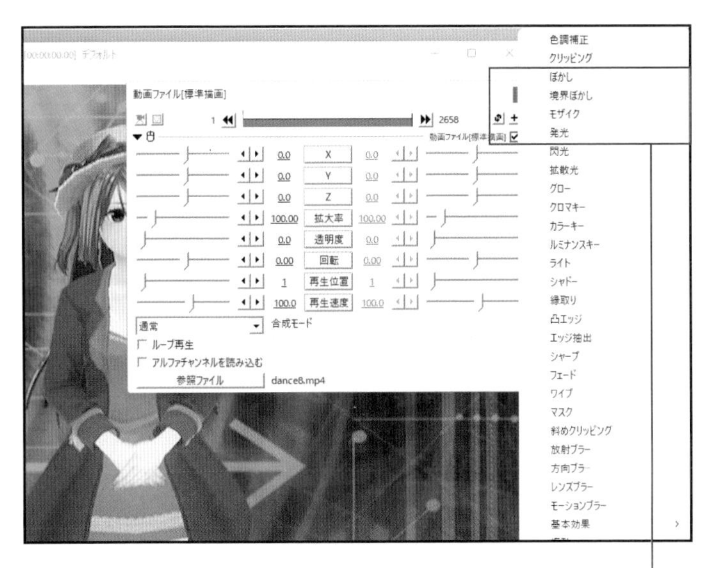

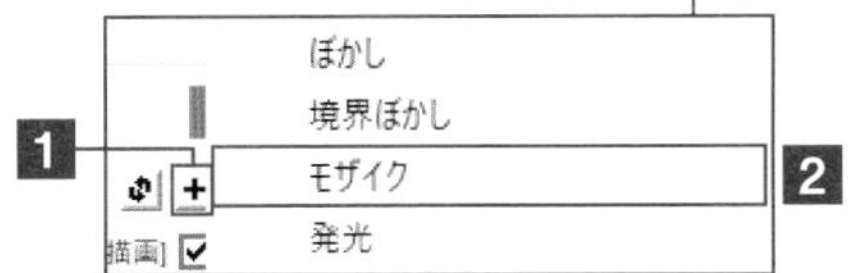

1 フィルタ効果の追加メニューを表示する

フィルタ効果を追加したいオブジェクトの設定ダイアログを表示しておきます。＋をクリックし1、表示されたメニューから追加したフィルタ効果（ここでは、［モザイク］をクリックします2。

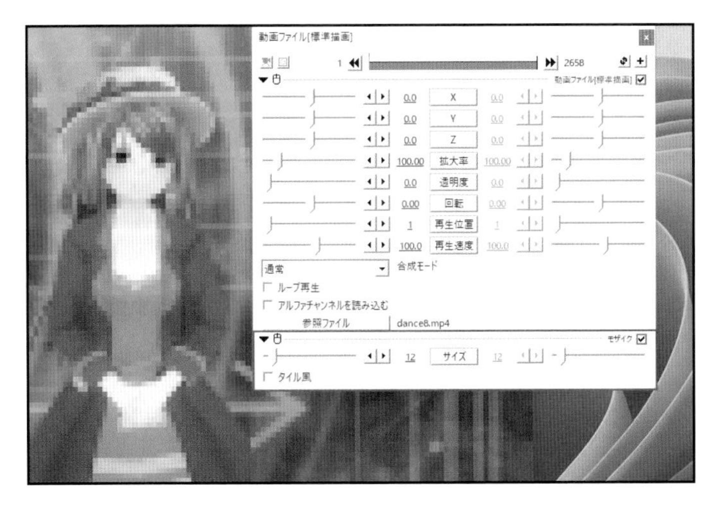

2 フィルタ効果が追加される

選択したフィルタ効果（ここでは［モザイク］）の設定項目が設定ダイアログの下部に追加されます。また、追加したフィルタ効果によっては、設定項目名をクリックして表示されるメニューから［直線移動］や［加減速移動］など、移動方法（変化の仕方）を選択することで時間の経過とともに徐々に効果を高めたり、低めたりできます（P.174 参照）。

POINT

複数のフィルタ効果を追加したときは、敷居線で区切られて、追加したフィルタ効果の設定項目が設定ダイアログの画面下部に追加されていきます。

設定ダイアログで追加したフィルタを削除する

設定ダイアログで追加したフィルタ効果は、効果の有効／無効を切り替えられるほか、追加したフィルタ効果そのものを削除できます。

追加したフィルタ効果を削除する

設定ダイアログに追加されたフィルタ効果の設定項目の上で右クリックして表示されたメニューから［フィルタ効果の削除］をクリックすると、そのフィルタ／特殊効果を削除できます。また、追加されたフィルタ／特殊効果の右側にある☑をクリックすると、そのフィルタ／特殊効果の有効／無効を切り替えられます。

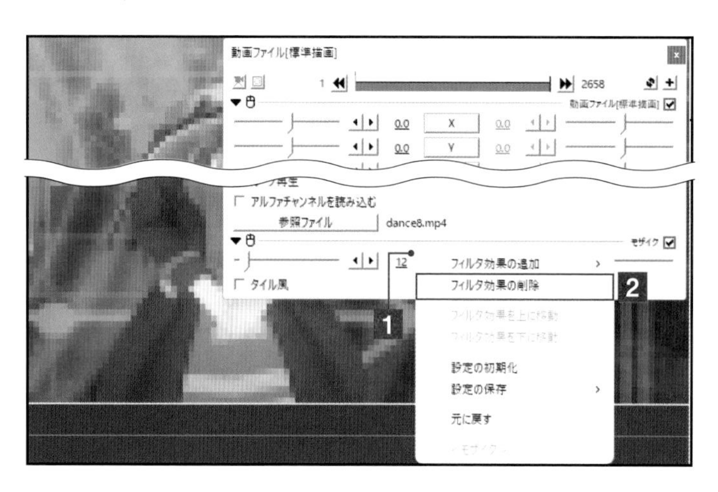

1 右クリックメニューを表示する

削除したいフィルタ効果の設定項目の上で右クリックし1、表示されたメニューから［フィルタ効果の削除］をクリックします2。

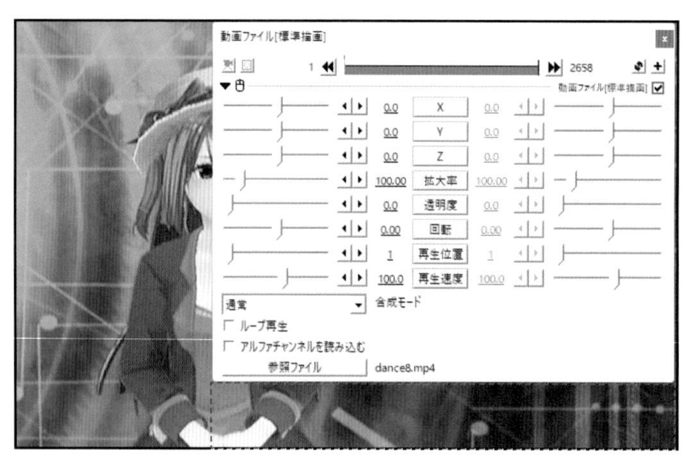

2 フィルタ効果が削除される

フィルタ効果が削除されます。

POINT

複数のフィルタ効果を追加している場合は、手順1のメニューで［フィルタ効果を上に移動］または［フィルタ効果を下に移動］をクリックすると、そのフィルタ効果の位置を上または下に移動できます。

04 メディアオブジェクトのフィルタ効果を追加する

メディアオブジェクトのフィルタ効果を追加すると、対象オブジェクトの特定範囲にかんたんにフィルタ効果を施せます。

メディアオブジェクトのフィルタ効果を追加する

メディアオブジェクトのフィルタ効果は、動画や画像、図形、テキストなど画面表示を行うオブジェクトに対してのみ利用でき、設定ダイアログと同じ種類のフィルタ効果を利用できます。この方法では、フィルタ効果が「オブジェクト」としてタイムラインに追加され、1つ上(1つ上が音声系のオブジェクトの場合はその上)のレイヤーに配置されたオブジェクトに対してフィルタ効果を施します。

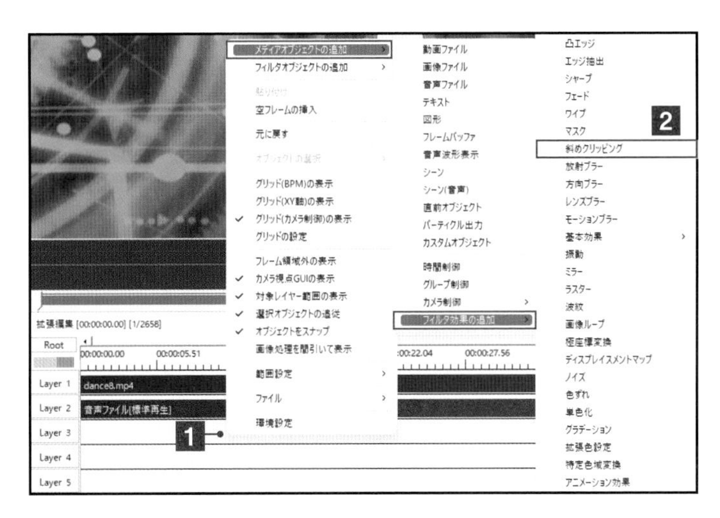

1 フィルタ効果を追加する

メディアオブジェクトのフィルタ効果を追加したいレイヤーで右クリックし**1**、表示されるメニューで、[メディアオブジェクトの追加]→[フィルタ効果の追加]から追加したいフィルタ効果（ここでは［斜めクリックピング]）をクリックします**2**。

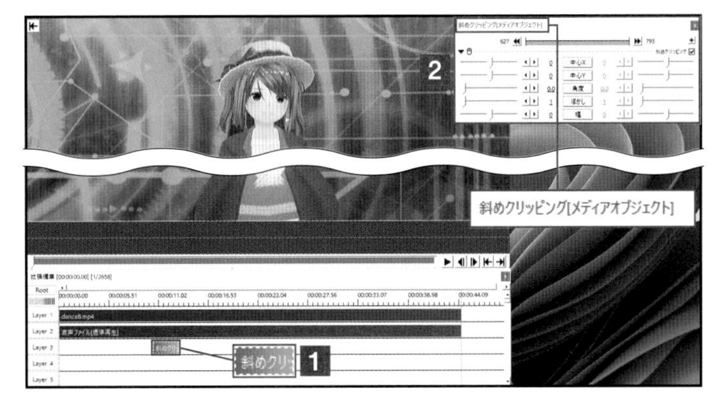

2 フィルタ効果のオブジェクトが追加される

フィルタ効果のオブジェクトがマウスポインターがあった場所に追加され**1**、そのオブジェクトの設定ダイアログが表示されます**2**。オブジェクトの色は「青緑色」で表示されます。また、設定ダイアログの名称は、「フィルタ名」（ここでは「斜めクリッピング［メディアオブジェクト]」）が表示され、メディアオブジェクトからフィルタを追加したことがわかるようになっています。

POINT

追加されたフィルタ効果のオブジェクトは、ほかのオブジェクト同様にドラッグして位置を動かしたり、長さ（再生時間）を変更したりといった操作を行えます。また、オブジェクトの設定ダイアログに＋が表示されているときは、設定ダイアログのフィルタ効果も追加できます。

05 フィルタオブジェクトのフィルタ効果を追加する

同一の時間軸上にある複数のオブジェクトに対してフィルタ効果を施したいときに利用するのが、フィルタオブジェクトのフィルタ効果を追加する方法です。

フィルタオブジェクトのフィルタを追加する

フィルタオブジェクトのフィルタ効果は、メディアオブジェクトのフィルタ効果と同様に「オブジェクト」としてタイムラインに追加され、特定の時間軸上にある複数のオブジェクトに対してフィルタ効果を施せます。メディアオブジェクトのフィルタ効果は1つ上のオブジェクトに対してのみフィルタ効果を施せましたが、フィルタオブジェクトのフィルタ効果は、このオブジェクトの上のレイヤーに配置されたすべてのオブジェクトを対象としている点が異なります。

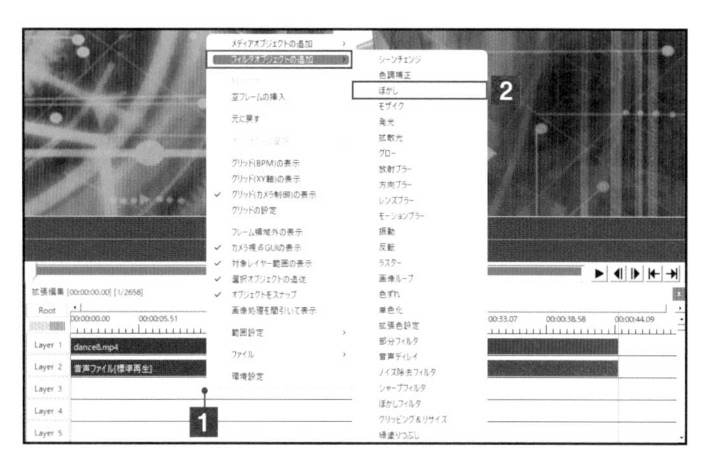

1 フィルタ効果を追加する

フィルタオブジェクトのフィルタ効果を追加したいレイヤーで右クリックし**1**、表示されるメニューで、[フィルタオブジェクトの追加] からフィルタ効果（ここでは [ぼかし]）をクリックします**2**。

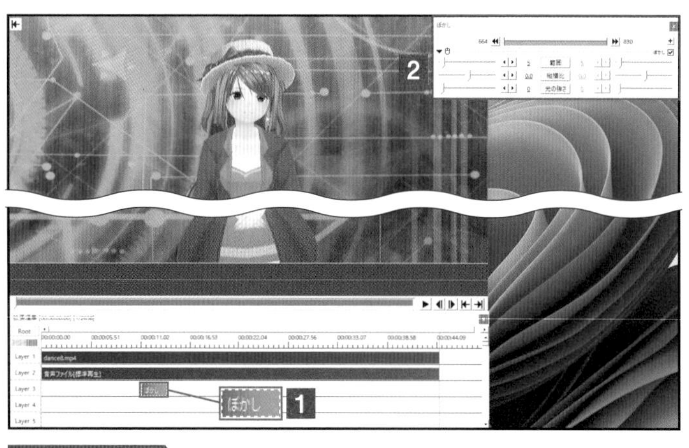

2 フィルタ効果のオブジェクトが追加される

フィルタ効果のオブジェクトがマウスポインターがあった場所に追加され**1**、そのオブジェクトの設定ダイアログが表示されます**2**。オブジェクトの色は「緑」です。

POINT

追加されたフィルタ効果のオブジェクトのフィルタ効果は、ほかのオブジェクト同様にドラッグして位置を動かしたり、長さ（再生時間）を変更したりといった操作を行えます。また、オブジェクトの設定ダイアログに**＋**が表示されているときは、設定ダイアログのフィルタ効果も追加できます。

フィルタ効果のオブジェクトの適用範囲を設定する

メディアオブジェクトまたはフィルタオブジェクトのフィルタ効果は、オブジェクトに適用する効果の範囲を自由に設定できます。効果の範囲はオブジェクトの長さで設定します。

オブジェクトへの効果の適用範囲を設定する

メディアオブジェクトまたはフィルタオブジェクトで追加されたフィルタ効果は、フィルタ効果専用の「オブジェクト」としてタイムラインに配置されます。このため、場所の移動や長さ（再生時間／効果の適用時間）などのタイムラインにおけるオブジェクト操作は、ほかのオブジェクトと同じ操作で行えます。フィルタ効果の適用範囲（適用時間）は、オブジェクトの長さ（再生時間）で設定します。

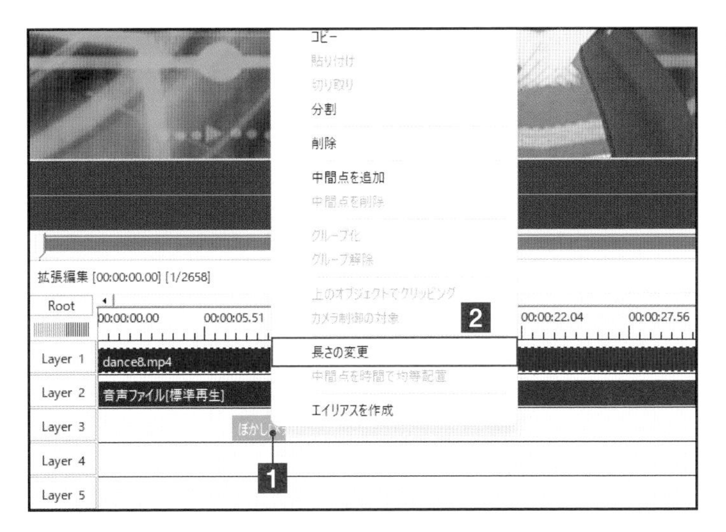

1 「長さの変更」ダイアログを表示する

適用時間を変更したいフィルタ効果のオブジェクトで右クリックし1、メニューから［長さの変更］をクリックします2。

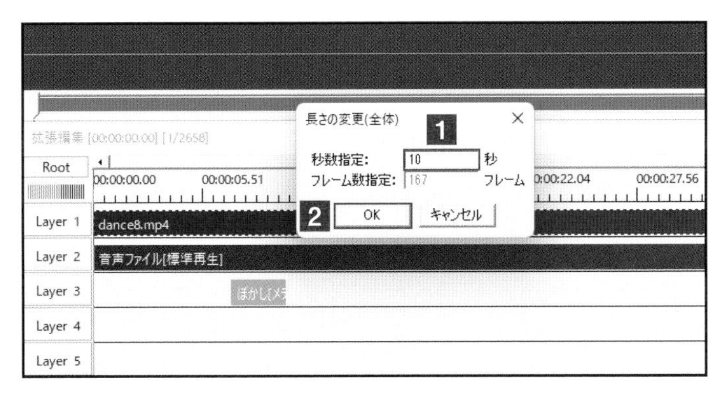

2 効果の適用時間を変更する

「長さの変更」ダイアログが表示されます。再生時間を「秒数指定」または「フレーム数指定」（ここでは、「秒数指定」で「10」秒）で入力し1、［OK］をクリックすると2、効果の適用時間が変更されます。

POINT

フィルタ効果のオブジェクトの長さは、ドラッグ操作で変更することもできます。ドラッグ操作で変更するときは、オブジェクトの先頭または後尾にマウスを移動し、マウスポインターの形状が ⟺ になったらドラッグします。

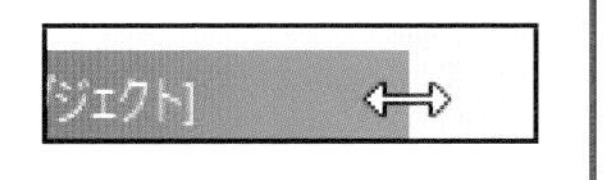

07 フィルタの効果のオブジェクトの設定を行う

タイムラインに追加されたフィルタ効果のオブジェクトは、ほかのオブジェクトと同様の方法で設定値を調整できます。また、フィルタ効果の有効/無効の切り替えも行えます。

フィルタ効果のオブジェクトの設定を調整する

メディアオブジェクトまたはフィルタオブジェクトから追加したフィルタ効果のオブジェクトは、ほかのオブジェクト同様に設定ダイアログに用意された設定項目左側の(スライドバー)をドラッグするか、数値を直接入力することで設定できます。また、設定ダイアログの右上の☑をクリックすることで、そのフィルタ効果の有効/無効を切り替えられます。

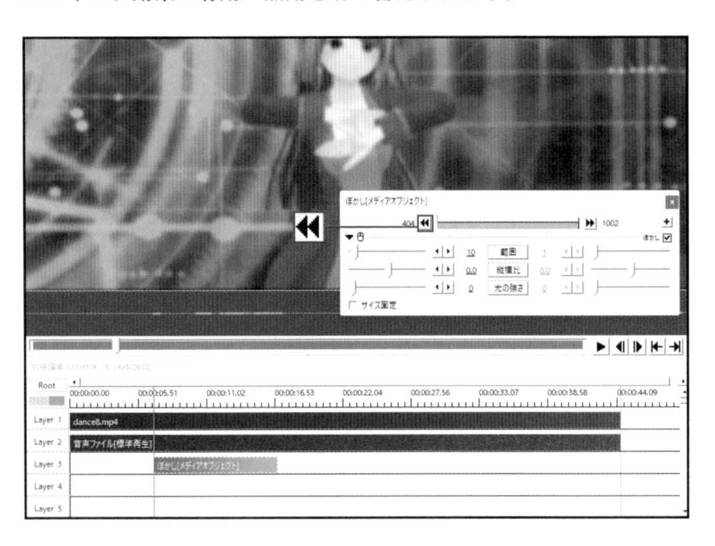

1 設定ダイアログを開く

調整を行いたいフィルタ効果のオブジェクトの設定ダイアログを開きます。⏪をクリックして調整を行いたいフィルタ効果のオブジェクトの先頭にカーソル(赤い縦棒)を移動します。

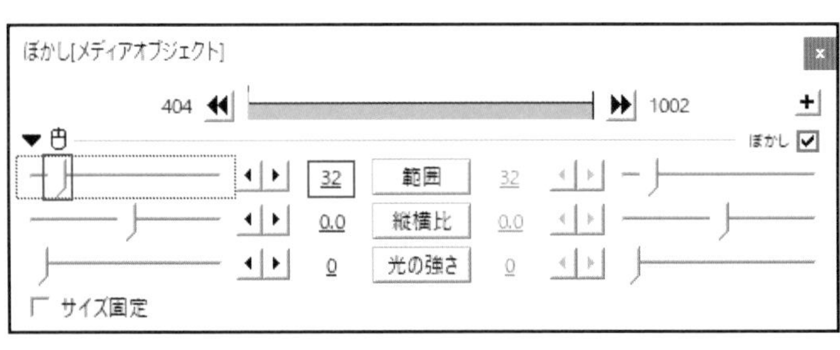

2 フィルタ効果の調整を行う

設定項目左側の」(トラックヘッド)をドラッグするか、数値をクリックして数値を入力して、フィルタ効果の調整を行います。

POINT

フィルタ効果のオブジェクトによっては、設定項目名をクリックして表示されるメニューから[直線移動]や[加減速移動]などの移動方法(変化の仕方)を選択することで時間の経過とともに徐々に効果を高めたり、低めたりできます(P.174参照)。

フィルタ効果のオブジェクトに別のフィルタ効果を追加する

タイムラインに追加されたフィルタ効果のオブジェクトは、別のフィルタ効果を追加して、1つのオブジェクトに対して複数のフィルタ効果を設定できます。

フィルタ効果のオブジェクトに複数のフィルタ効果を設定する

メディアオブジェクトまたはフィルタオブジェクトから追加したフィルタ効果のオブジェクトは、動画や画像、テキストなどほかのオブジェクト同様に設定ダイアログに用意されたフィルタ効果を追加できます。設定ダイアログのフィルタ効果を追加したいときは、設定ダイアログの＋をクリックするか、設定ダイアログの画面中央部で右クリックして表示されるメニューの［フィルタ効果の追加］から利用するフィルタ効果を追加します。

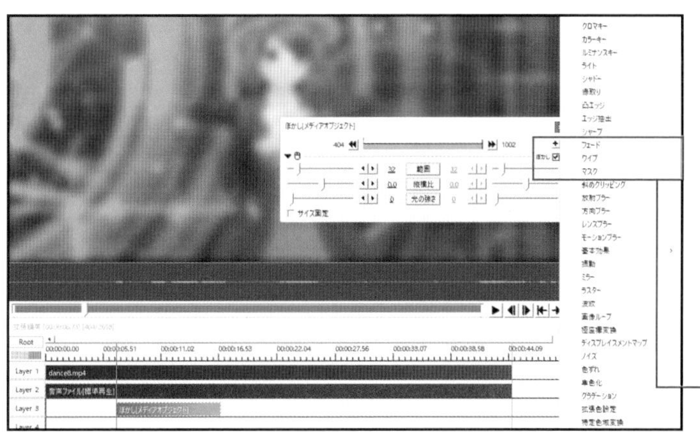

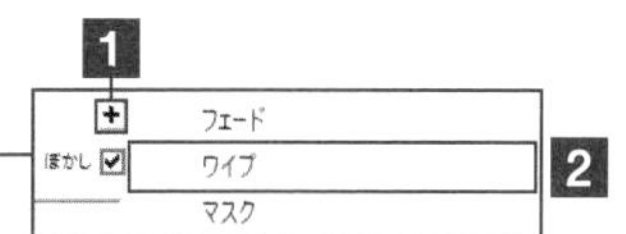

1 フィルタ効果の追加メニューを表示する

フィルタ効果を追加したいフィルタ効果のオブジェクトの設定ダイアログを表示しておきます。＋をクリックし1、表示されたメニューから追加したいフィルタ効果（ここでは［ワイプ］）をクリックします2。

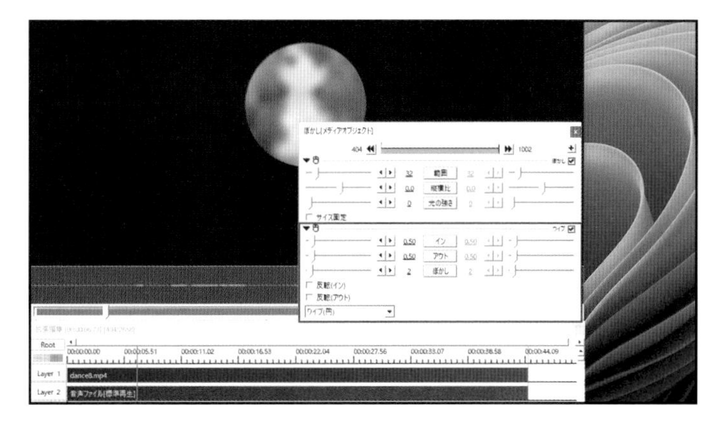

2 フィルタ効果が追加される

選択したフィルタ効果（ここでは［ワイプ］）の設定項目が設定ダイアログの下部に追加されます。また、追加したフィルタ効果によっては、設定項目名をクリックして表示されるメニューから［直線移動］や［加減速移動］など、移動方法（変化の仕方）を選択することで時間の経過とともに徐々に効果を高めたり、低めたりできます（P.174参照）。

POINT

追加できるフィルタ効果の種類は、メディアオブジェクトとフィルタオブジェクトとでは違います。メディアオブジェクトのフィルタ効果は、動画や画像、図形などのオブジェクトと同じ種類を利用できますが、フィルタオブジェクトのフィルタ効果は、それの約半分の種類となります。

09 設定ダイアログで動画をリサイズする

設定ダイアログに用意されている「リサイズ」フィルタを利用すると、縦や横に伸縮された動画や画像を正しい比率の縦横比に変更できます。

▶ 動画や画像、図形の縦横比を変更する

「リサイズ」フィルタを利用すると、横方向が圧縮されて表示される地デジ解像度（1440x1080px）やDVD解像度（720x480px）などの動画の縦横比を正常な状態に戻して表示できます。「リサイズ」フィルタは、設定ダイアログの✚をクリックして表示されるメニューから［基本効果］→［リサイズ］とクリックするか、設定ダイアログで右クリックして表示されるメニューで［フィルタ効果の追加］から［基本効果］→［リサイズ］とクリックすることで利用できます。

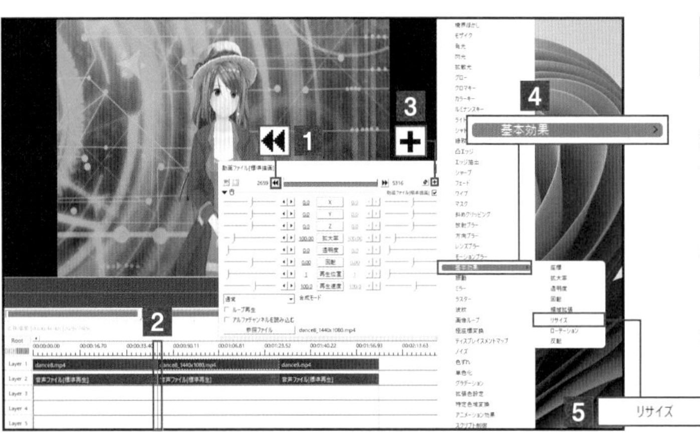

1 「リサイズ」フィルタを追加する

ここでは、1440x1080pxの地デジ解像度の動画のオブジェクトをリサイズします。リサイズしたいオブジェクトの設定ダイアログを表示しておきます。◀◀をクリックして**1**、対象オブジェクトの先頭にカーソル（赤い縦棒）を移動します**2**。✚をクリックして**3**、表示されるメニューの［基本効果］**4**から［リサイズ］をクリックします**5**。

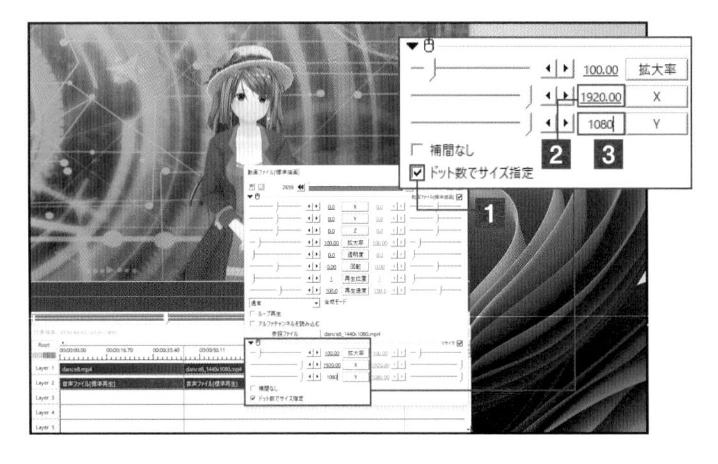

2 リサイズの設定を行う

［リサイズ］フィルタが追加されます。［ドット数でサイズ指定］の□をクリックして☑にし**1**、［X］左側の数値をクリックして横の解像度（ここでは［1920］）を入力します**2**。［Y］左側の数値をクリックして縦の解像度（ここでは［1080］）を入力すると**3**、オブジェクトがリサイズされます。

POINT

上の手順では、解像度指定で縦横比を調整していますが、縦横比の調整は、［X］（横方向の伸縮）または［Y］（縦方向の伸縮）の左側の（トラックヘッド）をドラッグするか、数値を直接入力することでも行えます。

設定ダイアログでオブジェクトをクリッピングする

オブジェクトを終始クリッピングしたいときは、設定ダイアログに「クリッピング」フィルタまたは「斜めクリッピング」フィルタを追加します。

オブジェクトを終始クリッピングする

設定ダイアログに「クリッピング」フィルタまたは「斜めクリッピング」フィルタを追加すると、オブジェクトの特定部分のみをクリッピングできます。「クリッピング」フィルタは、四角形で切り抜きを行うフィルタです。「斜めクリッピング」フィルタは、オブジェクトを斜めに切り抜きたいときに利用します。

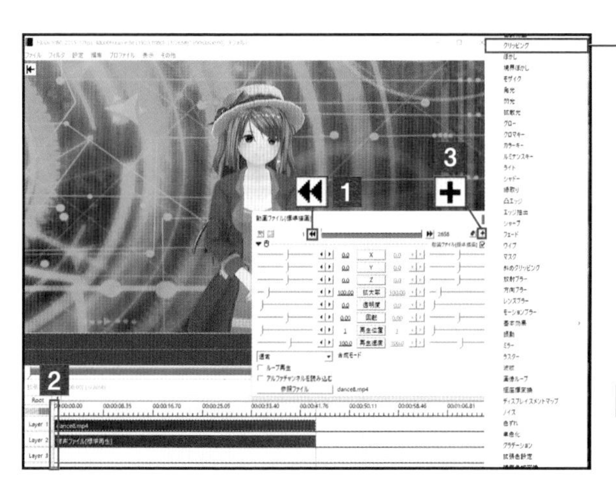

1 「クリッピング」フィルタを追加する

クリッピングしたいオブジェクトの設定ダイアログを表示しておきます。⏮をクリックして1、対象オブジェクトの先頭にカーソル（赤い縦棒）を移動します2。＋をクリックして3、表示されるメニューから［クリッピング］をクリックします4。

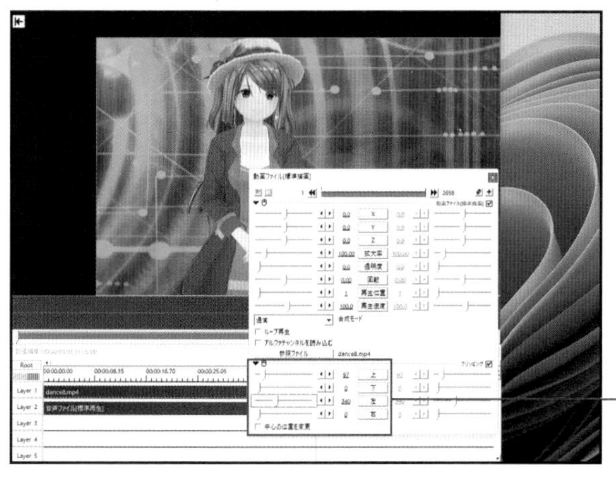

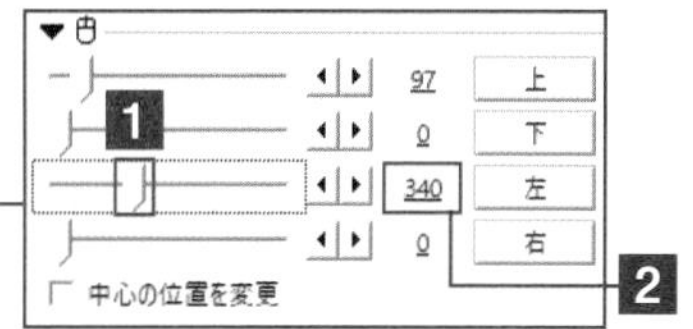

2 クリッピングの設定を行う

［クリッピング］フィルタが追加されます。［上］［下］［左］［右］左側の亅（トラックヘッド）をドラッグするか1、数値をクリックして削除したいピクセル数を入力すると2、オブジェクトをクリッピングできます。

POINT

「斜めクリッピング」を利用したいときは、手順1の4で［斜めクリッピング］をクリックします。また、［クリッピング］や［斜めクリッピング］フィルタで設定項目をクリックして表示されるメニューから移動方法（変化の仕方）を選択すると、時間の経過とともにクリッピングする領域を変化させることができます（P.174参照）。

11 メディアオブジェクトのフィルタでクリッピングする

オブジェクトの特定フレーム範囲でのみクリッピングを行いたいときは、メディアオブジェクトの「クリッピング」フィルタや「斜めクリッピング」フィルタを利用します。

オブジェクトの特定範囲のフレームをクリッピングする

メディアオブジェクトの「クリッピング」フィルタや「斜めクリッピング」フィルタを利用すると、クリッピングをオブジェクトの特定のフレーム範囲内で利用できます。この機能は、設定ダイアログに「クリッピング」フィルタまたは「斜めクリッピング」フィルタを追加するときと同じ機能をオブジェクトとして提供したものです。「クリッピング」フィルタは四角形、「斜めクリッピング」フィルタは、オブジェクトを斜めにクリッピングします。

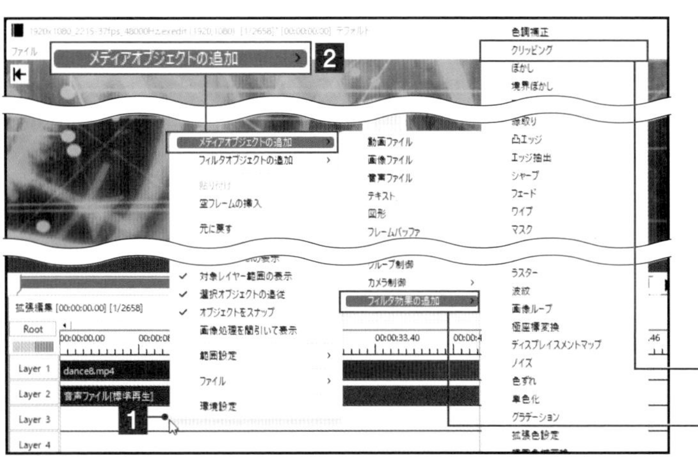

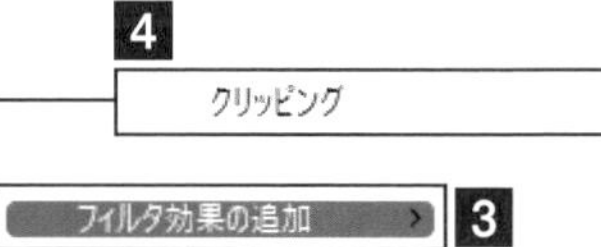

1 フィルタを追加する

クリッピングを行いたいオブジェクトの１つ下のレイヤーで右クリックし**1**、表示されたメニューで、[メディアオブジェクトの追加] **2**→ [フィルタ効果の追加] **3**から [クリッピング] をクリックします**4**。

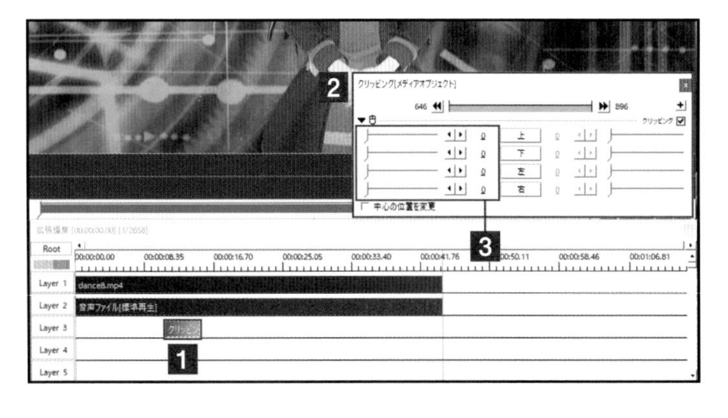

2 オブジェクトが追加される

「クリッピング」フィルタのオブジェクトがマウスポインターがあった場所に追加され**1**、そのオブジェクトの設定ダイアログが表示されます**2**。クリッピングを行う時間（P.205参照）や位置を調整し、「クリッピング」の設定の調整を行います**3**（P.209参照）。

POINT

「斜めクリッピング」を利用したいときは、手順**1**の**3**で［斜めクリッピング］をクリックします。また、[クリッピング] や ［斜めクリッピング］ フィルタで設定項目をクリックして表示されるメニューから移動方法（変化の仕方）を選択すると、時間の経過とともにクリッピングする領域を変化させることができます（P.174参照）。

フィルタオブジェクトでオブジェクトをクリッピングする

フィルタオブジェクトの「クリッピング＆リサイズ」フィルタを利用すると、クリッピングしたオブジェクトを常に画面の中心にセンタリングして配置できます。

▶ オブジェクトのクリッピングとリサイズを同時に行う

フィルタオブジェクトの「クリッピング & リサイズ」フィルタは、オブジェクトの特定のフレーム範囲内でクリッピングを行うフィルタです。この機能は、取り除きたい部分を［上］［下］［左］［右］の左側の（トラックヘッド）をドラッグするか、切り取りたいピクセル数を数値で直接入力して指定できます。また、このフィルタでは、クリッピング後にできる余白のサイズが均等になるようにオブジェクトが画面の中心に常にセンタリングされます。

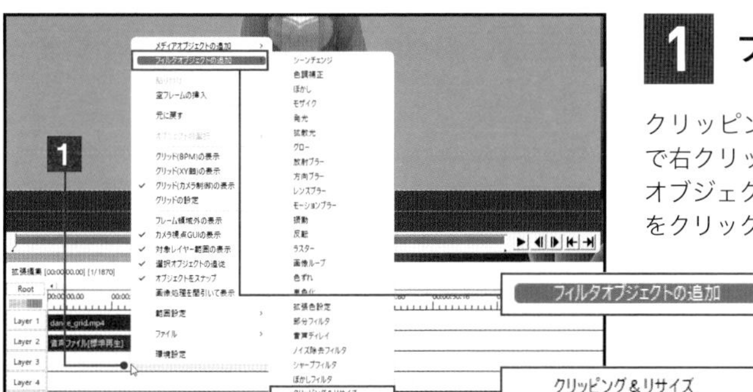

1 フィルタを追加する

クリッピングを行いたいオブジェクトの下のレイヤーで右クリックし1、表示されたメニューで、［フィルタオブジェクトの追加］から［クリックピング & リサイズ］をクリックします2。

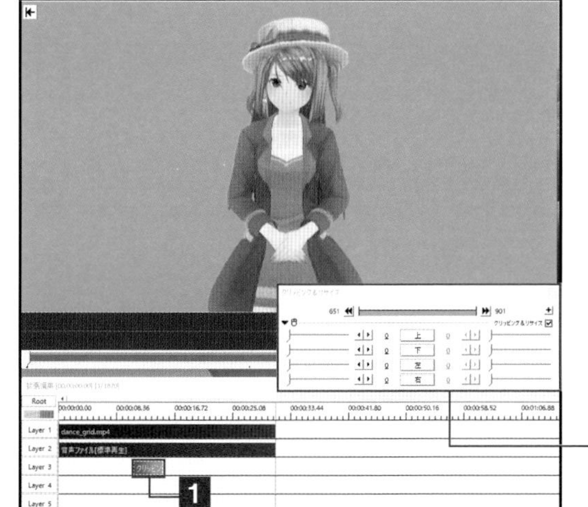

2 オブジェクトが追加される

「クリッピング＆リサイズ」フィルタのオブジェクトがマウスポインターがあった場所に追加され1、そのオブジェクトの設定ダイアログが表示されます2。クリッピングを行う時間（P.205 参照）や位置を調整し、［上］［下］［左］［右］の左側の ⌋ をドラッグするか、数値をクリックしてピクセル数を入力し、「クリッピング」の調整を行います3（P.209 参照）。

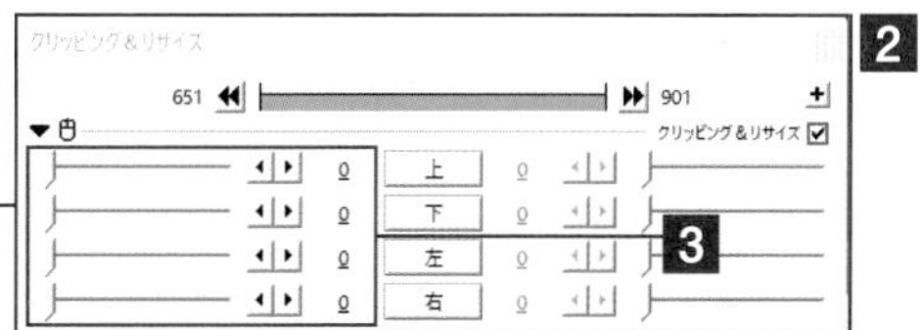

CHECK!

「クリッピング & リサイズ」フィルタは、フィルタオブジェクトであるため、音声やシーン（音声）などの音声系のオブジェクトを除く、このオブジェクトの上のレイヤーすべてにフィルタ効果が適用されます。

上のオブジェクトでクリッピングする

拡張編集Pluginでは、1つ上のレイヤーにあるオブジェクトを利用して、クリッピングを行えます。この機能を利用すると、図形のオブジェクトでかんたんにクリッピングできます。

図形のオブジェクトでクリッピングする

円形や星型、三角、五角形、六角形などの図形でクリッピングを行う方法の1つが、「上のオブジェクトでクリッピング」を利用することです。この機能を利用すると、1つ上(1つ上が音声オブジェクトの場合はその上)のレイヤーに配置されたオブジェクトで下のオブジェクトをクリッピングできます。たとえば、上のレイヤーに円形の図形オブジェクトを配置し、その下のレイヤーに動画や画像などを配置すると、上のレイヤーの図形でクリッピングを行えます。

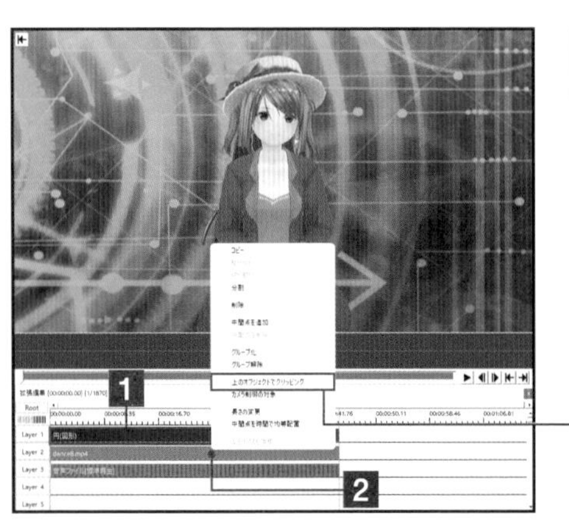

3 上のオブジェクトでクリッピング

1 クリッピングを行う

クリッピングに利用するオブジェクト（ここでは、円形の図形オブジェクト）をクリッピングしたい動画や画像などのオブジェクトの1つ上のレイヤーに配置し、表示位置やサイズ、長さなどの設定を行っておきます1。クリッピングしたいオブジェクトを右クリックし2、表示されるメニューから［上のオブジェクトでクリッピング］をクリックします3。

2 dance6.mp4

2 上のオブジェクトでクリッピングされる

1つ上のオブジェクト（ここでは､円形の図形オブジェクト）で、オブジェクトがクリッピングされます1。また、［上のオブジェクトでクリッピング］を設定したオブジェクトの下には、赤い線が表示されます2。

POINT

クリッピングに利用するオブジェクトの表示位置やサイズの設定は、レイヤーの表示／非表示を切り変えながら調整してください（P.122 参照）。また、クリッピングに利用するオブジェクトを時間経過とともに動かすと（P.174 参照）、クリッピングする場所を移動できます。

14 設定ダイアログにマスクを追加してクリッピングする

「マスク」を設定ダイアログに追加すると、オブジェクトを図形などでクリッピングできます。また、クリッピングしたオブジェクトを画面内で動かすこともできます。

マスクを追加してオブジェクトをクリッピングする

「マスク」は、円形や星型、三角、五角形、六角形などの図形やユーザーが用意しておいたファイルなどを利用してオブジェクトのクリッピング(マスク)を行うフィルタです。マスクしたオブジェクトの表示位置を時間経過とともに動かしたり、追加したマスクの設定を変更したりすることで、マスク元のオブジェクトの表示位置はそのままで、マスクする図形のみを画面内で時間経過ともに動かすこともできます。

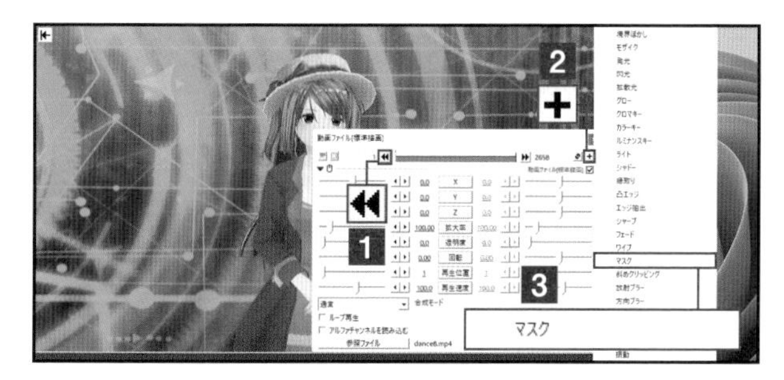

1 [マスク]を追加する

「マスク」を追加したいオブジェクトの設定ダイアログを表示しておきます。⏮をクリックして1、対象オブジェクトの先頭にカーソル（赤い縦棒）を移動します。＋をクリックして2、表示されるメニューから［マスク］をクリックします3。

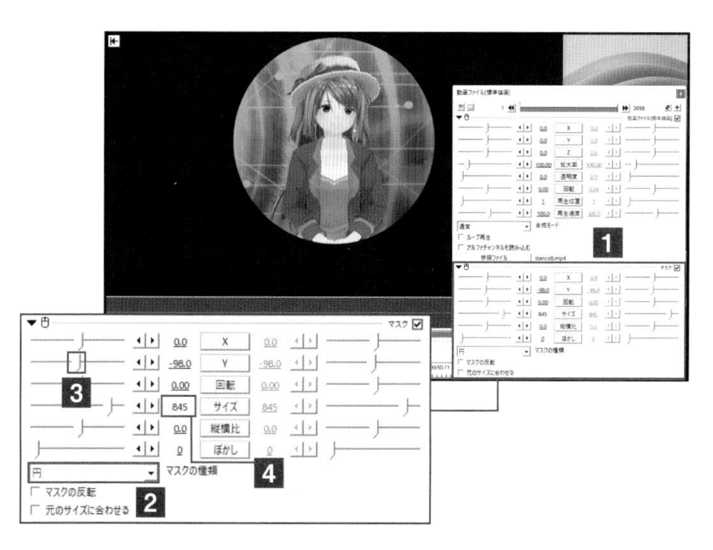

2 マスクの設定を行う

［マスク］が設定ダイアログに追加されます1。［マスクの種類（ここでは［円］）］を選択し2、［X］［Y］や［拡大率］などの設定項目左側の ｣（トラックヘッド）をドラッグするか3、数値をクリックして数値を直接入力して4、マスクに利用する図形などの大きさや位置を調整します。

POINT

「マスク」の［X］や［Y］をクリックして表示されるメニューから移動方法（変化の仕方）を選択すると、マスクに利用する図形などの表示位置を時間の経過とともに動かせます（P.174 参照）。また、マスクに利用する図形などの位置を固定し、マスクされるオブジェクトを動かしたいときは手順1の2で［オフスクリーン描画］をクリックし、［マスク］の上に配置して、オブジェクトを動かす設定を行います。

レイヤーにオブジェクトを追加してマスクを適用する

オブジェクトの特定フレーム範囲でのみマスクを利用してクリッピングを行いたいときは、メディアオブジェクトの「マスク」を追加します。

オブジェクトの特定範囲のフレームをマスクする

メディアオブジェクトの「マスク」を利用すると、オブジェクトの特定のフレーム範囲内でのみマスクを利用したクリッピングを行えます。この機能は、設定ダイアログに追加する「マスク」と同じ機能を備えています。あらかじめ用意されている円や三角形、四角形、五角形、六角形、星型などの図形やユーザーが用意しておいたファイルで対象オブジェクトのマスクが行え、調整方法も設定ダイアログに「マスク」を追加するときと同じです（P.213 参照）。

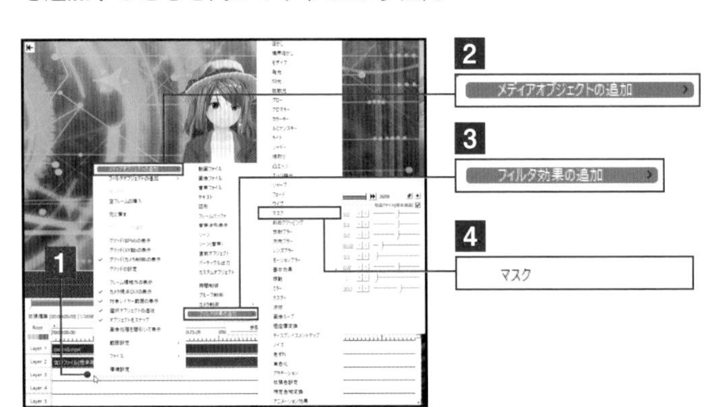

1 「マスク」を追加する

マスクを行いたいオブジェクトの下のレイヤーで右クリックし1、表示されたメニューの［メディアオブジェクトの追加］2→［フィルタ効果の追加］3から［マスク］をクリックします4。

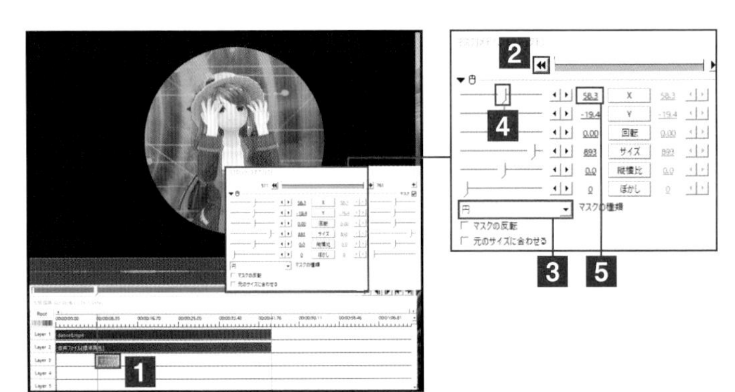

2 マスクの設定を行う

［マスク］のオブジェクトがマウスポインターがあった場所に追加され1、そのオブジェクトの設定ダイアログが表示されます。設定ダイアログの◀◀をクリックして2、対象オブジェクトの先頭にカーソル（赤い縦棒）を移動します。［マスクの種類（ここでは［円］）］を選択し3、［X］［Y］や［サイズ］などの設定項目左側の」（トラックヘッド）をドラッグするか4、数値をクリックして数値を直接入力して5、マスクに利用する図形などの大きさや位置を調整します。

POINT

［X］や［Y］をクリックして表示されるメニューから移動方法（変化の仕方）を選択すると、マスクに利用する図形などの位置を時間の経過とともに動かせます（P.174 参照）。また、マスクに利用する図形などの位置を固定し、マスクされるオブジェクトを動かしたいときは、［マスク］があるレイヤーの上に、手順1の2で［オフスクリーン描画］をクリックして追加し、オブジェクトを動かす設定を行います。

部分フィルタで特定部分にフィルタ処理を施す

フィルタオブジェクトの「部分フィルタ」を利用すると、画面内の動画や画像、図形などの特定部分をぼかしたり、モザイクをかけたりできます。

「部分フィルタ」を追加する

「部分フィルタ」は、画面内の特定部分に対してフィルタ処理を適用する機能です。この機能を利用すると、画面内の特定部分のみを隠したり、逆に表示したりできます。部分フィルタは、あらかじめ用意されている 6 種類の図形や背景、ユーザーが用意したファイルでフィルタ処理を行えます。また、「部分フィルタ」の設定ダイアログに「ぼかし」や「モザイク」などのフィルタ処理を追加すると、部分フィルタを適用した部をぼかしたり、モザイクをかけたりできます。

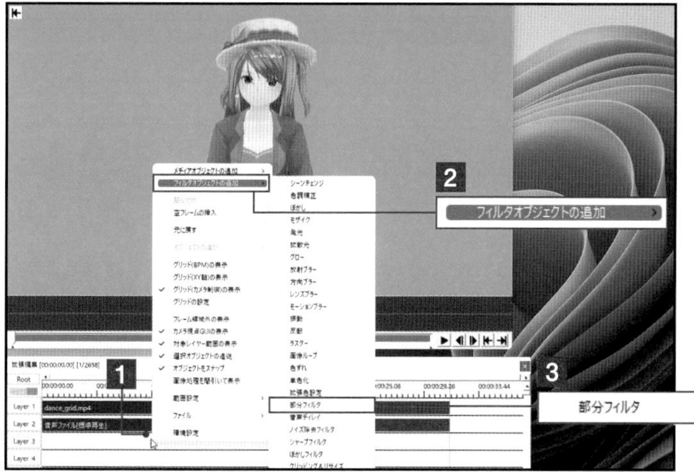

1 「部分フィルタ」を追加する

「部分フィルタ」を適用したいオブジェクトの下のレイヤーで右クリックし1、表示されたメニューで、[フィルタオブジェクトの追加] 2から [部分フィルタ] をクリックします3。

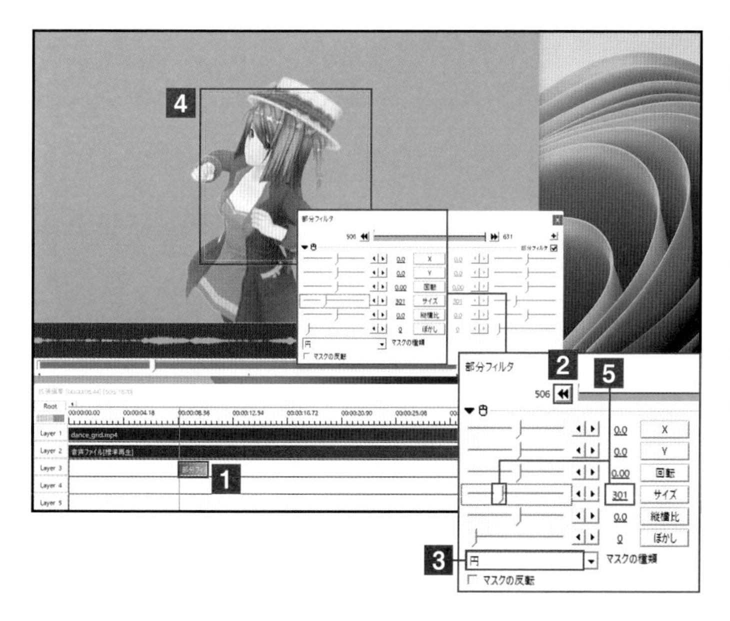

2 「部分フィルタ」の設定を行う

「部分フィルタ」のオブジェクトがマウスポインターがあった場所に追加され1、そのオブジェクトの設定ダイアログが表示されます。設定ダイアログの⏪をクリックして2、「部分フィルタ」のオブジェクトの先頭にカーソル(赤い縦棒)を移動します。[マスクの種類](ここでは [円])を選択します3。フィルタの適用箇所が点線で囲まれるので4、それを参考に [サイズ] の左側の 」(トラックヘッド)をドラッグするか、数値をクリックしてサイズを入力してサイズの調整を行います5。

設定ダイアログでオブジェクトの色調補正を行う

選択中のオブジェクト全体の色調を調整したいときは、設定ダイアログに「色調補正」フィルタを追加します。

オブジェクト全体の色調を調整する

「色調補正」フィルタは、オブジェクトの「明るさ」「コントラスト」「色相」「輝度」「彩度」などの調整を行えるフィルタです。このフィルタを設定ダイアログに追加すると、オブジェクト全体の色調を調整できます。「色調補正」フィルタは、設定ダイアログの＋をクリックして表示されるメニュー、または設定ダイアログを右クリックして表示されるメニューの［フィルタ効果の追加］から選択できます。

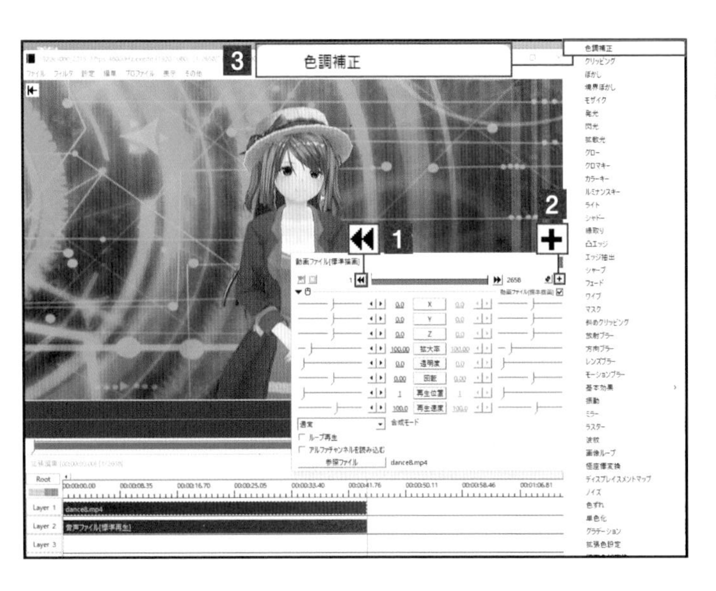

1 「色調補正」フィルタを追加する

「色調補正」を追加したいオブジェクトの設定ダイアログを表示しておきます。⏪をクリックして1、対象オブジェクトの先頭にカーソル（赤い縦棒）を移動します。＋をクリックして2、表示されるメニューから［色調補正］をクリックします3。

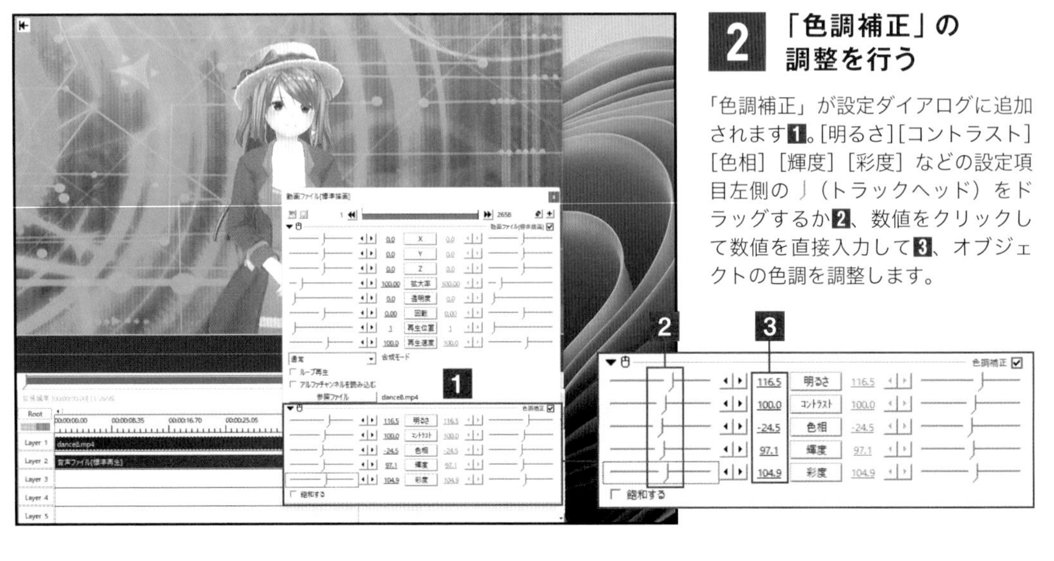

2 「色調補正」の調整を行う

「色調補正」が設定ダイアログに追加されます1。［明るさ］［コントラスト］［色相］［輝度］［彩度］などの設定項目左側の 亅（トラックヘッド）をドラッグするか2、数値をクリックして数値を直接入力して3、オブジェクトの色調を調整します。

レイヤーにオブジェクトを追加して色調補正を行う

メディアオブジェクトやフィルタオブジェクトの「色調補正」フィルタを利用すると、対象オブジェクトの特定フレーム間の色調補正が行えます。

「色調補正」オブジェクトを追加する

メディアオブジェクトやフィルタオブジェクトの「色調補正」フィルタは、設定ダイアログに追加する「色調補正」フィルタの機能をオブジェクトとして利用できるようにしたものです。メディアオブジェクトの「色調補正」フィルタは、同一時間軸上の１つ上（１つ上が音声オブジェクトの場合はその上）のレイヤーを対象とし、フィルタオブジェクトの「色調補正」フィルタは、このオブジェクトの上にある色調補正が可能なすべてのレイヤーを対象とします。用途に応じて使い分けてください。

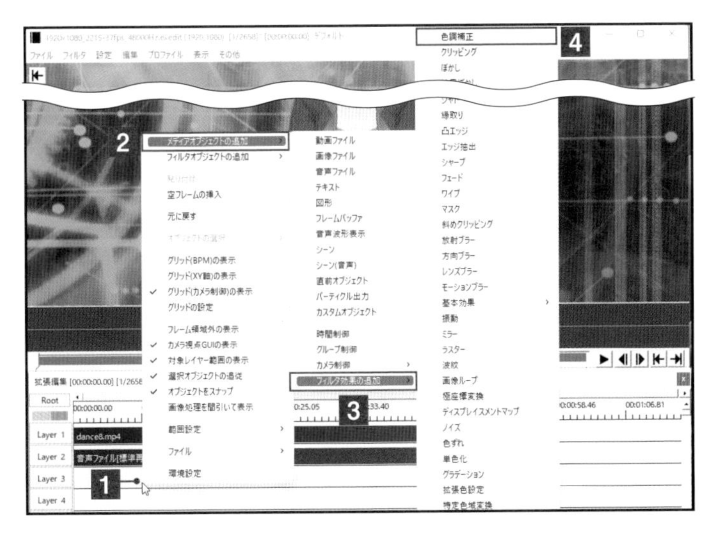

1 「色調補正」フィルタを追加する

色調補正を行いたいオブジェクトの１つ下のレイヤーで右クリックし1、表示されたメニューで、［メディアオブジェクトの追加］2→［フィルタ効果の追加］3から［色調補正］をクリックします4。

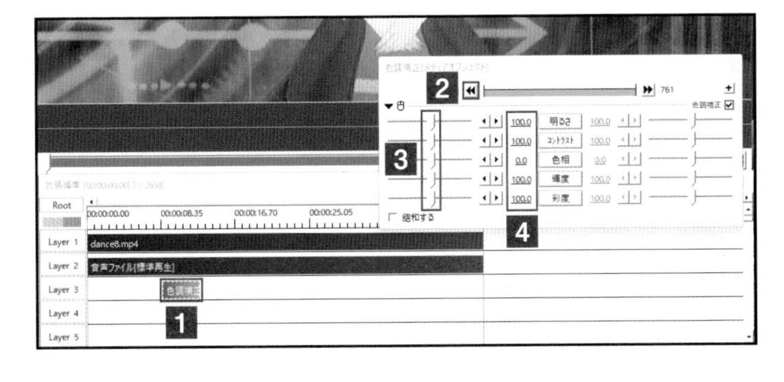

2 「色調補正」フィルタの調整を行う

「色調補正」フィルタのオブジェクトがマウスポインターがあった場所に追加され1、そのオブジェクトの設定ダイアログが表示されます。設定ダイアログの◀◀|をクリックして2、「色調補正」のオブジェクトの先頭にカーソル（赤い縦棒）を移動します。色調補正を行う時間（P.205参照）や位置を調整し、設定ダイアログの［明るさ］［コントラスト］［色相］［輝度］［彩度］などの設定項目左側の 」（トラックヘッド）をドラッグするか3、数値をクリックして数値を直接入力して4、オブジェクトの色調を調整します。

POINT

フィルタオブジェクトの「色調補正」フィルタは、手順1で［フィルタオブジェクトから追加］から［色調補正］をクリックします。また、フィルタオブジェクトには、「色調補正」フィルタよりも詳細な調整を行える「拡張色調補正」フィルタも用意されており、これを利用することもできます。

19 設定ダイアログでオブジェクトの単色化を行う

「単色化」フィルタを利用すると、オブジェクトを単色化できます。オブジェクトを終始単色化したいときは、設定ダイアログに「単色化」フィルタを追加します。

オブジェクトを終始単色化する

「単色化」フィルタは、動画や画像、図形などのオブジェクトの色を単色化するフィルタです。このフィルタを設定ダイアログに追加すると、オブジェクトの色を終始単色化できます。「単色化」フィルタは、単色化する強さを%単位で調整できるほか、単色化に利用する色を選択できます。「単色化」フィルタは、設定ダイアログの✚をクリックして表示されるメニュー、または設定ダイアログ上を右クリックして表示されるメニューで［フィルタ効果の追加］から選択できます。

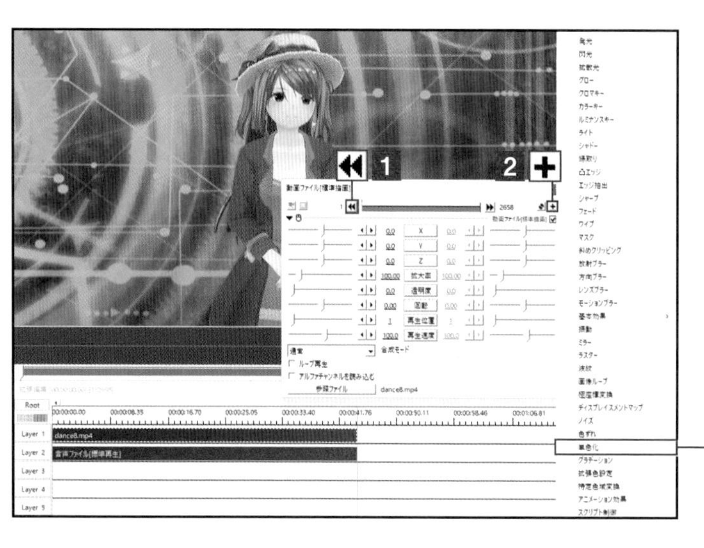

1 「単色化」フィルタを追加する

「単色化」を追加したいオブジェクトの設定ダイアログを表示しておきます。⏪をクリックして1、対象オブジェクトの先頭にカーソル（赤い縦棒）を移動します。✚をクリックして2、表示されるメニューから［単色化］をクリックします3。

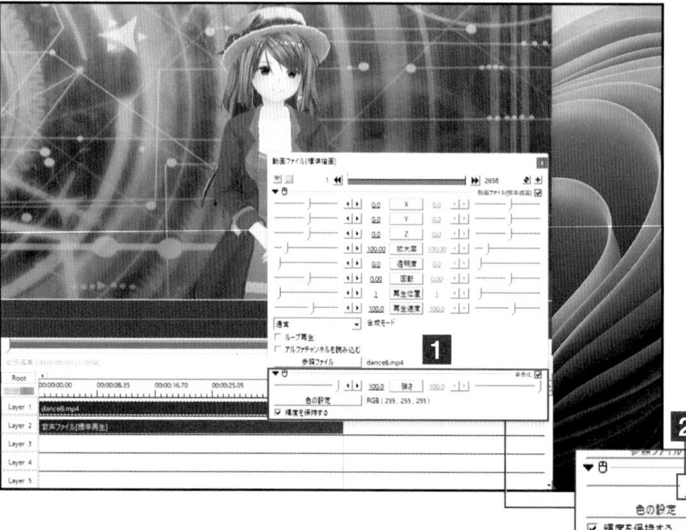

2 「単色化」の調整を行う

「単色化」が設定ダイアログに追加されます1。［強さ］の左側の 」（トラックヘッド）をドラッグするか2、数値をクリックして数値を直接入力して3、単色化の強さを調整します。また、［色の設定］をクリックすると、単色化に利用する色を選択できます。

レイヤーにオブジェクトを追加して単色化する

メディアオブジェクトやフィルタオブジェクトの「単色化」フィルタを利用すると、対象オブジェクトの特定フレーム間の単色化が行えます。

「単色化」オブジェクトを追加する

メディアオブジェクトやフィルタオブジェクトの「単色化」フィルタは、設定ダイアログに追加する「単色化」フィルタの機能をオブジェクトとして利用できるようにしたフィルタです。メディアオブジェクトの「単色化」フィルタは、同一時間軸上の１つ上（１つ上が音声オブジェクトの場合はその上）のレイヤーを対象とし、フィルタオブジェクトの「単色化」フィルタは、このオブジェクトの上にある単色化が可能なすべてのレイヤーを対象とします。用途に応じて使い分けてください。

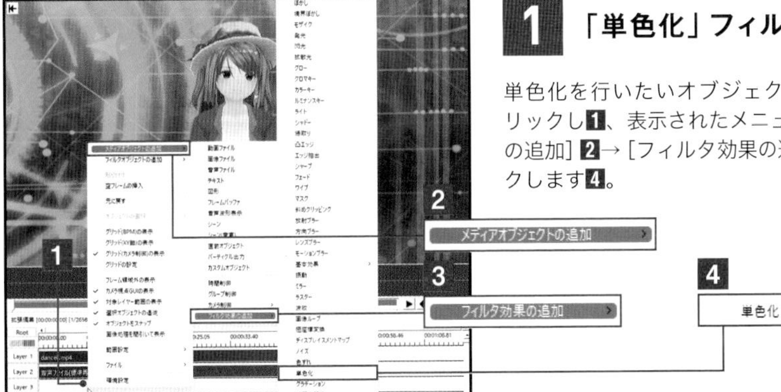

1 「単色化」フィルタを追加する

単色化を行いたいオブジェクトの１つ下のレイヤーで右クリックし❶、表示されたメニューで、［メディアオブジェクトの追加］❷→［フィルタ効果の追加］❸から［単色化］をクリックします❹。

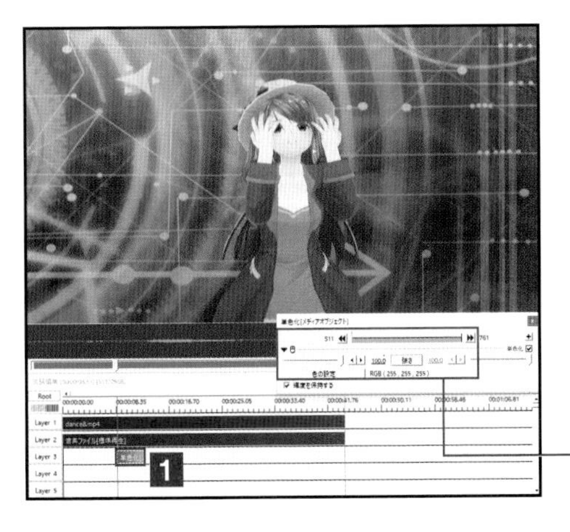

2 「単色化」フィルタの調整を行う

「単色化」フィルタのオブジェクトがマウスポインターがあった場所に追加され❶、そのオブジェクトの設定ダイアログが表示されます。設定ダイアログの⏪をクリックして❷、「単色化」のオブジェクトの先頭にカーソル（赤い縦棒）を移動します。設定ダイアログの［強さ］の左側の ⌋（トラックヘッド）をドラッグするか❸、数値をクリックして数値を直接入力して❹、単色化の強さを調整します。また、［色の設定］をクリックすると、単色化に利用する色を選択できます。

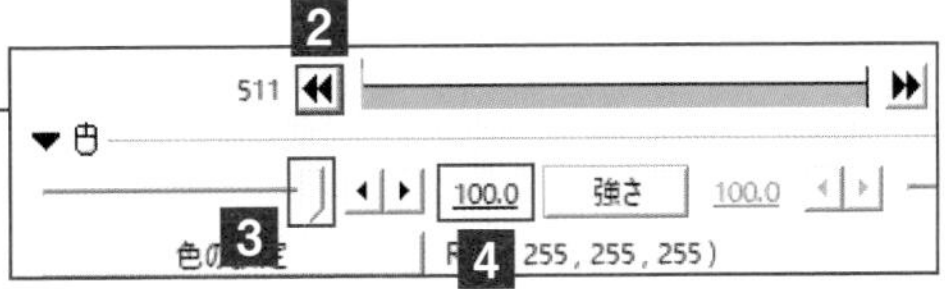

POINT

フィルタオブジェクトの「単色化」フィルタは、手順❶で［フィルタオブジェクトから追加］から［単色化］をクリックすることで追加できます。

21 設定ダイアログで物体に残像を付ける

「放射ブラー」や「方向ブラー」、「レンズブラー」、「モーションブラー」などのフィルタを設定ダイアログに追加すると、オブジェクトに残像効果を付けられます。

物体に残像を付ける

「放射ブラー」や「方向ブラー」、「レンズブラー」、「モーションブラー」はいずれも物体に残像を付けることができる特殊効果です。「放射ブラー」は放射状に広がる効果、「方向ブラー」は、指定角度に広がる効果、「レンズブラー」はレンズ越しピントを外す／合わせるような効果、「モーションブラー」は物体が移動した際の軌跡を表示する効果です。ここでは、「モーションブラー」を例に、追加方法を説明します。

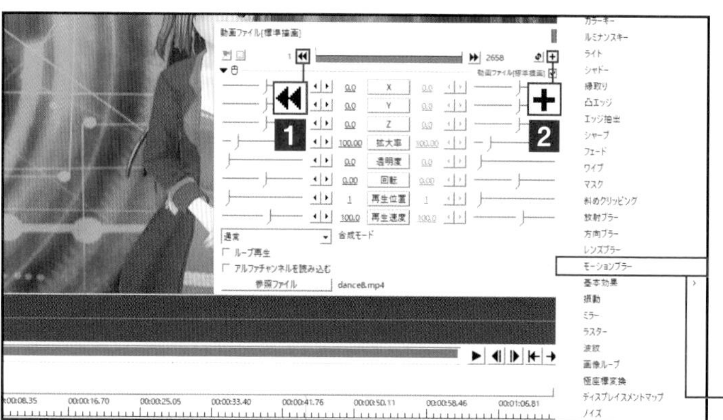

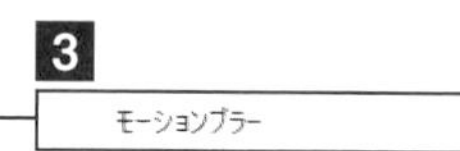

1 フィルタを追加する

フィルタを追加したいオブジェクトの設定ダイアログを表示しておきます。⏪をクリックして**1**、対象オブジェクトの先頭にカーソル（赤い縦棒）を移動します。＋をクリックして**2**、表示されるメニューから［モーションブラー］をクリックします**3**。

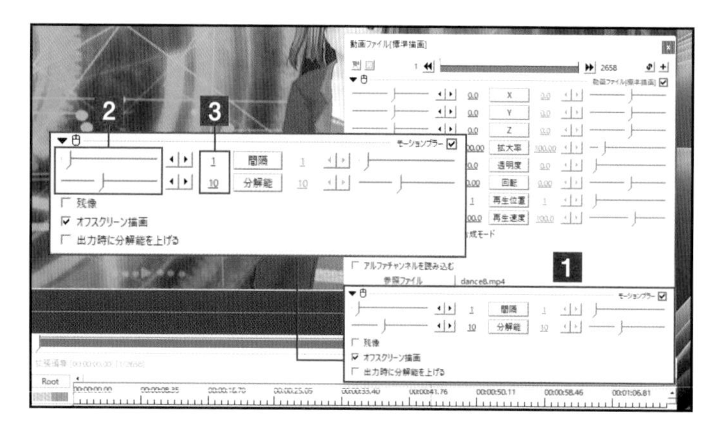

2 フィルタの調整を行う

「モーションブラー」が設定ダイアログに追加されます**1**。［間隔］［分解能］などの設定項目左側の ⌋（トラックヘッド）をドラッグするか**2**、数値をクリックして数値を直接入力して**3**、モーションブラーの効果を調整します。

POINT

「モーションブラー」の［間隔］は残像の残る時間の設定です。数値を増やすと残像が長く残り、「0」にすると残像がなくなります。［分解能］は表示する残像の「数」です。数を増やすとスピード感が増します。最大25まで設定できます。また、［残像］をオンにすると、オブジェクトがはっきりみえるようになります。モーションブラーは、非常に負荷の高い処理です。AviUtlの処理が重く感じるときは［出力時に分解能を上げる］をオンにすると、重さが軽減されます。

22 オブジェクトを追加して オブジェクトに残像を付ける

オブジェクトの特定フレーム間に残像効果を付けたいときは、メディアオブジェクトやフィルタオブジェクトの「モーションブラー」などのブラー系フィルタを利用します。

ブラー系フィルタのオブジェクトを利用する

メディアオブジェクトやフィルタオブジェクトの各種ブラー系フィルタは、設定ダイアログに追加するブラー系フィルタの機能をオブジェクトとして利用できるようにしたものです(P.220 参照)。メディアオブジェクトのブラー系フィルタは、同一時間軸上の 1 つ上(1 つ上が音声オブジェクトの場合はその上)のレイヤーを対象とし、フィルタオブジェクトのブラー系フィルタは、このオブジェクトの上にあるブラー系効果が適用可能なすべてのレイヤーを対象とします。用途に応じて使い分けてください。

1 フィルタを追加する

ブラー系フィルタを適用したいオブジェクトの 1 つ下のレイヤーで右クリックし**1**、表示されたメニューで、[メディアオブジェクトの追加] **2**→[フィルタ効果の追加] **3**から追加したいブラー系フィルタ(ここでは[モーションブラー])をクリックします**4**。

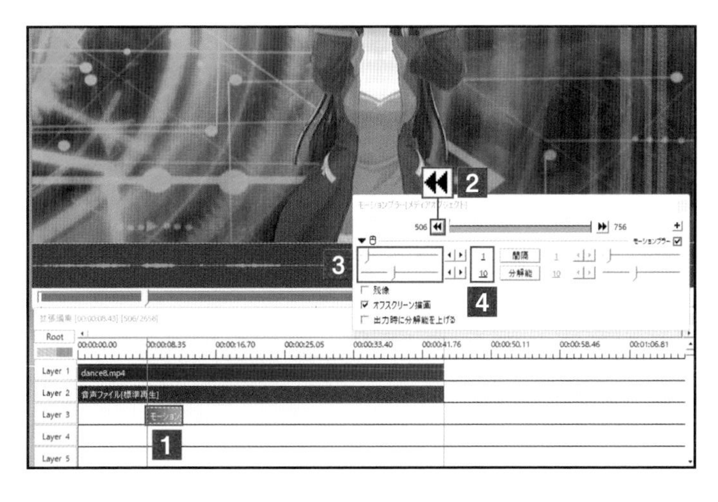

2 フィルタの調整を行う

「モーションブラー」オブジェクトがマウスポインターがあった場所に追加され**1**、そのオブジェクトの設定ダイアログが表示されます。設定ダイアログの ◀◀ をクリックして**2**、「モーションブラー」オブジェクトの先頭にカーソル(赤い縦棒)を移動します。[間隔][分解能]などの設定項目左側の 亅(トラックヘッド)をドラッグするか**3**、数値をクリックして数値を直接入力して**4**、モーションブラーの効果を調整します(P.220 参照)。

CHAPTER 07 フィルタや特殊効果の適用

設定ダイアログでフェードイン／アウトを適用する

設定ダイアログに「フェード」を追加すると、オブジェクトの先端にフェードイン、終端にフェードアウトの効果を適用できます。

「フェード」フィルタを追加する

フェードインは画面が徐々に明るくなる効果、フェードアウトは逆に徐々に暗くなる効果です。「フェード」を設定ダイアログに追加すると、オブジェクトの先端にフェードイン、後尾にフェードアウトの効果を秒数単位で設定できます。「フェード」は、設定ダイアログの＋をクリックして表示されるメニューで［フェード］をクリックするか、設定ダイアログを右クリックして表示されるメニューで［フィルタ効果の追加］から［フェード］をクリックすることで追加できます。

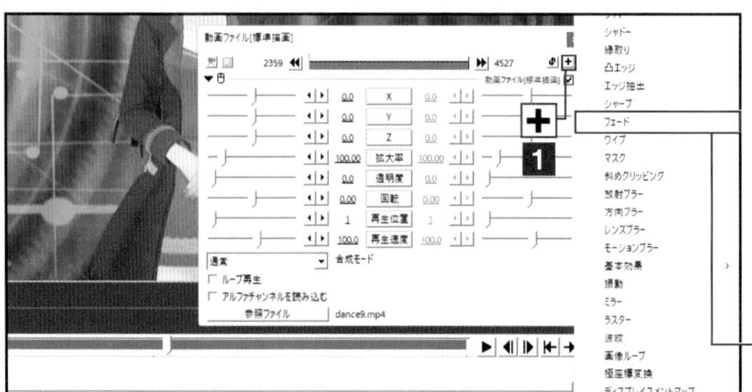

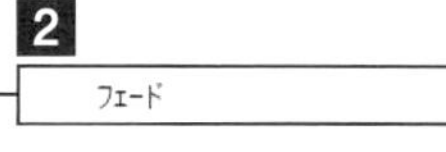

1 「フェード」を追加する

「フェード」を追加したいオブジェクトの設定ダイアログを表示しておきます。＋をクリックして1、表示されるメニューから［フェード］をクリックします2。

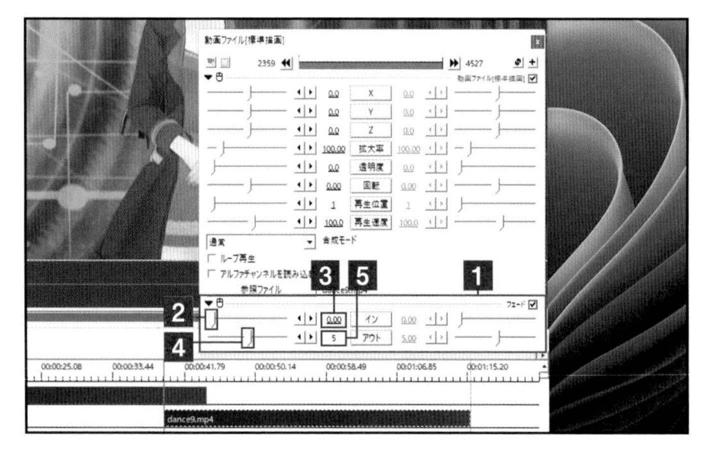

2 「フェード」の設定を行う

［フェード］が設定ダイアログに追加されます1。オブジェクトの先端にフェードインの効果を適用したいときは[イン]の左側の」(トラックヘッド）をドラッグするか2、数値をクリックして効果を適用したい秒数(ここでは「0」）を直接入力します3。また、終端にフェードアウトの効果を適用したいときは［アウト］の左側の」（トラックヘッド）をドラッグするか4、数値をクリックして効果を適用したい秒数（ここでは「5」）を直接入力します5。

POINT

［フェード］を利用して前の動画が少しずつ消えていき、次の動画が少しずつ浮かび上がってくる効果を施したいときは、2つの動画のオブジェクトを異なるレイヤーに登録し、処理を施したい時間の長さだけ動画のオブジェクトを重ねて配置します。そして、前の動画のオブジェクトにフェードアウトを設定し、次の動画のオブジェクトにフェードインを設定します。

オブジェクトを追加して フェードイン／アウトを適用する

オブジェクトの特定フレーム間にフェードイン／アウトの効果を施したいときは、メディアオブジェクトの「フェード」を利用します。

「フェード」オブジェクトを利用する

メディアオブジェクトの「フェード」は、設定ダイアログに追加する「フェード」の機能をオブジェクトとして利用できるようにした機能です（P.222参照）。同一時間軸上の1つ上（1つ上が音声オブジェクトの場合はその上）のレイヤーを対象に効果を適用できます。メディアオブジェクトの「フェード」は、タイムラインを右クリックして表示されるメニューで、［メディアオブジェクトの追加］→［フィルタ効果の追加］から［フェード］を選択することで追加できます。

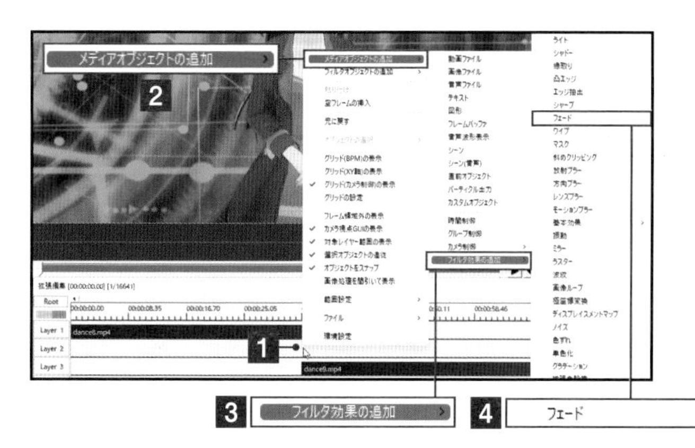

1 「フェード」オブジェクトを追加する

「フェード」を行いたいオブジェクトの1つ下のレイヤーで右クリックし1、表示されたメニューで、［メディアオブジェクトの追加］2→［フィルタ効果の追加］3から［フェード］をクリックします4。

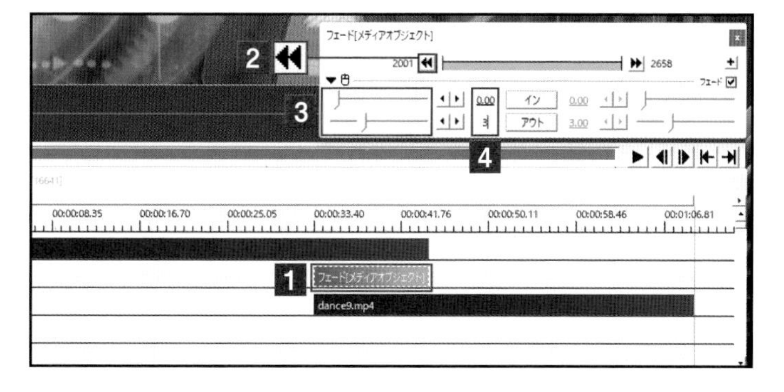

2 「フェード」オブジェクトの設定を行う

「フェード」オブジェクトがマウスポインターがあった場所に追加され1、そのオブジェクトの設定ダイアログが表示されます。設定ダイアログの◀◀をクリックして2、「フェード」オブジェクトの先頭にカーソル（赤い縦棒）を移動します。「フェード」オブジェクトの長さ（P.205参照）や位置を調整します。「フェード」の［イン］または［アウト］の左側の ｣（トラックヘッド）をドラッグするか3、数値をクリックして効果を適用したい秒数（ここでは［イン］に「0」、［アウト］に「3」）を直接入力します4。

POINT

フェードインの効果は、［イン］の設定で行い、「フェード」オブジェクトの先頭フレームから設定秒数間適用されます。また、フェードアウトの効果は、［アウト］の設定で行い、「フェード」フィルタのオブジェクトの最終フレームから設定秒数を遡って効果が開始されます。

25 設定ダイアログでワイプを適用する

設定ダイアログに「ワイプ」を追加すると、画面の切り替え時に丸や四角、時計回りなどさまざま形で次の画面に切り替えたり、オブジェクトを登場／退場させたりできます。

ワイプを利用する

ワイプは、画面の切り替え時や画面にオブジェクトを登場させたり、退場させるときに利用される特殊効果です。たとえば、円が徐々に広がりながら別の画面に切り替えたり、紙芝居のように横から移動するように別の画面に切り替えたりできます。「ワイプ」を設定ダイアログに追加すると、「四角」「円」「時計」「横」「縦」などの切り替え方法やオブジェクトの先端に適用する「イン」と後尾に適用する「アウト」の効果を秒単位で設定できます。

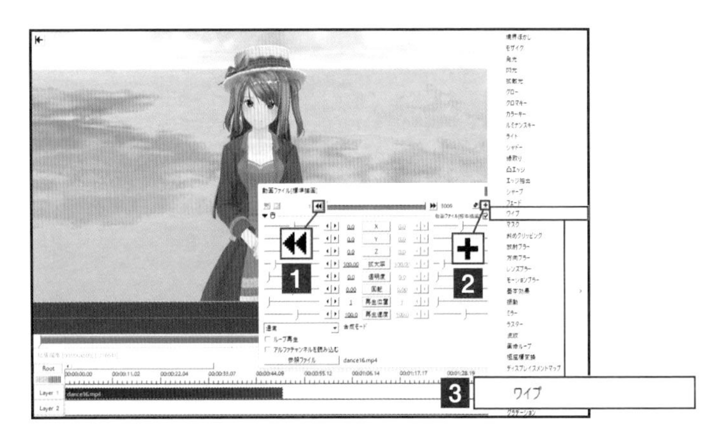

1 「ワイプ」を追加する

「ワイプ」を追加したいオブジェクトの設定ダイアログを表示しておきます。⏪をクリックして1、対象オブジェクトの先頭にカーソル（赤い縦棒）を移動します。＋をクリックして2、表示されるメニューから［ワイプ］をクリックします3。

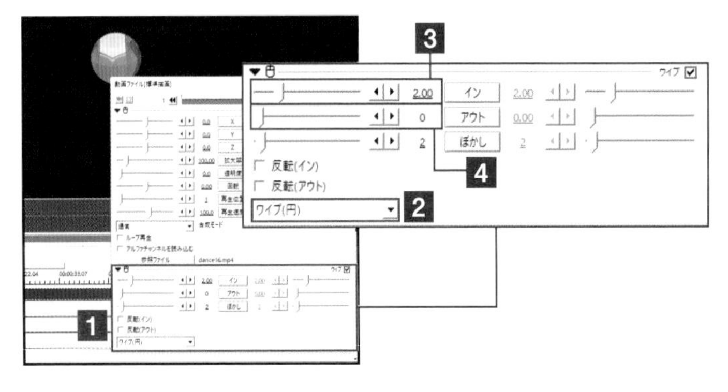

2 「ワイプ」の設定を行う

「ワイプ」が設定ダイアログに追加されます1。ワイプの種類(ここでは[ワイプ(円)])を選択します2。オブジェクトの先端にインの効果を適用したいときは［イン］の左側の」（トラックヘッド）をドラッグするか、数値をクリックして効果を適用したい秒数（ここでは「2」）を直接入力します3。また、終端にアウトの効果を適用したいときは［アウト］の左側の」（トラックヘッド）をドラッグするか、数値をクリックして効果を適用したい秒数（ここでは「0」）を直接入力します4。

POINT

「ワイプ」は、初期値で［イン］／［アウト］の両方に「0.5秒」が設定されています。［イン］のみで利用したいときは［アウト］に［0］、［アウト］のみを利用したいときは［イン］に［0］を設定してください。また、［ぼかし］の数値を大きくすると切り替えに使用される枠のぼかしを大きくできます。

26 オブジェクトを追加して ワイプを適用する

画面の切り替え時に丸や四角、時計回りなどさまざま形で次の画面に切り替える「ワイプ」は、メディアオブジェクトの「ワイプ」オブジェクトからも利用できます。

「ワイプ」オブジェクトを追加する

メディアオブジェクトの「ワイプ」は、設定ダイアログに追加する「ワイプ」の機能をオブジェクトとして利用できるようにした機能です(P.224 参照)。同一時間軸上の 1 つ上(1 つ上が音声オブジェクトの場合はその上)のレイヤーを対象に効果を適用できます。メディアオブジェクトの「ワイプ」は、タイムラインを右クリックして表示されるメニューで、[メディアオブジェクトの追加] → [フィルタ効果の追加] から [ワイプ] を選択することで追加できます。

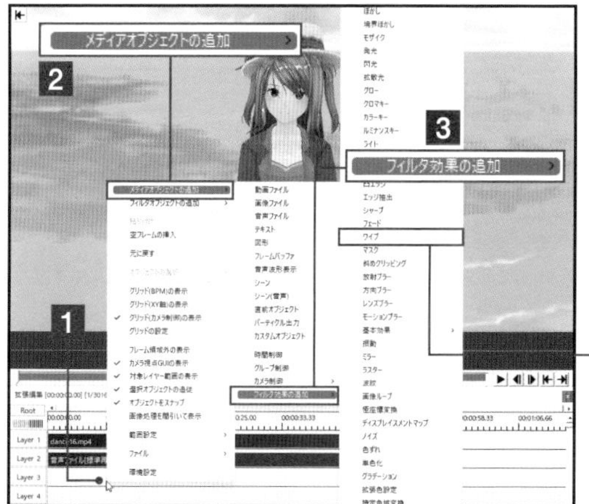

1 「ワイプ」オブジェクトを追加する

「ワイプ」を行いたいオブジェクトの 1 つ下のレイヤーで右クリックし1、表示されたメニューで、[メディアオブジェクトの追加] 2→[フィルタ効果の追加] 3から [ワイプ] をクリックします4。

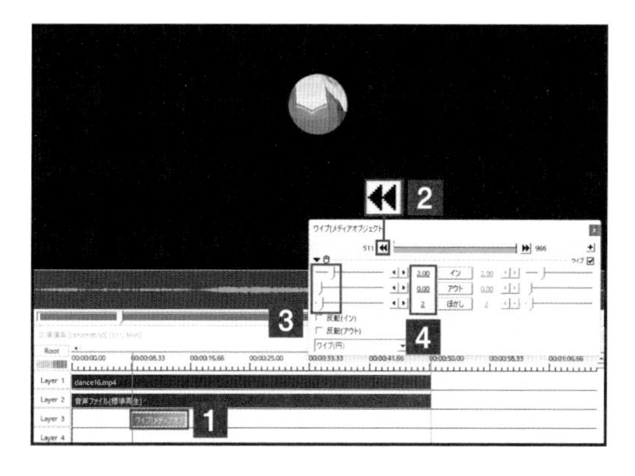

2 「ワイプ」オブジェクトの設定を行う

「ワイプ」オブジェクトがマウスポインターがあった場所に追加され1、そのオブジェクトの設定ダイアログが表示されます。設定ダイアログの ◀◀ をクリックして2、「ワイプ」オブジェクトの先頭にカーソル(赤い縦棒)を移動します。「ワイプ」オブジェクトの長さ(P.205 参照)や位置を調整します。「ワイプ」の [イン] または [アウト] の左側の 」(トラックヘッド)をドラッグするか3、数値をクリックして効果を適用したい秒数(ここでは [イン] に「2」、[アウト] に「0」)を直接入力します4。

POINT

「ワイプ」は、初期値で [イン] ／ [アウト] の両方に [0.5 秒] が設定されています。[イン] のみで利用したいときは [アウト] に [0]、[アウト] のみを利用したいときは [イン] に [0] を設定してください。また、[ぼかし] の数値を大きくすると切り替えに使用される枠のぼかしを大きくできます。

「シーンチェンジ」オブジェクトを利用する

フィルタオブジェクトの「シーンチェンジ」オブジェクトを利用すると、画面の切り替え時に施す特殊効果を手軽に設定できます。

「シーンチェンジ」オブジェクトとは

「シーンチェンジ」オブジェクトは、画面の切り替え時に施す特殊効果を手軽に設定できるオブジェクトです。クロスフェードやワイプ、スライス、回転／キューブ回転など合計32種類の切り替え効果を備えています。「シーンチェンジ」オブジェクトで施される効果の長さ（時間）は、オブジェクトの長さ（時間）で設定します。たとえば、「シーンチェンジ」オブジェクトの長さを10秒にした場合、10秒間を使って切り替え効果を施します。

「シーンチェンジ」オブジェクトの配置位置と切り替え処理

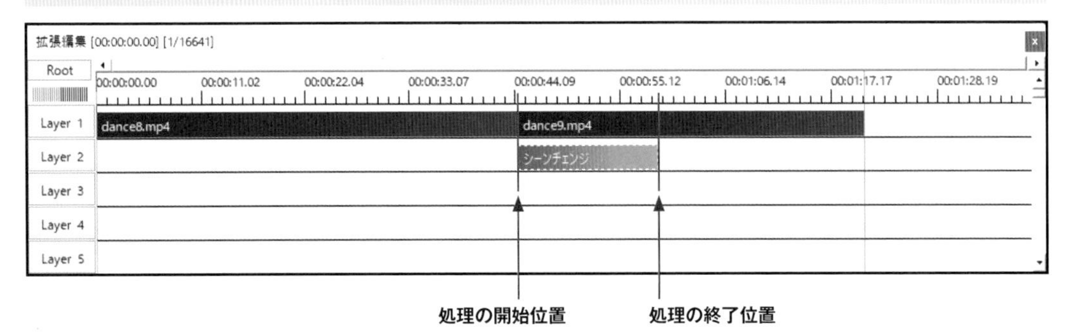

▲切り替え後のオブジェクトの先頭フレームに合わせて「シーンチェンジ」オブジェクトを配置すると、通常、切り替え前のオブジェクトの最終フレームを静止画として引き伸ばし、そこに切り替え後のオブジェクトを重ねることで効果を施します。

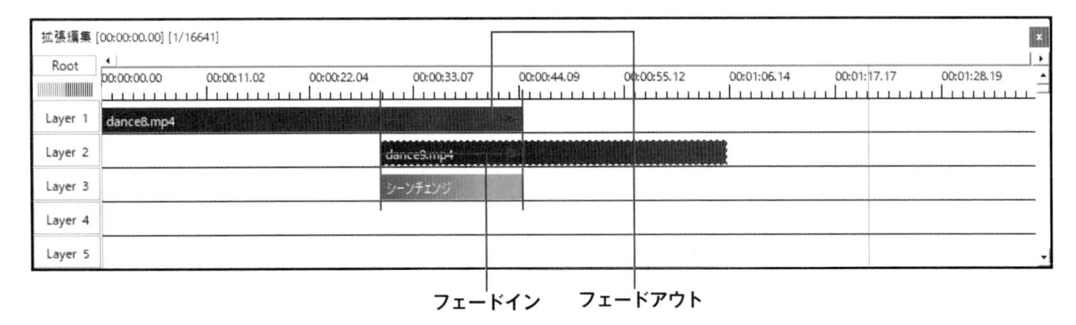

▲切り替え前と切り替え後のオブジェクトを別々のレイヤーに配置し、切り替え効果の時間分を重ね合わせてクロスフェードを設定すると、切り替え前のオブジェクトは再生しながらフェードアウトし、切り替え後のオブジェクトはフェードインしてきます。

「シーンチェンジ」オブジェクトを利用する

「シーンチェンジ」オブジェクトは、タイムラインを右クリックして表示されるメニューで、［フィルタオブジェクトの追加］から［シーンチェンジ］をクリックすることで追加できます。

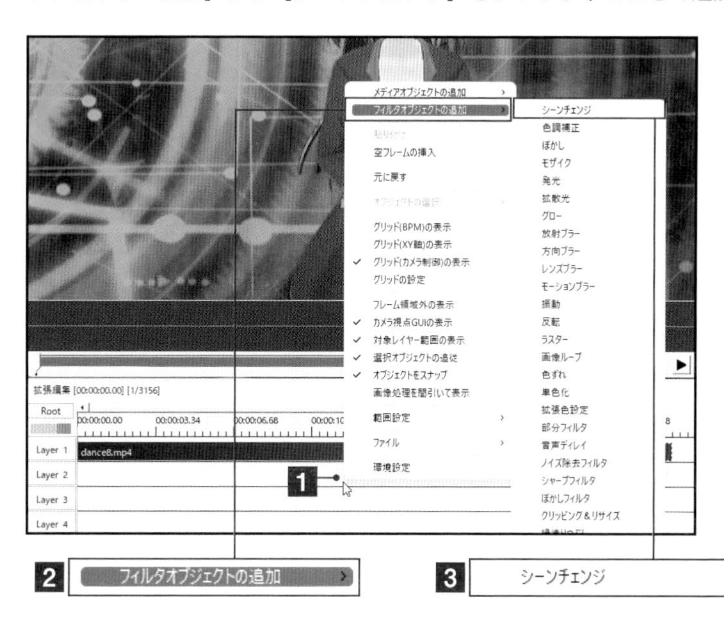

1 「シーンチェンジ」オブジェクトを追加する

「シーンチェンジ」オブジェクトを配置したいオブジェクトの１つ下のレイヤーで右クリックし**1**、表示されたメニューで、［フィルタオブジェクトの追加］**2**から［シーンチェンジ］をクリックします**3**。

2 「シーンチェンジ」オブジェクトの長さや位置を調整する

「シーンチェンジ」オブジェクトがマウスポインターがあった場所に追加され**1**、そのオブジェクトの設定ダイアログが表示されます。「シーンチェンジ」オブジェクトの長さや配置位置を調整します**2**。

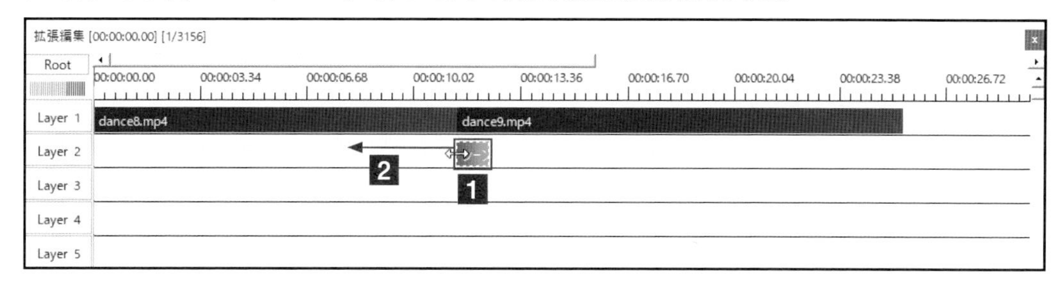

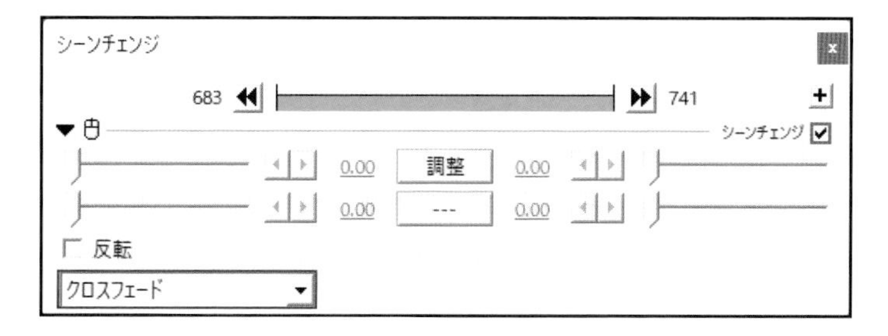

3 「シーンチェンジ」オブジェクトの処理を設定する

「シーンチェンジ」オブジェクトで利用する効果（ここでは［クロスフェード］）を選択します。

POINT

「シーンチェンジ」オブジェクトの設定ダイアログで行える設定項目は、選択した効果によって変化します。必要に応じて設定を行ってください。

28 「オフスクリーン描画」を利用する

「オフスクリーン描画」を利用すると、複数のフィルタ効果を適用している場合に、フィルタ効果のかかり方を変更できる場合があります。

「オフスクリーン」描画を利用する

「オフスクリーン描画」は、内部で一度描画を行っい、その情報を後続のフィルタ処理に渡す機能です。この機能を利用すると、フィルタ効果のかかり方を変更できる場合があります。「オフスクリーン描画」は設定などは用意されておらず、フィルタ効果とフィルタ効果の間に配置するだけで利用できます。「オフスクリーン描画」は、設定ダイアログに追加できるほか、メディアオブジェクトにも用意されています。ここでは、設定ダイアログに追加する方法を紹介します。

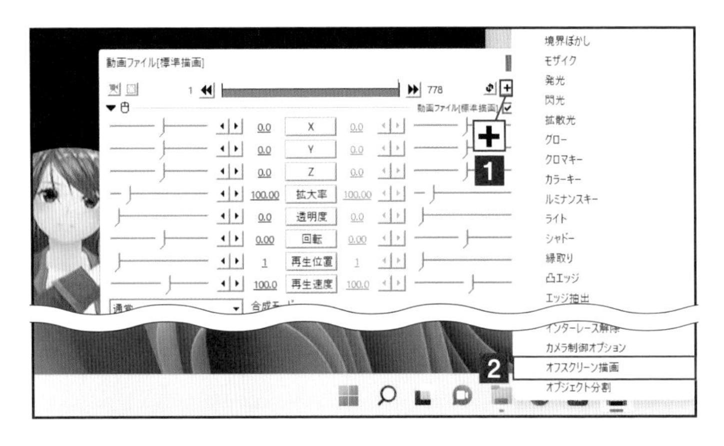

1 「オフスクリーン描画」を追加する

「オフスクリーン描画」を追加したいオブジェクトの設定ダイアログを表示しておきます。＋をクリックして1、表示されるメニューから［オフスクリーン描画］をクリックします2。

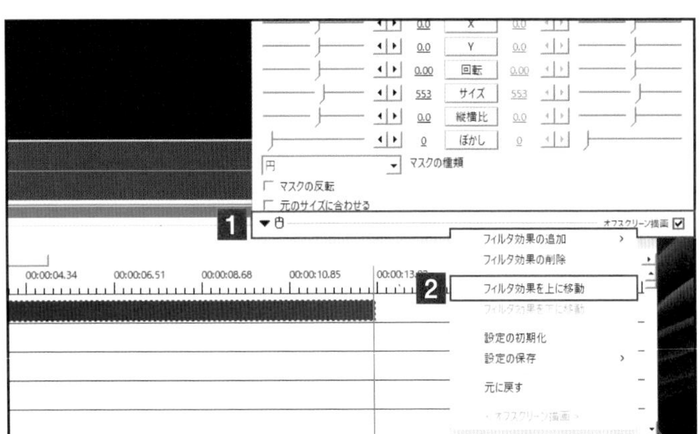

2 「オフスクリーン描画」の位置を変更する

［オフスクリーン描画］が設定ダイアログに追加されます1。「オフスクリーン描画」上で右クリックして表示されるメニューから［フィルタ効果を上へ移動］をクリックし、［オフスクリーン描画］の位置を変更します（ここでは［マスク］の上に移動）2。

POINT

「オフスクリーン描画」はメディアオブジェクトにも用意されています。メディアオブジェクトの「オフスクリーン描画」を追加したいときは、タイムラインを右クリックして表示されるメニューで、［メディアオブジェクトの追加］→［フィルタ効果の追加］から［オフスクリーン描画］を選択することで追加できます。

CHAPTER

▼

08

THE PERFECT GUIDE FOR AVIUTL

[フィルタや特殊効果の活用と応用]

1つの動画内で複数の動画を再生する

動画内で小窓を用いて別の動画を再生するもっとも手軽な方法は、設定ダイアログの「拡大率」や「クリッピング」フィルタを活用することです。

PinPの動画を作成する

メインの動画とは別の動画を小窓に表示するピクチャー・イン・ピクチャーの動画を作るには、メインの動画と小画面用の動画を別々のレイヤーに配置します。このとき、小画面用の動画をメインの動画の下のレイヤーに配置します。次に小画面用の動画の画面サイズを設定ダイアログの「拡大率」(P.151参照)や「クリッピング」フィルタ(P.209～212参照)を利用して小さくします。最後に、画面サイズを変更した小画面用のの動画を画面内の任意の場所に配置します。これで完成です。

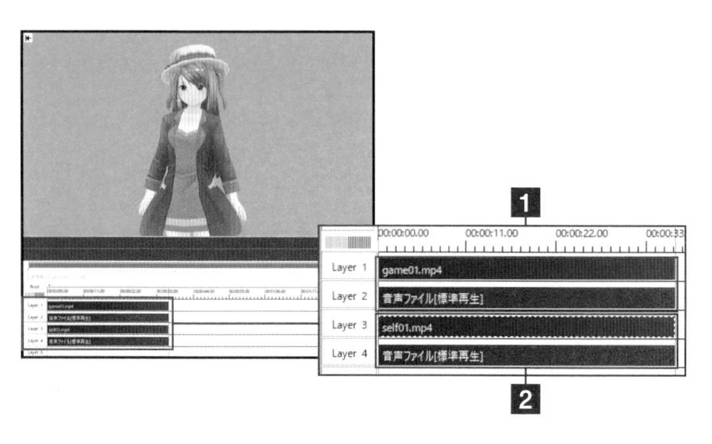

1 動画を配置する

メインで表示したい動画のファイルを上のレイヤー(ここでは[Layer1])1、小窓で表示したい動画をその下のレイヤー（ここでは［Layer3]）に配置します2。

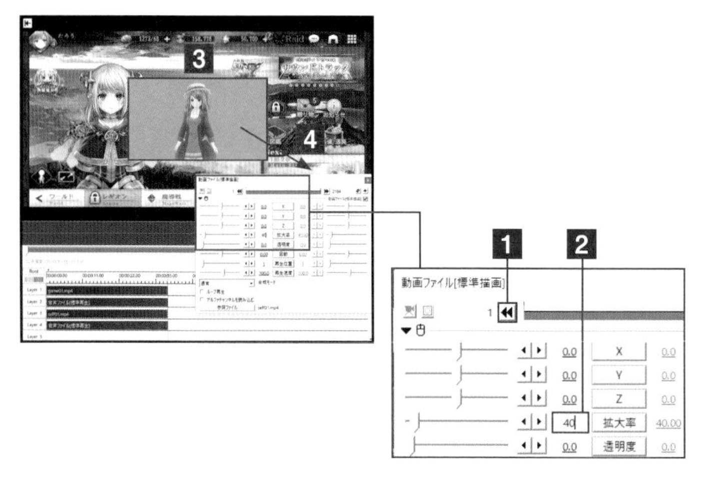

2 小画面の動画の設定を行う

小画面の動画（ここでは［Layer3]）の設定ダイアログを開きます。⏪をクリックして1、対象オブジェクトの先頭にカーソル（赤い縦棒）を移動します。設定ダイアログの[拡大率]の左側の数値をクリックして拡大率（ここでは「40」）を入力すると2、動画のサイズが変更されます（ここでは元のサイズの40%の大きさ)3。メインウィンドウに表示されている小画面の動画をドラッグして再生したい場所に配置します4（P.154参照)。

POINT

ここでは、設定ダイアログの「拡大率」を利用し動画のサイズを縮小していますが、「クリッピング」フィルタを利用すると、自分の顔付近だけを抜き出して表示できます（P.209～212参照)。

「直前オブジェクト」で動画を一時停止する

1つ上のレイヤーに配置されたオブジェクトの内容をコピーする「直前オブジェクト」を活用すると、特定シーンで一時停止したように見える動画を作成できます。

「直前オブジェクト」を利用する

「直前オブジェクト」は、1つ上(条件次第では1つ上でなくても可)のレイヤーの内容をコピーするオブジェクトです。「直前オブジェクト」を利用すると、再生が一時停止したかような動画を作成できます。作成方法もかんたんです。一時停止したいフレームで動画を分割しておき、分割した動画と動画の間を埋めるように「直前オブジェクト」を配置します。このようにすると、「直前オブジェクト」の長さ(再生時間)だけ動画が一時停止したように見えます。

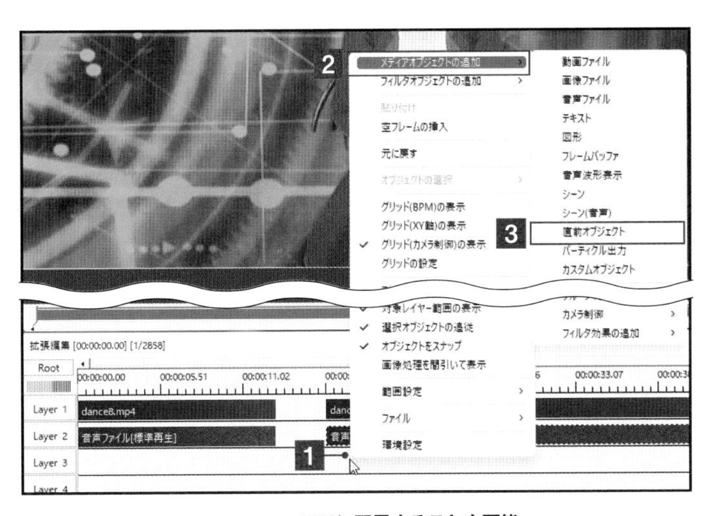

1 「直前オブジェクト」を追加する

一時停止したいフレームで動画のブジェクトを分割し、一時停止したい時間分の間を開けておきます。オブジェクトのない場所で右クリックし 1、表示されたメニューで［メディアオブジェクトの追加］2から［直前オブジェクト］をクリックします 3。

ここに配置することも可能

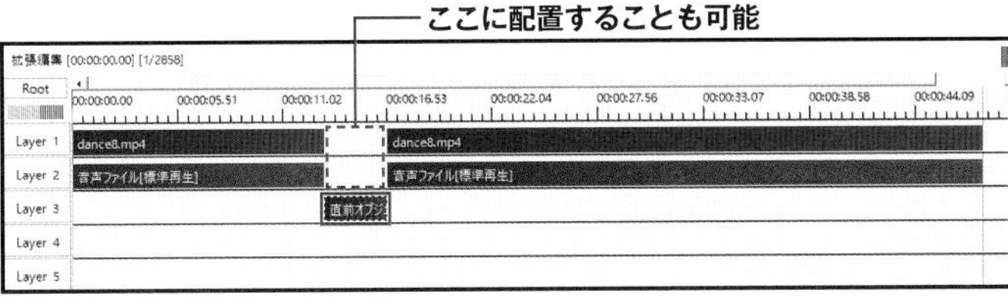

2 「直前オブジェクト」の位置を調整する

「直前オブジェクト」のオブジェクトがマウスポインターがあった場所に追加され、そのオブジェクトの設定ダイアログが表示されます。分割したオブジェクト間を埋めるように「直前オブジェクト」の長さを調整します。

POINT

「直前オブジェクト」は、1つ上のレイヤーに重なるように配置しなくても、分割したオブジェクトの下のレイヤーに隙間を埋めるように配置するか、隙間の中に入れても機能します。ただし、1つ上のレイヤーに重ねて配置していない場合は、「直前オブジェクト」の前（レイヤーはどこでも可）のオブジェクトの内容をコピーするので注意してください。また、「直前オブジェクト」は、コピー元のフィルタ効果は引き継ぎますが、「X」「Y」「Z」や「拡大率」「透明度」「回転」などの情報は引き継ぎません。

複数のオブジェクトをまとめて操作する

複数のオブジェクトに対して同じフィルタを適用したいときに便利なのが、「フレームバッファ」や「グループ制御」などのオブジェクトです。

オブジェクトの複数制御で設定を簡便化する

「フレームバッファ」(P.233 参照)や「グループ制御」(P.234 参照)のオブジェクトを利用すると、同一時間軸上にある複数のレイヤーのオブジェクトに対してまとめて同じフィルタを適用できます。両者は同じような機能を提供しており、フィルタ適用後の効果の違いがわかりずらいこともありますが、フィルタ効果によっては大きな違いが出ることがあります。用途に応じて使い分ける必要があります。

フィルタによる両者の違い

◀4つオブジェクトを利用して画面を4分割表示しているときに、「フレームバッファ」オブジェクトの設定ダイアログにワイプを追加し、ワイプの形状に「円」を指定した場合の効果。画面全体に対して1つの円でワイプが適用されています。

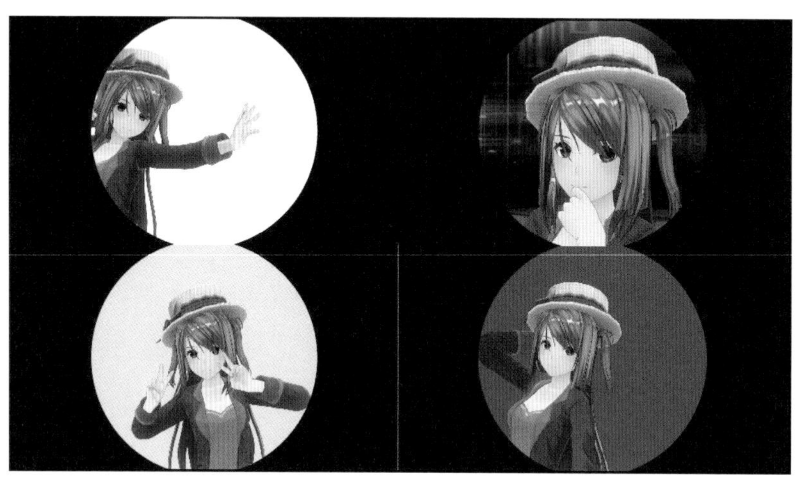

◀4つオブジェクトを利用して画面を4分割表示しているときに、「グループ制御」オブジェクトの設定ダイアログにワイプを追加し、ワイプの形状に「円」を指定した場合の効果。画面を構成するオブジェクトそれぞれにワイプが適用されます。

04 「フレームバッファ」を利用する

「フレームバッファ」を利用すると、複数のオブジェクトを用いて画面を構成している場合に、その画面全体に対してフィルタ効果を施せます。

「フレームバッファ」を活用する

「フレームバッファ」を利用すると、目に見える出来上がった画像に対してフィルタ効果を施せます。「フレームバッファ」は、同一時間軸上に複数のオブジェクトを配置し、それに対してフィルタ処理を施した場合に想像したような結果（画像）が得られないときに利用すると、その問題が解決する場合があります（P.232 参照）。ここでは、同一時間軸のLayer1 ～ Layer4すべてに異なる画像が配置されて4分割の画面を表示しているときを例に、「フレームバッファ」の追加方法を説明します。

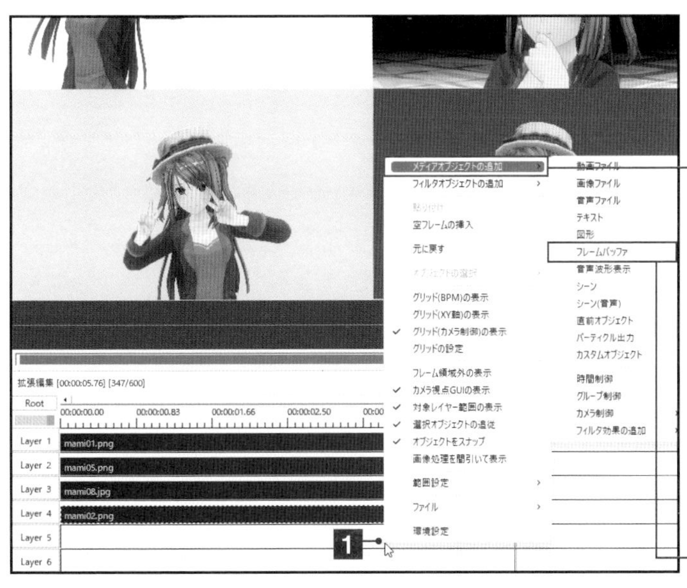

2
メディアオブジェクトの追加

3
フレームバッファ

1 「フレームバッファ」を追加する

「フレームバッファ」を配置したいオブジェクトの1つ下のレイヤー（ここでは「Layer 5」）で右クリックし1、表示されたメニューで、[フィルタオブジェクトの追加] 2から [フレムバッファ] をクリックします3。

拡張編集 [00:00:05.76] [347/600]
Root
00:00:00.00 00:00:00.83 00:00:01.66 00:00:02.50 00:00:03.33 00:00:04.16 00:00:05.00
Layer 1 mami01.png
Layer 2 mami05.png
Layer 3 mami08.jpg
Layer 4 mami02.png
Layer 5 フレームバ
Layer 6

2 処理の設定を行う

「フレームバッファ」のオブジェクトがマウスポインターがあった場所に追加され、そのオブジェクトの設定ダイアログが表示されます。「フレームバッファ」の長さや位置などを調整し、設定ダイアログにフィルタ効果を追加すると、フィルタ効果を施せます。

POINT

設定ダイアログの [フレームバッファをクリア] をオンにすると、「フレームバッファ」よりも上にあるオブジェクトを非表示にできます。

「グループ制御」を利用する

「グループ制御」は、対象となるオブジェクトをグループ化し、1つの塊として扱います。これによって、1つの設定で複数のオブジェクトにフィルタ効果を適用できます。

複数のオブジェクトにフィルタ効果を適用する

「グループ制御」は、このオブジェクトを配置したレイヤーの下にある同一時間軸上のオブジェクトをまとめて制御できるオブジェクトです。初期値は、このオブジェクトの位置するレイヤーの下のレイヤーすべてが制御対象ですが、制御するレイヤー数を指定することもできます。また、「グループ制御」の設定ダイアログにフィルタ処理を追加すると、制御対象のオブジェクトすべてに同じフィルタ処理を適用できるなど、設定の簡便化を図れます。

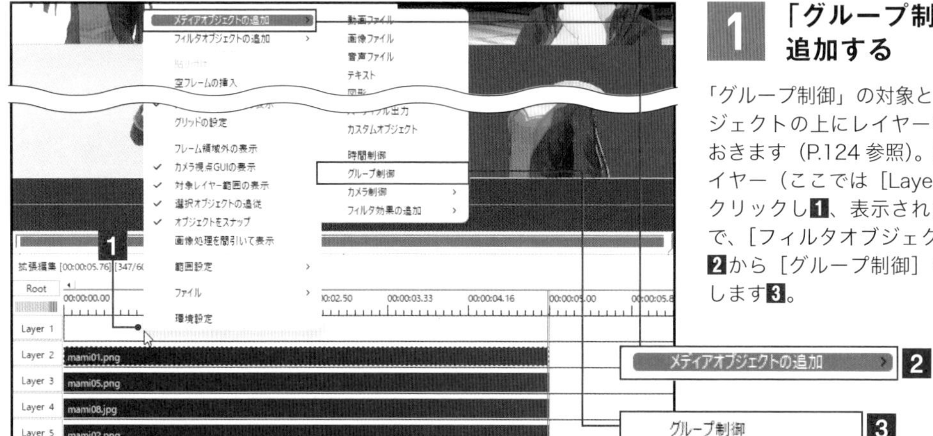

1 「グループ制御」を追加する

「グループ制御」の対象としたいオブジェクトの上にレイヤーを追加しておきます（P.124参照）。追加したレイヤー（ここでは［Layer 1］）で右クリックし**1**、表示されたメニューで、［フィルタオブジェクトの追加］**2**から［グループ制御］をクリックします**3**。

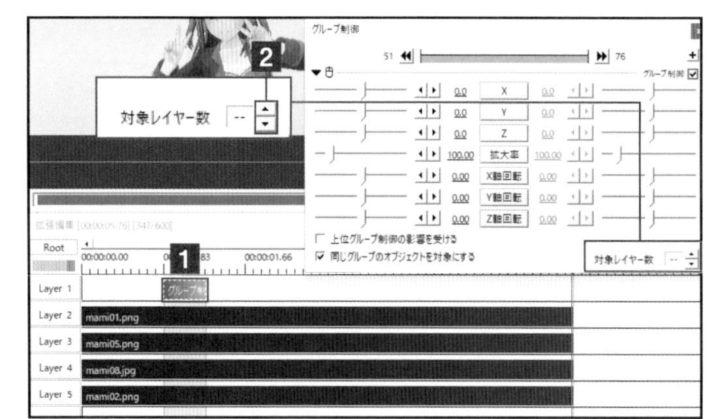

2 「グループ制御」の設定を行う

「グループ制御」のオブジェクトがマウスポインターがあった場所に追加され**1**、そのオブジェクトの設定ダイアログが表示されます。設定ダイアログの［対象レイヤー数］の ▲ や ▼ をクリックすると、制御するレイヤー数を指定できます（初期値はすべてのレイヤー）**2**。「グループ制御」の長さや位置などを調整し、設定ダイアログにフィルタ効果を追加すると、フィルタ効果を施せます。

POINT

一部のフィルタ効果は、「フレームバッファ」を利用しても同じような効果を実現できます（P.233参照）。

06 動画や画像の背景を置き換える方法を理解する

動画や画像などの背景を書き換えるには、「クロマキー」や「カラーキー」「ルミナンスキー」などの機能を利用して背景を透明化します。

背景を透明化するには？

「クロマキー」や「カラーキー」「ルミナンスキー」といった機能を利用すると、指定した色や色の輝度などを基準して、その部分を透明化できます。これらの機能を利用すると、たとえば、人物だけ残して、別の背景に置き換えるといったことができます。「クロマキー」「カラーキー」「ルミナンスキー」は、それぞれ透明化する基準対象が異なります。透明化させたい対象によって、これらの機能を使い分けてください。

クロマキー

「クロマキー」は、指定色と似た色を透明化する機能です（P.236 参照）。

適用前

適用後

カラーキー

「カラーキー」は、指定した色の輝度を基準に透明化する機能です（P.238 参照）。

適用前

適用後

ルミナンスキー

「ルミナンスキー」は、指定した輝度を基準に透明化する機能です（P.240 参照）。

適用前

適用後

07 「クロマキー」で背景を透明化する

「クロマキー」を利用すると、指定色に似た色を透明化できます。「クロマキー」は色指定で利用できることから使いやすく利用頻度の高い透明化方法です。

「クロマキー」を利用する

「クロマキー」を利用して透明化した部分には、その上のレイヤーに配置された画像などが表示されます。「クロマキー」を利用するには、透明化したいオブジェクトの設定ダイアログに［クロマキー］を追加するか、その下のレイヤーで右クリックして表示されるメニューで、［メディアオブジェクトの追加］→［フィルタ効果の追加］から［クロマキー］を追加します。なお、クロマキーでは、白や黒は透明化できません（P.238 参照）。

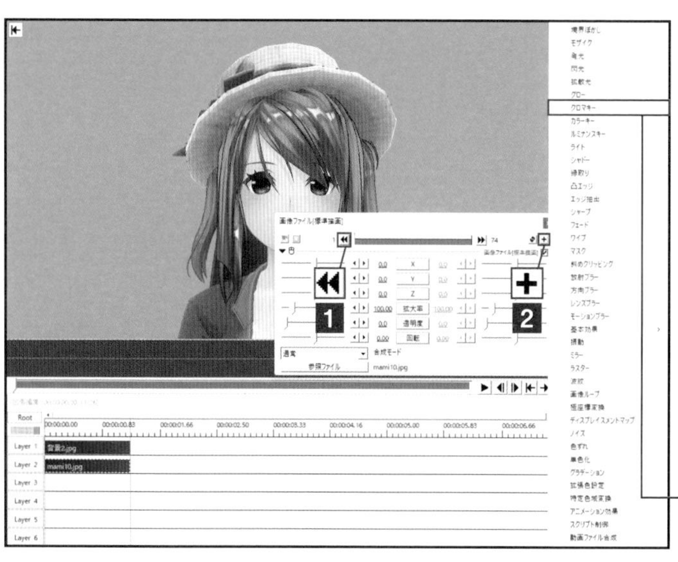

1 「クロマキー」を追加する

Layer1 に透明化後の背景、Layer2 に背景を透明化したい動画または画像（ここでは「画像」）のオブジェクトを配置し、背景を透明化したい動画または画像のオブジェクト（ここでは Lyaer2）の設定ダイアログを開いておきます。⏪をクリックして**1**、対象オブジェクトの先頭にカーソル（赤い縦棒）を移動します。＋をクリックして**2**、表示されるメニューから［クロマキー］をクリックします**3**。

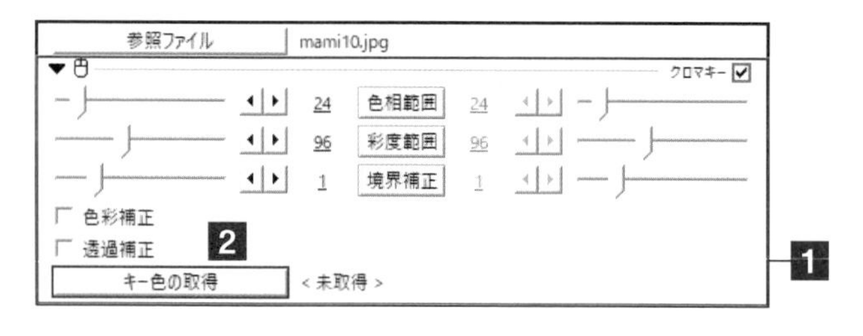

2 「クロマキー」の設定を開始する

［クロマキー］が設定ダイアログに追加されます**1**。［キー色の取得］をクリックします**2**。

POINT

［色相範囲］は似た色の範囲の設定です。数値を上げるほど似た色の範囲が広がり、透明化される色の範囲も広がります。逆に数値を下げると範囲が狭まり、より指定色に近い色が透明化されます。［彩度範囲］は、色の鮮やかさの尺度です。数値を上げると範囲が広がり、透明化される彩度の範囲が広がります。逆に小さくすると、範囲が狭まります。

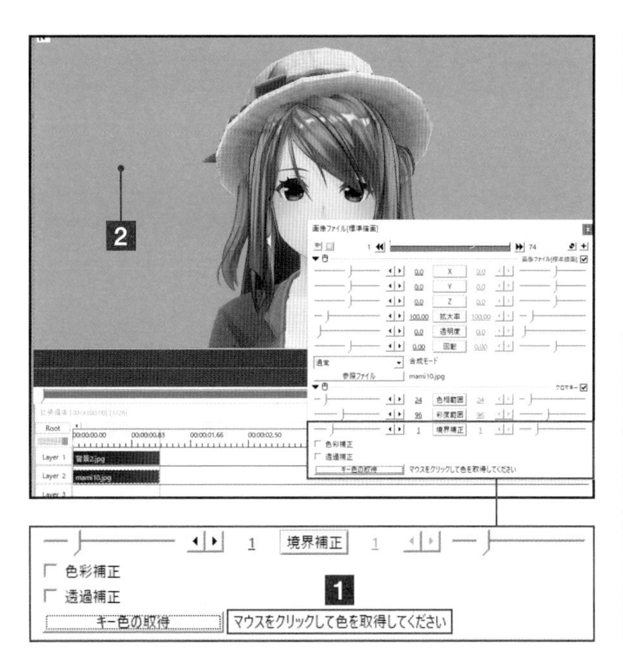

3 「キー色の取得」を行う

[キー色の取得] の右側に「マウスをクリックして色を取得してください」と表示されます1。メインウィンドウ内で透明化したい色（ここでは「緑」背景）をクリックします2。

POINT

残したい対象の中に透明にしたい色と近い色があると、その部分も透明化される場合があります。このようなときは、[色相範囲] や [彩度範囲] の調整を行います。いずれも、項目名左側の 」（トラックヘッド）をドラッグするか、数値をクリックして数値を入力することで調整できます。

POINT

[色彩補正] を [オン] にすると透明化させる色彩を補正します。[透過補正] も同時にオンにすることで、透明化率を増すことができます。

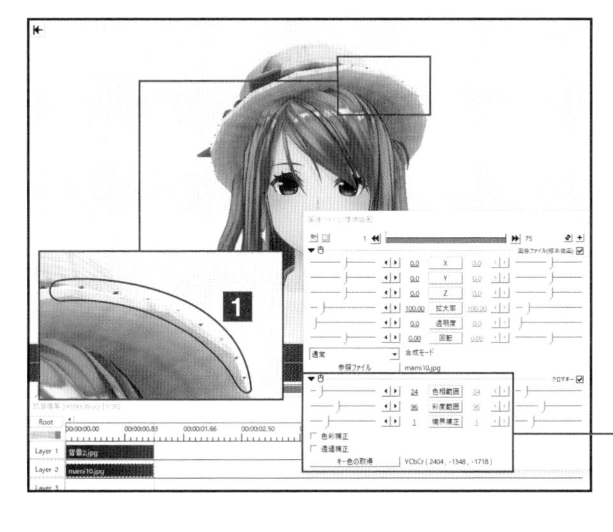

4 背景が透明化される

背景が透明化され、Layer1 に配置した背景に切り変わります。透明化した部分の境界に粗さ1が目立つときは、[境界補正] 左側の 」をドラッグするか、◀ ▶をクリックまたは数値をクリックして数値を入力し、境界部分を調整します2。

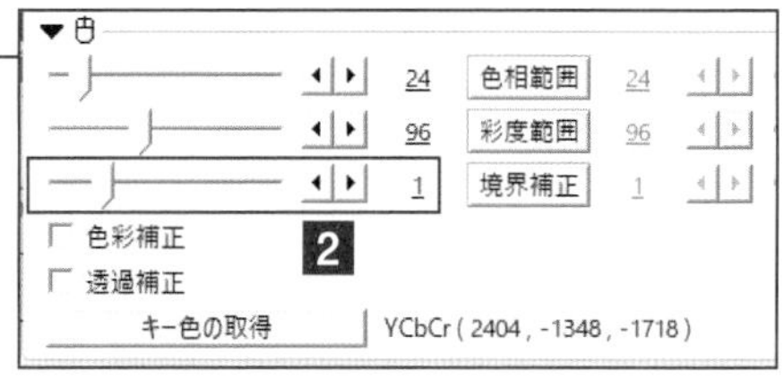

POINT

[境界補正] は透明化する部分と透明化しない部分の境界をより自然な形でみえるように補正します。「0 ～ 5」の範囲で調整でき、数値を大きくすると効果が大きくなります。

08 カラーキーで背景を透明化する

「カラーキー」を利用すると、指定色の輝度を基準に透明化できます。このため、白や黒など「クロマキー」では透明化できなかった色を「カラーキー」では、透明化できます。

「クロマキー」を利用する

「カラーキー」は、指定色の「輝度」を基準に透明化を行います。「クロマキー」は指定色の「色相」を基準に透明化を行いますが、「カラーキー」は「輝度」を基準とする点が異なります。「カラーキー」を利用するには、背景を透明化したいオブジェクトの設定ダイアログに［カラーキー］を追加するか、その下のレイヤーで右クリックして表示されるメニューで、［メディアオブジェクトの追加］→［フィルタ効果の追加］から［カラーキー］を追加します。

1 「カラーキー」を追加する

Layer1 に透明化後の背景、Layer2 に背景を透明化したい動画または画像（ここでは「画像」）のオブジェクトを配置し、背景を透明化したい動画または画像のオブジェクト（ここでは Lyaer2）の設定ダイアログを開いておきます。⏪をクリックして1、対象オブジェクトの先頭にカーソル（赤い縦棒）を移動します。＋をクリックして2、表示されるメニューから［カラーキー］をクリックします3。

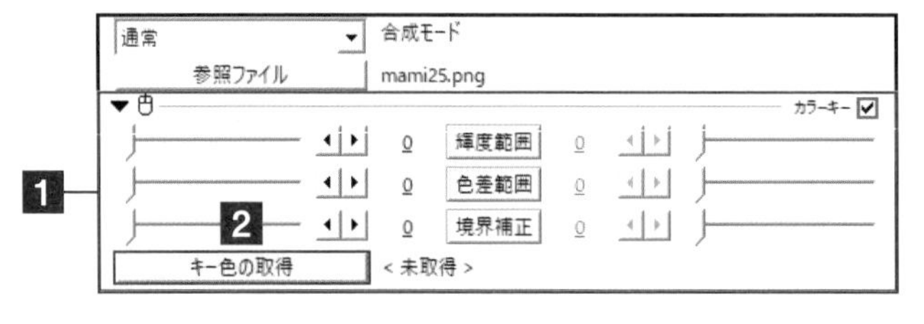

2 「キー色の取得」を行う

［カラーキー］が設定ダイアログに追加されます1。［キー色の取得］をクリックします2。

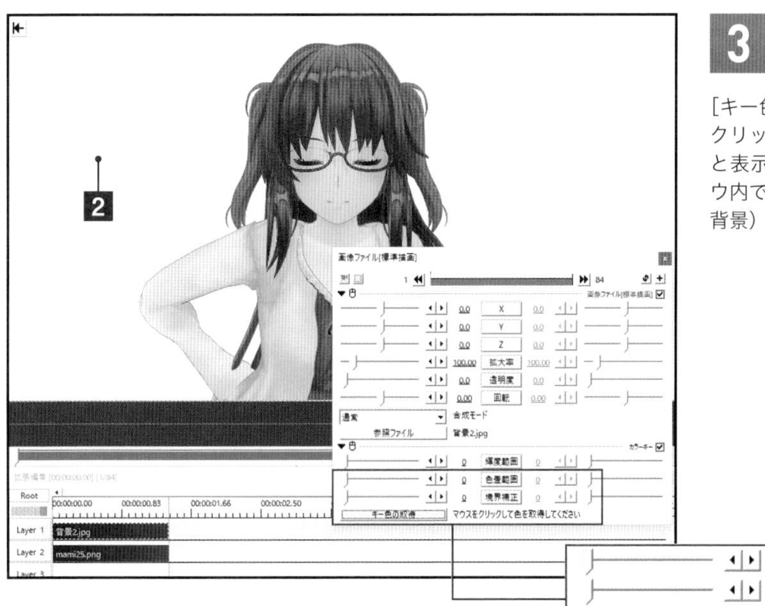

3 透明化したい背景を指定する

［キー色の取得］の右側に「マウスをクリックして色を取得してください」と表示されたら1、メインウィンドウ内で透明化したい色（ここでは「白」背景）をクリックします2。

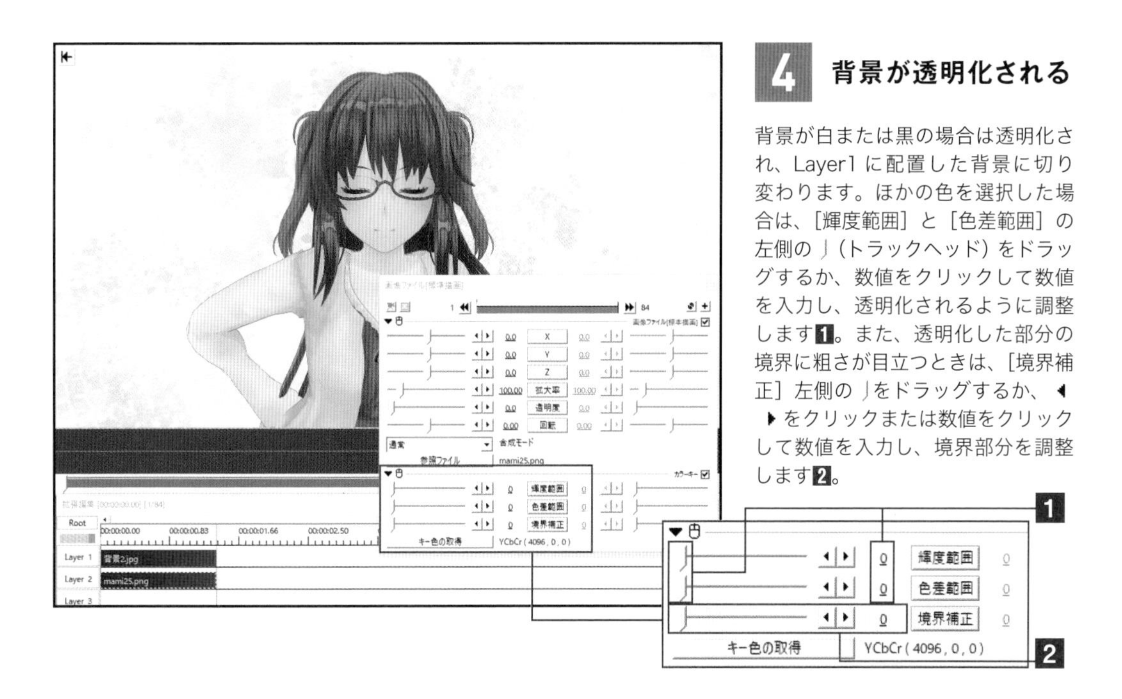

4 背景が透明化される

背景が白または黒の場合は透明化され、Layer1 に配置した背景に切り変わります。ほかの色を選択した場合は、［輝度範囲］と［色差範囲］の左側の 」（トラックヘッド）をドラッグするか、数値をクリックして数値を入力し、透明化されるように調整します1。また、透明化した部分の境界に粗さが目立つときは、［境界補正］左側の 」をドラッグするか、◀ ▶をクリックまたは数値をクリックして数値を入力し、境界部分を調整します2。

POINT

［輝度範囲］と［色差範囲］は、いずれも、項目名左側の（トラックヘッド）をドラッグするか、数値をクリックして数値を入力することで調整できます。［輝度範囲］は透明化する輝度の範囲の設定です。数値を上げるほど範囲が広がり、透明化される範囲も広がります。逆に数値を下げると範囲が狭まります。［色差範囲］は、透明化する色差の範囲の設定です。数値を上げると範囲が広がり、透明化される範囲が広がります。逆に小さくすると、範囲が狭まります。なお、透明化した部分の境界に粗さが目立つときは、［境界補正］を調整します。［境界補正］は透明化する部分と透明化しない部分の境界をより自然な形でみえるように補正します。「0～5」の範囲で調整でき、数値を大きくすると効果が大きくなります。

「ルミナンスキー」で背景を透明化する

「ルミナンスキー」を利用すると、輝度を基準に透明化できます。「ルミナンスキー」は、色は関係なく、特定の輝度よりも明るいか暗いかのみで透明化できます。

「ルミナンスキー」を利用する

「ルミナンスキー」は、しきい値として選択した「輝度」よりも明るいか、暗いかで透明化する機能です。輝度のみを基準とするため、色は関係しません。「ルミナンスキー」を利用するには、背景を透明化したいオブジェクトの設定ダイアログに［ルミナンスキー］を追加するか、その下のレイヤーで右クリックして表示されるメニューで、［メディアオブジェクトの追加］→［フィルタ効果の追加］から［ルミナンスキー］を追加します。

1 「ルミナンスキー」を追加する

Layer1 に透明化後の背景、Layer2 に背景を透明化したい動画または画像（ここでは「画像」）のオブジェクトを配置し、背景を透明化したい動画または画像のオブジェクト（ここでは Layer2）の設定ダイアログを開いておきます。⏪をクリックして**1**、対象オブジェクトの先頭にカーソル（赤い縦棒）を移動します。＋をクリックして**2**、表示されるメニューから［ルミナンスキー］をクリックします**3**。

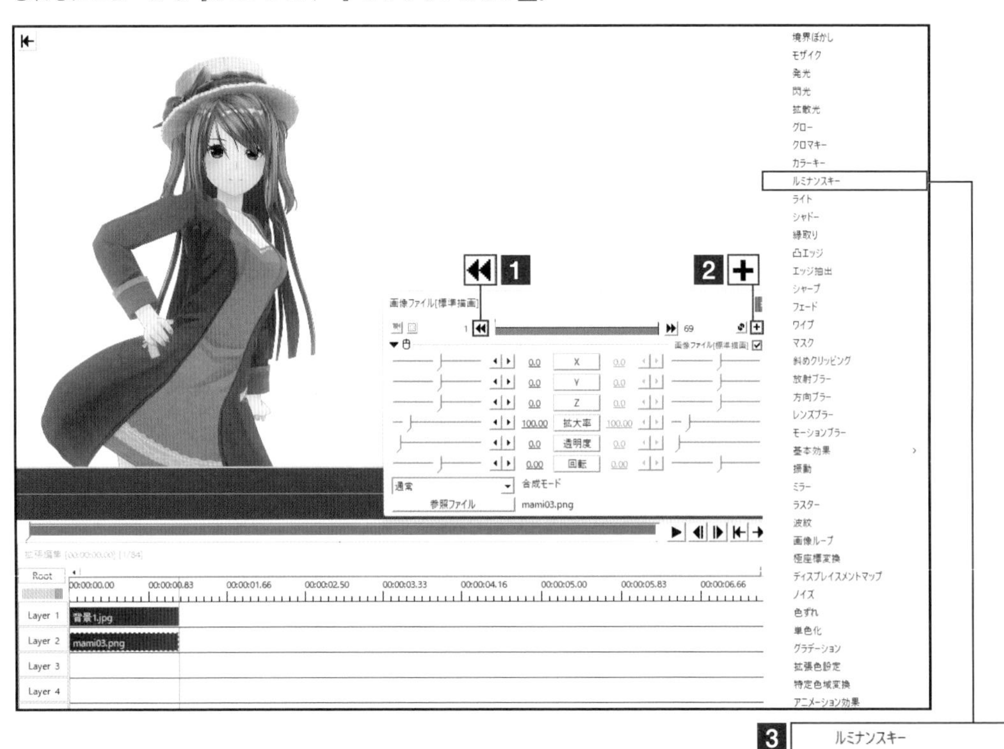

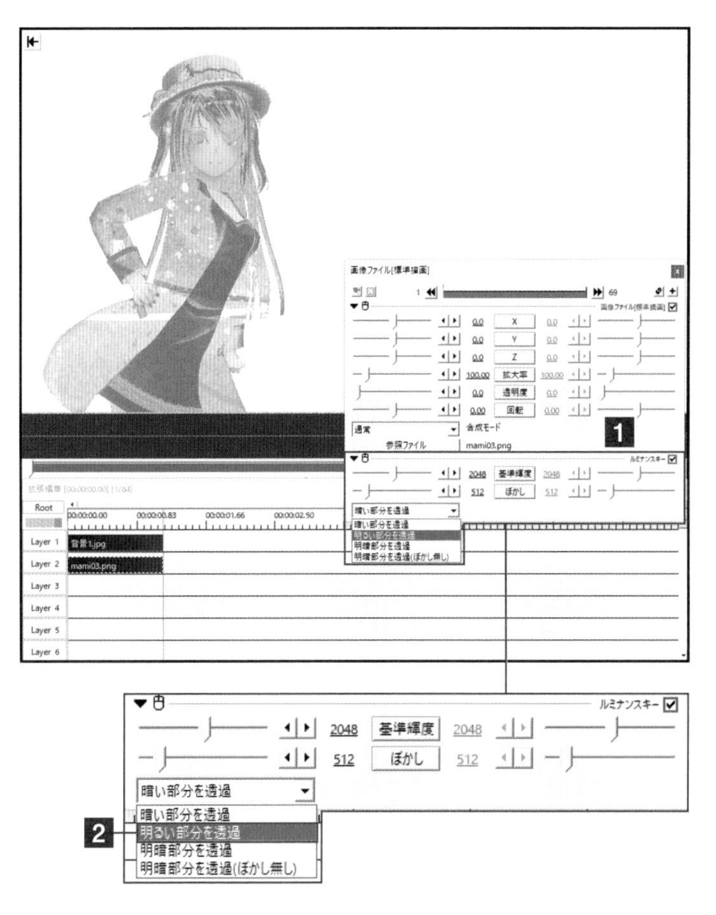

2 透明化条件を選択する

［ルミナンスキー］が設定ダイアログに追加されます**1**。「暗い部分を透過」「明るい部分を透過」「明暗部分を透過」「明暗部分を透過（ぼかし無し）」の中から透過条件（ここでは「明るい部分を透過」）を選択します**2**。

POINT

透明化条件は、「暗い部分を透過」「明るい部分を透過」「明暗部分を透過」「明暗部分を透過（ぼかし無し）」の4種類から選択できます。「暗い部分を透過」は基準輝度より暗い部分、「明るい部分を透過」は基準輝度より明るい部分を透明化します。「明暗部分を透過」は基準輝度の一定範囲を表示し、「明暗部分を透過（ぼかし無し）」は「明暗部分を透過」と同じですが、ぼかしがなくなり、より色がはっきり見えます。

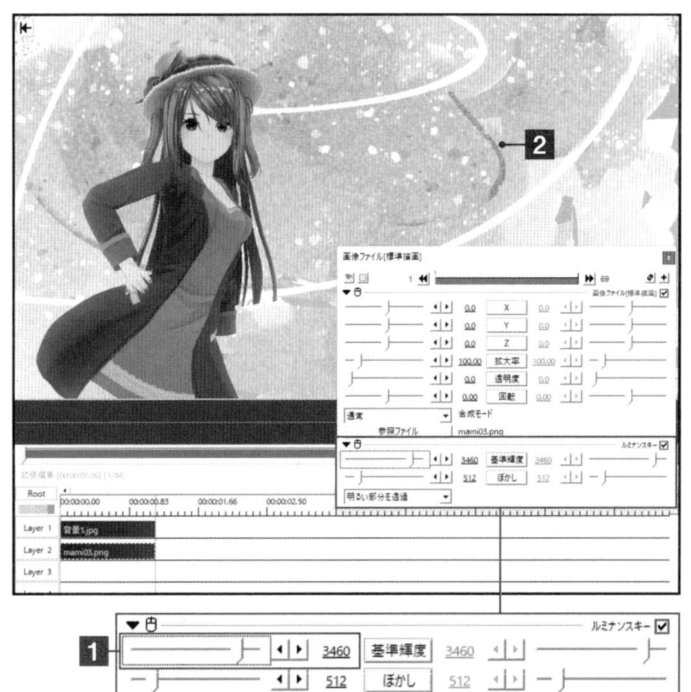

3 基準輝度を調整する

［基準輝度］の左側の ⌋（トラックヘッド）をドラッグするか、数値をクリックして数値を入力して**1**、背景が透明化されるように調整します**2**。必要に応じて［ぼかし］の調整も行います。

POINT

「基準輝度」は透明化のしきい値として利用する輝度です。［ぼかし］は透明化される部分とされない部分の境界となる部分のぼかし範囲の調整です。数値を低くするほど境界がはっきりします。「基準輝度」と「ぼかし」は、いずれも、項目名左側の（トラックヘッド）をドラッグするか、数値をクリックして数値を入力することで調整できます。

10 「カメラ制御」を利用する

「カメラ制御」は、カメラ視点で対象オブジェクトを画面内で動かせる機能です。この機能を利用すると、対象オブジェクトに対して奥行きのある立体効果を施せます。

「カメラ制御」とは

「カメラ制御」を利用すると、対象オブジェクトをカメラで撮影しているような効果を施せます。「カメラ制御」を利用するには、タイムラインに「カメラ制御」を追加します(P.243 参照)。カメラ制御の設定は、カメラの位置とオブジェクトの位置などを俯瞰的に確認する「エディット」モードと実際の再生画像を表示する「カメラ」モードを切り替えながら、対象オブジェクトの位置とカメラの位置を操作することで行います。

「カメラ」モードと「エディット」モード

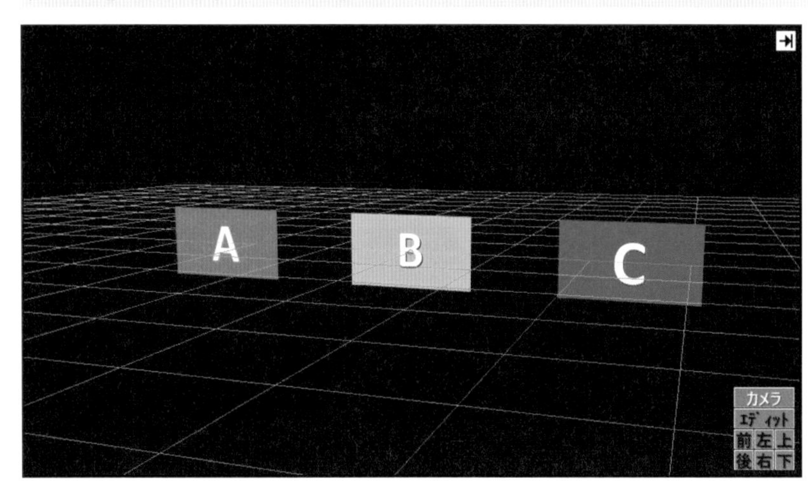

◀「カメラ」モードは実際の画像を表示するモード。カメラ視点の画像が表示されます。

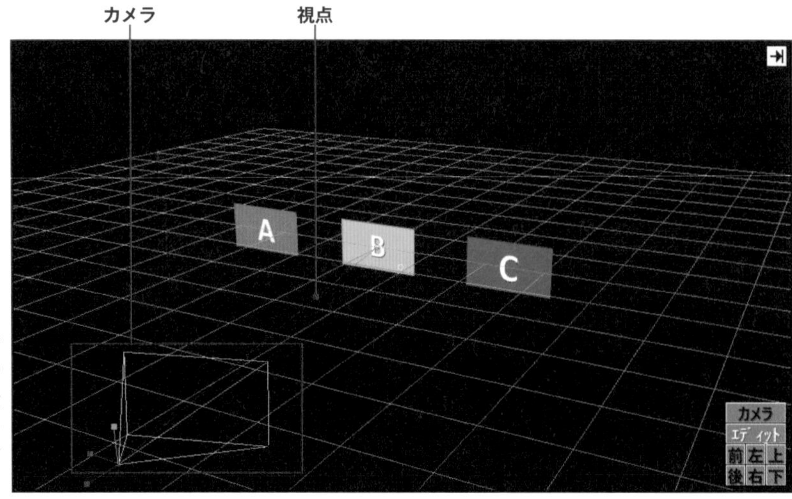

▶「エディット」モードはオブジェクトに対するカメラの位置や動きを俯瞰的に確認しながら設定が行えるモードです。カメラがどのあたりあって、視点はどこかなどを確認できます。

11 「カメラ制御」をレイヤーに追加する

「カメラ制御」を利用するには、レイヤーに「カメラ制御」を追加します。また、「カメラ制御」は、制御対象のオブジェクトの1つ以上の上のレイヤーに配置する必要があります。

「カメラ制御」を追加する

「カメラ制御」をレイヤーに追加するには、レイヤー上で右クリックし、表示されたメニューで、[メディアオブジェクトの追加] から [カメラ制御] → [カメラ制御] をクリックします。また、「カメラ制御」を追加したら、「カメラ制御」の長さを調節して、「カメラ制御」の適用範囲の調整を行います。ここでは、Layer2～4に画像のオブジェクトを配置し、Layer1に「カメラ制御」を追加する方法を例に、説明します。

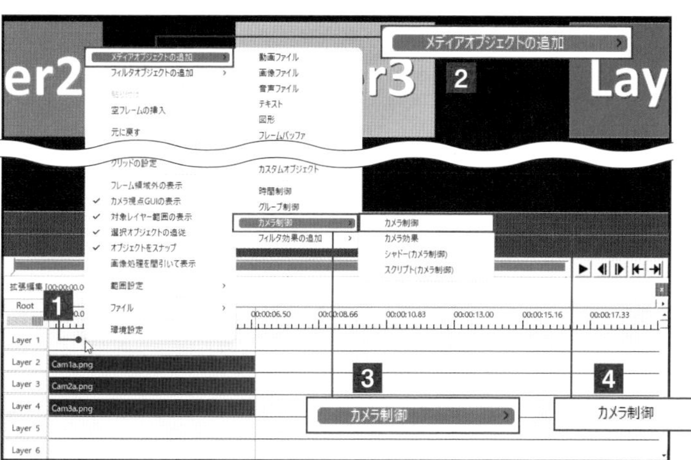

1 「カメラ制御」を追加する

「カメラ制御」を追加したいレイヤー(ここでは [Layer1]) で右クリックし1、表示されたメニューで、[メディアオブジェクトの追加] 2から [カメラ制御]3→[カメラ制御]をクリックします4。

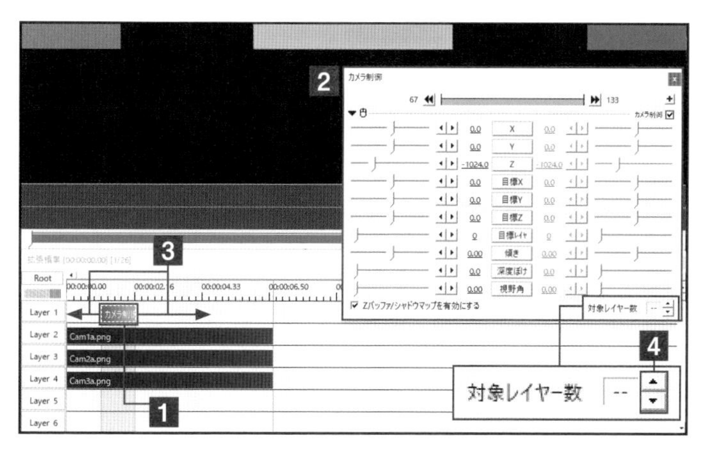

2 「カメラ制御」の長さや位置を調整する

「カメラ制御」がマウスポインターがあった場所に追加され1、そのオブジェクトの設定ダイアログが表示されます2。「カメラ制御」の先頭または後尾をドラッグして長さ(適用範囲)を調整します3。また、「対象レイヤー数」の ▲ や ▼ をクリックすると、対象レイヤー数を設定できます(ここでは、初期値のすべてのレイヤーを選択する [--]) 4。

CHECK!

「カメラ制御」は、レイヤーに追加しただけでは利用できません。オブジェクトを「カメラ制御」の対象に設定することで利用できます(P.244参照)。

オブジェクトをカメラ制御の対象に設定する

「カメラ制御」でオブジェクトを操作するには、対象オブジェクトを制御対象に設定する必要があります。この設定は、対象オブジェクトで行います。

カメラ制御を有効に設定する

オブジェクトをカメラ制御の対象とするには、設定ダイアログの をクリックして にします。また、設定ダイアログを［拡張描画］（P.161 参照）に切り替えることでも自動的にカメラ制御の対象になります。ほかにも、オブジェクトをタイムラインで右クリックして表示されたメニューから［カメラ制御の対象］をクリックすることで制御対象にでき、この操作を再度行うと、［カメラ制御を対象］に✔が付き、カメラ制御が有効になっていることを確認できます。

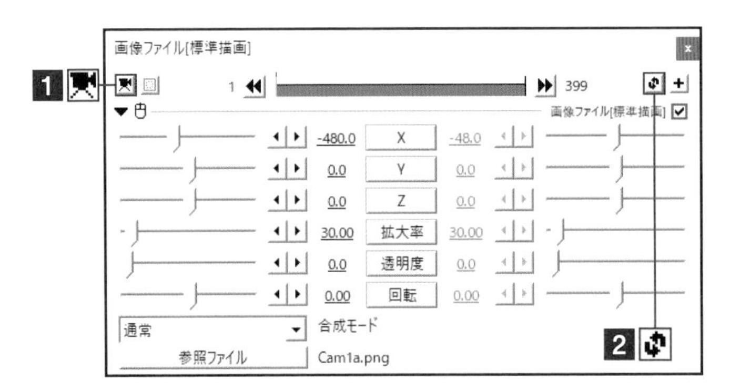

1 カメラ制御を有効にする

カメラ制御を有効にしたいオブジェクトの設定ダイアログを開きます。 をクリックして にすると1、カメラ制御が有効になります。また、 をクリックして表示されるメニューから［拡張描画］をクリックすることでも2、カメラ制御が有効になります。

2 カメラ制御を確認する

手順1でカメラ制御を有効にしたオブジェクトをタイムラインで右クリックすると、［カメラ制御の対象］の左側に✔が付き、カメラ制御が有効になっていることを確認できます。カメラ制御の対象としたいオブジェクトが複数ある場合は、手順1の操作を対象としたいオブジェクトすべてで行います。

POINT

カメラ制御を無効にしたいときは、設定ダイアログの をクリックして にするか、タイムラインで右クリックして表示されるメニューから［カメラ制御の対象］をクリックして✔を外すと無効になります。また、設定ダイアログの［対象レイヤー数］を変更すると、制御の対象とするレイヤーの数を設定できます（初期値はすべて）。

13 カメラ制御の操作モードを切り替える

「カメラ制御」には、「カメラ」モードと「エディット」モードの2種類のモードがあります。「カメラ」制御では、この2つのモードを切り替えながら効果の調整を行えます。

操作モードを切り替える

「カメラ制御」で利用する「カメラ」モードは、カメラ視点の表示／調整モードです(P.246参照)。「エディット」モードは、オブジェクトに対するカメラの位置やそのフレームでの視点などを確認できる表示／調整モードです(P.248参照)。「カメラ」モードと「エディット」モードの切り替えは、メインウィンドウ右下の「カメラ視点GUI」で行います。「カメラ視点GUI」が表示されないときは、タイムラインを右クリックして表示されるメニューから［カメラ視点GUIの表示］をクリックします。

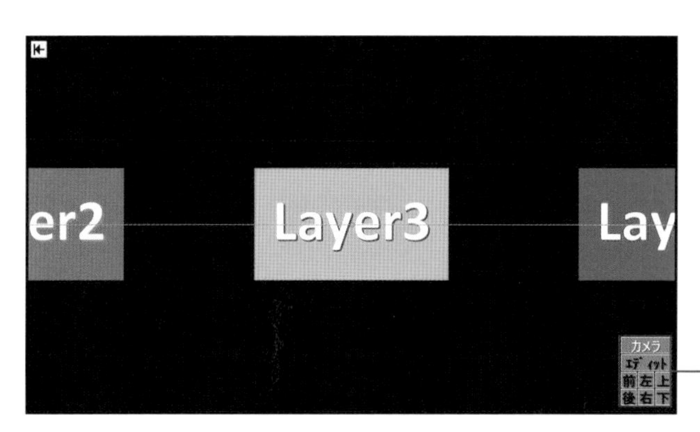

1 操作モードを切り替える

「カメラ」モードでは、メインウィンドウの右下に表示されている「カメラ視点GUI」の［エディット］をクリックします。

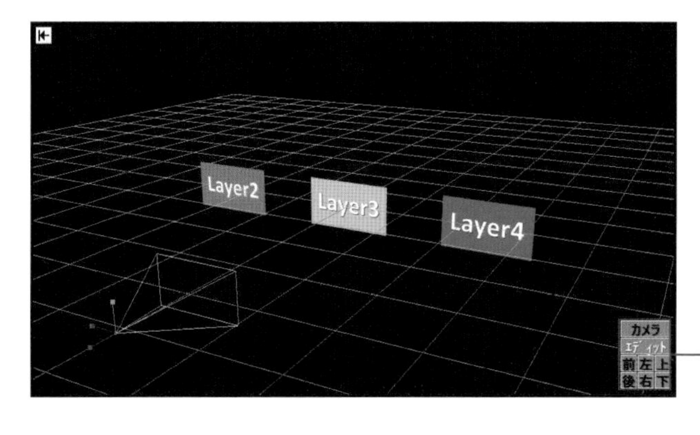

2 「エディット」モードに切り替わる

メインウィンドウの表示が「エディット」モードに切り替わります。メインウィンドウの右下に表示されている「カメラ視点GUI」の［カメラ］をクリックすると、「カメラ」モードに切り替わります。

POINT

初回操作時などカメラの位置や対象オブジェクトの位置を変更していないときは、モードを切り替えても見た目は同じ画面が表示されます。これは、原点と呼ばれる視点の中心を正面からみたときの画面が表示されるためです。また、「カメラ視点GUI」の［前］［後］［左］［右］［上］［下］をクリックすると、タイムラインで選択中のオブジェクトをクリックした方向から見たときの画面が表示されます。

「カメラ」モードで見え方を調整する

「カメラ」モードでは、実際に表示される画面を見ながら、マウスのドラッグ操作によってカメラの位置や対象オブジェクトの位置調整を行えます。

「カメラ」モードで調整する

「カメラ」モードでの調整は、対象オブジェクトを撮影する感覚で行います。撮影する視点の初期値は「原点」と呼ばれるX軸(横方向)、Y軸(縦方向)、Z軸(奥行方向)の座標がすべて「0」の「0(X).0(Y).0(Z)」の位置です。また、「カメラ」モードではカメラと(撮影)対象オブジェクトの位置を変更できます。位置変更を行うオブジェクトの切り替えは、タイムラインのオブジェクトをクリックすることで行え、(撮影)対象オブジェクトのみ画面内のオブジェクトをクリックすることでも行えます。

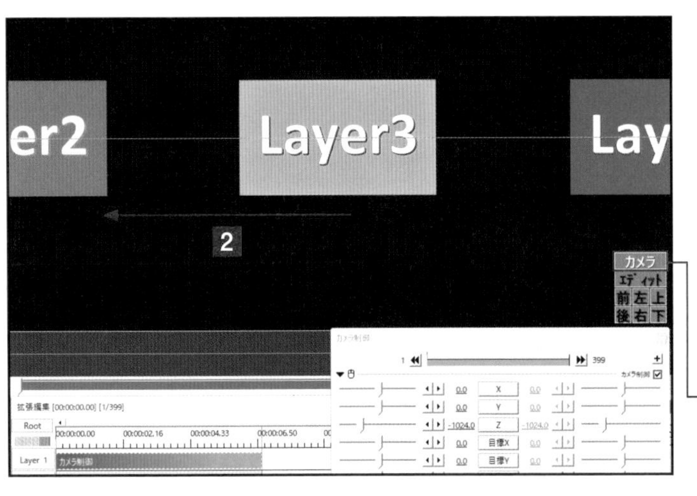

1 カメラの位置を左右に移動させる

「カメラ制御」の設定ダイアログを表示し、「カメラ」モードで表示しておきます 1 (P.245参照)。メインウィンドウ内の(撮影)対象オブジェクト以外の場所をマウスの右ボタンを押しながら右または左方向(ここでは「左方向」)にドラッグします 2。

カメラや(撮影)対象オブジェクト移動方法

移動の種類	操作方法
カメラの右移動	マウスの右ボタンを押しながら左にドラッグ。
カメラの左移動	マウスの右ボタンを押しながら右にドラッグ。
カメラの上移動	マウスの右ボタンを押しながら下にドラッグ。
カメラの下移動	マウスの右ボタンを押しながら上にドラッグ。
カメラと対象物との距離(奥行き)	Ctrlキーを押しながら、マウスの右ボタンを押して前(画面内では上方向)に動かすと距離が縮まり、うしろ(画面内では下方向)に動かすと距離が開く。
(撮影)対象オブジェクトの左／右移動	左にドラッグで左移動、右にドラッグで右移動。(撮影)対象オブジェクトを画面内でクリックまたはタイムラインでクリックして表示される「赤」の線をドラッグで左右に水平移動。
(撮影)対象オブジェクトの上／下移動	上にドラッグで上移動、下にドラッグで下移動。(撮影)対象オブジェクトを画面内でクリックまたはタイムラインでクリックして表示される「緑」の線をドラッグで上下に垂直移動。
(撮影)対象オブジェクトとカメラの距離(奥行き)	(撮影)対象オブジェクトを画面内でクリックまたはタイムラインでクリックしてして表示される「青」の線を前(画面内では上方向)にドラッグすると距離が縮まり、うしろ(画面内では下方向)にドラッグと距離が開く。

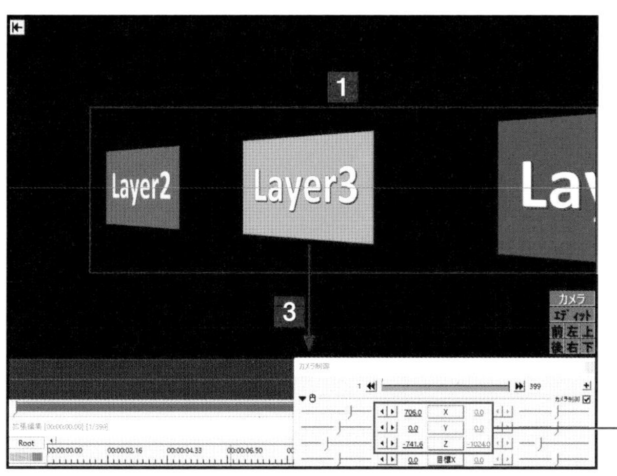

2 カメラの位置を右または左に移動する

カメラの位置が右または左方向（ここでは「右方向」）に移動し、マウスをドラッグした方向（ここでは「左方向」）から見た画面になります**1**。また、カメラの位置が移動したため設定ダイアログの［X］［Y］［Z］の座標の数値も変わります**2**。マウスの右ボタンを押しながら上または下方向（ここでは「下方向」）にドラッグします**3**。

2		
706.0	X	0.0
0.0	Y	0.0
-741.6	Z	-1024.0

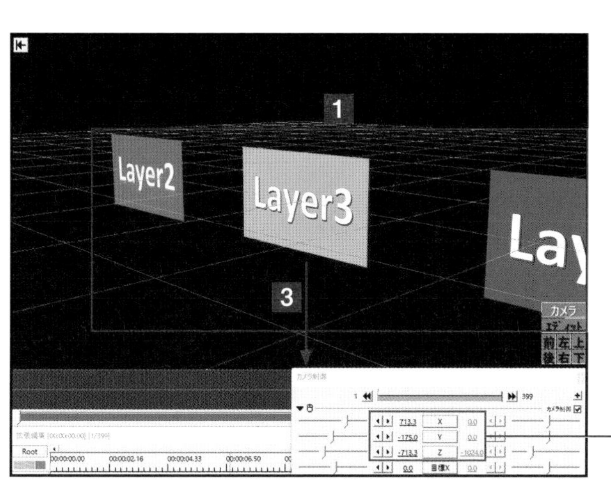

3 カメラの位置が上または下に変更される

カメラの位置が上または下方向（ここでは「上方向」）に変更され、マウスをドラッグした方向から見た画面（ここでは「下向きに見下ろす画面」）になります**1**。また、カメラの位置が移動したため設定ダイアログの［X］［Y］［Z］の座標の数値も変わります**2**。Ctrlキーを押しながらマウスの右ボタンを押して上または下方向（ここでは「下方向」）にドラッグします**3**。

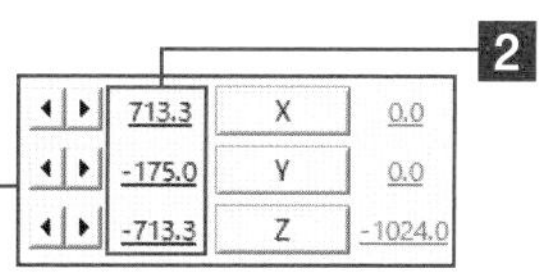

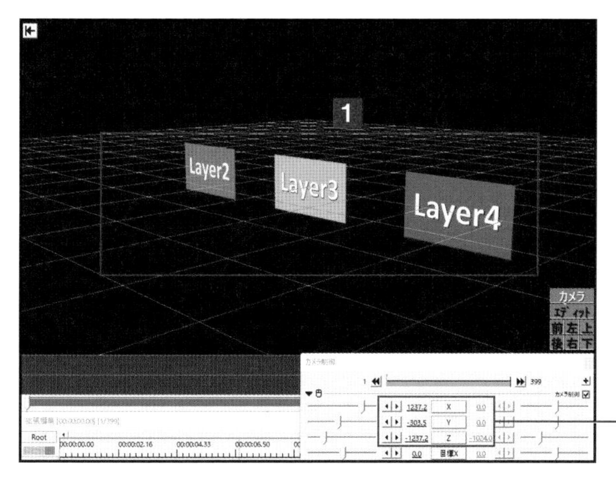

4 カメラが対象オブジェクトから遠のく

カメラの位置が対象オブジェクトに近づいたり遠のいたりします（ここでは、「遠のく」）**1**。また、カメラの位置が移動したため設定ダイアログの［X］［Y］［Z］の座標の数値も変わります**2**。

2		
1237.2	X	0.0
-303.5	Y	0.0
-1237.2	Z	-1024.0

POINT

ここでは、マウスのドラッグ操作でカメラの位置を変更していますが、カメラの位置は、カメラ制御の設定ダイアログの［X 軸］［Y 軸］［Z 軸］の左側の数値をクリックして、座標を直接入力することでも変更できます。また、［X 軸］［Y 軸］［Z 軸］にそれぞれ「0」「0」「-1024」を設定すると初期値のカメラ位置に戻せます。

「エディット」モードで位置関係を把握しながら調整する

「エディット」モードでは、カメラと対象オブジェクトの位置関係を確認しながら、マウスのドラッグ操作によってカメラの位置や対象オブジェクトの位置調整を行えます。

「エディット」モードで調整する

「エディット」モードでの調整は、実際に表示される画面は確認できませんが、カメラと対象オブジェクトの位置関係を把握しながら調整を行えます。また、「エディット」モードには、カメラと対象オブジェクトの位置関係の表示の仕方を調整する操作と、カメラやオブジェクトの位置を調整する操作があります。位置操作の対象の変更は、タイムラインのオブジェクトをクリックすることで行え、(撮影)対象オブジェクトのみ画面内のオブジェクトをクリックすることでも行えます。

「エディット」モードでの調整方法

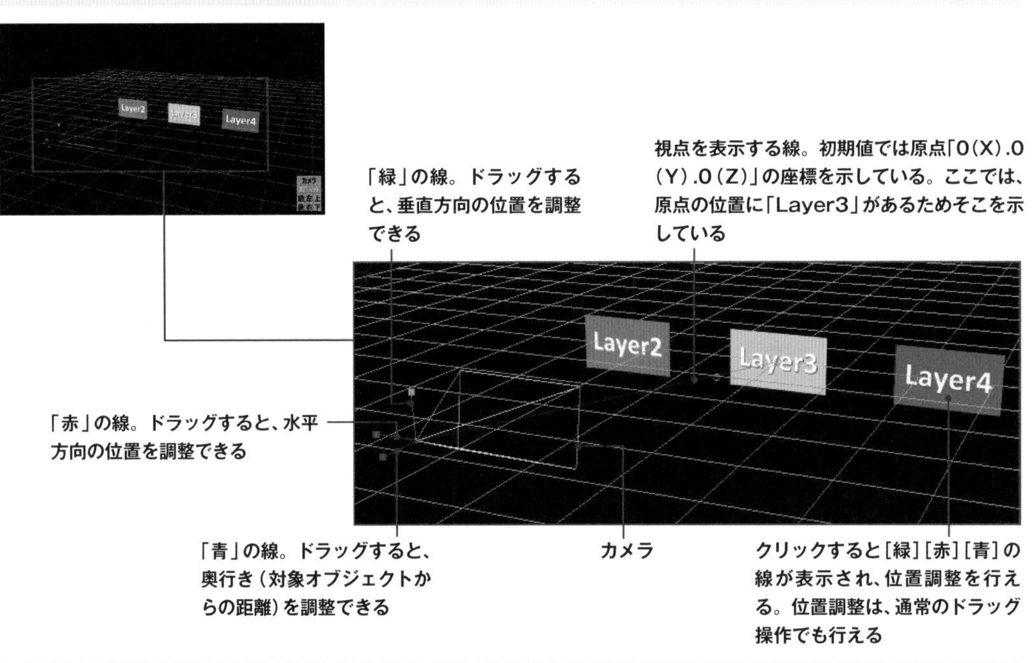
Layer2
Layer3
Layer4
「緑」の線。ドラッグすると、垂直方向の位置を調整できる
視点を表示する線。初期値では原点「0(X).0(Y).0(Z)」の座標を示している。ここでは、原点の位置に「Layer3」があるためそこを示している
「赤」の線。ドラッグすると、水平方向の位置を調整できる
「青」の線。ドラッグすると、奥行き(対象オブジェクトからの距離)を調整できる
カメラ
クリックすると[緑][赤][青]の線が表示され、位置調整を行える。位置調整は、通常のドラッグ操作でも行える

表示の仕方の調整操作

表示の種類	操作方法
右側に立って左をみるように移動	マウスの右ボタンを押しながら左にドラッグ。
左側に立って右をみるように移動	マウスの右ボタンを押しながら右にドラッグ。
上から下にみるように移動	マウスの右ボタンを押しながら下にドラッグ。
下から上にみるように移動	マウスの右ボタンを押しながら上にドラッグ。
拡大／縮小	Ctrl キーを押しながら、マウスの右ボタンを押して前(画面内では上方向)に動かすと拡大、うしろ(画面内では下方向)に縮小。
カメラ／オブジェクトの全体位置の移動	Shift キーを押しながら、マウスの右ボタンを押してドラッグ。

「エディット」モードでカメラの位置を調整する

ここでは、カメラの位置を調整する方法を説明します。Layer2～4にLayer名が表示される画像のオブジェクトを配置し、カメラの位置などは事前に説明しやすいように調整しています。また、表示の仕方の調整は、「カメラ」モードと同様の操作方法で行えます(P.246参照)。

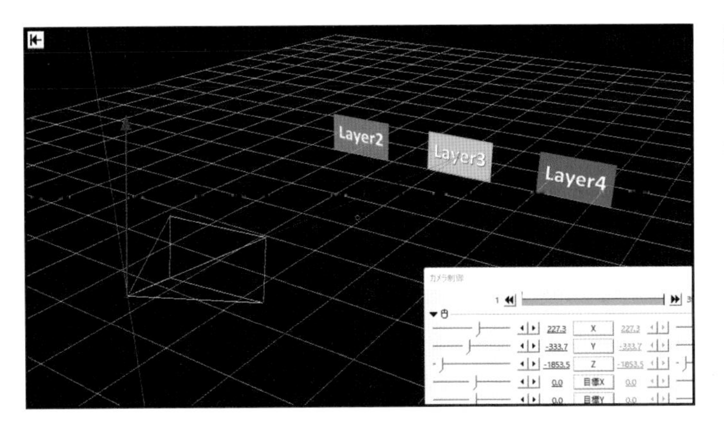

1 カメラを垂直方向に調整する

「カメラ制御」の設定ダイアログを表示し、「エディット」モードで表示しておきます(P.245参照)。メインウィンドウ内のカメラからの伸びている「緑」の線の緑の■の上でマウスの左ボタンを押すと、長い線が表示されるのでそのまま上または下方向にドラッグします（ここでは上方向にドラッグ)。

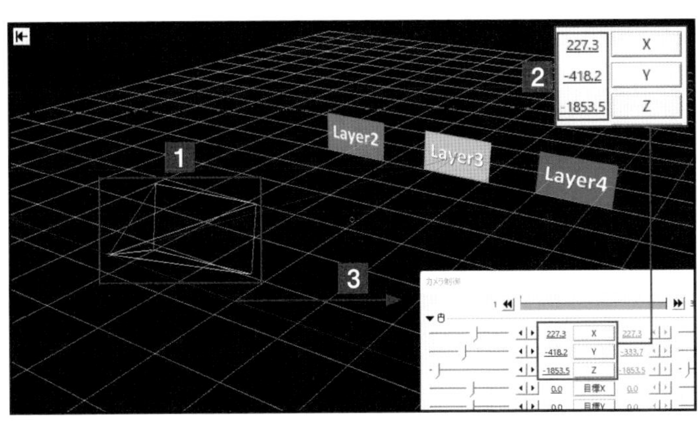

2 カメラを水平方向に調整する

カメラの位置が上または下（ここでは「上」）に移動します1。また、カメラの位置が移動したため設定ダイアログの［X］［Y］［Z］の座標の数値も変わります2。メインウィンドウ内のカメラから伸びている「赤」の線の赤の■の上でマウスの左ボタンを押すと、長い線が表示されるのでそのまま右または左方向にドラッグします（ここでは右方向にドラッグ）3。

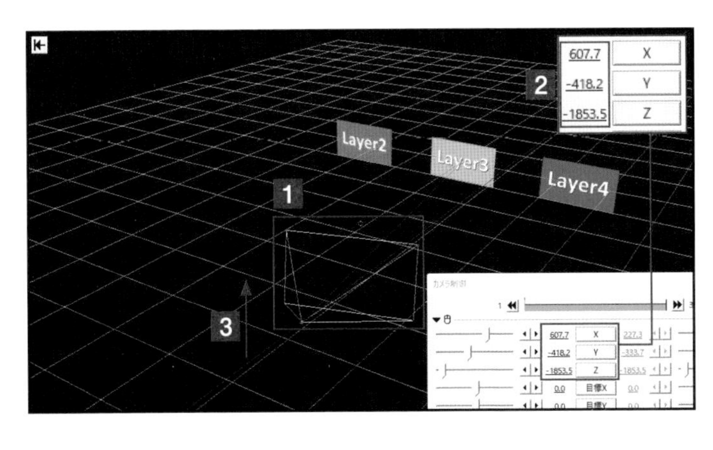

3 カメラとオブジェクトの距離を調整する

カメラの位置が右または左（ここでは「右」）に移動します1。また、カメラの位置が移動したため設定ダイアログの［X］［Y］［Z］の座標の数値も変わります2。メインウィンドウ内のカメラからの伸びている「青」の線の青の■の上でマウスの左ボタンを押すと、長い線が表示されるのでそのまま上または下方向にドラッグすると、カメラとオブジェクトの距離を変更できます3。

POINT

ここで行った操作でカメラの位置を移動させると、「カメラ制御」の設定ダイアログの［X］［Y］［Z］の座標の数値も変わりますが、「エディット」モードで表示の仕方の調整（右ボタンを押したままドラッグ）のみを行った場合は、表示の仕方が変わるだけでカメラは移動しません。

16 カメラの視点を変更する

「カメラ制御」では、カメラの視点を変更できます。視点は、目標とする座標を変更できるほか、レイヤーを指定することもできます。

視点を変更する

「カメラ制御」におけるカメラの視点の初期値は、「0(X).0(Y).0(Z)」の「原点」と呼ばれる座標です。視点の変更は、この原点からどれだけ座標をずらすかで設定します。この設定は、「カメラ制御」の設定ダイアログの［目標X］［目標Y］［目標Z］で行います。［目標X］は水平方向(負の数字で左、正の数字で右)、［目標Y］は垂直方向(負の数字で上、正の数字で下)、［目標Z］は奥行き(負の数字で手前、正の数字で奥)の設定です。また、カメラの視点は、特定レイヤーを対象にすることもできます(下のPOINT参照)。

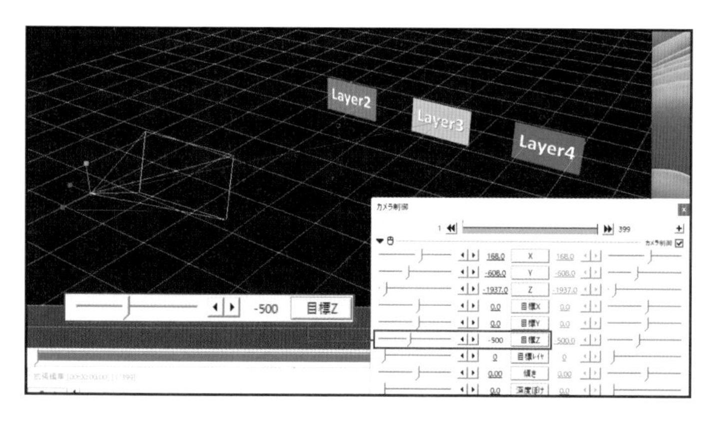

1 カメラの視点の座標を入力する

「カメラ制御」の設定ダイアログを表示し、「エディット」モードで表示しておきます。設定ダイアログの［目標X］［目標Y］［目標Z］の左側の┘（トラックヘッド）をドラッグするか、数値をクリックして座標を入力します。ここでは、［目標Z］の左側の数値をクリックし、数値（ここでは「-500」）を入力します。

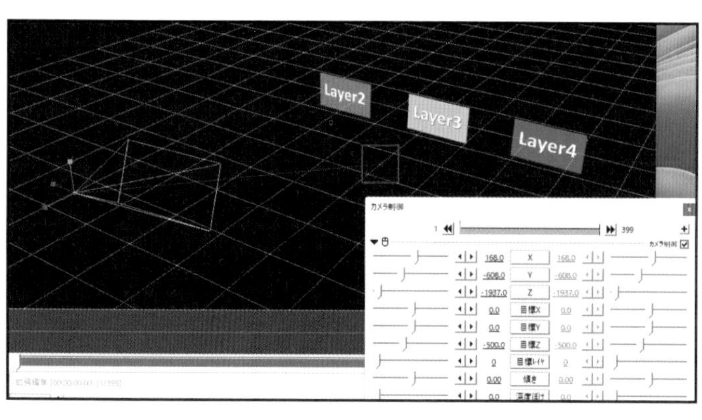

2 カメラの視点が変更される

カメラから伸びている視点を示す赤い線が手前に移動し、視点が移動したことがわかります。

POINT

視点の対象を特定レイヤーに設定すると、カメラはそのレイヤーにあるオブジェクトを常に追い続けます。視点の対象を特定レイヤーにするときは、手順1で設定ダイアログの［目標レイヤ］の左側で設定します。レイヤーの番号を「0（初期値）」にすると原点、「カメラ制御」を配置したレイヤーに設定すると、カメラは正面まま固定されます。また、レイヤーを視点の対象にすると、［目標X］［目標Y］［目標Z］の設定の基準は対象レイヤーのオブジェクトの座標に変更されます。

カメラの視野角や深度ぼけを調整する

「カメラ制御」では、カメラの視野角を狭めたり、逆に広めたりできます。また、視点よりも手前や奥にあるオブジェクトにぼかしを入れられます。

視野角や深度ぼけを調整する

カメラの視野角は、「カメラ制御」の設定ダイアログの［視野角］で調整できます。数値は小さいほど視野角が狭くなり、大きくするほど視野角が広くなり、カメラのズームのような使い方ができます。深度ぼけは、「カメラ制御」の設定ダイアログの［深度ぼけ］で調整できます。数値を大きくするほど視点よりも手前や奥のオブジェクトのぼけが強くなり、数値を小さくするとぼけが小さくなります。ここでは、調整結果がわかりやすい「カメラ」モードで、調整方法を説明します。

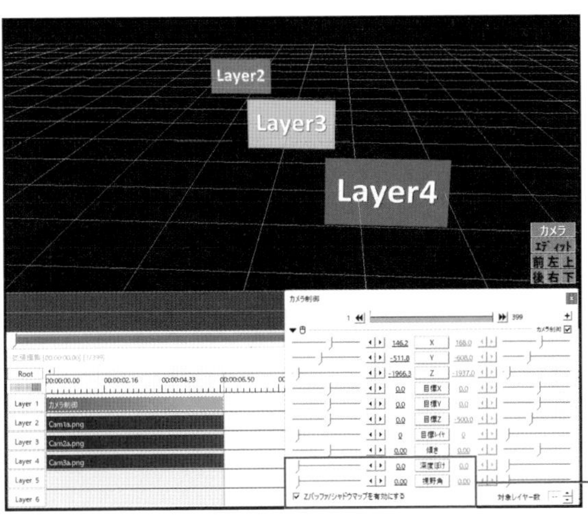

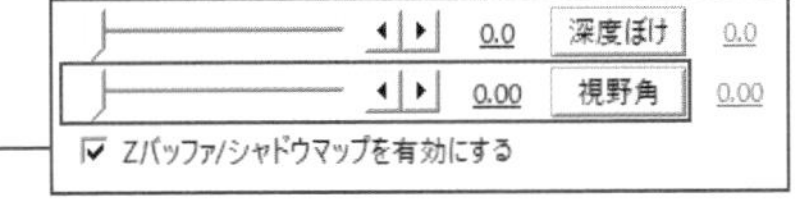

1 視野角を調整する

「カメラ制御」の設定ダイアログを表示し、「カメラ」モードで表示しておきます。設定ダイアログの［視野角］の左側の 」（トラックヘッド）をドラッグするか、数値をクリックして数値を入力します。

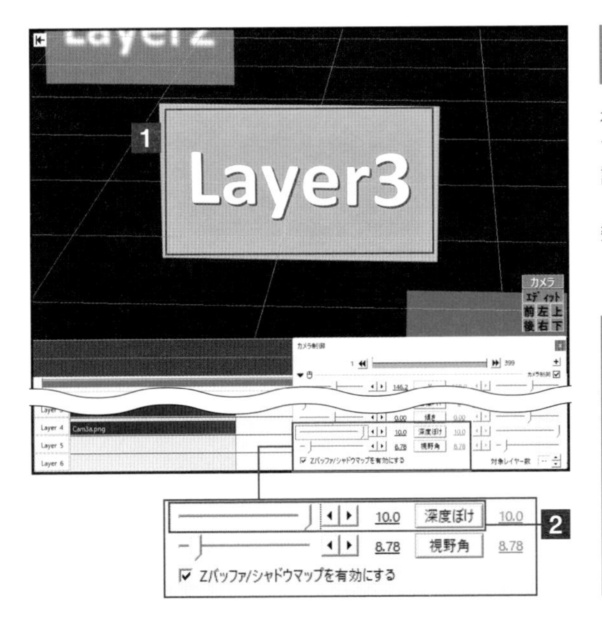

2 深度ぼけを調整する

視野角が変わります。ここでは、視野角を狭めたので表示される画像がズームアップされています**1**。設定ダイアログの［深度ぼけ］の左側の 」（トラックヘッド）をドラッグするか、数値をクリックして数値を入力すると**2**、視点よりも手前や奥のオブジェクトがぼけます。

POINT

設定ダイアログの［傾き］を利用すると、カメラの傾きを調整できます。天地を逆にしたり、意図的に傾けたり、カメラ自体を回転させたいときなどに利用します。［傾き］左側の 」（トラックヘッド）をドラッグするか、数値を入力すると調整できます。

オブジェクトに手ぶれ効果を施す

「カメラ効果」を利用すると、対象オブジェクトに手ぶれ効果を施せます。この機能は、「カメラ制御」が有効になったオブジェクトでのみ機能します。

手ぶれ効果を施す

「カメラ制御」の設定ダイアログに「カメラ効果」を追加するか、タイムラインを右クリックして表示されたメニューで、[メディアオブジェクトの追加] → [カメラ制御] から [カメラ効果] を追加すると、手ぶれの効果を施せます。手ぶれ効果では、揺れ幅を調整する [振幅]、揺れるときの回転角度の幅を調整する [角度]、オブジェクトの振幅間隔を調整する [間隔] の3つの項目を調整できます。

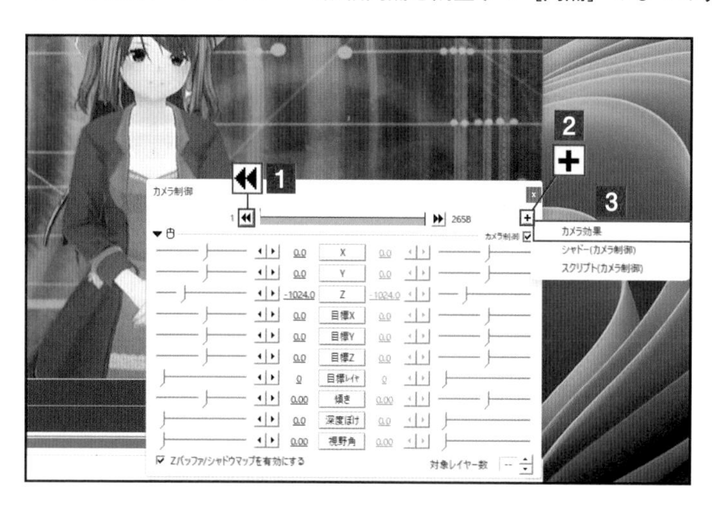

1 「カメラ効果」を追加する

「カメラ制御」の設定ダイアログを表示し、「カメラ」モードで表示しておきます。設定ダイアログの⏮をクリックして1、「カメラ制御」のオブジェクトの先頭にカーソル(赤い縦棒)を移動します。+をクリックして2、表示されるメニューから[カメラ効果]をクリックします3。

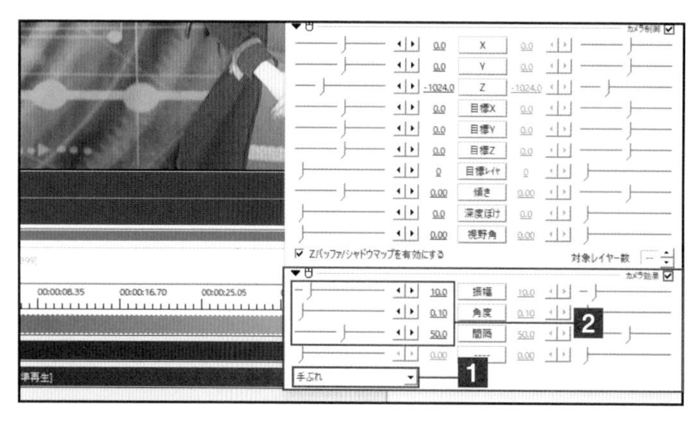

2 手ぶれの効果を調整する

[カメラ効果] が設定ダイアログに追加されます。[手ぶれ] が選択されていることを確認します1、[振幅] [角度] [間隔] などの設定項目左側の」(トラックヘッド)をドラッグするか、数値をクリックして数値を直接入力して2、手ぶれ効果の調整を行います。

POINT

手ぶれの調整項目は、[メディアオブジェクトの追加] から [カメラ効果] をオブジェクトとして追加したときも同じです。なお、[メディアオブジェクトの追加] から [カメラ効果] をオブジェクトとして追加するときは、「カメラ制御」の対象レイヤー内であれば、どのレイヤーに追加してもかまいません。

オブジェクトに影を付ける

「シャドー(カメラ制御)」を利用すると、対象オブジェクトを影を付けられます。この機能は、「カメラ制御」が有効になったオブジェクトでのみ機能します。

影を付ける

[シャドー(カメラ制御)] は、オブジェクトを立体的に表現したときに、そのオブジェクトの影を付ける機能です。「カメラ制御」の設定ダイアログに「シャドー(カメラ制御)」を追加するか、タイムラインを右クリックして表示されたメニューで、[メディアオブジェクトの追加] → [カメラ制御] から [シャドー(カメラ制御)] を追加することで利用できます。ここでは影がわかりやすいように、白の下地を Layer2 に配置し、[シャドー(カメラ制御)] の使い方を説明します。

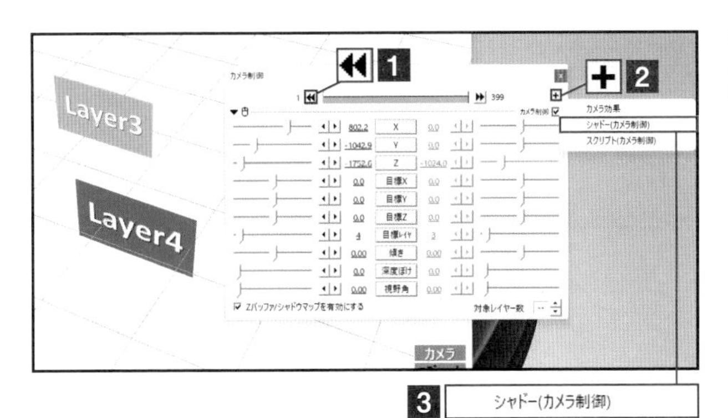

1 「カメラ効果」を追加する

「カメラ制御」の設定ダイアログを表示し、「カメラ」モードで表示しておきます。設定ダイアログの⏮をクリックして1、「カメラ制御」のオブジェクトの先頭にカーソル(赤い縦棒)を移動します。＋をクリックして2、表示されるメニューから[シャドー(カメラ制御)]をクリックします3。

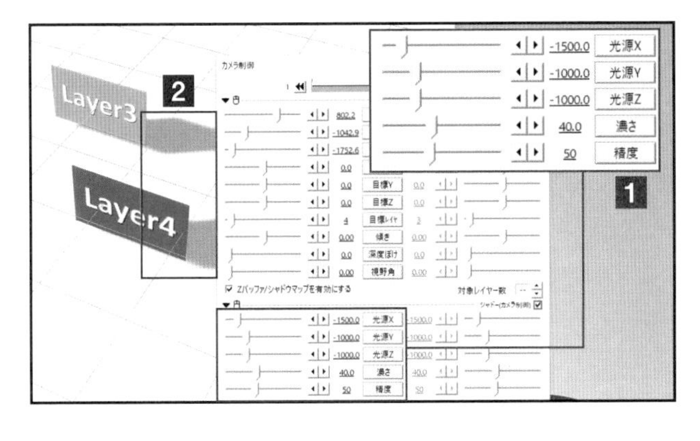

2 影の効果を調整する

[シャドー (カメラ制御)] が設定ダイアログに追加されます。[光源 X] [光源 Y] [光源 Z] [濃さ] [精度] の設定項目左側の 」(トラックヘッド) をドラッグするか、数値をクリックして数値を直接入力して影の効果の調整を行うと1、影が表示されます2。ここでは[光源 X] に「-1500」、[光源 Y] と [光源 Z] に「-1000」、[濃さ] に「40」、[精度] に「50」を設定しています。

POINT

[シャドー (カメラ制御)] の調整項目の [光源 X] [光源 Y] [光源 Z] は、オブジェクトに影を付けるときの光源の位置の設定です。[光源 X] は水平方向 (負の数字で左、正の数字で右)、[光源 Y] は垂直方向 (負の数字で上、正の数字で下)、[光源 Z] は奥行き (負の数字で手前、正の数字で奥) の設定です。[濃さ] は影の濃さの設定です。数値を大きくすると濃くなります。[精度]は、影の精度の設定です。数値を大きくすると、詳細な影になります。なお、影の調整項目は、[メディアオブジェクトの追加] から [シャドー (カメラ制御)] を追加したときも同じです。

20 オブジェクトを常にカメラの方に向ける

「カメラ制御オプション」を利用すると、オブジェクトを常にカメラの方に向けることができます。この機能は、「カメラ制御」が有効になったオブジェクトでのみ利用できます。

オブジェクトをカメラの方に向ける

「カメラ制御オプション」を利用して、オブジェクトをカメラの方向に向ける設定を行うと、そのオブジェクトは常にカメラ目線となり、カメラの位置に追従して向きを変えます。この機能を利用するには、カメラの方向に向けたいオブジェクトの設定ダイアログに「カメラ制御オプション」を追加するか、カメラの方向に向けたいオブジェクトの下のレイヤーに［メディアオブジェクトの追加］→［フィルタ効果の追加］から［カメラ制御オプション］を追加します。

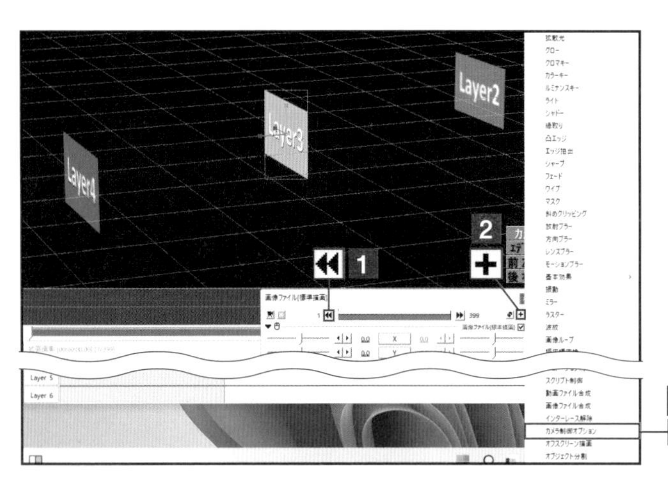

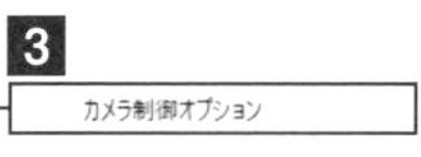

1 「カメラ制御オプション」を追加する

カメラの方向に向けたいオブジェクト（ここでは「Cam2a.png」の設定ダイアログを表示し、「カメラ」モードで表示しておきます。設定ダイアログの⏪をクリックして1、「カメラ制御」のオブジェクトの先頭にカーソル（赤い縦棒）を移動します。＋をクリックして2、表示されるメニューから［カメラ制御オプション］をクリックします3。

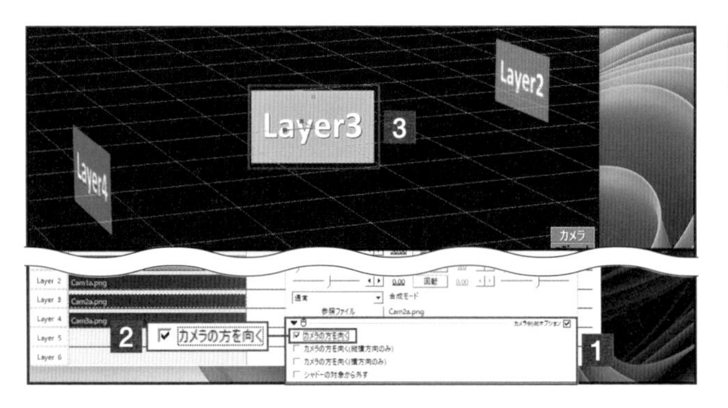

2 オブジェクトをカメラの方に向ける

「カメラ制御オプション」が設定ダイアログに追加されます1。［カメラの方を向く］の□をクリックして☑にすると2、オブジェクトがカメラの方に向きます3。

POINT

手順2で［カメラの方を向く］を選択すると全方位でオブジェクトがカメラの方向に追従します。［カメラの方向を向く（縦横方向のみ）］を選択すると縦または横方向のみ追従します。［カメラの方向を向く（横方向のみ）］を選択すると横方向のみ追従します。また、［シャドーの対象から外す］を選択するとオブジェクトに影を付ける［シャドー（カメラ制御）］の対象からそのオブジェクトを外すことができます。

21 「カスタムオブジェクト」を利用する

「カスタムオブジェクト」は、画面全体に施せる特殊効果を集めたオブジェクトです。15種類の特殊効果が用意され、これらを利用してさまざまな効果を演出できます。

「カスタムオブジェクト」を活用する

「カスタムオブジェクト」を利用すると、「集中線」「走査線」「カウンター」「レンズフレア」「雲」「星」「雪」「雨」「ランダム小物配置(カメラ制御)」「ライン(移動軌跡)」「扇形」「多角形」「周辺ボケ光量」「フレア」「水面」の15種類の中から好みの特殊効果を画面全体に付加できます。「カスタムオブジェクト」を利用するには、[メディアオブジェクトの追加] から [カスタムオブジェクト] を一番下のレイヤーに追加します。

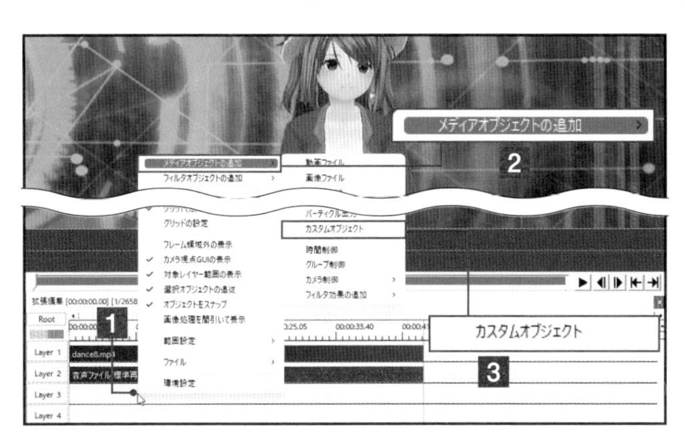

1 「カスタムオブジェクト」を追加する

カスタムオブジェクトを配置したい時間軸の一番下のレイヤーで右クリックし1、表示されたメニューで、[メディアオブジェクトの追加] 2から [カスタムオブジェクト] をクリックします3。

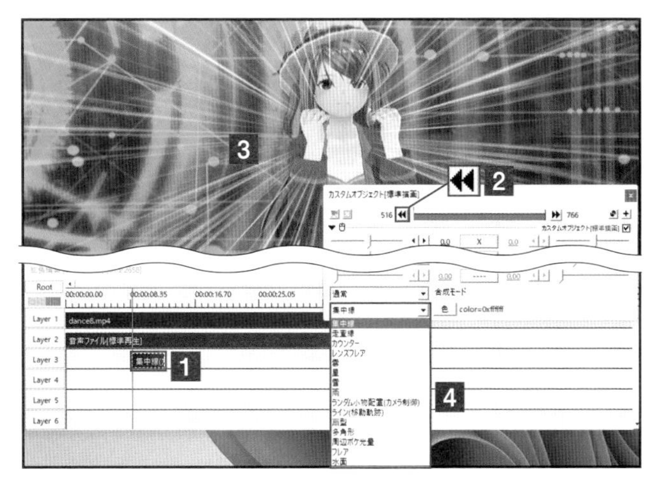

2 特殊効果を選択する

「カスタムオブジェクト」がマウスポインターがあった場所に追加され1、そのオブジェクトの設定ダイアログが表示されます。設定ダイアログの◀◀をクリックして2、「カスタムオブジェクト」の先頭にカーソル(赤い縦棒)を移動すると、初期値の特殊効果(ここでは[集中線])が適用されていることを確認できます3。また、選択中の特殊効果の名称(ここでは[集中線])をクリックすると、メニューが表示され特殊効果を選択できます4。

CHECK!

[カスタムオブジェクト] を追加したレイヤーの下に別のオブジェクトを追加すると、そのオブジェクトによって、付加した特殊効果が表示されなくなる場合があります。[カスタムオブジェクト] は必ず、一番下のレイヤーに配置してください。

22 「カスタムオブジェクト」でカウンターを配置する

「カスタムオブジェクト」を利用すると、簡易的なカウントアップカウンターやカウントダウンカウンターを手軽に作成できます。

カウンターを配置する

「カスタムオブジェクト」でカウンターを作成するには、「カスタムオブジェクト」の設定ダイアログで利用する特殊効果に［カウンター］を選択し、［初期値］［速度］［サイズ］［表示形式］などの設定を行います。［初期値］はカウントを開始する秒数です。［速度］はカウントの速度です。倍速単位で設定し、負の数値でカウントダウンします。［サイズ］はカウンターの表示サイズ、［表示形式］は表示の仕方(下の POINT 参照)の設定です。

1 カウンターの設定を行う

カウンターを表示したいレイヤーに「カスタムオブジェクト」を追加し、長さを 10 秒に調整しておきます。設定ダイアログで特殊効果に［カウンター］を選択します1。［初期値］に秒数（ここでは「10」）を入力します2。［速度］に速度（ここでは「-1」）を入力します3。［サイズ］の ⌡（トラックヘッド）をドラッグするか、数値を入力してカウンターのサイズを調整します4。［表示形式］に形式を数字（ここでは「5」）を入力します5。

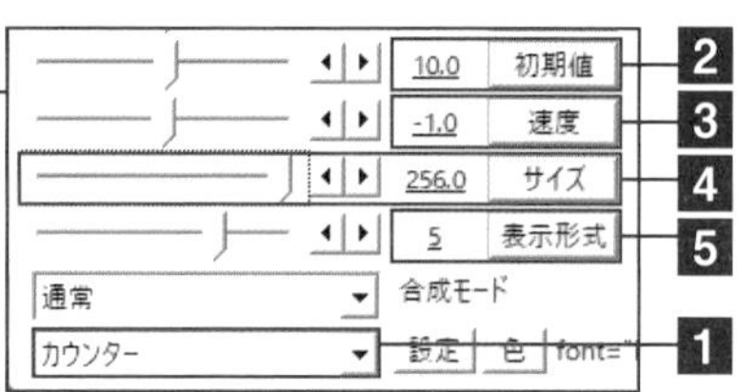

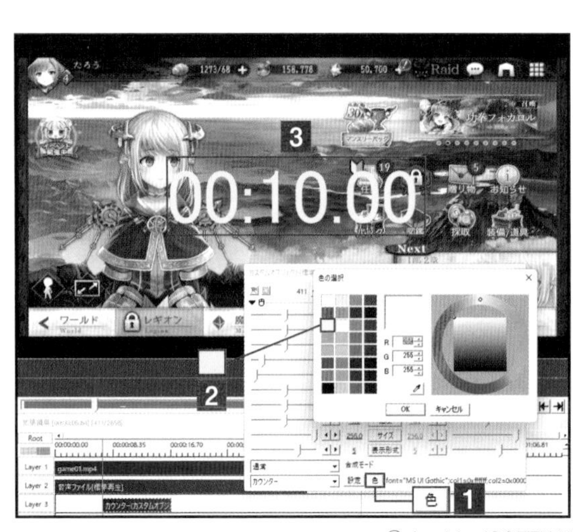

2 カウンターの色を設定する

［色］をクリックします1。「色の選択」画面が表示されるので、カウンターに使用したい色（ここでは［黄色］）をクリックします2。カウンターの色が変更され3、「色の選択」画面が閉じます。

> **POINT**
>
> ［表示形式］は、0 が 1 桁、1 が 2 桁、2 が 3 桁、3 が 4 桁、4 が「00:00」、5 が「00:00.00」、6 が「00:00:00」、7 が「00:00:00.00」の形式で表示します。

設定ダイアログでオブジェクトにアニメーション効果を施す

設定ダイアログに「アニメーション効果」を追加すると、オブジェクトを登場・退場させるとき便利なアニメーション効果などをかんたんに利用できます。

アニメーション効果を活用する

「アニメーション効果」は、全部で 25 種類のアニメーション効果を集めた特殊効果です。全部で 25 種類の特殊効果が用意されています。「アニメーション効果」は、設定ダイアログの ✚ をクリックして表示されるメニュー、または設定ダイアログ内で右クリックして表示されるメニューで［フィルタ効果の追加］から［アニメーション効果］をクリックすることで追加できます。

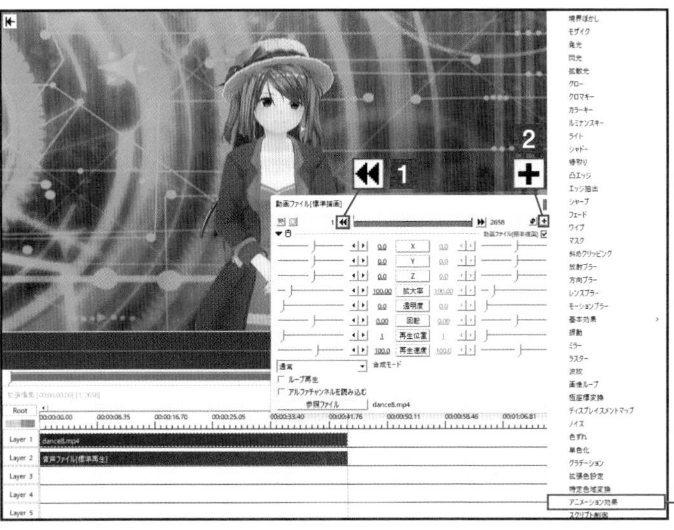

1 「アニメーション効果」を追加する

［アニメーション効果］を施したいオブジェクトの設定ダイアログを表示しておきます。⏪をクリックして1、対象オブジェクトの先頭にカーソル（赤い縦棒）を移動します。✚ をクリックして2、表示されるメニューから［アニメーション効果］をクリックします3。

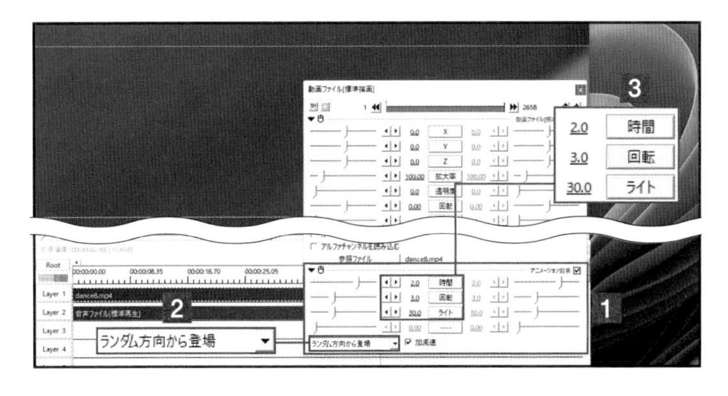

2 利用する効果を選択する

「アニメーション効果」が設定ダイアログに追加されます1。利用する効果（ここでは［ランダム方向から登場］）を選択します2。［時間］や［回転］［ライト］などの項目の調整を行います3。

CHECK!

［○○（個別オブジェクト）］と表示されている効果はテキストオブジェクトでのみ利用できます。また、［○○（カメラ制御］と表示されている効果はカメラ制御の対象オブジェクトでのみ利用できます。

24 オブジェクトを追加してアニメーション効果を施す

オブジェクトに対して25種類の便利な特殊効果を施せる「アニメーション効果」は、[メディアオブジェクトの追加]からオブジェクトとして追加することもできます。

▶ オブジェクトを追加してアニメーション効果を施す

設定ダイアログに追加する「アニメーション効果」(P.257参照)の機能をオブジェクトとして利用できるようにしたのが、[アニメーション効果] のオブジェクトです。このオブジェクトは、タイムラインを右クリックして表示されるメニューで [メディアオブジェクトの追加] → [フィルタ効果の追加] から追加できます。同一時間軸上の1つ上のレイヤー(1つ上が音声系のオブジェクトの場合はその上)を対象に効果を適用でき、特定フレーム間にアニメーション効果を施したいときなどに利用します。

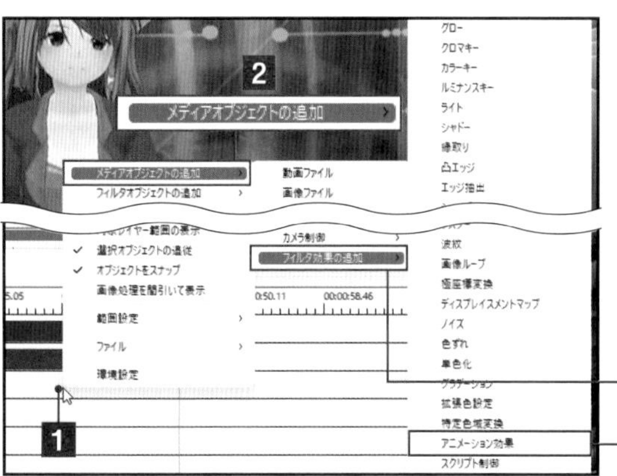

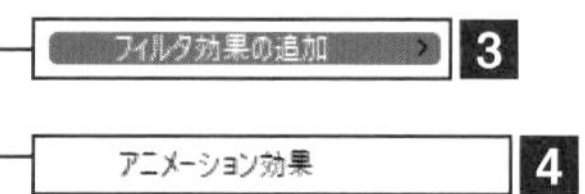

1 「アニメーション効果」を追加する

「アニメーション効果」を追加したいオブジェクトの1つ下(1つ下が音声系のオブジェクトの場合はその下)のレイヤーで右クリックし**1**、表示されたメニューで、[メディアオブジェクトの追加] **2**→ [フィルタ効果の追加] **3**から [アニメーション効果] をクリックします**4**。

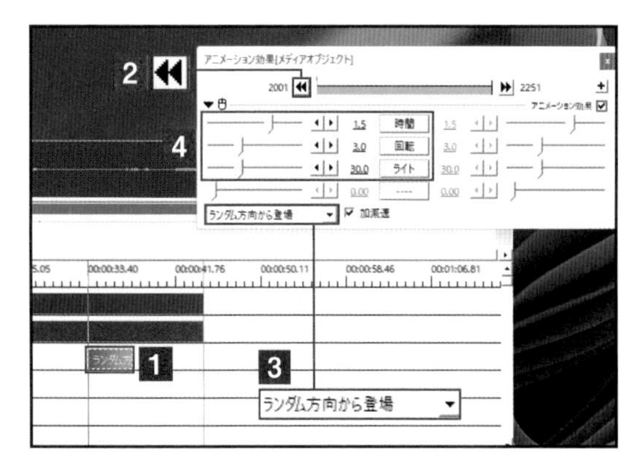

2 利用する効果を選択する

「アニメーション効果」のオブジェクトがマウスポインターがあった場所に追加され**1**、そのオブジェクトの設定ダイアログが表示されます。設定ダイアログの ◀◀をクリックして**2**、[アニメーション効果] のオブジェクトの先頭にカーソル(赤い縦棒)を移動します。「アニメーション効果」のオブジェクトの長さ(P.205参照)や位置を調整します。利用する効果(ここでは[ランダム方向から登場])を選択し**3**、[時間] や [回転] [ライト] などの項目の調整を行います**4**。

CHECK!

[○○(個別オブジェクト)]と表示されている効果はテキストオブジェクトでのみ利用でき、[○○(カメラ制御)]と表示されている効果はカメラ制御の対象オブジェクトでのみ利用できます。また、[○○登場] と表示されている効果は、[時間] で正の時間を設定するとオブジェクトの先頭フレームから設定時間の効果がはじまり、負の時間を設定するとオブジェクトの終了フレームから逆算して設定時間まで効果を施します。

25 「時間制御」オブジェクトを利用して逆再生する

「時間制御」オブジェクトを利用すると、音声のオブジェクトに影響を与えることなく、動画のオブジェクトの逆再生をかんたんに行えます。

「時間制御」オブジェクトで逆再生する

「時間制御」オブジェクトを利用して逆再生を行うには、逆再生を行いたい動画のオブジェクトの上のレイヤー（間に音声系のオブジェクトがある場合はその上）に「時間制御」のオブジェクトを追加し、設定ダイアログの［位置］の左側の数値を［100］、右側の数値を［0］に設定します。制御を行う範囲は、「時間制御」オブジェクトの長さで設定します。たとえば、制御したい動画のオブジェクトと同じ長さに調節すると、その動画の最終フレームから開始フレームに向けて逆再生できます。

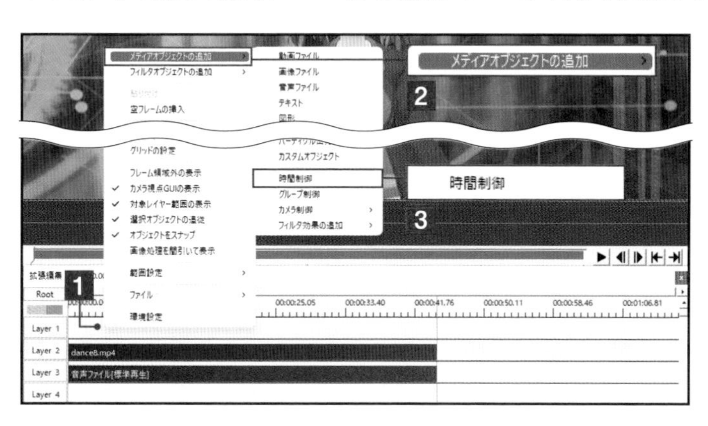

1 「時間制御」オブジェクトを追加する

「時間制御」の対象としたいオブジェクトの上にレイヤーを追加し、追加したレイヤー（ここでは［Layer 1］）で右クリックし**1**、表示されたメニューで、［メディアオブジェクトの追加］**2**から［時間制御］をクリックします**3**。

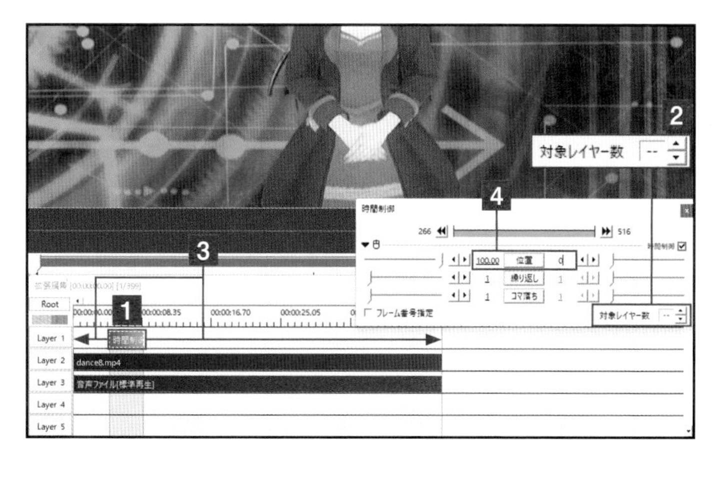

2 逆再生の設定を行う

「時間制御」のオブジェクトがマウスポインターがあった場所に追加され**1**、そのオブジェクトの設定ダイアログが表示されます。［対象レイヤー数］の ▲ や ▼ をクリックすると、制御するレイヤー数を指定できます（初期値はすべてのレイヤー）**2**。「時間制御」の長さや位置などを調整します**3**。逆再生を行うときは、設定ダイアログの［位置］の左側の数値を［100］、右側の数値を［0］に設定します**4**。

POINT

設定ダイアログの［位置］の左側の数値を［0］、右側の数値を［100］に設定すると通常の再生を行います。また、［フレーム番号指定］をオンにすると、フレーム番号で再生／逆再生を行う範囲を指定できます。左側が開始フレーム番号、右側が終了フレーム番号です。

26 「時間制御」オブジェクトでリピート再生する

「時間制御」オブジェクトは、オブジェクトの逆再生を行えるだけでなく、表示する回数を指定したり、繰り返し再生を設定したりすることもできます。

「時間制御」オブジェクトで繰り返し再生する

「時間制御」オブジェクトを利用して繰り返し再生を行うには、繰り返し再生を行いたい動画のオブジェクトの上のレイヤー(間に音声系のオブジェクトがある場合はその上)に「時間制御」のオブジェクトを追加し、設定ダイアログの［繰り返し］の左側の数値で繰り返す回数を設定します。また、制御を行う範囲は、「時間制御」オブジェクトの長さで設定します。たとえば、制御したい動画のオブジェクトと同じ長さに調節すると、対象オブジェクト全体を指定回数繰り返し再生します。

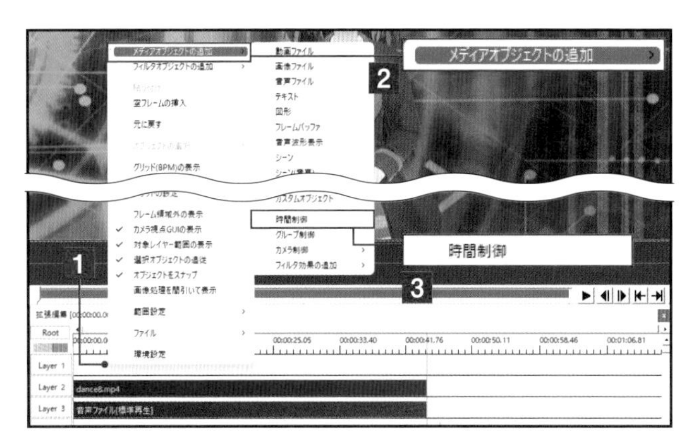

1 「時間制御」オブジェクトを追加する

「時間制御」の対象としたいオブジェクトの上にレイヤーを追加し、追加したレイヤー（ここでは［Layer 1］）で右クリックし1、表示されたメニューで、［メディアオブジェクトの追加］2から［時間制御］をクリックします3。

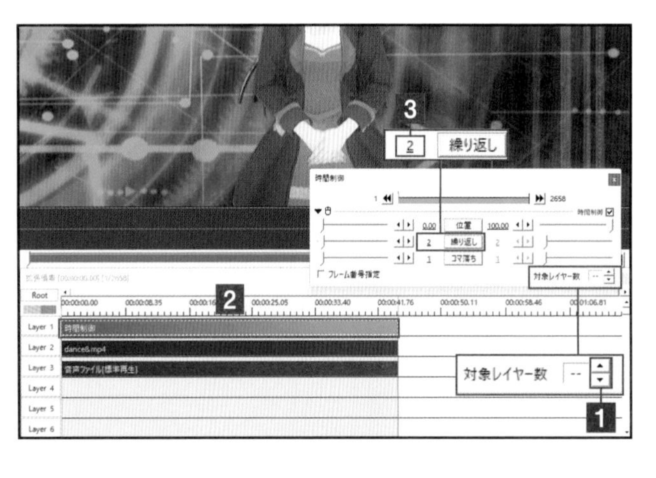

2 繰り返し再生の設定を行う

「時間制御」のオブジェクトがマウスポインターがあった場所に追加され、そのオブジェクトの設定ダイアログが表示されます。設定ダイアログの［対象レイヤー数］の▲や▼をクリックすると、制御するレイヤー数を指定できます（初期値はすべてのレイヤー）1。「時間制御」の長さや位置などを調整します（ここでは、制御したいオブジェクトと同じ長さにしています）2。設定ダイアログの［繰り返し］の左側の数値をクリックし、繰り返し回数（ここでは「2」）を入力します3。

POINT

「時間制御」オブジェクトで行う繰り返し再生は、繰り返す回数を増やしてもオブジェクトの再生時間は伸びません。このため、繰り返す回数を増やすと、倍速再生を行って指定回数の繰り返し再生を行います。たとえば、繰り返し回数に「2」を設定すると、2倍速再生で2回再生されます。

シーンを活用する

シーンは、編集した動画を1つのオブジェクトとして管理できる機能です。この機能を活用すると、多数のオブジェクトやレイヤーを活用した複雑な編集を効率よく行えます。

シーンとは

拡張編集 Plugin には、起動時に表示されるメインの動画編集領域「Root」とシーンと呼ばれるサブの動画編集領域があります。シーンは「Root」と同じように動画編集を行えるほか、メインの編集領域である Root に読み込んで 1 つのオブジェクトとして利用できます。この機能を利用すると、数多くのオブジェクトが並び、煩雑になったタイムラインをきれいで見通しがよい状態にできます。シーンを利用するには、最初に Root からシーンに切り替え、そこで Root で利用する動画の編集を行います。

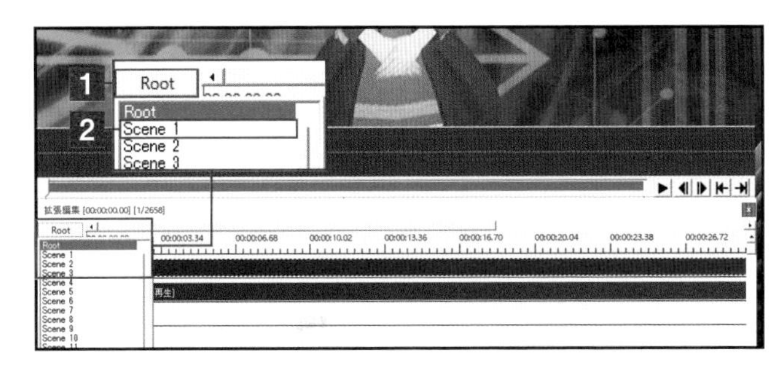

1 シーンを作成する

タイムラインにオブジェクトを追加しておきます。[Root] をクリックし1、表示されたメニューから作成したいシーン（ここでは [Scene1]）をクリックします2。

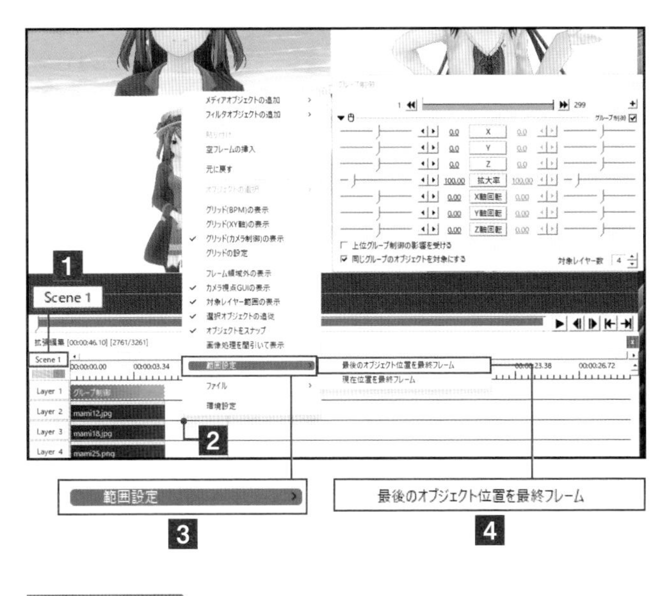

2 Rootで利用する動画を編集する

「Root」と表示されていたところが、選択したシーン（ここでは「Scene1」）に変わり1 、未使用のタイムラインが表示されます。この未使用のタイムラインを利用して編 Root で利用する動画の編集を行います。作業が終わったら、タイムラインで右クリックし2、表示されたメニューで[範囲設定] 3から [最後のオブジェクト位置を最終フレーム] をクリックします4。また、シーン名（ここでは [Scene1]）をクリックして表示されるメニューから [Root] をクリックして、メインの編集領域である Root に戻ります。

POINT

編集プロジェクトを保存すると作成したシーンも保存されます。また、シーン名を右クリックし、[シーンの設定] をクリックすると、シーン名の変更やアルファチャンネルの有無を設定できます。シーンを別の編集プロジェクトで利用したいときは、オブジェクトファイルにエクスポートします（P.263 参照）。

28 シーンをオブジェクトとして追加する

シーンは作成を行っただけでは、メインの編集作業に利用できません。作成したシーンを編集作業に利用するには、「シーン」のオブジェクトを追加します。

シーンをオブジェクトとして利用する

作成したシーンは、「シーン」のオブジェクトを追加することで1つのオブジェクトとしてRootでの編集作業に利用できます。「シーン」のオブジェクトは、タイムラインを右クリックして表示されるメニューで、[シーン] または [シーン(音声)] をクリックすることで追加できます。作成したシーンの画像部分を利用する場合は [シーン]、音声部分を利用するときは [シーン(音声)] を追加してください。

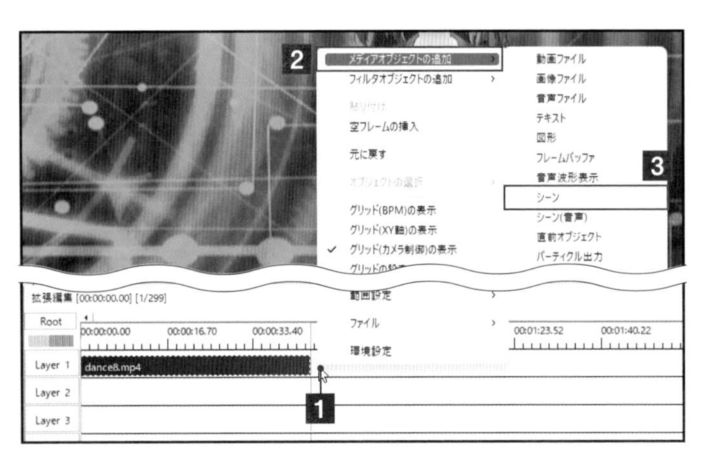

1 タイムラインに「シーン」を追加する

オブジェクトを追加したい場所で右クリックし**1**、表示されたメニューで、[メディアオブジェクトの追加] **2**から [シーン] または [シーン(音声)] (ここでは [シーン]) をクリックします**3**。

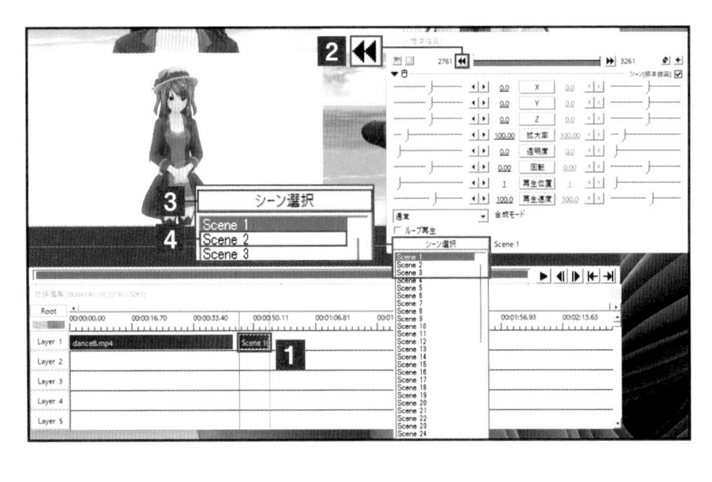

2 利用するシーンを選択する

「シーン」のオブジェクトがマウスポインターがあった場所に追加され**1**、そのオブジェクトの設定ダイアログが表示されます。設定ダイアログの⏪をクリックして**2**、「シーン」のオブジェクトの先頭にカーソル(赤い縦棒)を移動します。[シーン選択] をクリックして**3**、表示されたメニューから利用したいシーン(ここでは [Scene 2]) をクリックすると**4**、そのシーンが読み込まれます。

CHECK!

シーンの利用には制限があります。まず、「シーン」内で別の「シーン」を利用することはできません。また、「カメラ制御」が利用されているシーンに対して、「カメラ制御」を利用することはできません。さらに、シーン内で「カメラ制御」と「グループ制御」の両方を利用していると、エラーが発生する場合があります。

29 オブジェクトファイルにエクスポートする

編集中または編集済みの動画は、「オブジェクトファイル」にエクスポートできます。また、エクスポートしたオブジェクトファイルは、ほかの編集プロジェクトで再利用できます。

オブジェクトファイルにエクスポートする

「オブジェクトファイル」は、拡張編集 Plugin で表示中のタイムラインの情報を保存する機能です。プロジェクトファイルはシーンの情報を含めたすべての情報を保存する反面、ほかの編集プロジェクトでは利用できません。しかし、オブジェクトファイルは、表示中のタイムラインのすべての情報を保存でき、ほかの編集プロジェクトでも利用できる点が異なります。このため、オブジェクトファイルは、ほかの編集プロジェクトでも繰り返し利用するような情報の保存に向いています。

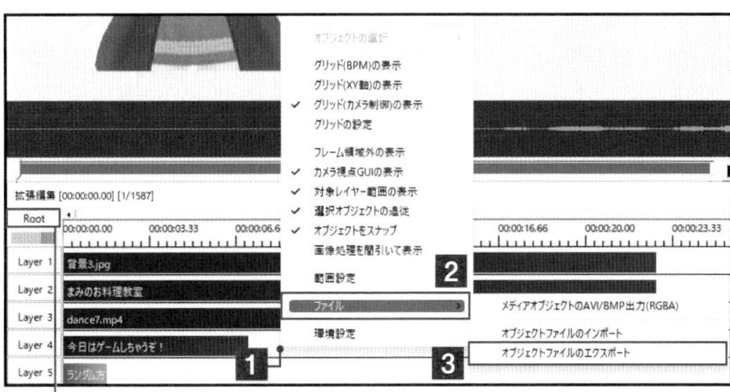

下のCHECK!参照

1 オブジェクトファイルにエクスポートする

タイムラインのオブジェクトの配置されていない場所で右クリックし**1**、表示されたメニューで、[ファイル]**2**から［オブジェクトファイルのエクスポート］をクリックします**3**。

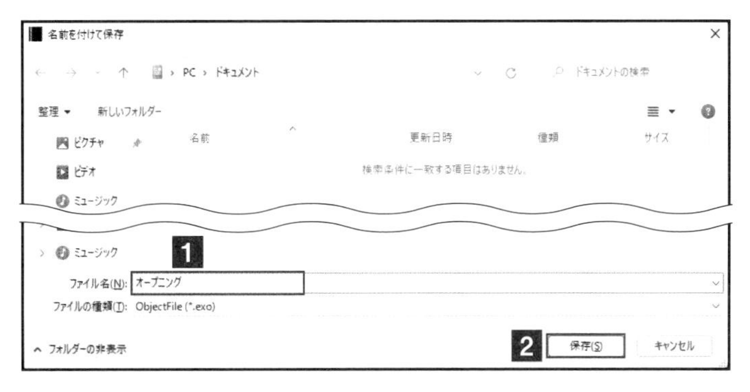

2 ファイルを保存する

「名前を付けて保存」画面が表示されます。ファイル名（ここでは［オープニング］）を入力し**1**、［保存］をクリックします**2**。

CHECK!

シーンをオブジェクトファイルにエクスポートしたいときは、手順**1**で［Root］をクリックし、保存したいシーンに切り替えてから作業を行います。また、オブジェクトファイルは、「入力した名称（上の例では［オープニング］）＋拡張子（.exo）」の形式のテキストファイルで保存されます。たとえば、上の手順の例では、「オープニング.exo」というファイル名で保存されます。なお、オブジェクトファイルの保存後に、動画や音声の保存先フォルダー名を変更したり、ファイル名を変更したりするとエクスポートしたオブジェクトファイルを正常に読み込めなくなるので注意してください。

30 オブジェクトファイルをインポートする

保存したオブジェクトファイルは、動画や画像、音声などのオブジェクトと同様にタイムラインにドラッグ＆ドロップすることで読み込めます。

オブジェクトファイルをタイムラインに追加する

保存したオブジェクトファイルは、タイムラインにドラッグ＆ドロップすることで読み込めます。また、動画編集中の場合は、タイムラインを右クリックして表示されたメニューで［ファイル］から［オブジェクトファイルのインポート］をクリックすることでも読み込めます。また、シーンに切り替えてから、読み込み作業を行えば、選択したシーンにオブジェクトファイルを読み込めます。

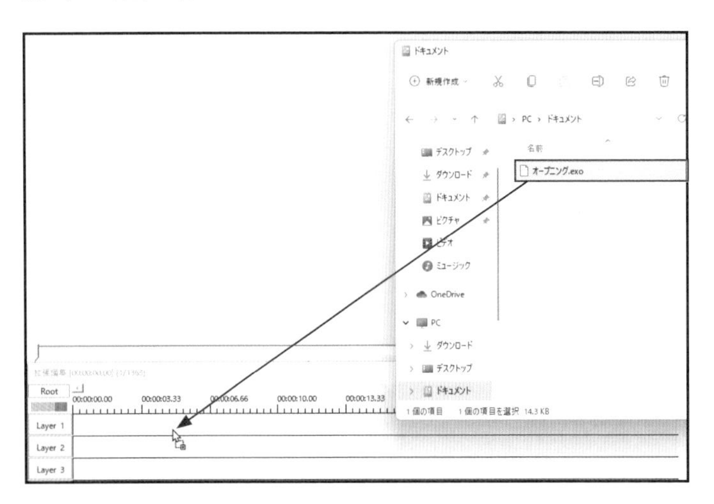

1 オブジェクトファイルを読み込む

エクスプローラーを開き、目的のオブジェクトファイル（ここでは［オープニング.exo］）をタイムラインにドラッグ＆ドロップします。

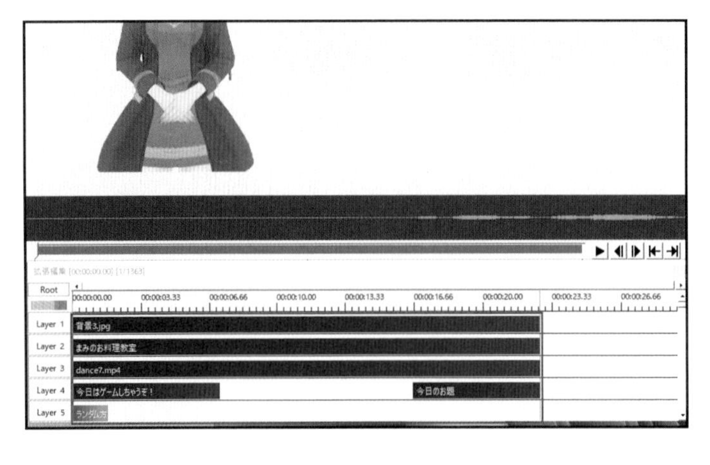

2 オブジェクトが読み込まれる

オブジェクトファイルがタイムラインに読み込まれます。

POINT

オブジェクトファイルは、拡張子「exo」のファイルです。拡張子「aup」のプロジェクトファイルと間違えないようにしてください。

CHAPTER

09

THE PERFECT GUIDE FOR AVIUTL

[テロップの設定]

テロップの作成方法を理解する

動画に字幕(テロップ)を表示するときは、「テキスト」オブジェクトを利用します。「テキスト」オブジェクトもほかのオブジェクト同様にさまざまな効果を施せます。

「テキスト」オブジェクトを活用する

「テキスト」オブジェクトをタイムラインに追加すると、動画に字幕(テロップ)を表示できます。テキストオブジェクトの各種設定は、テキストオブジェクトの設定ダイアログで行います。設定ダイアログでは、画面に表示する文字(テキスト)を設定できるほか、色や大きさ、フォントの種類などを設定できます。また、表示した文字を画面内で動かしたり、拡大／縮小したりできるほか、フィルタ効果を設定ダイアログに追加し、さまざま効果を施すこともできます。

「テキスト」オブジェクトの設定ダイアログ

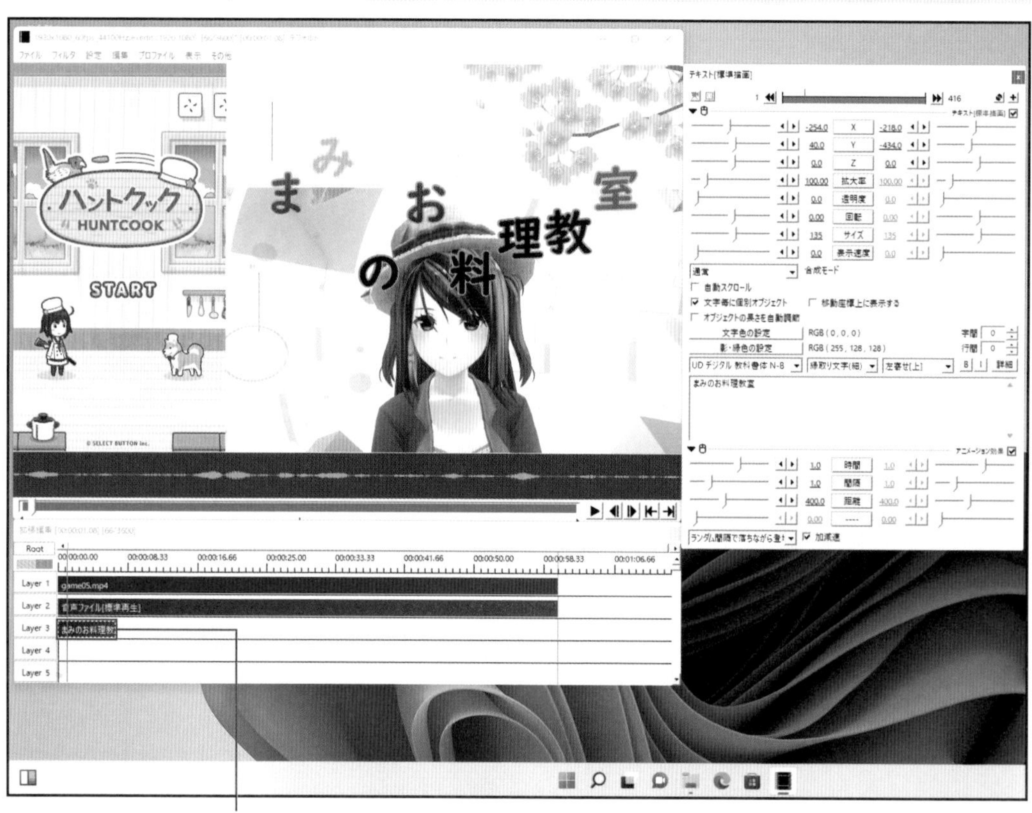

▲「テキスト」オブジェクトを利用すると、字幕(テロップ)を表示できます。画面に表示する文字などの設定は、設定ダイアログで行います。また、「テキスト」オブジェクトの設定ダイアログには、さまざまなフィルタ効果を追加できます。

CHAPTER 09 テロップの設定

「テキスト」オブジェクトを追加する

「テキスト」オブジェクトは画面に文字を表示したいときに利用するオブジェクトです。、タイムラインに「テキスト」オブジェクトを追加することで利用できます。

「テキスト」オブジェクトを追加する

「テキスト」オブジェクトは、以下の方法で追加できるほか、メモ帳などのテキストエディターで作成したテキストファイル（拡張子「TXT」）も利用できます。テキストファイルの場合は、タイムラインにドラッグ＆ドロップすると、「テキスト」オブジェクトとして追加され、ファイルの内容が表示される文字として自動入力されます。

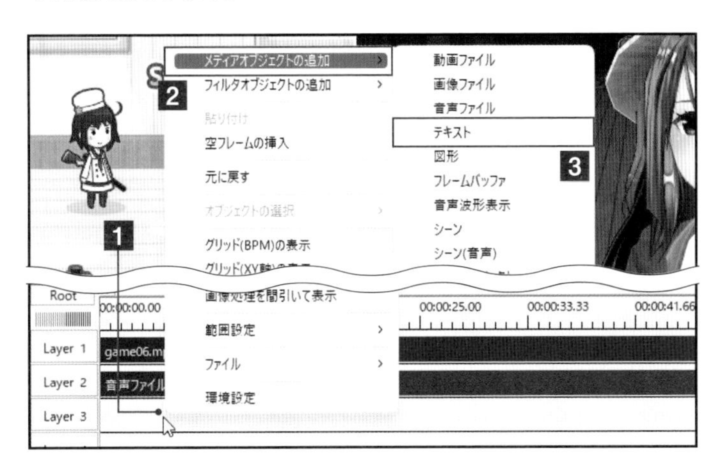

1 「テキスト」を追加する

オブジェクトが配置されていない場所で右クリックし**1**、表示されたメニューで、[メディアオブジェクトの追加] **2**から [テキスト] をクリックします**3**。

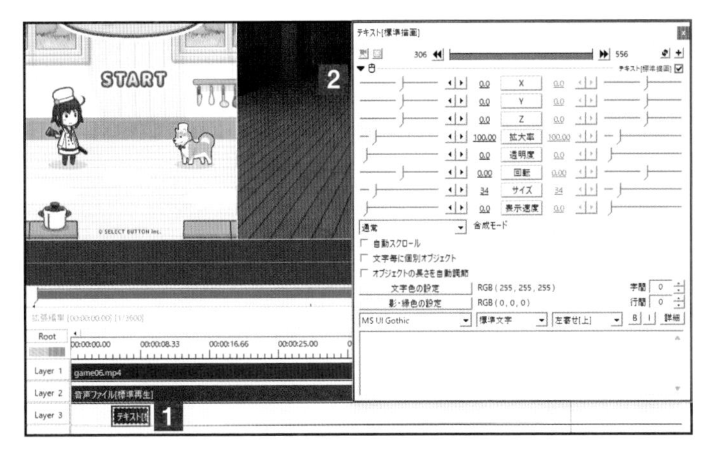

2 「テキスト」オブジェクトが追加される

「テキスト」オブジェクトがマウスポインターがあった場所に追加され**1**、設定ダイアログが表示されます**2**。なお、追加された「テキスト」オブジェクトは、文字が何も設定されていない空の状態で追加されます。

POINT

ドラッグ＆ドロップで追加できるテキストファイルは拡張子は「TXT」、文字数は、改行文字を含む全角文字で 1023 文字以下である必要があります。なお、これは、表示される文字として自動入力される文字数の最大数です。実際に画面に表示できる文字数は編集中の動画の解像度などによって異なります。

テロップに表示する文字を入力する

「テキスト」オブジェクトは、表示される文字が何も入力されていない「空」の状態で追加されます。「テキスト」オブジェクトを追加したら表示する文字を入力します。

文字を入力する

画面に表示する文字(テキスト)は、設定ダイアログの最下部に配置されている文字の入力ボックスに入力します。また、再生ウィンドウまたはメインウィンドウに入力した文字がリアルタイムで表示されます。

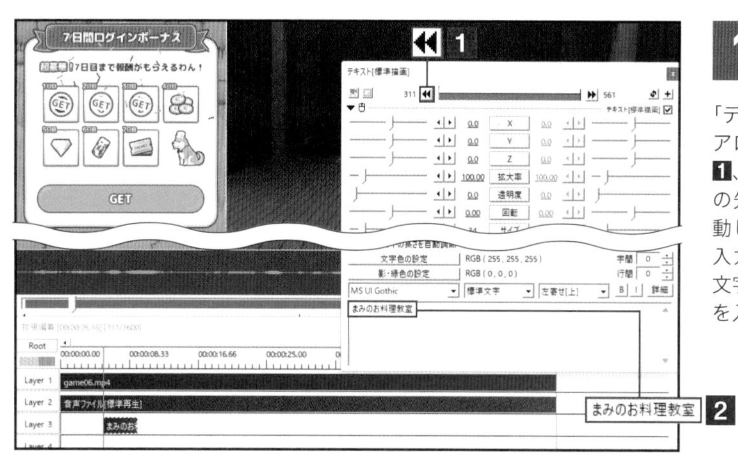

1 文字(テロップ)を入力する

「テキスト」オブジェクトの設定ダイアログを表示し、⏮をクリックして1、「部分フィルタ」のオブジェクトの先頭にカーソル(赤い縦棒)を移動します。設定ダイアログ最下部の入力ボックスに、画面に表示したい文字(ここでは「まみのお料理教室」)を入力します2。

2 文字が表示される

再生ウィンドウまたはメインウィンドウに、入力した文字が表示されます。

CHECK!

テキストの文字の色の初期値は、「白」です。このため、背景の色によっては入力した文字が再生ウィンドウまたはメインウィンドウでは見えないまたは見えづらい場合がありますが、文字の色を変更(P.270 参照)すると表示されます。

04 テキストの表示時間を設定する

文字(テキスト)の表示時間は、「テキスト」オブジェクトの長さで設定します。「テキスト」オブジェクトの長さは、マウスのドラッグ操作または[長さの変更]で行います。

「テキスト」オブジェクトの長さを変更する

「テキスト」オブジェクトの長さ(再生時間)は、オブジェクトの左または右端にマウスポインターを移動し、マウスポインターの形状が ⇔ になったらドラッグすることで変更できます。また、「テキスト」オブジェクトを右クリックして、表示されたメニューから［長さの変更］をクリックすると、「長さの変更」ダイアログボックスが表示され、秒数指定やフレーム数指定で長さを変更できます。

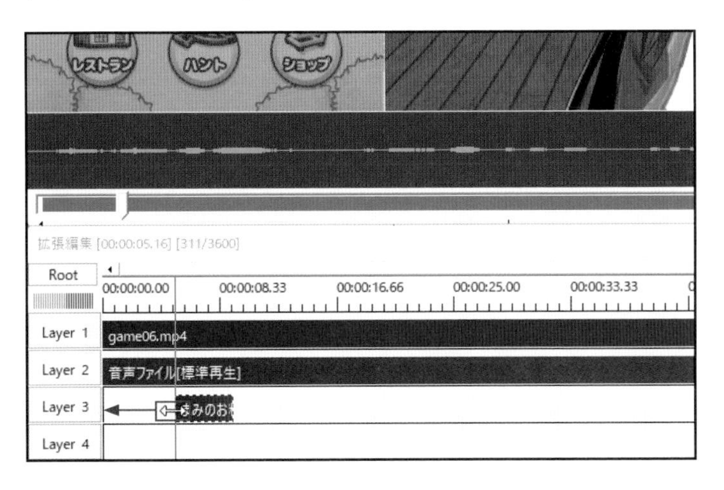

1 オブジェクトの先頭か後尾をドラッグする

マウスポインターを「テキスト」オブジェクトの先頭または後尾に移動させると、マウスポインターの形状が ⇔ になるので、そのまま右または左方向（ここでは「左方向」）にドラッグします。

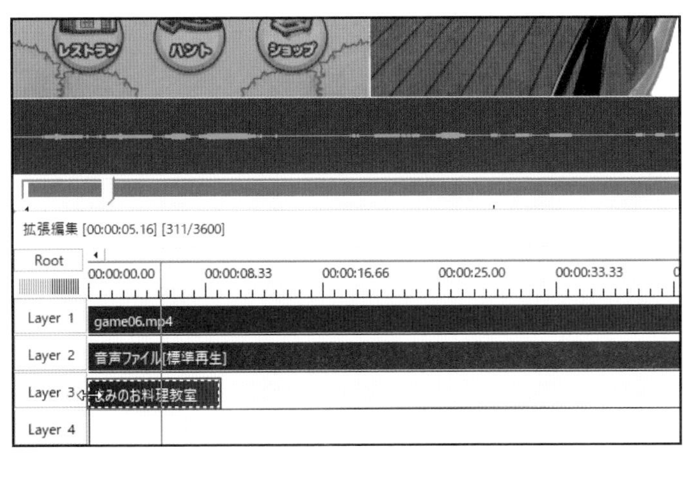

2 オブジェクトの長さが変更される

「テキスト」オブジェクトの長さが変更されます。

POINT

設定ダイアログの［オブジェクトの長さを自動設定］をオンに設定し、1 文字を表示する時間を設定する［表示速度］の設定を行うと、長さ（再生時間）を自動設定できます（P.276 参照）。

05 文字の色を設定する

入力した文字（テキスト）の表示色の初期値は「白」に設定されています。文字の表示色は、ユーザーが自由に変更できます。

文字の表示色を変更する

「テキスト」オブジェクトに入力した文字（テキスト）の色を変更したいときは、設定ダイアログの［文字色の設定］をクリックして表示される「色の選択」ダイアログから表示色をクリックします。「テキスト」オブジェクトの初期値の表示色は「白」が設定されており、背景色によってはメインウィンドウや再生ウィンドウで見えづらいことがありますが、色の変更で見えるようになります。

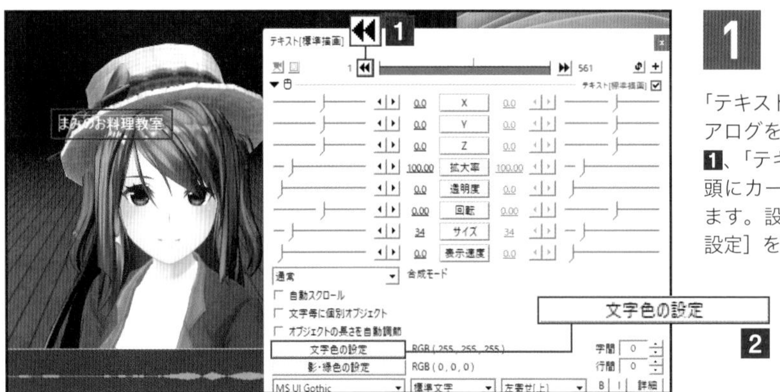

1 文字の表示色を変更する

「テキスト」オブジェクトの設定ダイアログを表示し、⏪をクリックして**1**、「テキスト」のオブジェクトの先頭にカーソル（赤い縦棒）を移動します。設定ダイアログの［文字色の設定］をクリックします**2**。

2 表示色を選択する

「色の選択」ダイアログが表示されます。文字色（ここでは［赤］）をクリックすると**1**、「色の選択」ダイアログが自動的に閉じて、メインウィンドウまたは再生ウィンドウに表示されている文字の色が変わります**2**。

POINT

制御文字（P.282 参照）を利用すると、文字列の一部の色のみを変更できます。制御文字は、設定ダイアログの最下部に配置されている文字の入力ボックスに「<#［色番号］>○○○（○○○は表示したい文字）<#>」の形式で入力します。文字の色を変えたい部分を色番号は、HTML などで利用されている 16 進数のカラーコードを小文字で入力します。たとえば「まみの <#ff0000> お料理教室 <#>」と入力すると、「お料理教室」の部分のみが指定色（ここでは「赤」）で表示されます。

06 文字の大きさを変更する

文字(テキスト)の大きさは、任意の大きさに変更できます。文字の大きさは、設定ダイアログの[サイズ]または[拡大率]で調整します。

文字の大きさを調整する

設定ダイアログの［サイズ］または［拡大率］の左側の ╯(トラックヘッド)をドラッグするか、数値をクリックして数値を入力すると、文字の大きさを変更できます。［サイズ］は文字の大きさそのものを変更し、［拡大率］は［サイズ］で指定した文字の大きさを元に拡大表示します。このため、拡大率を利用すると、文字を大きくするだけ輪郭がぼけて見えます。文字をきれいに見せるには、通常は、［サイズ］で大きさを調整し、それでも足りないときに［拡大率］を利用することをお勧めします。

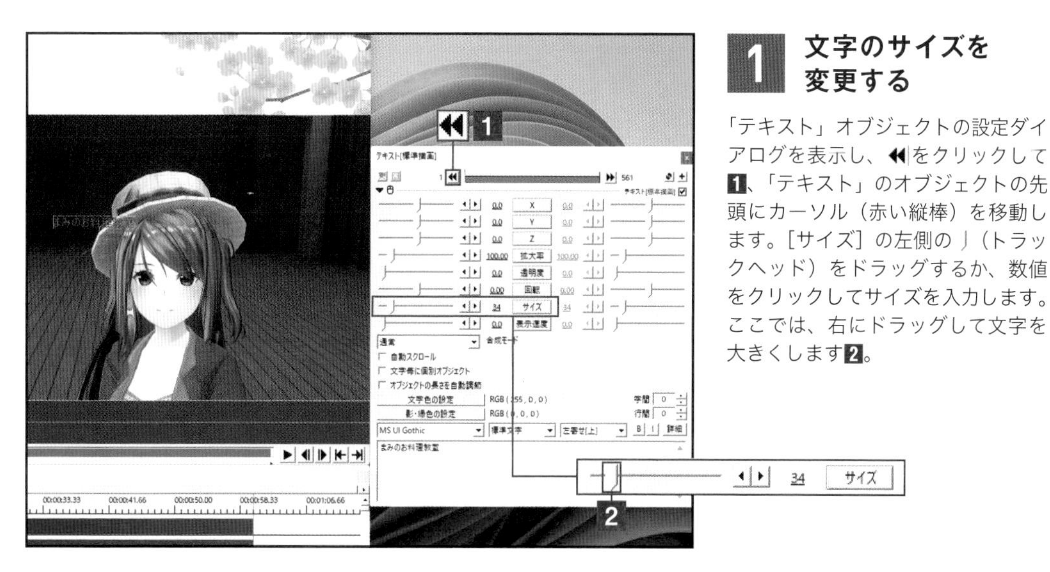

1 文字のサイズを変更する

「テキスト」オブジェクトの設定ダイアログを表示し、◀◀をクリックして**1**、「テキスト」のオブジェクトの先頭にカーソル（赤い縦棒）を移動します。［サイズ］の左側の ╯（トラックヘッド）をドラッグするか、数値をクリックしてサイズを入力します。ここでは、右にドラッグして文字を大きくします**2**。

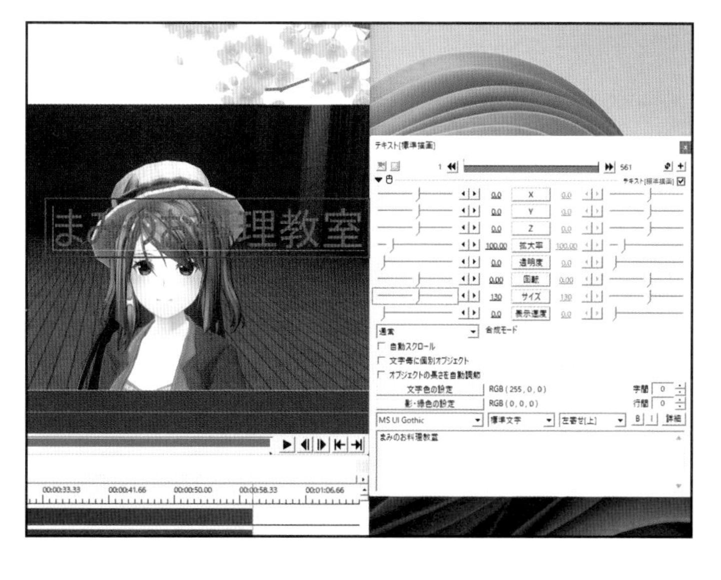

2 文字が大きくなる

文字の大きさが変わります。ここでは、文字を大きくしたのでメインウィンドウまたは再生ウィンドウに表示されている文字のサイズが大きくなります。

文字の表示位置を調整する

文字(テキスト)の表示位置は、画面内の任意の場所に配置できます。また、表示位置の調整は、マウスのドラッグ操作で行えます。

文字を任意の場所に配置する

文字を画面内の任意の場所に配置したいときは、設定ダイアログの「X軸」または「Y軸」の左側の(トラックヘッド)をドラッグするか、数値(初期値は［0］)を直接入力します。［X軸］は横方向の移動です。負の数値で文字が左に動き、正の数値で右に動きます。［Y軸］は縦方向の移動です。負の数値で文字が上に動き、正の数値で下に動きます。また、メインウィンドウに表示されている文字をドラッグすることでも目的の場所に動かせます。

1 文字をドラッグする

メインウィンドウに表示されている文字を目的の場所にドラッグします。

2 文字が移動する

文字が移動します1。また、設定ダイアログの［X］と［Y］の数値もそれに連動して変わります2。

POINT

文字を縦書きで表示したいときは、［左寄せ［上］］をクリックして表示されるメニューから［縦書き○○］（○○は上寄、中央、下寄など）をクリックします。

文字の字間や行間を調整する

「テキスト」オブジェクトで表示する文字と文字の間隔や行と行の間隔を調整したいときは、[字間]や[行間]の調整を行います。

字間や行間を調整する

表示する文字と文字の間隔は、設定ダイアログの右下にある［字間］で調整を行えます。また、行と行の間隔は、［行間］で行えます。それぞれ、負の数値を設定すると間隔が縮まり、正の数値を設定すると間隔が広がります。

1 字間を調整する

「テキスト」オブジェクトの設定ダイアログを表示し、⏪をクリックして**1**、「テキスト」のオブジェクトの先頭にカーソル（赤い縦棒）を移動します。［字間］の右側の入力ボックスに数値を入力するか、▲や▼をクリックして字間を調整します。ここでは、「-10」の数値を入力します**2**。

2 行間を調整する

負の数値を入力したので字間が縮まります**1**。また、［行間］の右側の入力ボックスに数値を入力するか、▲や▼をクリックすると行間を調整できます**2**。

文字の書体を選択する

入力した文字(テキスト)は、フォントの書体を変更することで文字の形を変更できます。書体の変更は、フォントメニューから行います。

書体を変更する

「テキスト」オブジェクトに入力した文字(テキスト)の書体を変更したいときは、設定ダイアログのフォントメニューから利用する書体を選択します。なお、日本語(全角文字)を入力し、英語のフォントを選択すると、正しく表示されないので注意してください。

1 利用する書体を選択する

「テキスト」オブジェクトの設定ダイアログを表示し、⏪をクリックして1、「テキスト」のオブジェクトの先頭にカーソル(赤い縦棒)を移動します。設定ダイアログのフォントメニューに表示されているフォント名(ここでは[MS UI Gothic])をクリックして、表示されたメニューから利用したい書体(ここでは、[UD デジタル教科書体 NK-B])をクリックします2。

2 書体が変更される

メインウィンドウまたは再生ウィンドウに表示されている文字の書体が変わります。

POINT

設定ダイアログの右下にある B をクリックすると文字が「太字」になります。また、I をクリックすると「斜体」になります。

文字を影付きや縁取りにする

入力した文字(テキスト)は、影付きにしたり、縁取りしたりできます。また、文字に付けた影や縁取りは、色を変更できます。

影付き文字や縁取り文字にする

「テキスト」オブジェクトに入力した文字(テキスト)に影を付けたり、縁取りしたいときは、設定ダイアログのフォントメニューの右側にあるメニューから［影付き文字］または［縁取り文字］を選択します。影付き文字や縁取り文字にしたときは、［影・縁色の設定］をクリックすると、影の色や縁の色を選択できます。

1 影付きまたは縁取り文字を選択する

「テキスト」オブジェクトの設定ダイアログを表示し、⏪をクリックして**1**、「テキスト」のオブジェクトの先頭にカーソル(赤い縦棒)を移動します。設定ダイアログのフォントメニューの右側の［標準文字］をクリックして表示されたメニューから［影付き文字］または［縁取り文字］(ここでは、［縁取り文字］)をクリックします**2**。

2 影や縁の色を選択する

影付きまたは縁取り文字(ここでは「縁取り文字」)に変わります。［影・縁色の設定］をクリックすると**1**、「色の選択」ダイアログが表示されます。影または縁の色(ここでは［黄色］)をクリックすると**2**、「色の選択」ダイアログが自動的に閉じて、メインウィンドウまたは再生ウィンドウに表示されている文字の影または縁の色(ここでは「縁」の色が黄色)が変わります**3**。

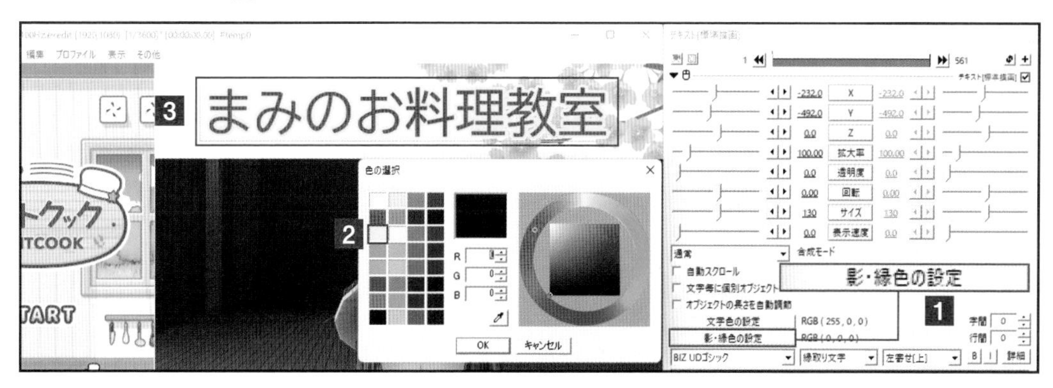

11 文字を1文字ずつ表示する

「テキスト」オブジェクトは設定ダイアログの[表示速度]の設定を変更すると、文字(テロップ)を1文字ずつ順番に表示できます。

文字を 1 文字ずつ順番に表示する

文字(テロップ)を 1 文字ずつ表示するには、設定ダイアログの［表示速度］の設定を変更します。［表示速度］は 1 秒間に表示する文字数です。初期値の［0］は最初からすべての文字を表示し、［1］を設定すると 1 秒間に 1 文字、［2］を設定すると 2 文字(0.5 秒で 1 文字)を表示します。なお、［表示速度］を初期値から変更した場合、すべての文字が表示しきれなくてもオブジェクトの長さ(再生時間)で文字の表示が終了します。

1 [表示速度]を設定する

「テキスト」オブジェクトの設定ダイアログを表示し、⏪をクリックして1、「テキスト」のオブジェクトの先頭にカーソル（赤い縦棒）を移動します。設定ダイアログの［表示速度］の左側の 」（トラックヘッド）をドラッグするか、数値をクリックして表示速度（ここでは「2」）を入力します2。

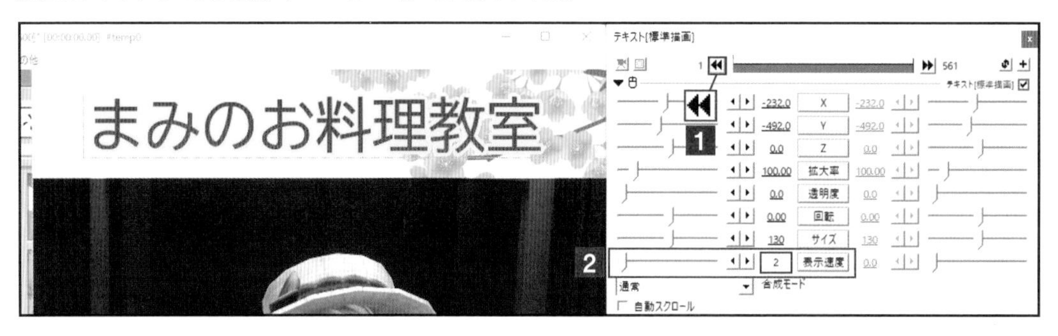

2 表示が変わる

メインウィンドウまたは再生ウィンドウに表示される文字が先頭の 1 文字のみになります。

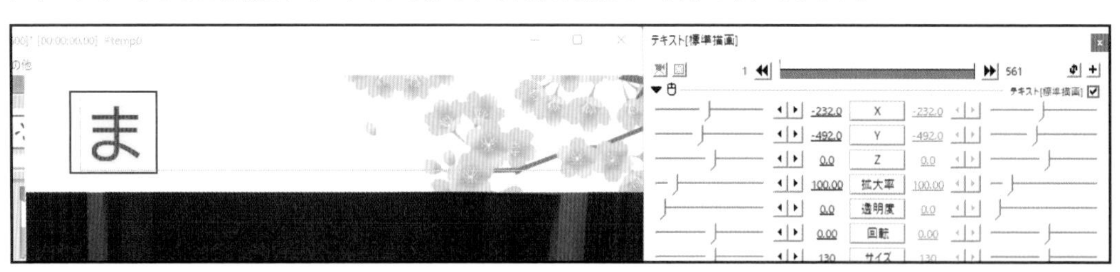

POINT

［オブジェクトの長さを自動調節］をオンにすると、［表示速度］に応じた時間ですべての文字を表示するように「テキスト」オブジェクトの長さを自動調節します。

文字をスクロールして表示する

設定ダイアログの[自動スクロール]を利用すると、文字を横スクロールまたは縦スクロールで表示できます。

[自動スクロール] を利用する

設定ダイアログの［自動スクロール］をオンにすると、文字がスクロールして表示されます。横スクロールで表示したいときは、設定ダイアログ最下部の文字の入力ボックスに表示したい文字を改行なしの1行で入力します。また、改行込みの1行以上で入力すると縦スクロールで表示されます。なお、［自動スクロール］をオンにすると、［表示速度］の設定は、1文字ずつの表示ではなくなり、文字をスクロールする速度の設定になります。

1 [自動スクロール]をオンにする

自動スクロールを利用する「テキスト」オブジェクトをタイムラインに配置し、設定ダイアログを表示し、⏪をクリックして**1**、「テキスト」のオブジェクトの先頭にカーソル（赤い縦棒）を移動します。設定ダイアログの［自動スクロール］の☐をクリックして☑にします**2**。

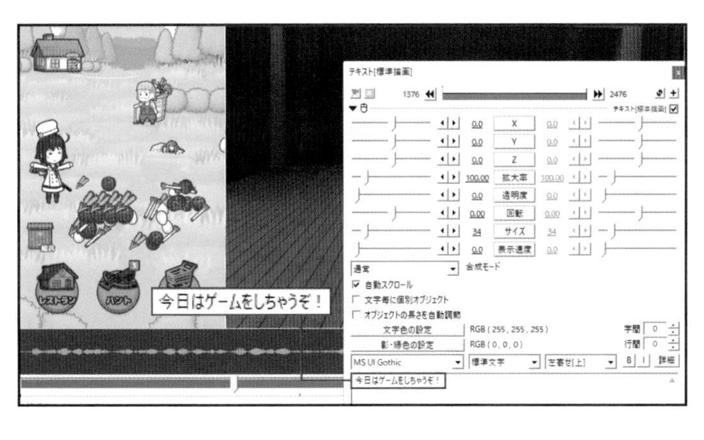

2 表示する文字を入力する

表示する文字を入力します。横スクロールで表示するときは文字を改行なしの1行で入力します。改行込みの1行以上（文字1行＋改行も可）で文字を入力すると縦スクロールします。

POINT

［自動スクロール］では、すべての文字を表示した段階からスクロールを開始します。画面に何も表示されていないところから文字をスクロールしたいときは、画面から文字が消えるまでスペースや改行を入力して調整してください。なお、文字のスクロールは、「テキスト」オブジェクトを画像などのように画面内で移動させることでも同じような効果を施すこともできます（P.174 参照）。

文字を個別オブジェクトで利用する

通常の「テキスト」オブジェクトは、表示する文字全体が1つのオブジェクトとして扱われますが、1文字それぞれを個別のオブジェクトして扱うこともできます。

文字を個別オブジェクトにする

設定ダイアログの［文字毎に個別オブジェクト］をオンにすると、1文字1文字にフィルタ効果や特殊効果を適用できます。たとえば、この機能をオンにして文字を回転させると1文字それぞれが回転しますが、オフにすると文字全体が1つのオブジェクトとして回転します。また、この機能をオンにすると［移動座標上に表示する］のオン／オフを選択できます。この機能をオンにすると、「テキスト」オブジェクトの曲線移動や直線移動を設定した場合に、その移動座標上に文字を配置できます。

1 ［文字毎に個別オブジェクト］をオンにする

［文字毎に個別オブジェクト］をオンにしたい「テキスト」オブジェクトの設定ダイアログを表示し、◀◀をクリックして1、「テキスト」のオブジェクトの先頭にカーソル（赤い縦棒）を移動します。［文字毎に個別オブジェクト］の□をクリックして☑にします2。

2 動作を確認する

［文字毎に個別オブジェクト］がオンになります。設定ダイアログの［回転］左側の」（トラックヘッド）をドラッグすると1、1文字それぞれが回転することを確認できます2。

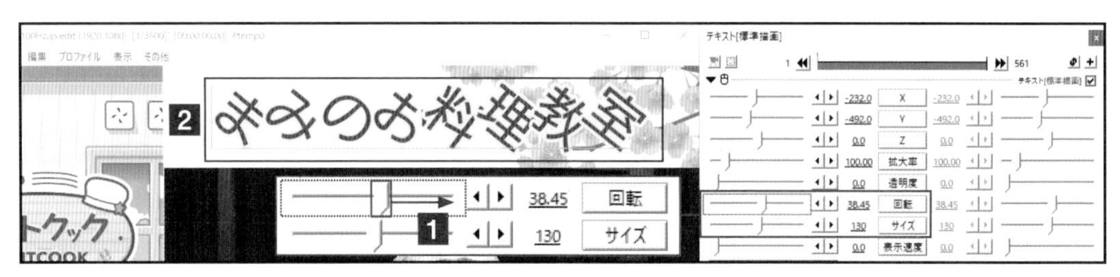

POINT

［文字毎に個別オブジェクト］をオンにしても、1文字1文字をドラッグ操作で好きな場所に配置できるわけではないことには注意してください。

文字にフェードを施す

文字を表示するときや表示を終えるときに、フェードインやフェードアウトの効果を施したいときは、「フェード」を利用します。

文字にフェードイン／アウトを施す

文字を画面に表示したり、画面から消したりするときに利用頻度の高い効果が、フェードインやフェードアウトです。「テキスト」オブジェクトにフェードイン／フェードアウトを施すには、設定ダイアログに「フェード」を追加するか、「テキスト」オブジェクトの下のレイヤーにメディアオブジェクトの「フェード」を追加します（P.222 参照）。ここでは、設定ダイアログに「フェード」を追加する方法を例に、「フェード」の追加方法を説明します。

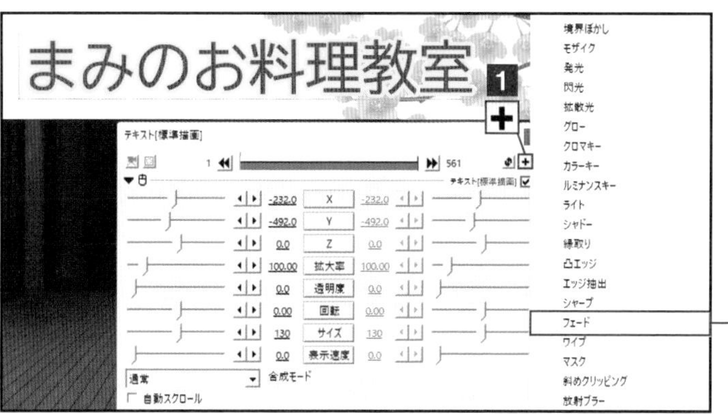

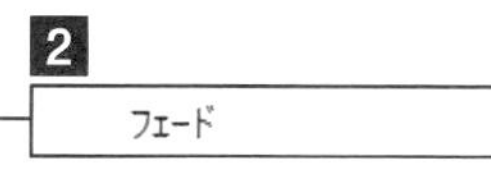

1 「フェード」を追加する

「フェード」を追加したい「テキスト」オブジェクトの設定ダイアログを表示しておきます。✚をクリックして**1**、表示されるメニューから［フェード］をクリックします**2**。

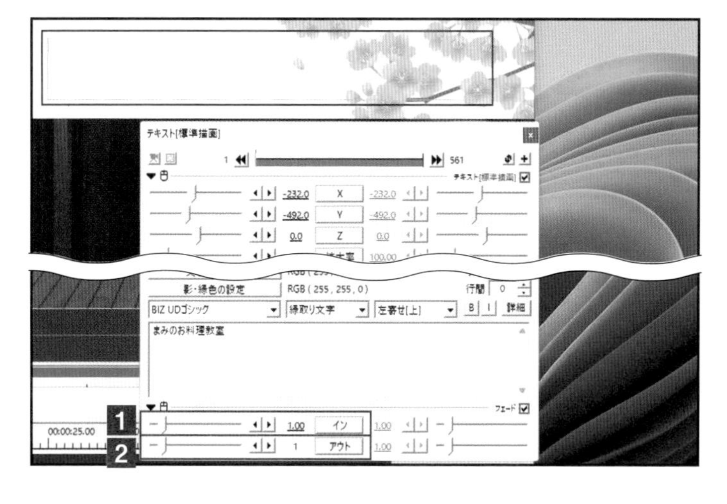

2 「フェード」の設定を行う

［フェード］が設定ダイアログに追加されます。オブジェクトの先端にフェードインの効果を適用したいときは［イン］の左側の 亅（トラックヘッド）をドラッグするか、数値をクリックして効果を適用したい秒数（ここでは「1」）を入力します**1**。また、終端にフェードアウトの効果を適用したいときは［アウト］の左側の 亅（トラックヘッド）をドラッグするか、数値をクリックして効果を適用したい秒数（ここでは「1」）を入力します**2**。

POINT

ここでは、設定ダイアログに「フェード」を追加していますが、メディアオブジェクトから追加した場合でも設定方法は同じです。

文字にワイプを施す

「テキスト」オブジェクトは、「ワイプ」を利用できます。「ワイプ」を利用すると、文字を少しずつ表示する効果をかんたんに「テキスト」オブジェクトに施せます。

ワイプを利用する

「テキスト」オブジェクトで「ワイプ」を利用するには、設定ダイアログに「ワイプ」を追加するか、「テキスト」オブジェクトの下のレイヤーにメディアオブジェクトの「ワイプ」を追加します(P.225 参照)。「ワイプ」は、「四角」「円」「時計」「横」「縦」などの切り替え方法や［イン］／［アウト］の効果を秒数単位で設定できます。［イン］は、オブジェクトの先端に適用する効果、アウトはオブジェクトの終端に適用する効果です。ここでは、設定ダイアログに「ワイプ」を追加する方法を説明します。

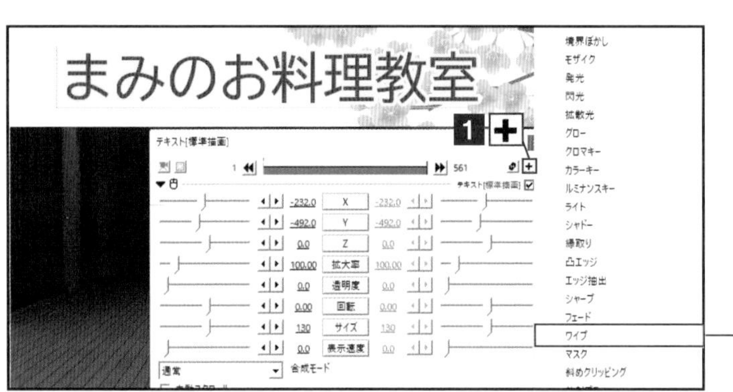

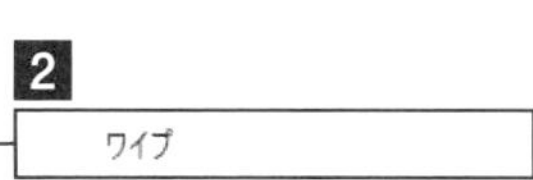

1 「ワイプ」を追加する

「ワイプ」を追加したい「テキスト」オブジェクトの設定ダイアログを表示しておきます。＋をクリックして1、表示されるメニューから［ワイプ］をクリックします2。

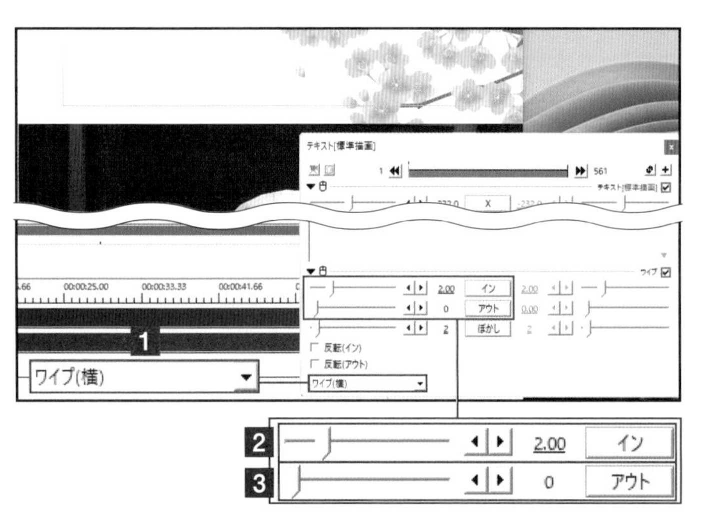

2 「ワイプ」の設定を行う

［ワイプ］が設定ダイアログに追加されます。ワイプの種類（ここでは［ワイプ(横)］)を選択します1。オブジェクトの先端にインの効果を適用したいときは［イン］の左側の」（トラックヘッド）をドラッグするか、数値をクリックして効果を適用したい秒数（ここでは「2」）を入力します2。終端にアウトの効果を適用したいときは［アウト］の左側の」（トラックヘッド）をドラッグするか、数値をクリックして効果を適用したい秒数（ここでは「0」）を入力します3。

POINT

ここでは、設定ダイアログに「ワイプ」を追加していますが、メディアオブジェクトから追加した場合も設定方法は同じです。

文字にアニメーション効果を施す

「アニメーション効果」を利用すると、「テキスト」オブジェクトを表示するときに便利なさまざま効果を施せます。

「アニメーション効果」を利用する

「アニメーション効果」には、「テキスト」オブジェクトと相性のよい特殊効果が多数備わっています。たとえば、オブジェクトを登場・退場させるときに利用する9種類の特殊効果や、座標の移動を利用した「テキスト」オブジェクト専用の特殊効果も2種類あります。「アニメーション効果」は、「設定」ダイアログに追加できるほか、タイムラインを右クリックして表示されるメニューで［メディアオブジェクトの追加］の［フィルタ効果の追加］からタイムラインに追加きます。

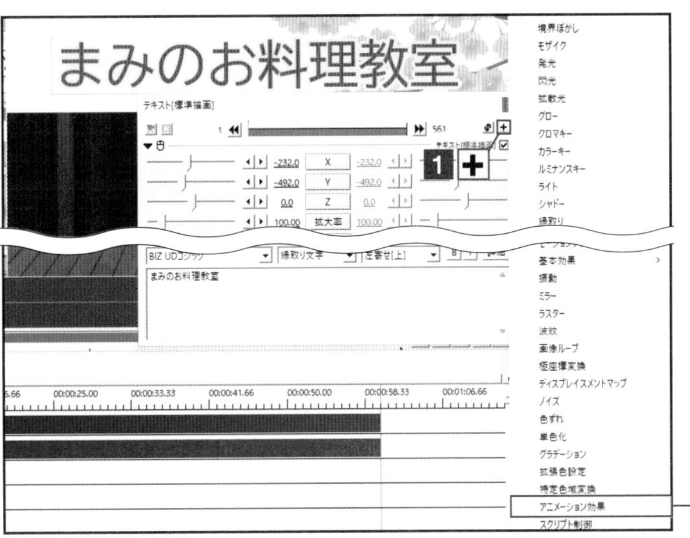

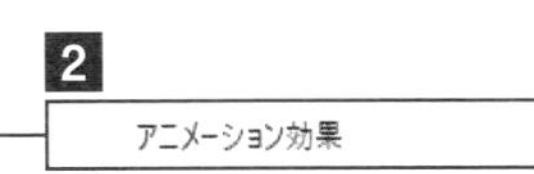

1 「アニメーション効果」を追加する

「アニメーション効果」を追加したい「テキスト」オブジェクトの設定ダイアログを表示しておきます。＋をクリックして1、表示されるメニューから［アニメーション効果］をクリックします2。

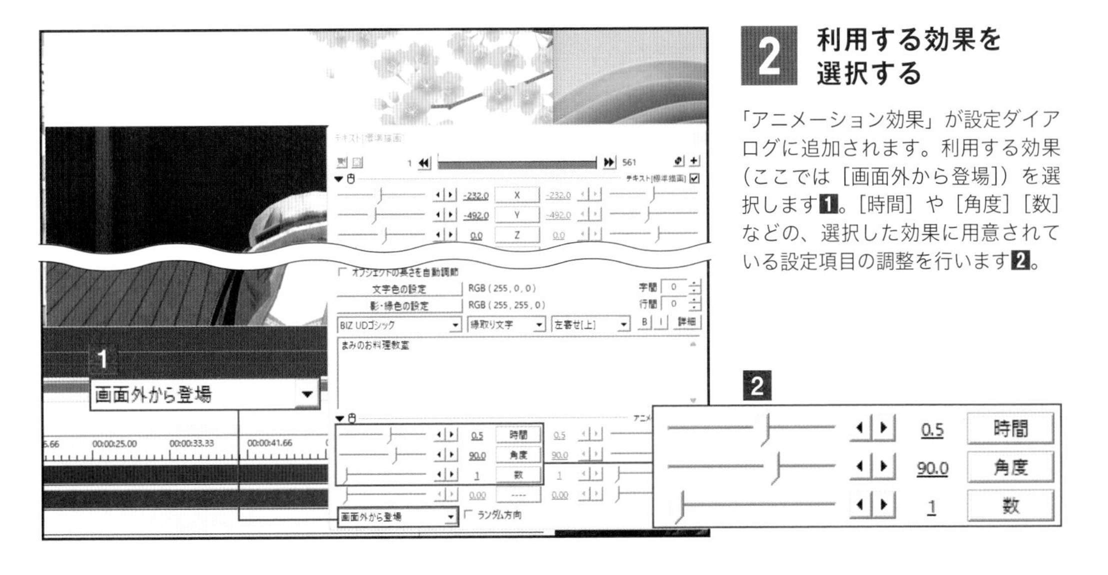

2 利用する効果を選択する

「アニメーション効果」が設定ダイアログに追加されます。利用する効果（ここでは［画面外から登場］）を選択します1。［時間］や［角度］［数］などの、選択した効果に用意されている設定項目の調整を行います2。

17 制御文字を利用する

「テキスト」オブジェクトでは、制御文字を利用できます。制御文字を利用すると、表示する文字の色を部分的に変えたり、サイズを大きくしたりできます。

制御文字を活用する

「テキスト」オブジェクトの設定ダイアログの文字の入力ボックスは、制御文字を利用できます。制御文字とは、画面に表示される文字と、その文字の色や大きさなども同時に指定できる特別な文字です。制御文字を利用した文字の入力は、「<［制御文字］［パラメーター］>「表示したい文字」<［制御文字］>」の形式で、色や大きさなどを指定したい部分を制御文字で囲って入力します。また、うしろの制御文字の入力を省くと、文字の色などを変更後、その設定を残りの文字すべてに適用します。

主な制御文字

制御記号	説明
<s>	文字の大きさ、フォント名、装飾を指定します。以下の形式で入力します。○○○は表示したい文字、装飾は［B］（太字）、[I]（斜体）で指定します。また、[文字サイズ]［フォント名］［装飾］の間は「,」（カンマ）で区切って指定する必要があります。 入力書式：<s［文字サイズ］,［フォント名］,［装飾］>○○○ <s> ・入力例①：サイズのみを指定する場合 (表示文字を 50 のサイズで表示) <s50> 表示文字 <s> ・入力例②：フォントのみを指定する場合（表示文字を「メイリオ」で表示) <s, メイリオ > 表示文字 <s> ・入力例③：サイズとフォントに装飾を指定する場合 <s50, メイリオ ,B> 表示文字 <s>
<#>	文字の色を指定します。カラーコードは小文字で入力する必要があります。 入力書式：<#［カラーコード］>○○○ <#>
<r>	表示速度を変更します。 入力書式：<r［速度］>○○○ <r>
<w>	待機時間を指定します。<w> の前の文字を表示後、指定時間待機します。文中の 1 箇所のみ止めたい場合は、うしろの <w> は省略できます。 入力書式：<w［時間］>○○○ <w>
<c>	指定時間経過後表示をクリアします。表示のクリアを行う回数が 1 回のみの場合は、うしろの <w> は省略できます。 入力書式：<c［時間］>○○○ <c>

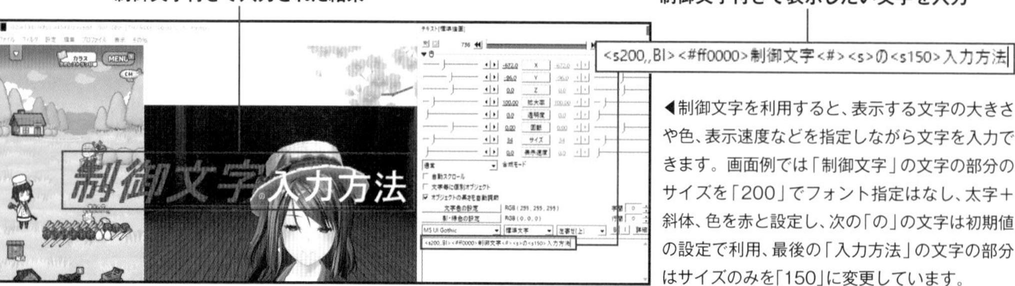

◀制御文字を利用すると、表示する文字の大きさや色、表示速度などを指定しながら文字を入力できます。画面例では「制御文字」の文字の部分のサイズを「200」でフォント指定はなし、太字＋斜体、色を赤と設定し、次の「の」の文字は初期値の設定で利用、最後の「入力方法」の文字の部分はサイズのみを「150」に変更しています。

CHAPTER

▼

10

THE PERFECT GUIDE FOR AVIUTL

音声の操作

AviUtlの音声機能を理解する

動画の音声部分を扱う「音声」オブジェクトは、ほかのオブジェクト同様に分割したり、削除したりできます。また、フェードイン／フェードアウトなどの効果も施せます。

「音声」オブジェクトの編集機能とは

拡張編集 Plugin では、動画の音声部分や音楽、自分で録音したナレーションなど、音楽ファイルや音声ファイルを「音声」オブジェクトとして管理しており、「音声」オブジェクトの編集も基本的には、動画や図形、画像などのオブジェクトと同じ感覚で行えます。たとえば、メインの音声に BGM やナレーションを追加したい場合は、メインの音声と同一時間軸上の別のレイヤーに BGM やナレーションの「音声」オブジェクトを配置します。音声の合成は、これだけで行えます。

「音声」オブジェクトの編集イメージ

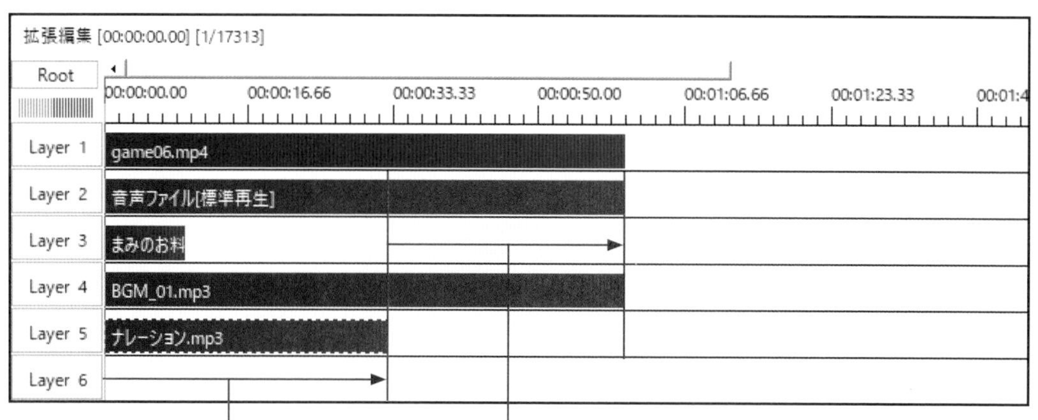

▲「音声」オブジェクトは、同一時間軸上の別のレイヤーに複数配置すると、配置したオブジェクト同士を合成できます。ここでは、例としてBGMとナレーションを合成していますが、同一時間軸上にさらに多くの「音声」オブジェクトを配置して合成を行うこともできます。

POINT

拡張編集 Plugin は、音楽／音声ファイル内に複数の音声トラックがあるマルチトラックの音楽／音声ファイルには対応していません。マルチトラックの音楽／音声ファイルを拡張編集 Plugin に読み込んだ場合は、通常、最初のトラックのみが読み込まれ、残りのトラックは読み込まれません。OBS Studio などのマルチトラック対応の動画配信ソフトで録画した動画を AviUtl で編集する場合は、この点に注意してください。

02 音声を指定フレームで分割する

「音声」オブジェクトはほかのオブジェクト同様に指定フレームで分割できます。分割は、削除したいフレームの切り出しなどに利用できます。

「音声」オブジェクトを分割する

「音声」オブジェクトの分割は、オブジェクトを右クリックして表示されるメニューから［分割］をクリックすることで行えます。初期値では、右クリック時にマウスポインターがあった場所で分割されます。詳細な調整を行って分割したいときは、最初にカーソル（赤い縦棒）を目的の場所に移動させ、それを目印に分割操作を行ってください。また、分割するフレームをカーソルがある場所で行いたいときは、「環境設定」ダイアログで設定を変更してください（P.137 参照）。

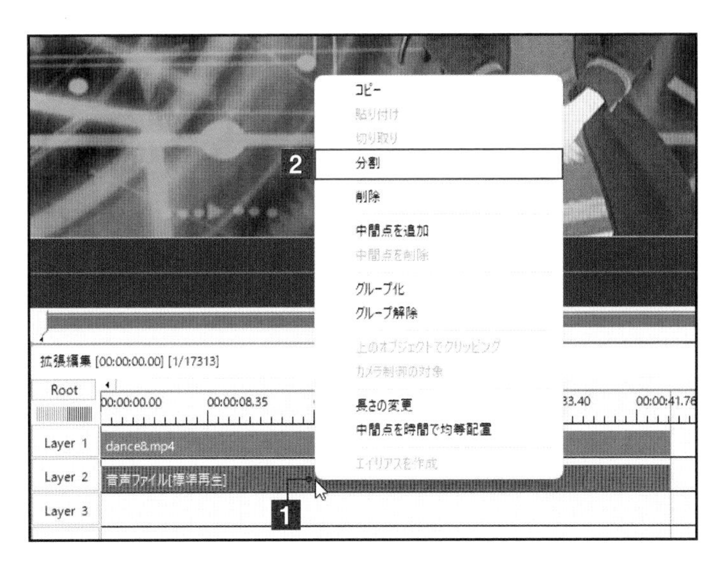

1 オブジェクトの分割を行う

分割したい「音声」オブジェクトの設定ダイアログを表示しておきます。分割を行いたい場所にマウスポインターを移動させて右クリックし**1**、メニューから［分割］をクリックします**2**。

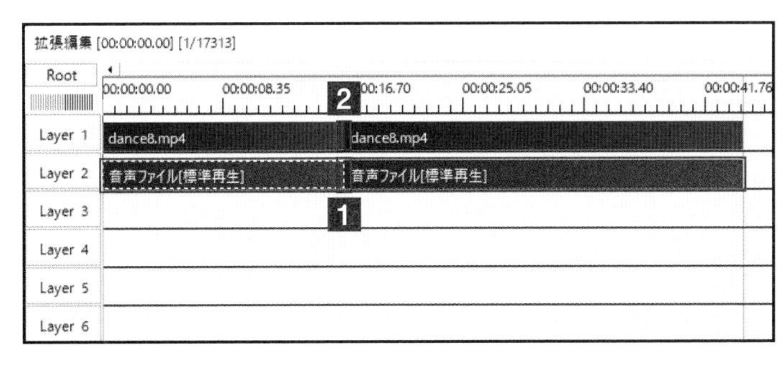

2 オブジェクトが分割される

「音声」オブジェクトが分割されます**1**。なお、オブジェクトがグループ化されていて、かつその中の「音声」オブジェクトが選択状態にない場合（点線で囲まれていない状態）は、グループ化されているほかのオブジェクトも同時に分割されます**2**。

POINT

オブジェクトが選択状態にある場合は、メインウィンドウの［編集］→［拡張編集］から［選択オブジェクトを分割］をクリックするか、Sキーを押すことでもオブジェクトを分割できます。

03 音声の不要なフレームを削除する

「音声」オブジェクトの不要な部分の削除は、オブジェクトの分割を利用する方法とオブジェクトの長さを変更する方法があります。

▶ 不要なフレームを削除する

「音声」オブジェクトの不要な部分の削除は、オブジェクトを必要な部分と不要な部分に分割すると、かんたんに行えます。また、「音声」オブジェクトの開始または最終フレームを始点として特定部分を削除したいときは、「音声」オブジェクトの先頭にマウスポインターを移動し⇔の形状になったらドラッグすることでも不要な部分を削除できます。ここでは、あらかじめ不要な部分の開始フレームと終了フレームの2か所でオブジェクトを分割しておき、不要なフレームを削除する方法例に説明します。

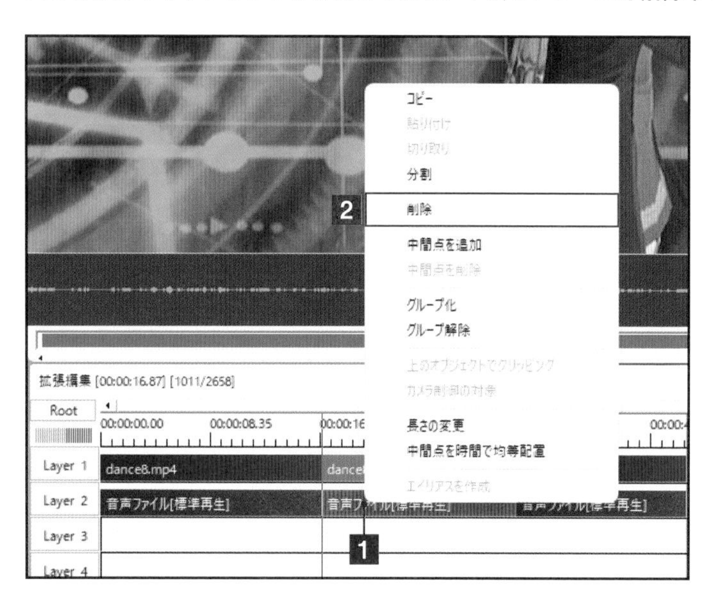

1 選択したフレームの削除を行う

不要な部分の開始フレームと終了フレームの2か所で「音声」オブジェクトを分割しておきます（P.287参照）。削除したい部分で右クリックし**1**、メニューから［削除］をクリックします**2**。

拡張編集 [00:00:16.87] [1011/2658]
Root
00:00:00.00　00:00:08.35　00:00:16.70　00:00:25.05　00:00:33.40　00:00:41.76
Layer 1　dance8.mp4　dance8.mp4
Layer 2　音声ファイル[標準再生]　音声ファイル[標準再生]
Layer 3
Layer 4
Layer 5
1　2

2 オブジェクトが削除される

選択した部分が削除され、空白になります**1**。必要に応じて空白のうしろの部分を前の部分に付くまでドラッグします**2**。

POINT

「音声」オブジェクトがグループ化されている場合、グループ化されているほかのオブジェクトも同時に削除されます。「音声」オブジェクトのみを削除したいときは、［グループ解除］（P.115参照）を行ってから削除を行ってください。

設定ダイアログで音量の調整を行う

「音声」オブジェクトの音量が小さすぎたり、大きすぎたりするときは、設定ダイアログの[音量]で大きさを調整できます。

音量を調整する

「音声」オブジェクトの音量を調整するには、設定ダイアログの[音量]の左側の(トラックヘッド)をドラッグするか、数値を直接入力します。初期値は［100］に設定されており、100より小さくすると現在の音量よりも小さくなり、100より大きくすると音量が大きくなります。BGMを追加する場合など、同一時間軸上に複数の「音声」オブジェクトを配置しているときは、音量を調整したい「音声」オブジェクト以外のレイヤー非表示にして(P.122参照)、音をミュートしてから設定を行うのがお勧めです。

1 レイヤーを非表示にする

音量調整を行わないレイヤーのレイヤー名部分（ここでは［Layer 2］）をクリックして1、非表示にします2。

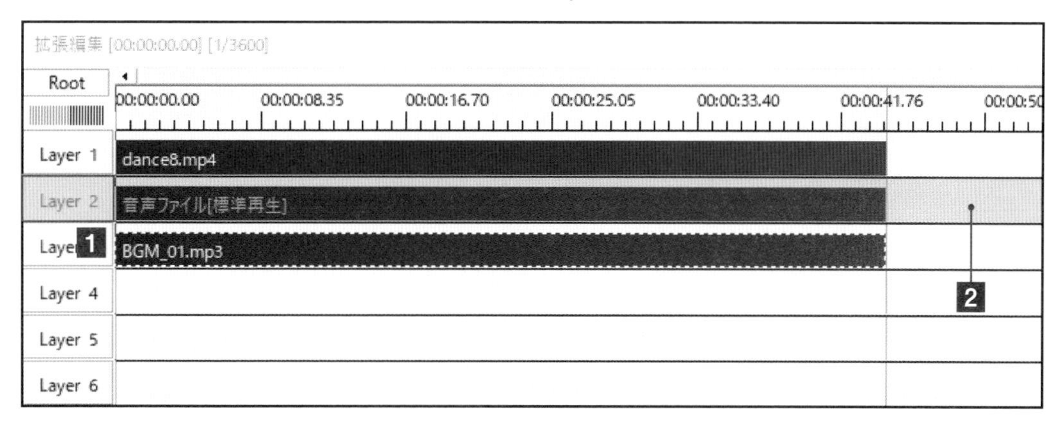

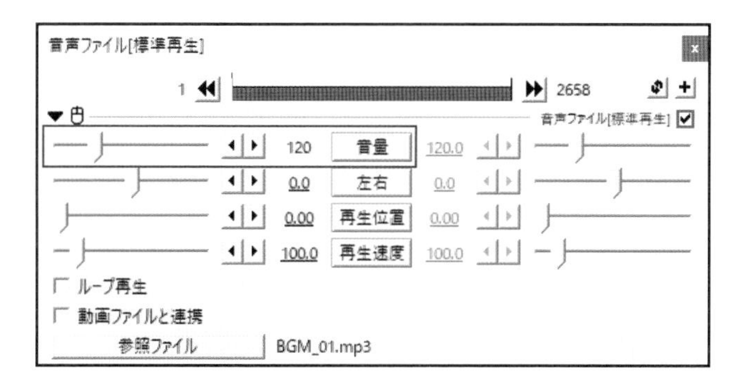

2 音量調整を行う

音量調整を行う「音声」オブジェクトの設定ダイアログを表示します。設定ダイアログの［音量］左側の丿（トラックヘッド）をドラッグするか、数値をクリックして音量の大きさ（ここでは「120」）を入力し、音量を調整します。

05 再生開始位置や再生速度の調整を行う

設定ダイアログの[再生位置]や[再生速度]を調整すると、「音声」オブジェクトの再生開始位置や再生速度を変更できます。

再生開始位置や再生速度の調整する

「音声」オブジェクトの設定ダイアログの［再生位置］を調整すると、音声の開始位置を秒単位で変更できます。たとえば、動画の画像の再生と比べて音声が若干遅く再生される場合などに利用します。また、再生速度は 100.0 が標準速（1 倍速）で、これを基準に速くしたり、遅くしたりできます。たとえば、[200] を設定すると 2 倍速再生になり、［50］を設定すると、0.5 倍速で再生します。

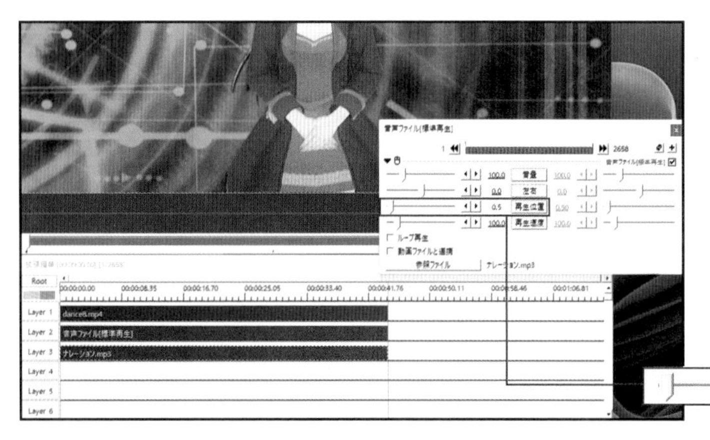

1 再生開始位置を調整する

再生開始位置や再生速度を行いたい「音声」オブジェクトの設定ダイアログを表示しておきます。設定ダイアログの［再生位置］左側の 」（トラックヘッド）をドラッグするか、数値をクリックして秒数（ここでは、「0.5」）を入力し、再生開始位置を調整します。

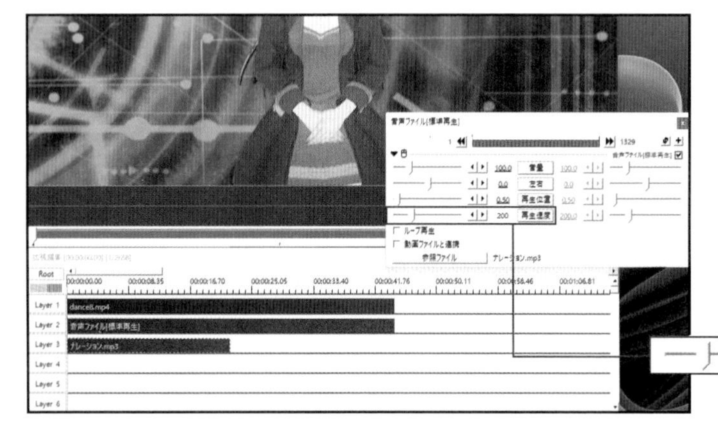

2 再生速度を調整する

設定ダイアログの［再生速度］左側の 」（トラックヘッド）をドラッグするか、数値をクリックして速度（ここでは、「200」）を入力し、再生速度を調整します。

POINT

再生速度を変更すると、「音声」オブジェクトの長さは自動調整されます。たとえば、再生速度を［200］に設定し 2 倍速にすると、「音声」オブジェクトの長さ（再生時間）は半分に自動調整されます。なお、[再生位置] と［再生速度］の設定は、［動画ファイルとの連携］がオンになっている場合は利用できません。この設定を行いたいときは、［動画ファイルとの連携］をオフに設定してください。

06 音声をループ再生する

「音声」オブジェクトの設定ダイアログの[ループ再生]をオンにすると、その「音声」オブジェクトをループ再生できます。

音声のループ再生を設定する

「音声」オブジェクトのループ再生を行いたいときは、設定ダイアログの [ループ再生] をオンにした上で、オブジェクトの長さ(再生時間)をループ再生したいだけ引き伸ばします(P.141、142 参照)。たとえば、「音声」オブジェクトの長さ(再生時間)を 2 倍にすると 2 回ループ、3 倍にすると 3 回ループになります。なお、「音声」オブジェクトをループ再生したいときは、[動画ファイルと連携] をオフに設定してください(P.160 参照)。

1 [ループ再生]をオンにする

ループ再生を行いたい「音声」オブジェクトの設定ダイアログを開きます。[ループ再生] の☐をクリックして、☑(オン)にします。

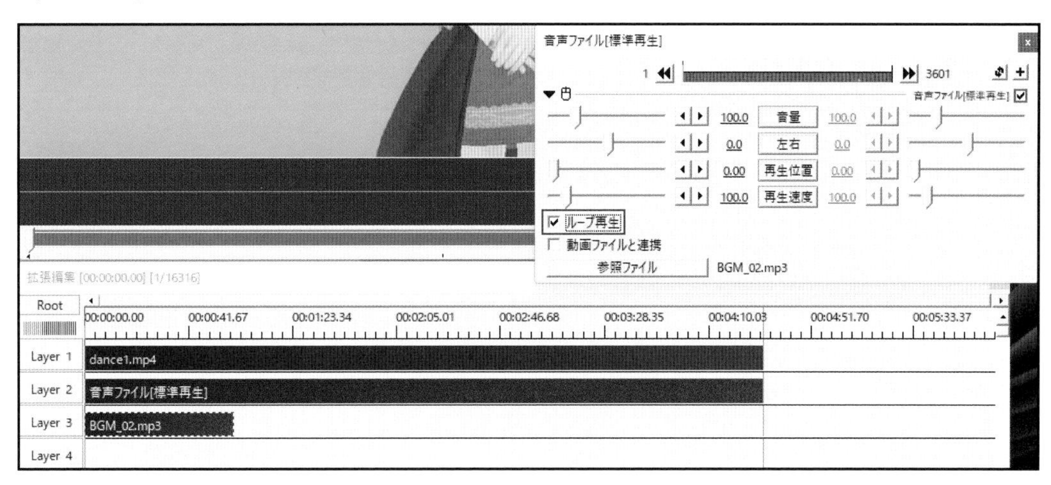

2 再生時間を変更する

ループ再生する「音声」オブジェクトの長さ(再生時間)をドラッグ操作(P.141 参照)または「長さの変更」ダイアログ(P.142 参照)で引き伸ばします。

07 音声にフェードイン／アウトを施す

「音声」オブジェクトは、設定ダイアログに「音声フェード」を追加することで、フェードイン／フェードアウトを施すことができます。

「音声フェード」を利用する

「音声」オブジェクトに徐々に音が大きくなるフェードインや徐々に音が小さくなるフェードアウトの効果を施したいときは、設定ダイアログに「音声フェード」を追加します。「音声フェード」を設定ダイアログに追加すると、「音声」オブジェクトの先端にフェードイン、終端にフェードアウトの効果を秒数単位で設定できます。

1 「フェード」を追加する

「音声」オブジェクトの設定ダイアログを表示しておきます。＋をクリックして1、表示されるメニューから［音声フェード］をクリックします2。

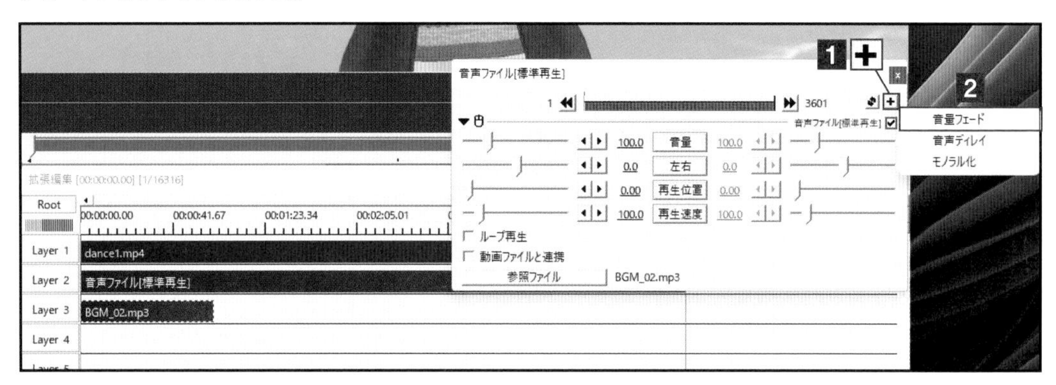

2 「フェード」の設定を行う

［音声フェード］が設定ダイアログに追加されます。フェードインの効果を適用したいときは［イン］の左側の 亅（トラックヘッド）をドラッグするか、数値をクリックして効果を適用したい秒数（ここでは「1」）を入力します1。また、フェードアウトの効果を適用したいときは［アウト］の左側の 亅（トラックヘッド）をドラッグするか、数値をクリックして効果を適用したい秒数（ここでは「0.00」）を入力します2。

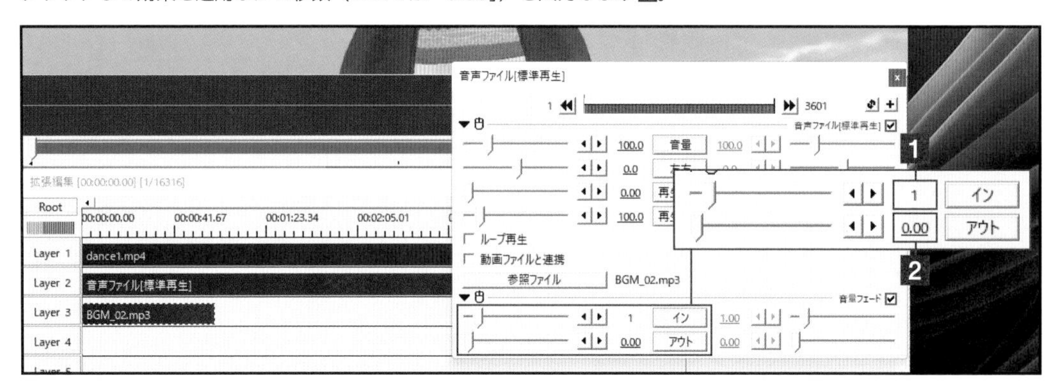

08 音声にエコーをかける

「音声ディレイ」を利用すると、「音声」オブジェクトの音を遅らせて再生し、エコーのような効果を施すことができます。

「音声ディレイ」を利用する

「音声ディレイ」は、設定ダイアログに追加できるほか、タイムラインを右クリックして表示されるメニューで［メディアオブジェクトの追加］の［フィルタ効果の追加］から追加できます。なお、後者の方法でオブジェクトに対して「音声ディレイ」を追加すると、このオブジェクトを配置したレイヤーより上のレイヤーにあるすべての「音声」オブジェクトを対象に効果を適用します。特定の「音声」オブジェクトのみに効果を施したいときは、設定ダイアログに「音声ディレイ」を追加してください。

1 「音声ディレイ」を追加する

「音声」オブジェクトの設定ダイアログを表示しておきます。＋をクリックして1、表示されるメニューから［音声ディレイ］をクリックします2。

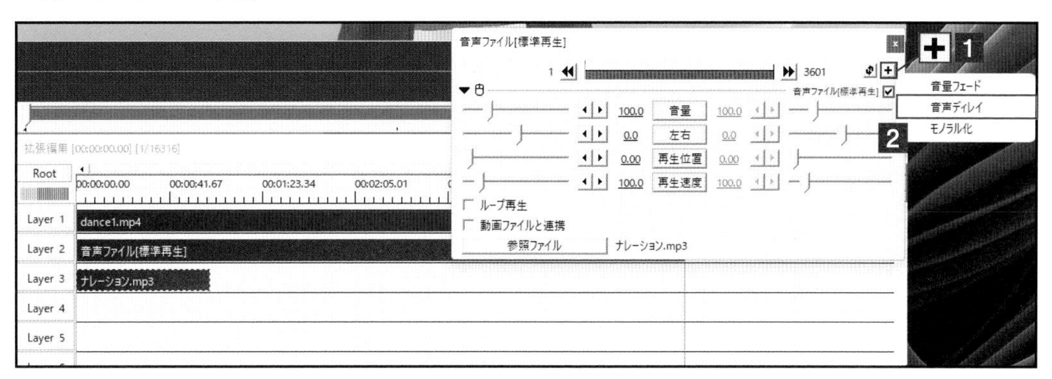

2 「音声ディレイ」の設定を行う

「音声ディレイ」が設定ダイアログに追加されます。［強さ］と［遅延］の調整を行います。［強さ］の左側の (トラックヘッド) をドラッグするか、数値をクリックして強さの数値を入力します1。また、［遅延］の左側の (トラックヘッド) をドラッグするか、数値をクリックして遅延時間を入力します2。

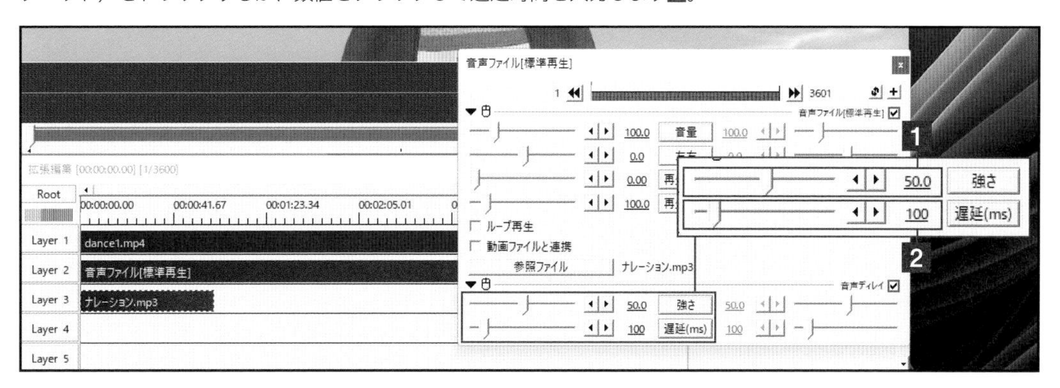

音声プラグイン「簡易録音」を利用する

AviUtlは音声の録音機能は備わっていませんが、AviUtlで音声の録音を行えるようにする音声プラグイン「簡易録音」を利用することでアフレコを行えます。

「簡易録音」プラグインをダウンロードする

「簡易録音」は、音声の録音を行えるプラグインです。このプラグインを利用すると、拡張編集Pluginで編集中の動画をプレビューしながら音声の録音を行ったり、録音した音声をタイムラインに自動追加したりできます。「簡易録音」は、作者のWebサイトからダウンロードできます。「簡易録音」は、ZIP形式で圧縮されて配布されています。ダウンロードが完了したらインストールの作業に備えて、ダウンロードしたファイルを展開しておきます。

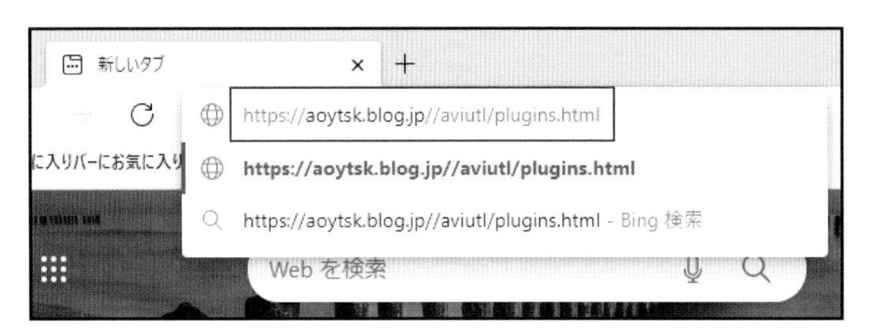

1 ダウンロードページを表示する

Webブラウザー（ここでは「Microsoft Edge」）を起動してダウンロードページのURL（https://aoytsk.blog.jp/aviutl/plugins.html）を入力し、Enterキーを押します。

2 「簡易録音」をダウンロードする

ダウンロードページが表示されたら、画面をスクロールして「簡易録音」の［ダウンロード］をクリックしてファイルをダウンロードします。広告が表示された場合は、広告を閉じるとファイルがダウンロードされます。また、「簡易録音」のファイルは、「rec.zip」のファイル名でダウンロードされます。ダウンロードが完了したら、P.019の手順を参考にファイルを展開します。

10 音声プラグイン「簡易録音」をインストールする

「簡易録音」のダウンロードとダウンロードしたファイルの展開が完了したら、「簡易録音」のプログラムファイルを「Plugins」フォルダーにインストールします。

「簡易録音」をインストールする

「簡易録音」のインストールは、AviUtl のインストールフォルダー内に用意した「Plugins」フォルダーにファイルをコピーまたは移動することで行います。「Plugins」フォルダーにコピーまたは移動する「簡易録音」のプログラムファイルは、「rec.auf」です。

1 インストールフォルダーを開く

AviUtl のファイルが収められたフォルダーをエクスプローラーで開き、「Plugins」フォルダーをダブルクリックして開きます。

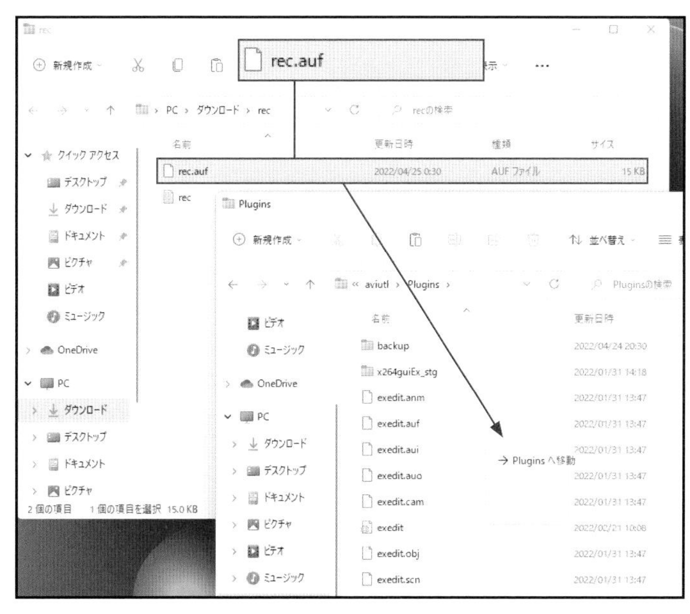

2 ファイルをコピーまたは移動する

「rec.auf」を「簡易録音」の展開先フォルダーから「Plugins」フォルダーにドラッグ＆ドロップします。これで「簡易録音」プラグインのインストールは完了です。

11 音声プラグイン「簡易録音」でアフレコを行う

「簡易録音」を利用すると、拡張編集Pluginで編集中の動画のプレビューを再生しながら、アフレコを行えます。また、録音した音声をタイムラインに自動追加することもできます。

アフレコを行う

「簡易録音」は、メインウィンドウの「表示」メニューから起動して利用する音声録音専用のプラグインです。「簡易録音」単体で音声の録音を行えるほか、メインウィンドウに読み込んだ動画や拡張編集Pluginで編集中の動画のプレビューを再生しながら、その解説を録音するアフレコを行えます。また、録音に使用するマイクの設定の初期値は、Windowsの「既定」の設定が利用されます。このため、Windowsでマイクが利用可能な状態になっていれば、設定不要で利用できます。

「簡易録音」でアフレコを行う

ここでは、拡張編集Pluginで編集中の動画をプレビューで再生しながらアフレコを行い、アフレコ終了後に録音した音声を拡張編集Pluginのタイムラインに自動追加する方法を例に、アフレコの方法を説明します。

1 「簡易録音」を起動する

アフレコを行いたい動画を拡張編集Pluginに追加するか、拡張編集Pluginで編集中のプロジェクトを開き、プレビューの開始位置を動画の先頭に移動しておきます。メインウィンドウの［表示］をクリックし1、［簡易録音の表示］をクリックします2。

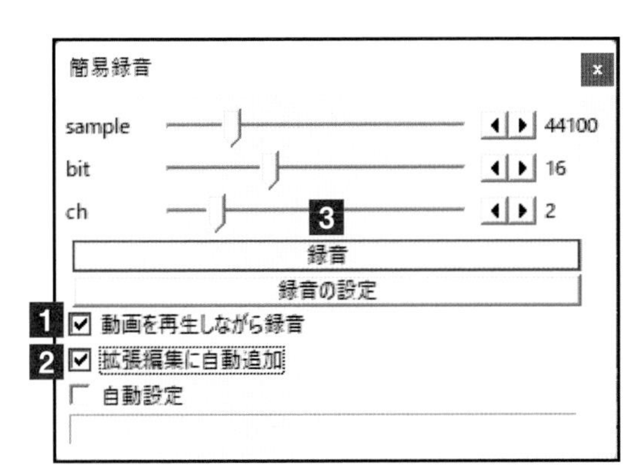

2 アフレコの設定を行う

「簡易録音」が表示されます。［動画を再生しながら録音］の□をクリックして☑にします1。［拡張編集に自動追加］の□をクリックして☑にします2。［録音］をクリックします3。

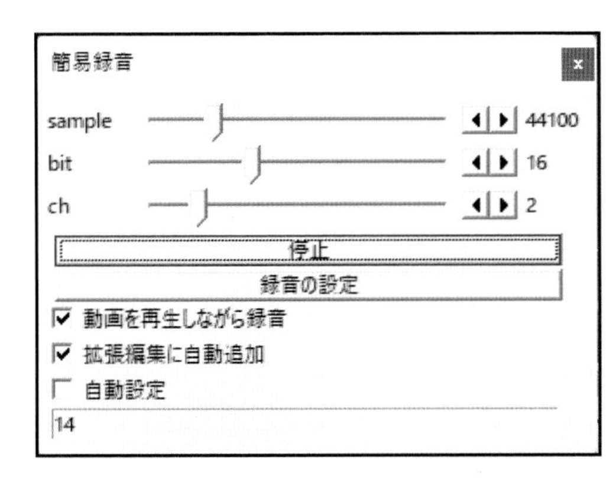

3 アフレコを行う

プレビューが開始されると同時に録音が開始されます。プレビューを見ながらナレーションなどを吹き込みます。すべてのナレーションを吹き込んだら［停止］をクリックします。

4 タイムラインに音声が追加される

録音した音声がタイムラインに追加されます1。「簡易録音」を終了したいときは×をクリックします2。

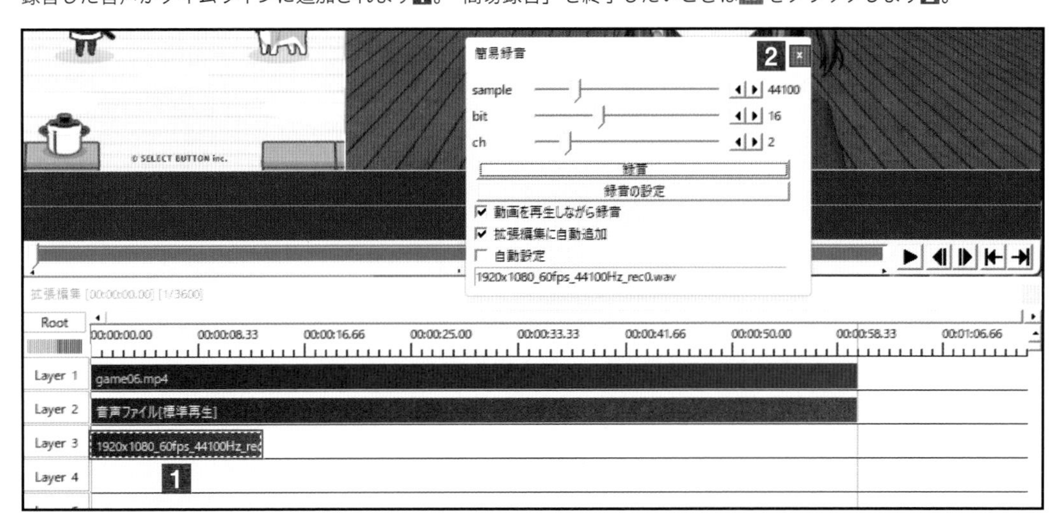

POINT

アフレコを行う場合は、ヘッドホンやイヤホンでプレビュー中の動画の音をモニターするのがお勧めです。スピーカーで動画の音をモニターすると、マイクがその音も録音してしまいます。このような音声をナレーションなどに利用すると、エコーがかかったような音になるなど、音質劣化の原因になります。

音声プラグイン「簡易録音」で録音したファイルを確認する

「簡易録音」で録音した音声ファイルは、録音終了後に「簡易録音」から録音先フォルダーを開いて確認できます。

録音したファイルを確認する

「簡易録音」で録音した音声ファイルは、録音終了後に「簡易録音」の画面下に表示されているファイル名を右クリックすることで確認できます。なお、「簡易録音」で録音した音声ファイルの保存先フォルダーは、動画を読み込んでいる／読み込んでいないなどの条件によって異なり、以下の3パターンがあります。また、保存時のファイル名の命名規則なども異なります。ここでは、録音終了後に「簡易録音」から保存したファイルを表示する方法を説明します。

録音した音声ファイルの保存先

	保存場所	ファイル名
動画を読み込んでいない場合	「ドキュメント」フォルダー	Aviutl_rec*.wav（* は数字）
メインウィンドウに動画を読み込んでいる場合	読み込んだ動画の保存先フォルダー	動画名 _rec*.wav（* は数字）
拡張編集 Plugin で動画編集中の場合	AviUtl のインストール先フォルダー	動画解像度 _ フレーム数 _ サンプリングレート _rec*.wav（* は数字） 例：1920x1080_60fps_44100Hz_rec0.wav

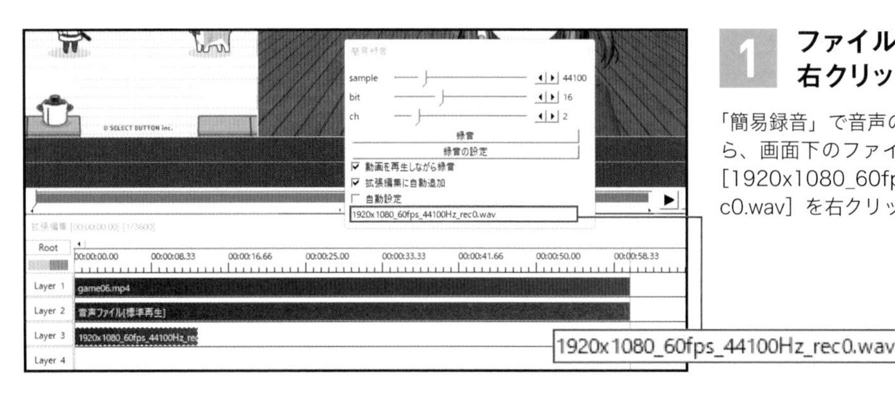

1 ファイル名を右クリックする

「簡易録音」で音声の録音が完了したら、画面下のファイル名（ここでは[1920x1080_60fps_44100Hz_rec0.wav]）を右クリックします。

1920x1080_60fps_44100Hz_rec0　2022/04/25 8:58　WAVファイル　2,292 KB

2 録音したファイルが表示される

エクスプローラーが起動し、音声ファイルの保存先フォルダー（ここでは、AviUtl のインストール先フォルダー）が表示され、録音した音声ファイル（ここでは「1920x1080_60fps_44100Hz_rec0.wav」）を確認できます。

CHAPTER

11

THE PERFECT GUIDE FOR AVIUTL

動画の出力

編集した動画の出力方法を理解する

出力プラグインをインストールしていないAviUtlは、「AVI」という動画ファイルの出力のみしか行えません。ほかの形式で出力するには、出力プラグインをインストールします。

出力プラグインとは

出力プラグインは、AviUtl で編集した動画をファイル出力（保存）するときに利用します。動画ファイルの形式には、動画の映像（画像）の形式と音声の形式、これらをまとめて 1 つの形（ファイル）にするコンテナフォーマットと呼ばれる器（箱）の形式、この 3 種類の組み合わせでできています。現在の主流は、映像（画像）方式が「H.264」（MPEG-4 AVC）と呼ばれる映像圧縮技術、音声方式が「AAC」と呼ばれる音声圧縮技術、コンテナフォーマットが「MPEG-4」（ファイルの拡張子は「MP4」）の形式です。

主な出力プラグイン	説明
x264guiEx	スマホの動画撮影機能や Blu-ray Disc など現在主流の動画圧縮規格「H.264（MPEG-4 AVC）」の出力に対応したプラグインです。利用者も多く、通常は、この出力プラグインのみで多くの用途に対応できます。 ダウンロード URL：https://rigaya34589.blog135.fc2.com/
x265guiEx	動画圧縮規格「H.265（MPEG-H HEVC）」の出力に対応したプラグインです。広く普及している H.264 の約半分のデータ量で同等の画質を得られるとされる技術です。 ダウンロード URL：https://rigaya34589.blog135.fc2.com/
かんたん MP4 出力	動画圧縮規格「H.264（MPEG-4 AVC）」の出力に対応したプラグインです。最低限の設定のみで利用できる手軽さが特長のプラグインです。 ダウンロード URL：https://aoytsk.blog.jp/aviutl/34586383.html
FFmpegOUT	H.264 や H.265、MPEG2、webm、AV1 など多彩な動画圧縮規格に対応するプラグインです。 ダウンロード URL：https://rigaya34589.blog135.fc2.com/

動画ファイルの形式

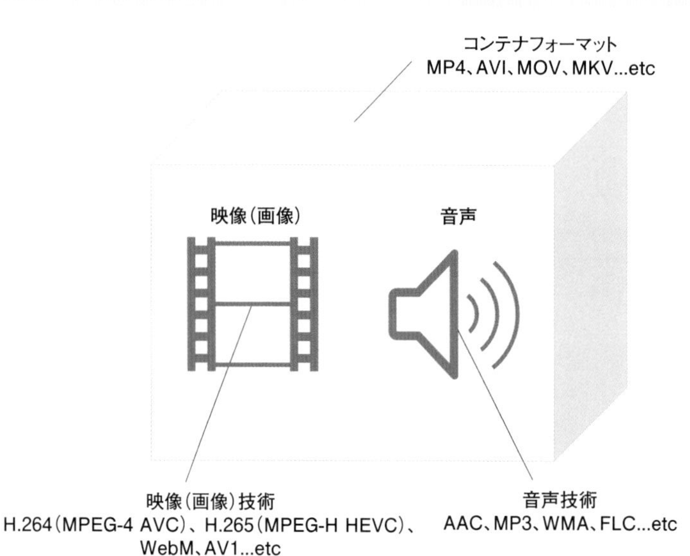

◀動画ファイルは、映像圧縮技術と音声圧縮技術に加え、これらをまとめて1つの形（ファイル）にするコンテナフォーマットの組み合わせでできています。現在の主流は、動画ファイルの拡張子が「.MP4」のコンテナフォーマットに「MPEG-4」を採用する動画ファイルです。

動画ファイル保存(出力)の基本操作

出力プラグインを利用して編集済みの動画を出力するには、メインウィンドウの［ファイル］メニューにある［プラグイン出力］から出力に利用するプラグインをクリックして表示される保存画面から行います。この操作は、メインウィンドウに読み込んだ動画を出力する場合だけでなく、拡張編集 Plugin で編集した動画を出力する場合も共通の操作です。ここでは、出力プラグイン「x264guiEX」(P.028 参照)を例に、動画の保存画面の表示方法と保存画面の画面構成を説明します。

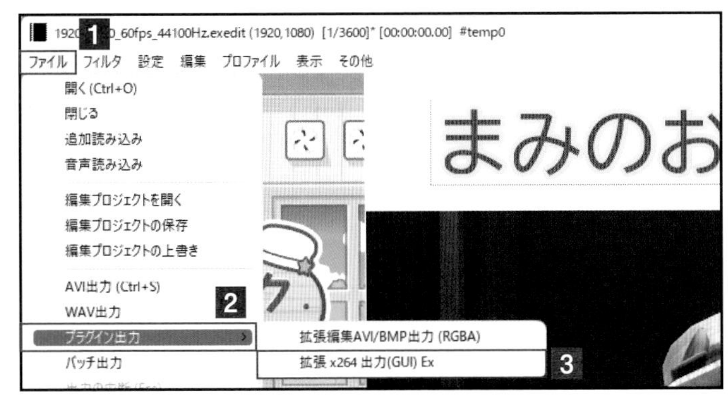

1 出力プラグインを選択する

メインウィンドウまたは拡張編集 Plugin で動画の編集を行っておきます。メインウィンドウの［ファイル］をクリックし1、［プラグイン出力］2から出力に利用するプラグイン（ここでは［拡張 x264 出力（GUI）Ex］）をクリックします3。

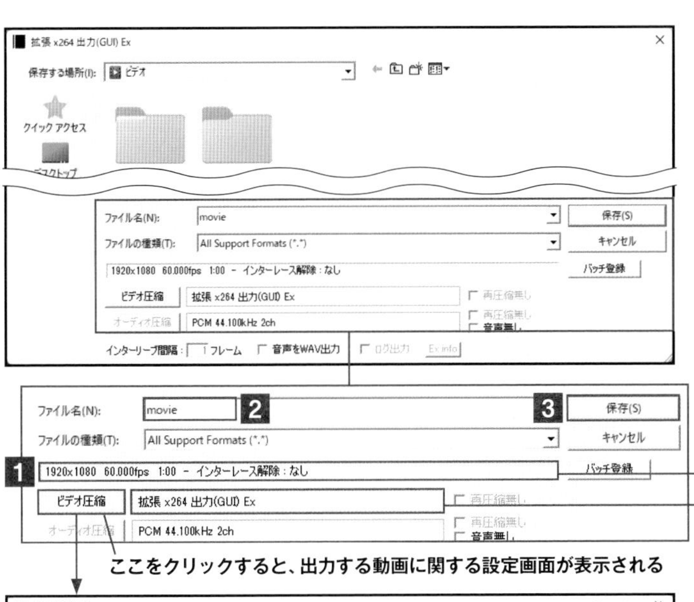

2 動画の保存画面が表示される

動画の保存画面が表示されます。出力する動画の情報（解像度やフレームレート、時間など）を確認し1、任意のファイル名を入力して2、［保存］をクリックすると3、動画ファイルへの出力が実行されます。

出力する動画の情報。解像度、フレームレート、再生時間、インターレース解除の有無の順に表示される

出力に利用するプラグインの名称。出力プラグイン「x264guiEX」は、「拡張x264出力(GUI)Ex」と表示される

◀出力する動画に関する設定画面（ここでは「x264guiEX」の画面）。この画面は、利用する出力プラグインによって異なります。

02 編集済み動画全体を出力する

メインウィンドウに読み込んだ動画や拡張編集Pluginで編集した動画は、出力プラグインを利用することでかんたんに動画ファイルとして出力（保存）できます。

動画全体の出力手順

動画ファイルの保存（出力）は、範囲選択を行っていないことを確認してから開始します。また、拡張編集 Plugin で編集を行った動画を出力するときは、最終フレームの位置確認を忘れずに行ってください。拡張 Plugin を利用した動画編集では、最後尾のオブジェクトの位置をズラしたり、現在の最終フレームの位置を超えるオブジェクトを新しく追加したりすると、それにともなって最終フレームの位置が自動的にうしろにズレるためです。

拡張編集Pluginの最終フレームの確認と位置設定

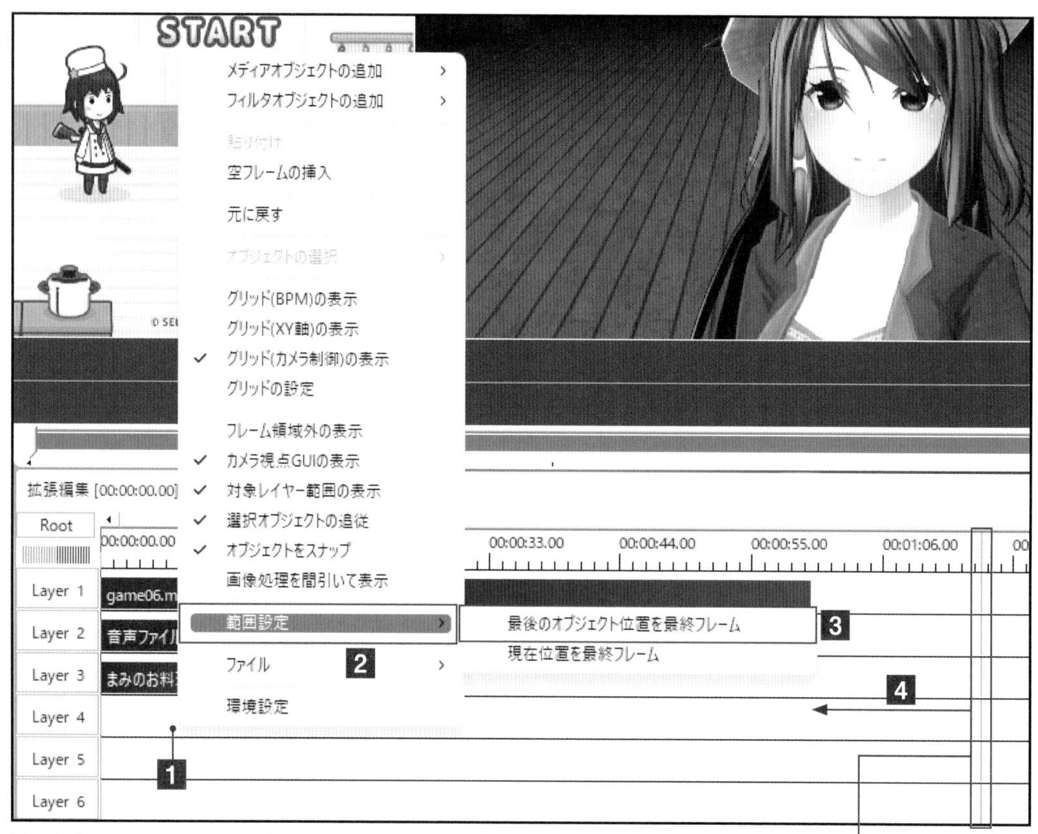

拡張編集 Plugin では、薄いグレーの縦線が最終フレームの位置になります。範囲選択を行わずに出力を行うと、この位置まで動画が出力され、オブジェクトが配置されていないところは「黒」の動画が出力されます。また、オブジェクトの終端を最終フレームにするときは、タイムライン上のオブジェクトのない場所で右クリックし1、表示されたメニューで［範囲設定］2から［最後のオブジェクトの位置を最終フレーム］をクリックすると3、最終フレームの位置を示すグレーの棒が、最後のオブジェクトの最終フレームに移動します4。

動画を出力する

ここでは、拡張編集 Plugin で編集した動画を「x264guiEX」で出力する方法を例に、動画の出力方法を説明します。メインウィンドウに読み込んだ動画も同じ手順で出力できます。

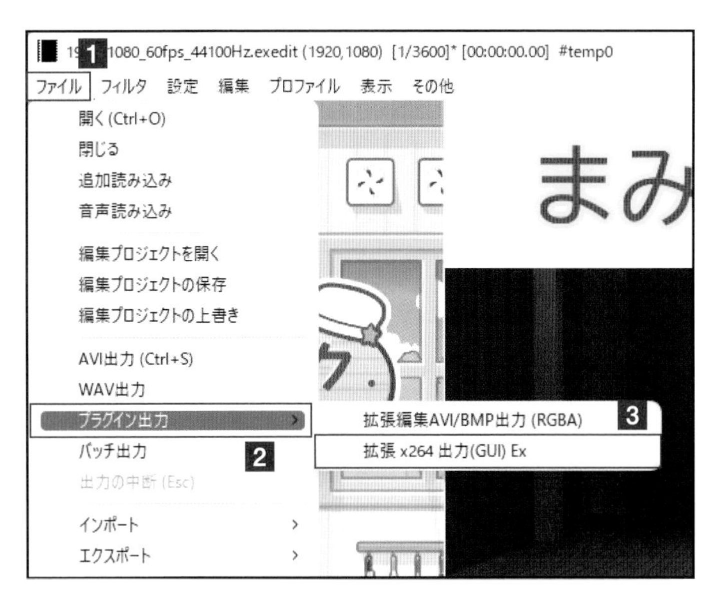

1 プラグイン出力を選択する

範囲選択を行っていないことや最終フレームの位置に問題がないことを確認しておきます。メインウィンドウの［ファイル］をクリックし1、表示されたメニューで［プラグイン出力］2から［拡張 x264 出力（GUI）Ex］をクリックします3。

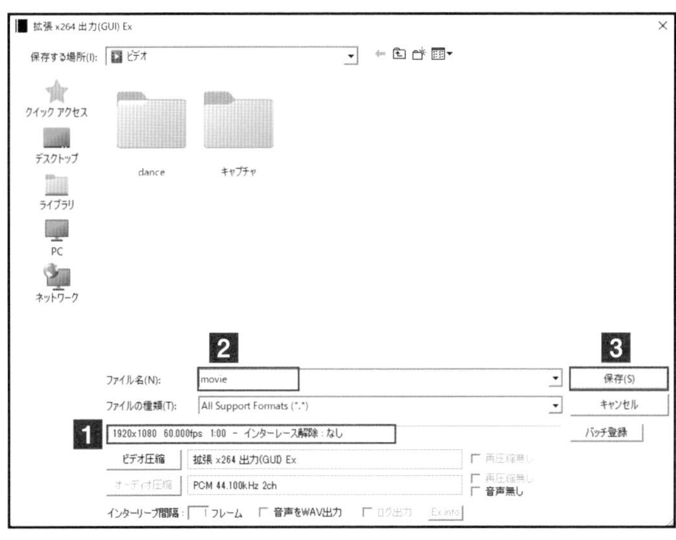

2 出力を開始する

動画の保存画面が表示されます。出力する動画の解像度などに問題がないかを確認し1、ファイル名を入力します2。［保存］をクリックして出力を開始します3。

POINT

［ビデオ圧縮］をクリックすると、動画の画質の調整などを行えます（P.304 参照）。

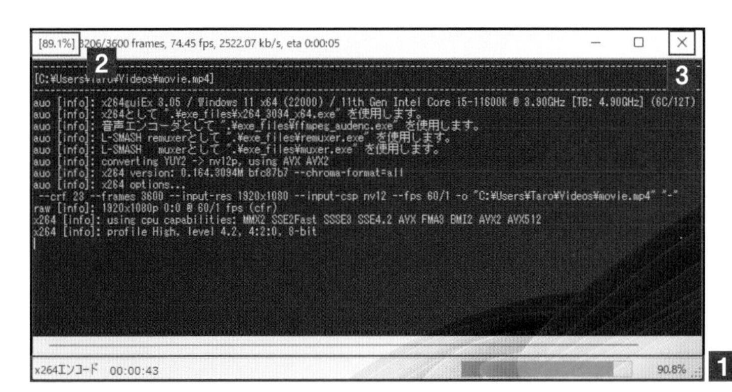

3 動画が出力される

「x264guiEX」の出力中の情報画面が表示され、進捗状況などが表示されます1。また、進捗状況はメインウィンドウの左上部にも表示されます2。出力が完了したら、×をクリックして「x264guiEX」の情報画面を閉じます3。

選択範囲のみを出力する

動画の出力(保存)は、選択範囲のみを出力することもできます。選択範囲のみを出力したいときは、最初に出力したい範囲を選択し、次に出力作業を行います。

動画の選択範囲を出力する

動画の範囲選択を指定することで、メインウィンドウに読み込んだ動画または拡張編集 Plugin で編集した動画の特定部分のみの出力も可能です。ここでは、拡張編集 Plugin で編集中の動画の特定部分のみを出力する方法を例に説明しますが、メインウィンドウに読み込んだ動画も同じ手順で出力できます。

1 プラグイン出力を選択する

メインウィンドウの⇤や⇥を利用するか (P.045 参照)、Shiftキーを押しながらタイムラインをドラッグして (P.133 参照)、出力したい範囲の指定を行っておきます1。メインウィンドウの［ファイル］をクリックし2、表示されたメニューで［プラグイン出力］3から［拡張 x264 出力（GUI）Ex］をクリックします4。

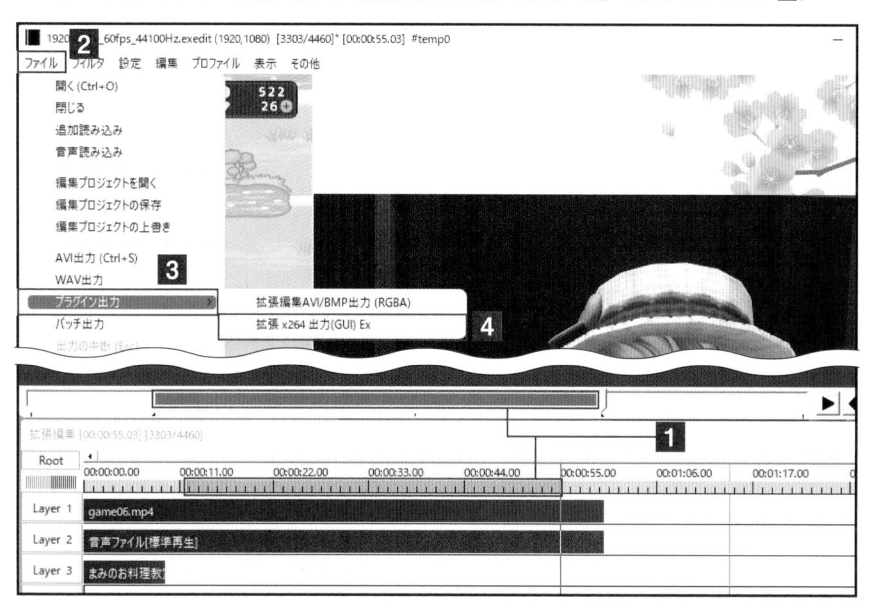

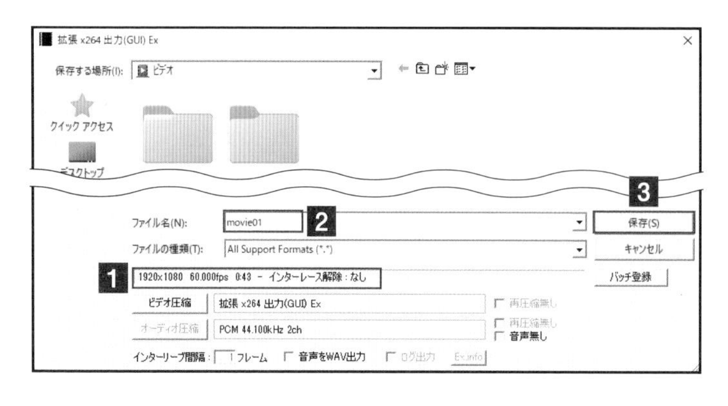

2 ファイルに出力する

動画の保存画面が表示されます。出力する動画の解像度などに問題がないかを確認し1、ファイル名を入力します2。［保存］をクリックします3。「x264guiEX」の出力中の情報画面が表示され出力が行われます。出力が完了したら、「x264guiEX」の情報画面の×をクリックして画面を閉じます (P.301 参照)。

SECTION
04

出力プラグイン「x264guiEx」でYouTube向けの動画を出力する

「x264guiEx」の詳細設定画面を表示すると、プロファイルを選択できます。プロファイルを利用すると、目的の用途向けの動画をかんたんに出力できます。

プロファイルを利用する

「x264guiEx」には、YouTubeやTwitter、ニコニコ動画、Blu-ray Disc、アニメなど、さまざまな用途向けのプロファイルが用意されています。プロファイルを利用すると、目的の用途向けの動画ファイルをかんたんに作成できます。プロファイルの選択は、動画の保存画面で［ビデオ圧縮］をクリックして表示される設定画面で行えます。

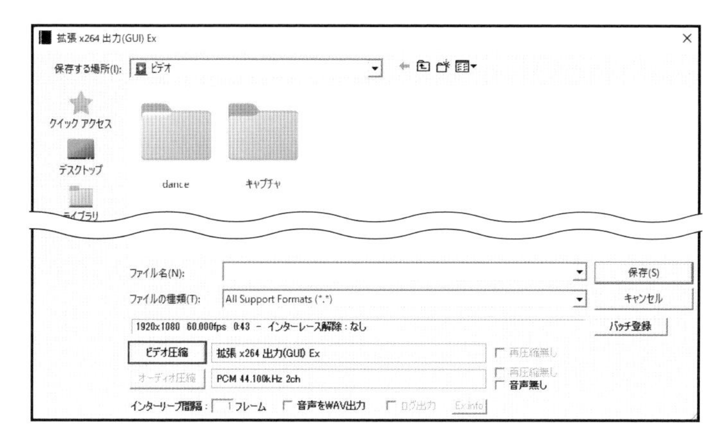

1 「x264guiEx」の設定画面を表示する

メインウィンドウの［ファイル］をクリックし、表示されたメニューで［プラグイン出力］から［拡張x264出力（GUI）Ex］をクリックして動画の保存画面を表示します。［ビデオ圧縮］をクリックします。

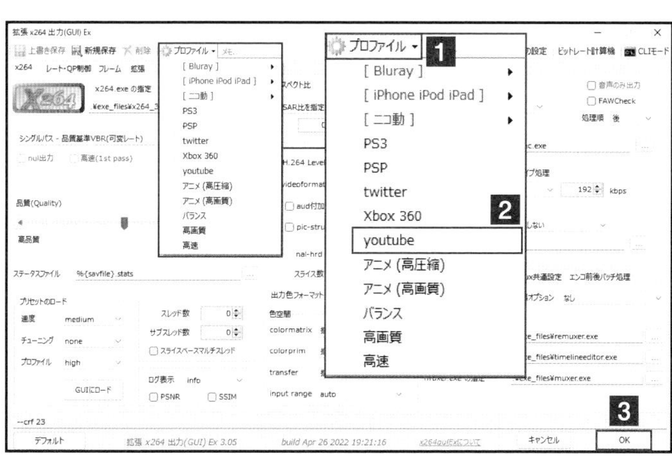

2 プロファイルを選択する

「x264guiEx」の設定画面が表示されます。［プロファイル］をクリックし**1**、利用するプロファイル（ここでは［youtube］）をクリックします**2**。［OK］をクリックすると**3**、手順**1**の動画の保存画面に戻ります。ファイル名を入力し、［保存］をクリックして出力を行ってください。

CHECK!

「x264guiEx」は非常に多くの設定項目が用意されていますが、その多くは映像圧縮技術である「H.264」を熟知したユーザー向けの設定項目です。通常は、プロファイルの選択や画質の設定（P.304参照）のみで利用し、ほかの設定の変更は行わないことをお勧めします。

05 出力プラグイン「x264guiEx」で画質の設定を行う

「x264guiEx」の詳細設定画面を表示すると、画質の設定を変更できます。通常は、初期設定で問題はありませんが、画質の調整を行いたいときは設定を変更できます。

エンコード方式について知る

「x264guiEx」には、7種類のエンコード方式(動画の出力方法)が用意されています。初期値では、画質や出力される動画のファイルサイズ、出力に要する時間など、それぞれの要素がバランスよくまとめられた「シングルパス - 品質基準VBR(可変レート)」が選択されています。通常は、この方式で問題はありませんが、出力する動画のファイルサイズやビットレートを指定したい場合は、「自動マルチパス」や「サイズ確認付き 品質基準VBR(可変レート)」を選択します。

「x264guiEx」で利用できるエンコード方式

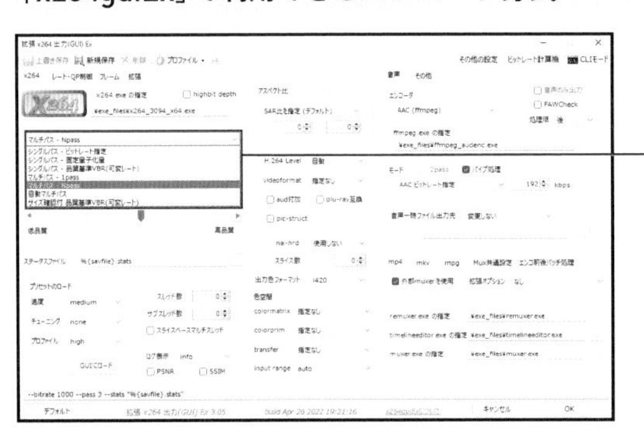

エンコード方式	内容
シングルパス - ビットレート指定	動画の画質を「ビットレート」で指定し、1回だけエンコードを行います。ビットレートとは、1秒当たりのデータ量です。数字を大きくするほど画質が高くなりますが、出力される動画ファイルのファイルサイズも大きくなります。
シングルパス - 固定量子化量	動画の画質を「量子化量」で指定し、1回だけエンコードを行います。ビットレートは自動設定されます。量子化量とは、かんたんに説明すると直線だけで、できるだけ曲線に近い形を描こうと考えたときに、直線と直線をつなげる点をいくつ利用するかの設定です。数値を小さくすると、この点の数が多くなり画質が上がりますが、出力される動画ファイルのファイルサイズも大きくなります。
シングルパス - 品質基準VBR(可変レート)	「x264guiEx」の初期値です。動画の画質を「品質」で指定し、1回だけエンコードを行います。ビットレートは可変で、自動設定されます。この方式は、出力にかかる時間、画質、ファイルサイズのバランスに優れた方式で、通常は、この方式を利用するのがお勧めです。品質の初期値は「23」ですが、この数値を小さくすると高画質になりますが、ファイルサイズが大きくなり、出力にかかる時間も長くなります。
マルチパス - 1pass	動画の画質を「ビットレート」で指定し、1回だけエンコードを行います。ただし、このエンコードは、2回目のエンコードに利用する情報収集が目的です。通常、マルチパスエンコードを行わない場合は使用しません。
マルチパス - Npass	動画の画質を「ビットレート」で指定し、「マルチパス - 1pass」で収集した情報をもとに2回目のエンコードを行います。
自動マルチパス	動画のファイルサイズやビットレートの制限が厳しく、制限内でできるだけ高画質にしたいときに利用します。「マルチパス - 1pass」→「マルチパス - Npass」を自動実行します。上限ファイルサイズやビットレート、下限ビットレート、目標ビットレートなどを指定できます。
サイズ確認付き 品質基準VBR(可変レート)	自動マルチパスと用途はほぼ同じですが、ファイルサイズやビットレートの制限が緩めの場合に向いています。上限ファイルサイズやビットレート、下限ビットレート、品質などを指定できます。

画質の調整を行う

一般に動画ファイルは、再生時間が同じならファイルサイズが大きいほど画質は高くなり、同じファイルサイズであれば、多くの時間をかけて出力を行った動画ほど画質が高くなります。また、同じ画質なら、多くの時間をかけて出力を行った動画ほどファイルサイズが小さくなります。画質の調整は、これらの関係を踏まえた上で行う必要があります。「x264guiEx」の画質の設定は詳細設定画面で行い（P.303参照）、主に速度と画質（品質）について設定を行います。

速度の設定

速度の設定は、すべてのエンコード方式で共通の設定です。詳細設定画面の左下にある「プリセットのロード」の［速度］の項目で行います。画質が同じ場合、速度を遅くすると、動画ファイルの出力にかかる時間は増えますが、出力されるファイルは小さくなります。また、上限ファイルサイズを指定できる「自動マルチパス」や「サイズ確認付き 品質基準VBR（可変レート）」では、画質の向上が見込めます。なお、速度の設定を変更した場合は、必ず、［GUIにロード］をクリックして選択した設定を反映してください。

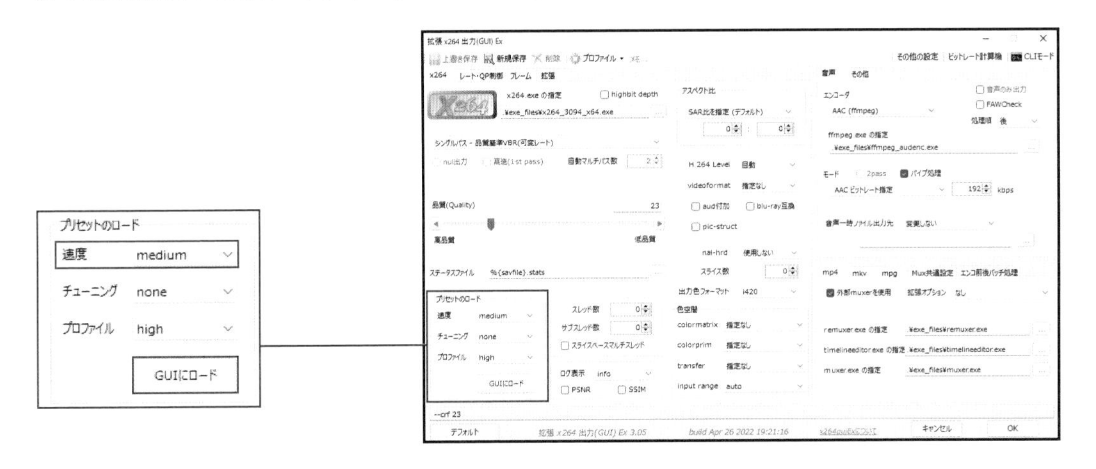

画質（品質）の設定

画質（品質）の設定項目は、利用するエンコード方式によって異なり、「ビットレート」指定、「量子化量」指定、「品質」指定の3パターンがあります。「ビットレート」指定の場合は、ビットレートを数値で指定します。ビットレートとは、1秒当たりのデータ量です。数値が大きいほど高画質になりますが、出力される動画ファイルのサイズも大きくなります。また、「量子化量」と「品質」指定の場合は、数値を小さくするほど高画質になりますが、出力される動画ファイルのサイズも大きくなります。

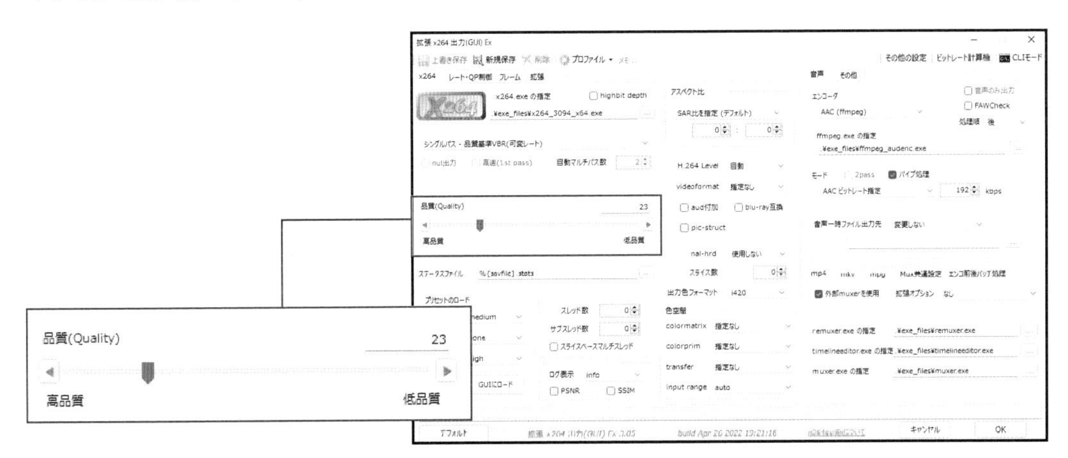

出力プラグイン「x265guiEx」を利用する

「x265guiEx」は、出力プラグインを呼ばれているプラグインです。このプラグインを導入すると、AviUtlでH.265（MPEG-H HEVC）の動画を出力できます。

「x265guiEx」をダウンロードする

H.265（MPEG-H HEVC）は、現在主流の映像圧縮技術「H.264（MPEG-4 AVC）」の後継を目指して開発された技術です。「x265guiEx」を利用すると、「H.265（MPEG-H HEVC）」のMP4形式の動画ファイルを出力できます。「x265guiEx」は、専用の配布サイト（https://github.com/rigaya/x265guiEx/releases）からダウンロードできます。「x265guiEx」のプログラムは、ZIP形式で圧縮されて配布されています。ダウンロードが完了したらインストールの作業に備えて、ファイルを展開しておきます。

1 ダウンロードページを表示する

Webブラウザー（ここでは「Microsoft Edge」）を起動してダウンロードページ（https://github.com/rigaya/x265guiEx/releases）を開きます。

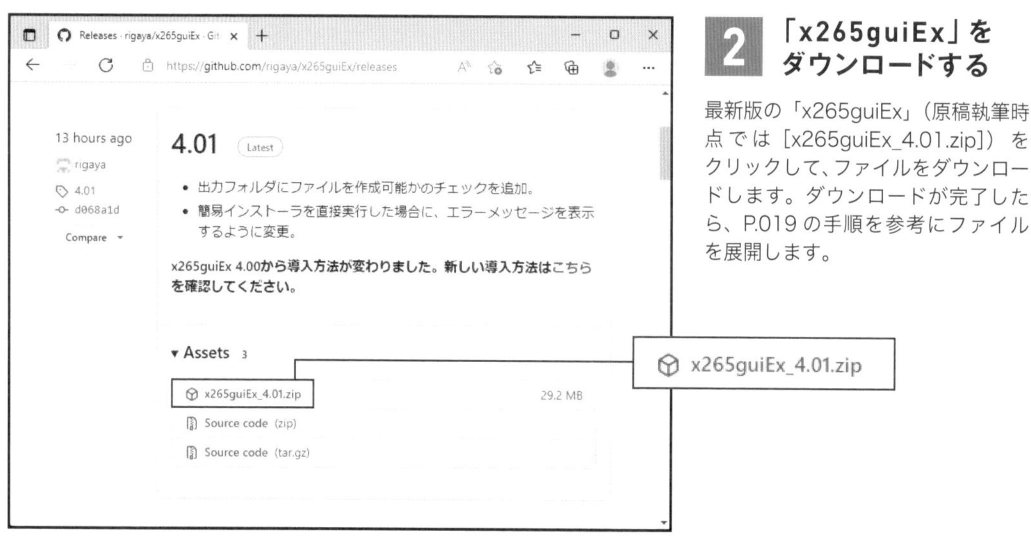

2 「x265guiEx」をダウンロードする

最新版の「x265guiEx」（原稿執筆時点では［x265guiEx_4.01.zip］）をクリックして、ファイルをダウンロードします。ダウンロードが完了したら、P.019の手順を参考にファイルを展開します。

出力プラグイン「x265guiEx」をインストールする

「x265guiEx」のダウンロードとダウンロードしたファイルの展開が完了したら、「x265guiEx」のプログラムファイルをAviUtlをインストールしたフォルダーにコピーします。

「x265guiEx」をインストールする

「x265guiEx」のインストールは、ダウンロードしたファイルを展開すると表示される「exe_files」フォルダーと「plugins」フォルダーの2つのフォルダーをAviUtlのインストールフォルダーにコピーまたは移動することで行います。なお、フォルダーのコピーまたは移動を行った場合に、「ファイルの置き換えまたはスキップ」ダイアログが表示されたときは、［ファイルを置き換える］をクリックして、ファイルの上書きを行ってください。

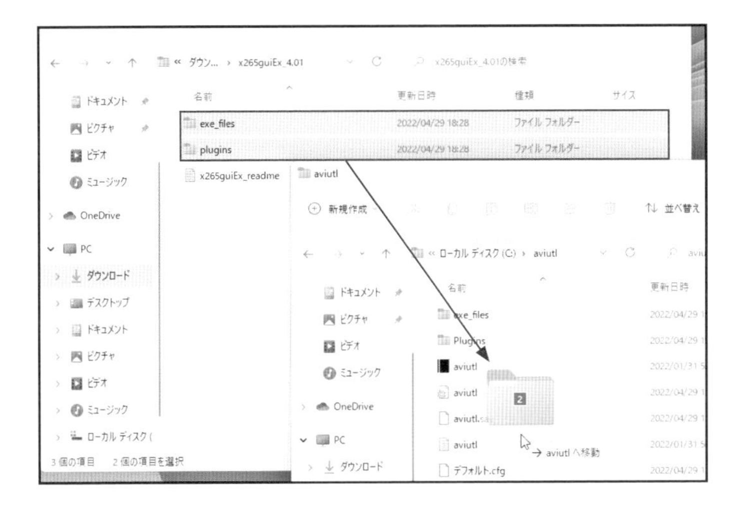

1 インストールフォルダーを開く

AviUtlをインストールしたフォルダーをエクスプローラーで開きます。「x265guiEx」を展開したフォルダー内にある「exe_files」フォルダーと「plugins」フォルダーをAviUtlをインストールしたフォルダーにドラッグ&ドロップします。

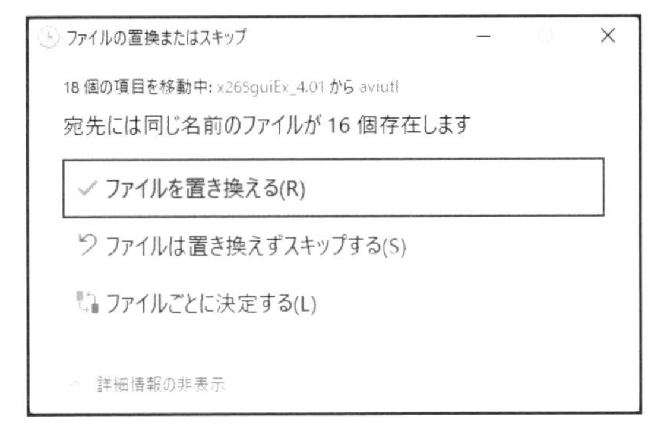

2 必要に応じてファイルを置き換える

「ファイルの置き換えまたはスキップ」ダイアログが表示されたときは、［ファイルを置き換える］をクリックして、ファイルの上書きします。これで「x265guiEx」のインストールは完了です。AviUtlを起動します。

POINT

利用しているパソコンの環境によっては、「x265guiEx」のインストール後にはじめてAviUtlを起動したときに、ウィンドウが表示され必要なモジュールのインストールが行われる場合があります。そのときは、画面の指示に従って操作を行ってください。

出力プラグイン「x265guiEx」で動画を出力する

[ファイル]メニューの[プラグイン出力]で[拡張x265(GUI)Ex]を選択すると、メインウィンドウや拡張編集Pluginで編集した動画を「x265guiEx」で出力できます。

「x265guiEx」で出力する

「x265guiEx」を利用した動画の出力は、[ファイル] メニューの [プラグイン出力] で [拡張 x265(GUI) Ex] を選択することで行えます。また、拡張編集 Plugin で編集した動画を出力するときは、「x264guiEx」などのほかの出力プラグインを利用して出力するときと同様に最終フレームの位置確認を行ってから、出力作業を行ってください(P.300 参照)。

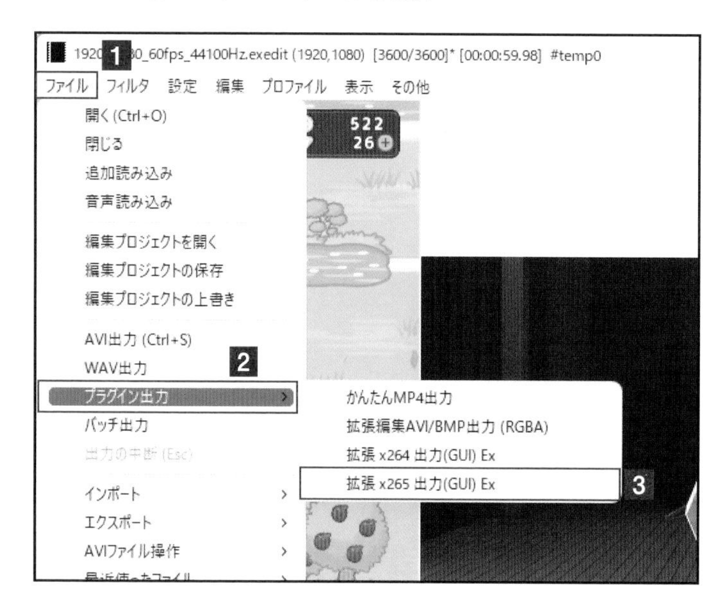

1 プラグイン出力を選択する

範囲選択を行っていないことや最終フレームの位置に問題がないことを確認しておきます。メインウィンドウの [ファイル] をクリックし1、表示されたメニューで [プラグイン出力] 2から [拡張 x265 (GUI) Ex] をクリックします3。

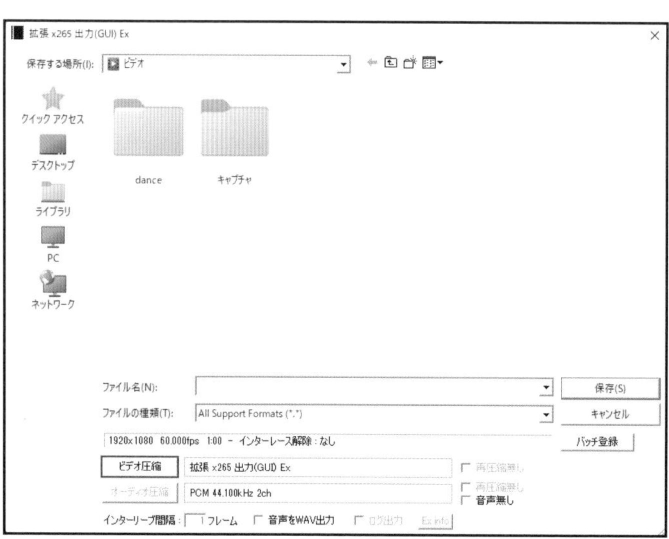

2 「x265guiEx」の設定画面を表示する

動画の保存画面が表示されます。[ビデオ圧縮] をクリックします。

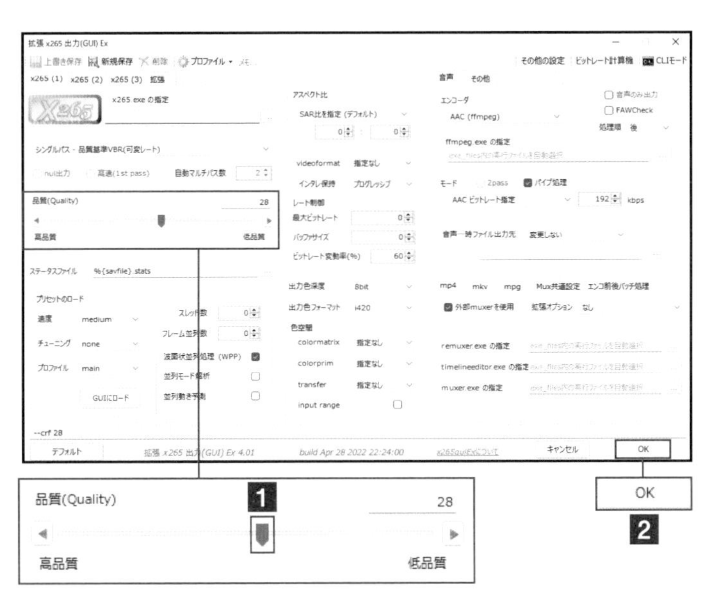

3 「x265guiEx」の設定画面が表示されます。

「品質」の▮をドラッグして画質の調整を行います**1**。［OK］をクリックします**2**。

POINT

ここでは、画質の調整を行っていますが、通常は初期値のまま使用しても問題はありません。なお、「x265guiEx」の画質に関連する設定内容は「x264guiEx」と同じです。設定内容の詳細については、P.304、305 参照してください。

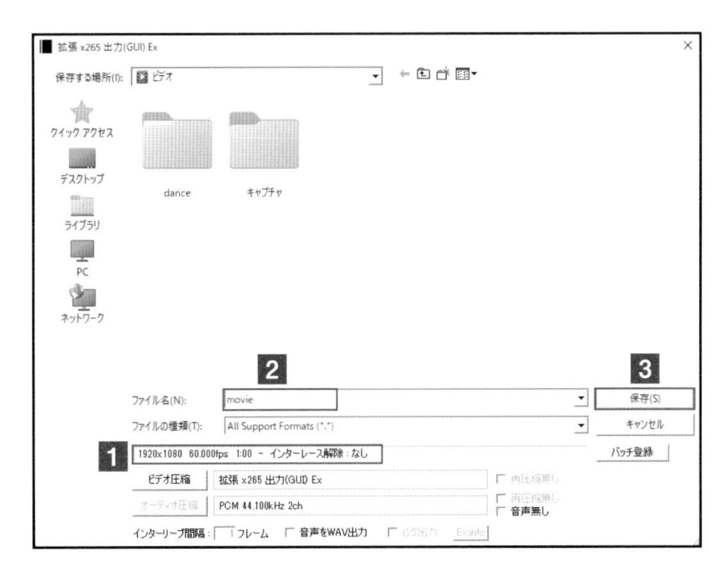

4 出力を開始する

動画の保存画面が表示されます。出力する動画の解像度などに問題がないかを確認し**1**、任意のファイル名を入力します**2**。［保存］をクリックして出力を開始します**3**。

5 動画が出力される

「x265guiEX」の出力中の情報画面が表示され、進捗状況などが表示されます**1**。また、進捗状況はメインウィンドウの左上部にも表示されます**2**。出力が完了したら、✕をクリックして「x265guiFX」の情報画面を閉じます**3**。

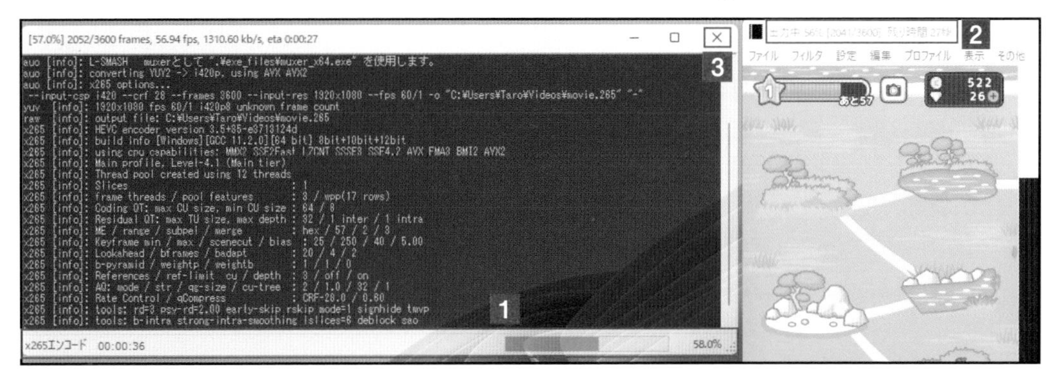

09 出力プラグイン「かんたんMP4出力」を利用する

出力プラグインの「かんたんMP4出力」を利用すると、メインウィンドウや拡張編集Pluginで編集した動画を手軽に動画ファイルに出力できます。

「かんたん MP4 出力」をダウンロードする

「かんたん MP4 出力」は、映像圧縮技術に「H.264(MPEG-4 AVC)」を採用した MP4 形式の動画ファイルを出力できるプラグインです。難しい設定は用意されておらず、手軽に動画ファイルに出力できることが特長です。「かんたん MP4 出力」は、作者の Web サイトからダウンロードできます。ZIP 形式で圧縮されて配布されています。ダウンロードが完了したらインストールの作業に備えて、ダウンロードしたファイルを展開しておきます。

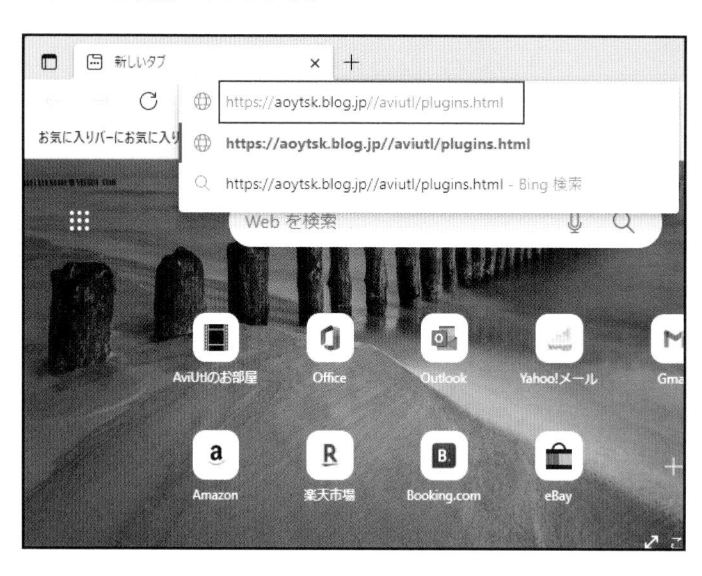

1 ダウンロードページを表示する

Web ブラウザー（ここでは「Microsoft Edge」）を起動してダウンロードページの URL（https://aoytsk.blog.jp/aviutl/plugins.html）を入力し、Enterキーを押します。

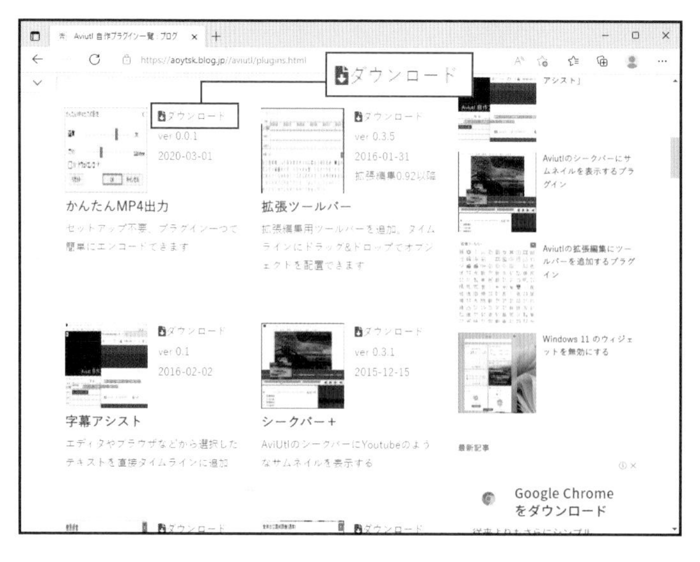

2 「かんたんMP4出力」をダウンロードする

ダウンロードページが表示されたら、画面をスクロールして「かんたんMP4出力」の［ダウンロード］をクリックしてファイルをダウンロードします。広告が表示された場合は、広告を閉じるとファイルがダウンロードされます。また、「かんたんMP4出力」のファイルは、「easymp4.zip」のファイル名でダウンロードされます。ダウンロードが完了したら、P.019 の手順を参考にファイルを展開します。

10 出力プラグイン「かんたんMP4出力」をインストールする

「かんたんMP4出力」のダウンロードとダウンロードしたファイルの展開が完了したら、「かんたんMP4出力」のプログラムファイルを「Plugins」フォルダーにインストールします。

「かんたん MP4 出力」をインストールする

「かんたん MP4 出力」のインストールは、AviUtl のインストールフォルダー内に用意した「Plugins」フォルダーにファイルをコピーまたは移動することで行います。「Plugins」フォルダーにコピーまたは移動する「かんたん MP4 出力」のプログラムファイルは、「easymp4.auo」です。

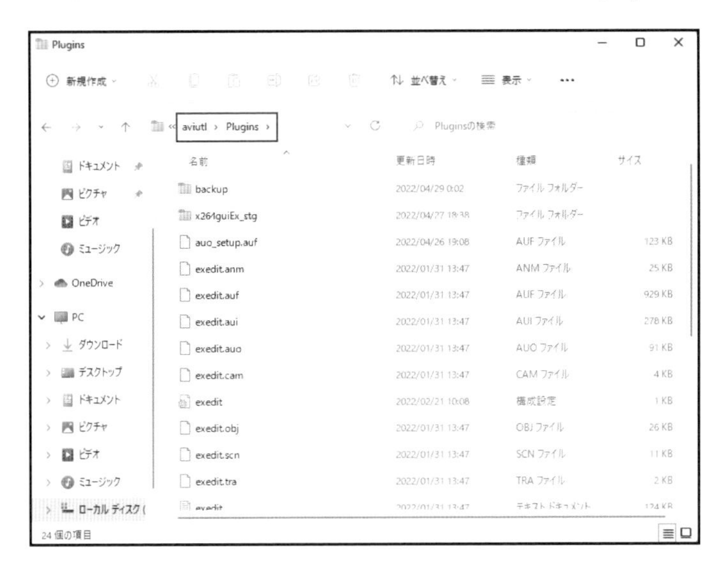

1 インストールフォルダーを開く

AviUtl のファイルが収められたフォルダーをエクスプローラーで開き、[Plugins] をダブルクリックして開きます。

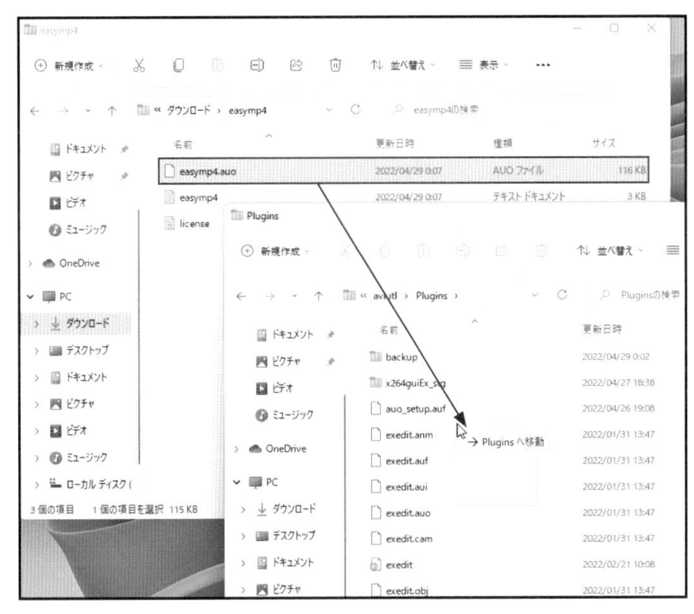

2 ファイルをコピーまたは移動する

「easymp4.auo」を「かんたん MP4 出力」の展開先フォルダーから「Plugins」フォルダーにドラッグ＆ドロップします。これで「かんたん MP4 出力」のインストールは完了です。

11 出力プラグイン「かんたんMP4出力」で動画を出力する

[ファイル]メニューの[プラグイン出力]で[かんたんMP4出力]を選択すると、メインウィンドウや拡張編集Pluginで編集した動画を「かんたんMP4出力」で出力できます。

「かんたん MP4 出力」で出力する

「かんたん MP4 出力」を利用した動画の出力は、[ファイル] メニューの [プラグイン出力] で [かんたん MP4 出力] を選択することで行えます。また、拡張編集 Plugin で編集した動画を出力するときは、「x264guiEx」などのほかの出力プラグインを利用して出力するときと同様に最終フレームの位置確認を行ってから、出力作業を行ってください(P.300 参照)。

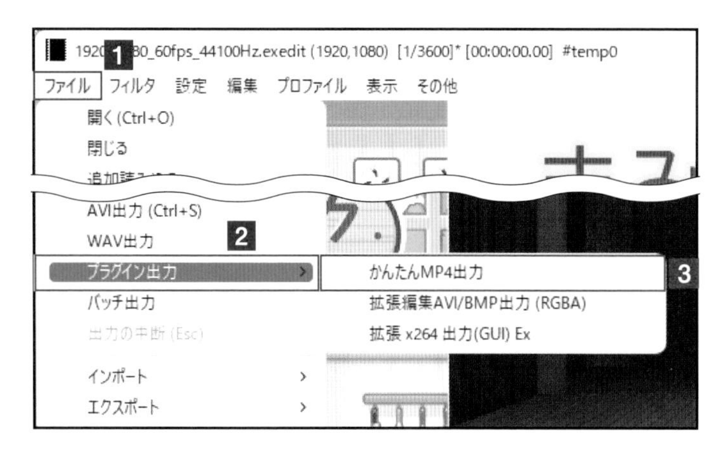

1 プラグイン出力を選択する

範囲選択を行っていないことや最終フレームの位置に問題がないことを確認しておきます。メインウィンドウの [ファイル] をクリックし1、表示されたメニューで [プラグイン出力] 2から [かんたん MP4 出力] をクリックします3。

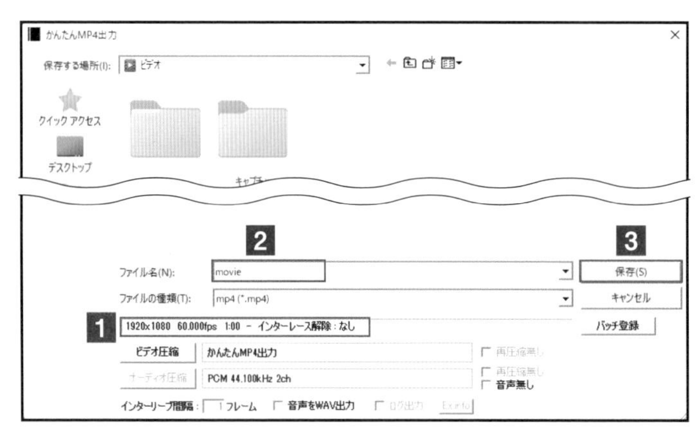

2 出力を開始する

動画の保存画面が表示されます。出力する動画の解像度などに問題がないかを確認し1、ファイル名を入力します2。[保存] をクリックして出力を開始します3。

POINT

手順2の画面で [ビデオ圧縮] をクリックすると、「かんたん MP4 出力の設定」画面が表示されます。この画面では、画質や音質などの設定が行えるほか、CPU やビデオカードに備わっている動画のエンコード支援機能 (ハードウェアエンコード) の有効/無効を切り替えられます。この機能を有効にすると、動画の出力時間が短くなります。

CHAPTER

▼

12

ゲーム実況動画の作成

01 ゲームの実況動画を作成する

ゲームの実況動画の作成には、ゲーム画面を録画した動画ファイルが必要になるほか、必要に応じて自撮りの動画ファイルや音声ファイルが必要になります。

ゲームの実況動画を作成には

ゲームの実況動画の作成に最低限必要なのは、ゲームのプレイ動画（ファイル）とゲーム実況の音声（ファイル）です。ゲーム実況動画は、これらの要素をAviUtlで1つの動画にまとめることで作成します。また、ゲームのライブ配信に利用される「OBS Studio」（P.318参照）などのソフトで録画を行うとよりかんたんにゲームの実況動画を作成できます。

▲ライブ配信ソフト「OBS Studio」を利用すると、ゲームのプレイ動画、自撮りの動画、動画の解説を行う音声などを上記の画面のような構成で保存（録画）できます。

ゲームの実況動画作成に必要な機材

ゲームの実況動画作成には、ゲーム画面を録画するための利用するビデオキャプチャー機器や自撮り用のカメラ、実況を録音するためのマイクなどの機材を必要に応じて用意する必要があります。また、これらの機材を利用するときは、パソコンに動画を保存(録画)したり、音声を保存(録音)したりするソフトなども必要です。なお、ソフトについては、通常、ビデオキャプチャー機器に付属するほか、OBS Studio(P.318参照)などのソフトを利用することもできます。

ビデオキャプチャー機器

◀家庭用ゲーム機が備えるビデオ出力(HDMI出力)をパソコンで視聴したり、録画したりする機器です。ビデオ出力を備えるスマホの画面も録画することもできます。写真はアイ・オー・データ機器が販売する「GV-HUVC/4K」。

Webカメラ

▲自撮りの動画を表示しながらゲームの実況を行いときに利用します。パソコンにWebカメラが搭載されているときは、それを利用できます。写真はエレコムの販売する「UCAM-C820ABBK」。

音声録音用のマイク

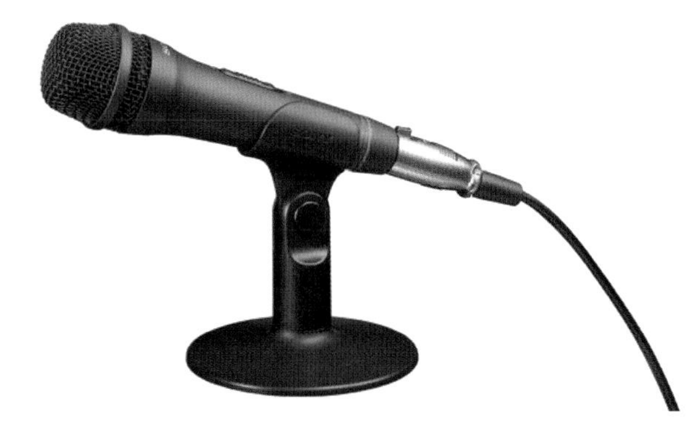

◀パソコンがマイクを備えていないときやパソコン搭載のマイクが使いにくいときは、USB接続のマイクを利用します。写真はソニーが販売する「ECM-PCV80U」。

OBS Studioを利用する

OBS Studioを利用すると、ゲームの実況動画のパソコンへの録画(保存)をかんたんに行えます。OBS Studioは無料で利用できるソフトです。

OBS Studioをインストールする

OBS Studioは、本来、ライブ配信を行うために開発された無料のソフトですが、パソコンの画面やビデオキャプチャー機器、Webカメラの映像をパソコンに保存(録画)することもできます。OBS Studioを利用すると、ゲームのプレイ動画と自撮りの動画を画面内に並べて配置し、その状態のまま録画できます。

1 OBS Studioをダウンロードする

Webブラウザー(ここでは「Microsoft Edge」)を起動してダウンロードページのURL(https://obsproject.com/ja)を開きます1。[Windows]をクリックしてOBS Studioのインストーラーをダウンロードします2。

2 インストーラーを実行する

ダウンロードが完了したら、[ファイルを開く]をクリックします。「ユーザーアカウント制御」ダイアログボックスが表示されたときは[はい]をクリックしてインストーラーを起動します。

3 OBS Studioをインストールする

インストーラーが起動します。[Next>] をクリックし、画面の指示に従って OBS Studio をインストールします。

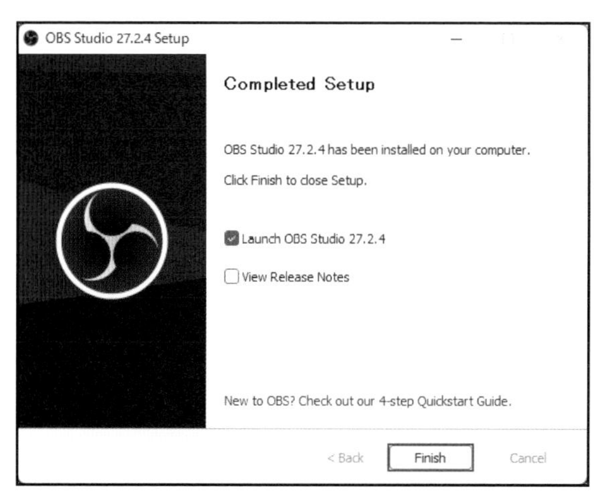

4 OBS Studioを起動する

インストールが完了したら、[Finish] をクリックします。[Launch OBS Studio XX.X.X (XX.X.X はバージョン番号)] がオンになっていたときは、OBS Studio が起動します。

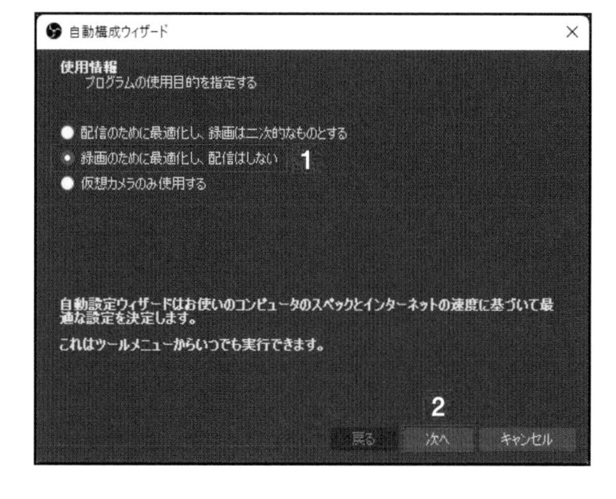

5 OBS Studioの初期設定を行う

OBS Studio が起動すると初回起動時には「自動構成ウィザード」が表示されます。録画のみに利用するときは、[録画のために最適化し、配信はしない] をオンにして1、[次へ] をクリックし2、画面の指示に従って初期設定を行います。

POINT

OBS Studio をはじめて起動したときは、「自動構成ウィザード」が表示されます。「自動構成ウィザード」では、キャンバス（配信や録画の元となる画面）の解像度や録画設定などが行えます。このウィザードを利用しない場合は、[キャンセル] をクリックします。

ゲーム画面やWebカメラの画面を表示する

OBS Studioで家庭用ゲーム機の画面やパソコンに接続された自撮り用のWebカメラの画面が表示するときは、「映像キャプチャデバイス」をソースに追加します。

「映像キャプチャデバイス」を追加する

OBS Studio では、HDMI 出力を備える家庭用ゲーム機の映像をパソコンに表示するビデオキャプチャー機器やパソコンに接続されている Web カメラなどを「映像キャプチャデバイス」として一括管理しています。OBS Studio でこれらの映像を表示するには、ソースに「映像キャプチャデバイス」を追加し、キャプチャデバイスの選択を行います。

1 「映像キャプチャデバイス」を追加する

OBS Studio を起動しておきます。[ソース] の＋をクリックし1、[映像キャプチャデバイス] をクリックします2。

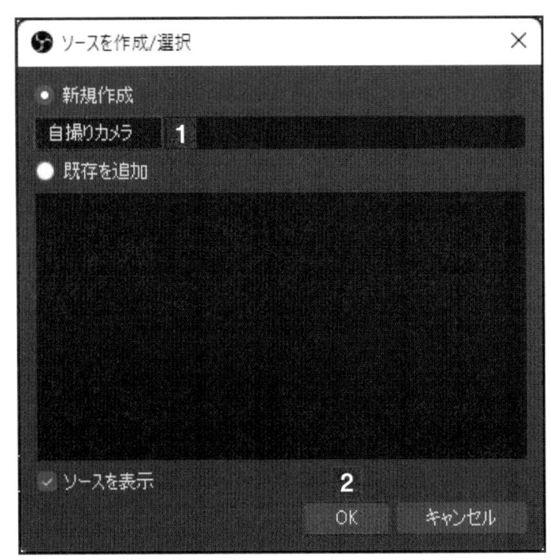

2 機器の名称を入力する

「ソースを作成／選択」画面が表示されます。ソースの名称（ここでは「自撮りカメラ」）を入力し1、[OK] をクリックします2。

Vtuberが利用する本人のアバター

3 キャプチャデバイスを選択する

プロパティ画面が表示されます。「デバイス」に利用するビデオキャプチャー機器やWeb カメラ（ここでは[MiraBox Capture]）を選択し**1**、映像が表示されることを確認します（ここでは、Vtuber が利用する本人のアバターが表示されます）**2**。[OK]をクリックします**3**。

POINT

ここでは、ビデオキャプチャ機器でアバターを表示していますが、自撮りの映像を表示したいときは、Web カメラの「機器名」を選択してください。

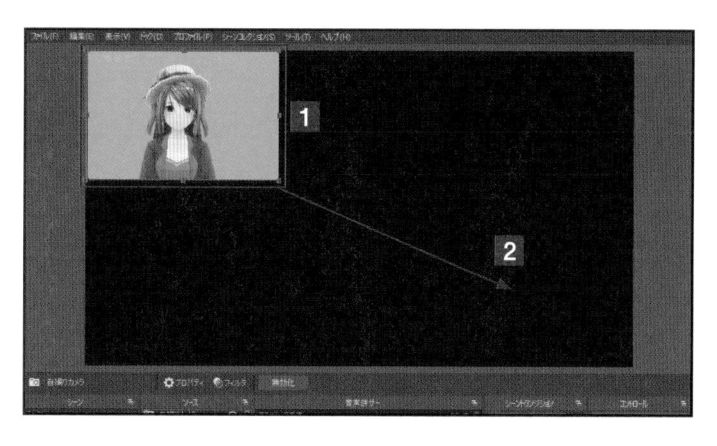

4 キャンバスに画面が表示される

選択した映像キャプチャデバイスの映像がキャンバスに表示されます**1**。表示されている画面をドラッグすると、位置を変更できます**2**。また、キャンバスに表示される画面サイズは自動設定されます。

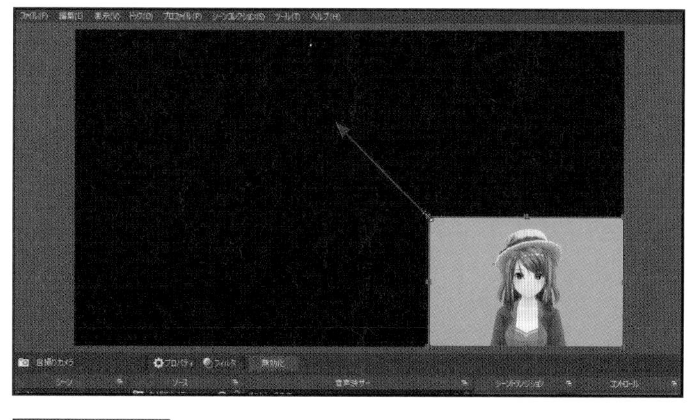

5 ソースの拡大／縮小を行う

ソースの赤い枠をドラッグすると、画面の縦横比を維持したまま拡大／縮小を行えます。また、画面をトリミングしたいときは、Altキーを押しながらドラッグします。

POINT

キャンバスに表示される映像キャプチャデバイスの解像度を変更したいときは、[プロパティ] をクリックし、[解像度／ FPS タイプ] に [カスタム] を選択すると表示される [解像度] から表示したい解像度を選択します。

SECTION 04 スマホの画面をワイヤレスでパソコンに表示する

スマホの画面をパソコンに表示するには、ビデオキャプチャ機器を利用する方法のほか、ミラーリングソフトを利用してワイヤレスで表示する方法があります。

ミラーリングソフトを利用する

iPhone や iPad、Android スマホやタブレットの画面は、ミラーリングソフトを利用するとかんたんにパソコンの画面に表示できます。ミラーリングソフトは、Wi-Fi を利用してスマホの画面をパソコンに転送して表示します。有料／無料のものがありますが、ここでは、iPhone ／ iPad だけでなく Android スマホ／タブレットにも対応し、無料で利用できる「LetsView」のインストール方法を説明ます。

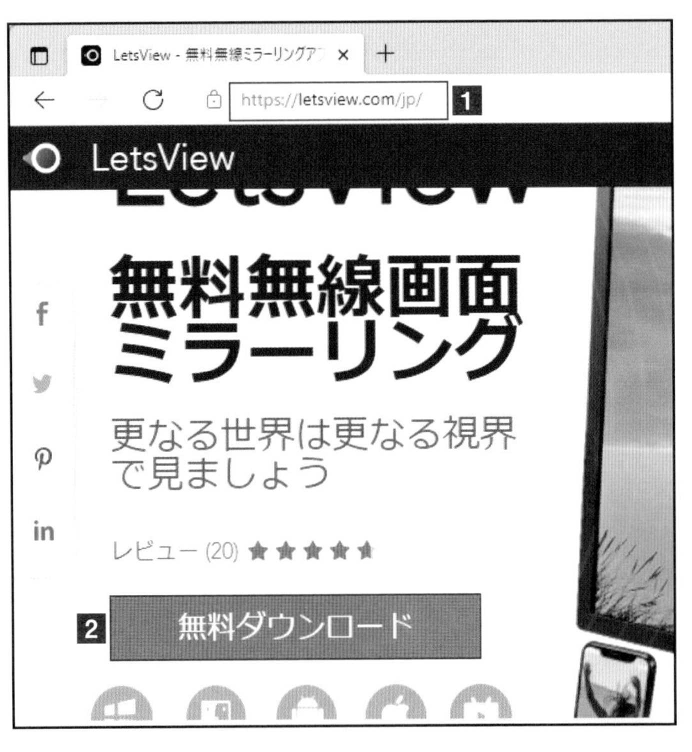

1 LetsViewをダウンロードする

Web ブラウザー（ここでは「Microsoft Edge」）を起動してダウンロードページの URL（https://letsview.com/jp/）を開きます1。［無料ダウンロード］をクリックします2。

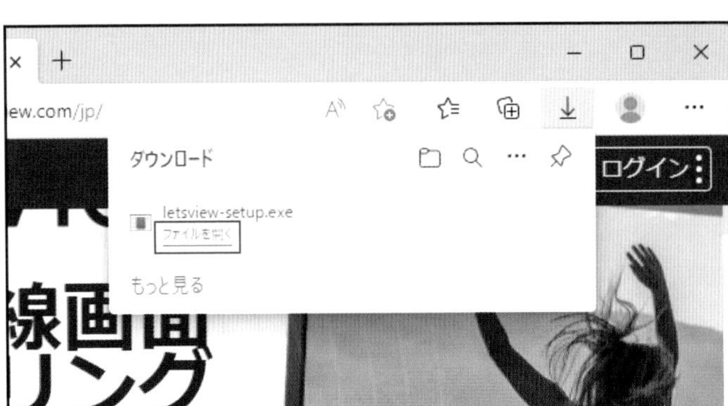

2 インストーラーを実行する

ダウンロードが完了したら、［ファイルを開く］をクリックします。「ユーザーアカウント制御」ダイアログボックスが表示されたときは［はい］をクリックしてインストーラーを起動します。

3 LetsViewをインストールする

インストーラーが起動します。[今すぐインストール] をクリックし、画面の指示に従って LetsView をインストールします。

4 LetsViewを起動する

インストールが完了したら、[今すぐ開く] をクリックします。

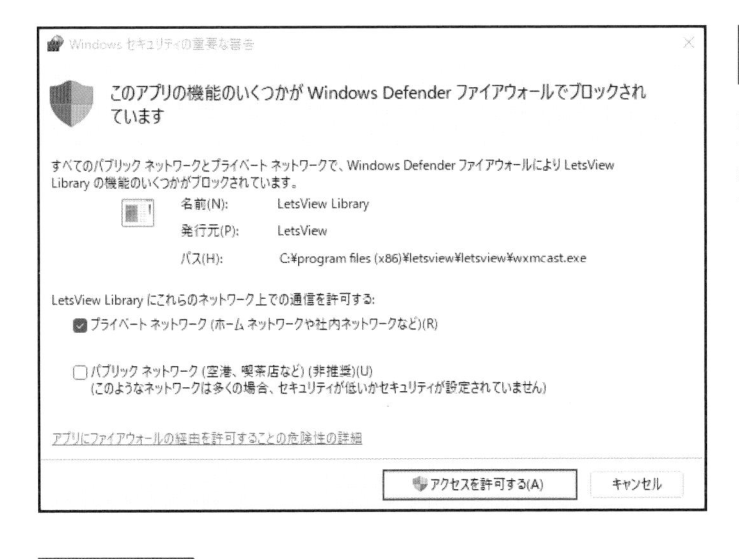

5 ファイアウォールの設定を行う

LetsView が起動します。「Windows セキュリティの重要な警告」画面が表示されたときは [アクセスを許可する] をクリックします。

POINT

Windows セキュリティ以外のセキュリティ対策ソフトを利用していて、かつファイアウォールの警告画面が表示されたときは、必ず「アクセスを許可」を設定してください。アクセスを不許可にすると、スマホの画面のミラーリングが行えません。

iPhone／iPadの画面をパソコンに表示する

パソコンにインストールしたLetsViewにiPhone／iPadの画面をミラーリングするには、Appleの「AirPlay」を利用します。

画面ミラーリングを行う

AirPlayを使った画面のミラーリングは、iPhone／iPadでコントロールセンターを開き、画面ミラーリングをタップすることで行います。なお、画面の情報はWi-Fiで送られます。このため、テザリングを利用中はiPhone／iPadの画面のミラーリングは行えません。

1 コントロールセンターを開く

iPhone／iPadのコントロールセンターを開き、（画面ミラーリング）をタップします。

2 パソコンに画面を表示する

接続先のリストが表示されます。接続先（ここでは［LetsView[Taro]］）をタップすると1、パソコンにiPhone／iPadの画面が表示されます2。画面ミラーリングを終了するまで、iPhone／iPadの画面がパソコンにも表示されます。

POINT

画面ミラーリングを終了したいときは、iPhone／iPadでコントロールセンターを開き、（画面ミラーリング）をタップして、［ミラーリングを停止］をタップします。

Androidスマホ／タブレットの画面を無線でパソコンに表示する

パソコンにインストールしたLetsViewにAndroidスマホ／タブレットの画面を表示するには、Android用の「LetsView」アプリをインストールして利用します。

画面ミラーリングを行う

LetsViewでAndroidスマホ／タブレットの画面をミラーリングするには、パソコンとAndroidスマホ／タブレットの両方に「LetsView」をインストールする必要があります。また、画面のミラーリング操作は、Androidスマホ／タブレットで「LetsView」アプリを起動して行います。

1 接続先を選択する

Androidスマホ／タブレットで「LetsView」アプリを起動し、接続先（ここでは［LetsView[Taro]］）をタップします。

POINT

接続先が表示されないときは［再検出］をタップしてください。また、画面ミラーリングを終了したいときは、「LetsView」アプリをAndroidスマホ／タブレットで起動し、［ミラーリングを終了］をタップします。

2 接続方法を選択する

［スマホ画面ミラーリング］をタップし**1**、次の画面で［LetsViewで記録やキャストを開始しますか？］と表示されたら［今すぐ開始］をタップすると**2**、パソコンにAndroidスマホ／タブレットの画面が表示されます。

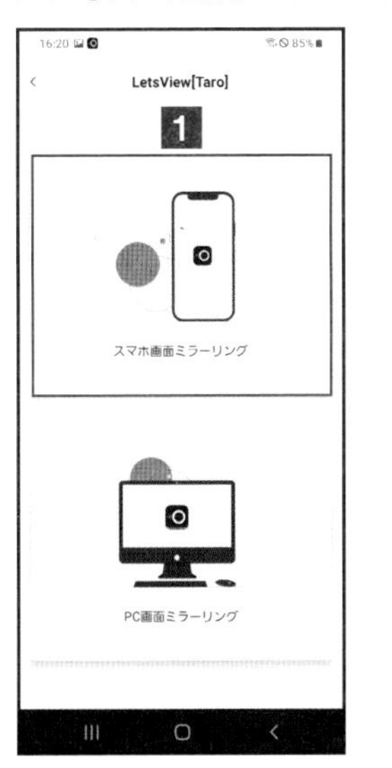

07 アプリのウィンドウを OBS Studioに表示する

OBS Studioは、「ウィンドウキャプチャ」をソースに追加することで、スマホの画面やアプリの画面をキャンバスに表示できます。

「ウィンドウキャプチャ」を追加する

「ウィンドウキャプチャ」は、パソコンに表示されているアプリのウィンドウをOBS Studioのキャンバスに配置するときに利用します。この機能を利用して、iPhone／iPadやAndroidスマホ／タブレットの画面を表示しているLetsViewのウィンドウをキャンバスに追加すると、ゲームのプレイ動画を録画できます。

1 「ウィンドウキャプチャ」を追加する

OBS Studioのキャンバスに追加したいアプリ（ここでは「LetsView」で表示しているスマホのゲーム画面）を表示しておきます**1**。ソースの**＋**をクリックし**2**、［ウィンドウキャプチャ］をクリックします**3**。

2 ソースの名称を入力する

「ソースを作成／選択」画面が表示されます。ソースの名称（ここでは［スマホ画面］）を入力し**1**、［OK］をクリックします**2**。

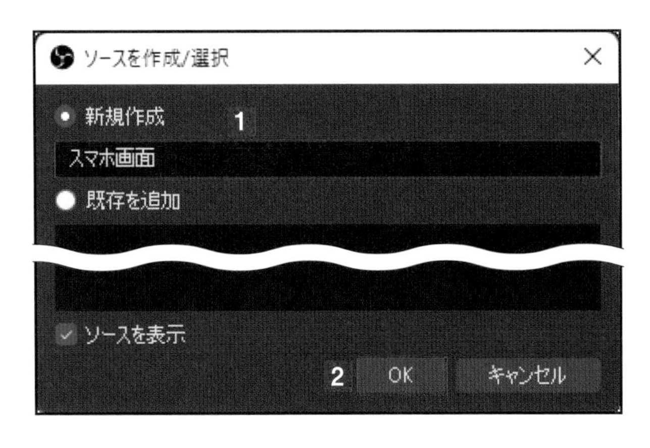

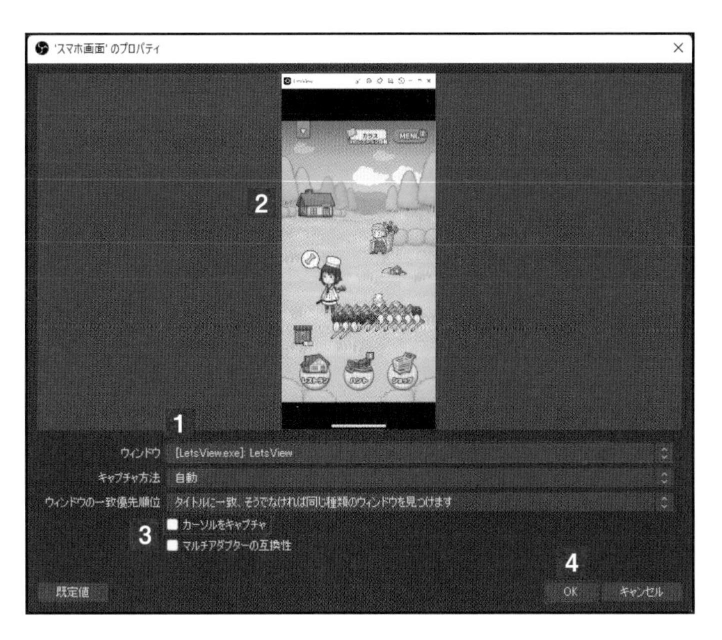

3 表示するウィンドウを選択する

プロパティ画面が表示されます。「ウィンドウ」に表示したいアプリのウィンドウ（ここでは［[LetsView.exe]:LetsView］）を選択し**1**、ウィンドウが表示されることを確認します**2**。［カーソルをキャプチャ］をオフにすると、ウィンドウ内にマウスポインターが表示されなくなります**3**。［OK］をクリックします**4**。

4 キャンバスに画面が表示される

選択したウィンドウがキャンバスに表示されます。キャンバスに表示されているウィンドウの赤い枠をドラッグすると、画面の縦横比を維持したまま拡大／縮小を行えます。

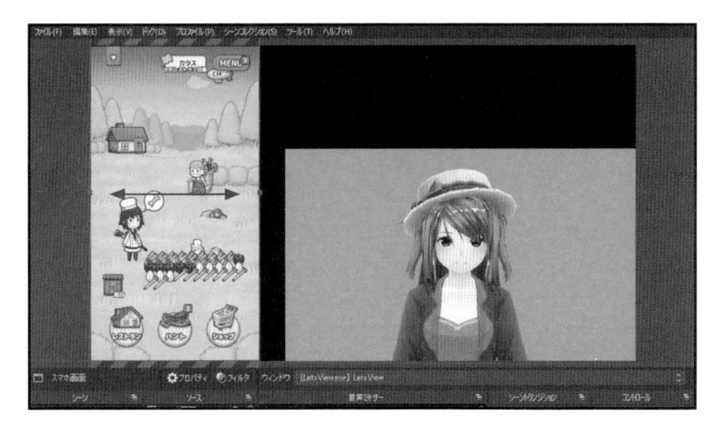

5 ソースの表示位置を調整する

キャンバスに表示されているウィンドウをドラッグしてソースの位置を調整します。また、必要に応じてAltキーを押しながら赤い枠をドラッグして表示する画面サイズをトリミングして調整します。

CHECK!

ウィンドウキャプチャで選択したアプリのウィンドウを最小化すると、ウィンドウキャプチャの画面の更新が停止します。ウィンドウキャプチャを行うときは、ウィンドウの最小化を行わないようにしてください。

キャンバスに背景を追加する

OBS Studioの初期値では動画の背景は「黒」ですが、ソースに画像を追加することで、任意の背景に変更できます。

背景を追加する

動画の背景を変更したいときは、ソースに「画像」を追加します。画像の追加は、OBS Studio のキャンバスに画像ファイルをドラッグ & ドロップすることで行えます。なお、OBS Studio では、ソースのリストの下から順に表示され、新しく追加したソースは一番上に配置されます。このため、追加した画像ファイルを背景に利用したいときは、画像ファイルをソースに追加後、∨をクリックして、画像の位置を一番下に移動する必要があります。

1 ソースに画像ファイルを追加する

背景に利用したい画像ファイルを、キャンバスにドラッグ & ドロップします。

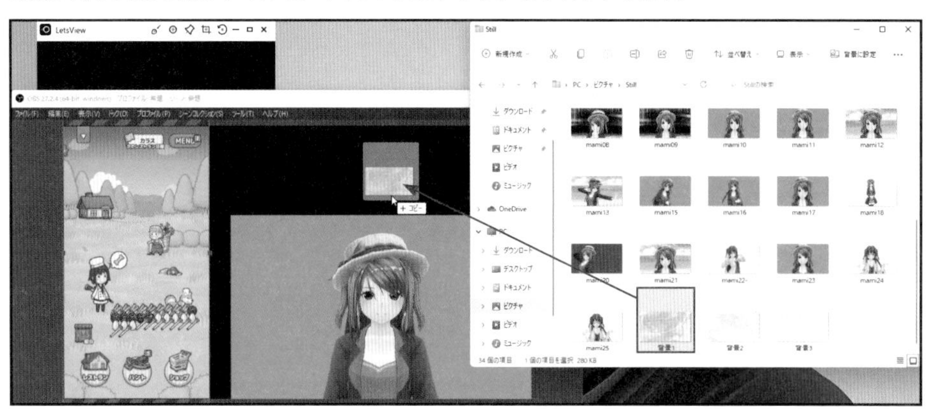

2 表示順を変更する

ソースに画像ファイルが追加され、追加した画像ファイルがキャンバスに表示されます。ソースに追加された画像ファイル（ここでは［背景 1.jpg］）をクリックし**1**、∨をクリックして**2**、リストの一番下に移動させると**3**、追加した画像が一番奥の背景に配置されます**4**。

09 音声モニターの設定を行う

OBS Studioに取り込んだゲーム機の音声が、スピーカーやヘッドホンから出力されないときは、「音声モニター」の設定を変更します。

▶ 音声モニタリングの設定を行う

OBS Studioの初期値では、ビデオキャプチャー機器やマイクなどのすべての機器の音声をスピーカーやヘッドホンに出力しない設定としています。このため、ビデオキャプチャー機器を利用して家庭用ゲーム機の映像をOBS Studioに表示したときに、その音声をスピーカーやヘッドホンで聞くことはできません。音声をスピーカーやヘッドホンで聞きたいときは、「オーディオの詳細プロパティ」画面の［音声モニタリング］の設定を変更します。

1 「オーディオの詳細プロパティ」画面を開く

音声ミキサーに表示されている機器（ここでは［デスクトップ音声］［マイク］［自撮りカメラ］）のいずれか（どれでもかまいません）の⚙をクリックし1、［オーディオの詳細プロパティ］をクリックします2。

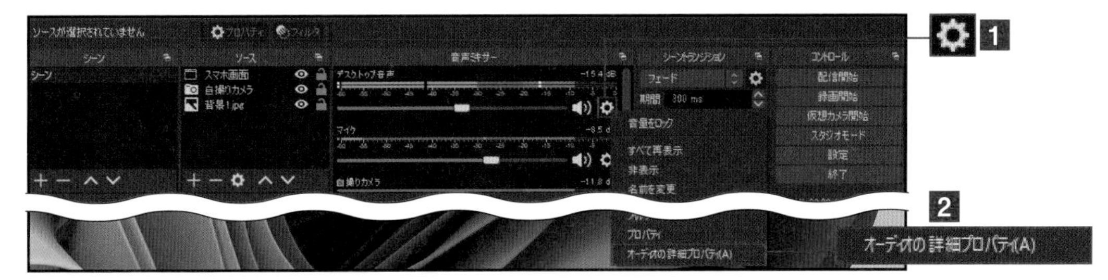

2 音声モニタリングの設定を変更する

「オーディオの詳細プロパティ」画面が表示されます。音声を出力したい機器（ここでは［デスクトップ音声］）の「音声モニタリング」の設定を［モニターと出力］に変更します1。［閉じる］をクリックします2。

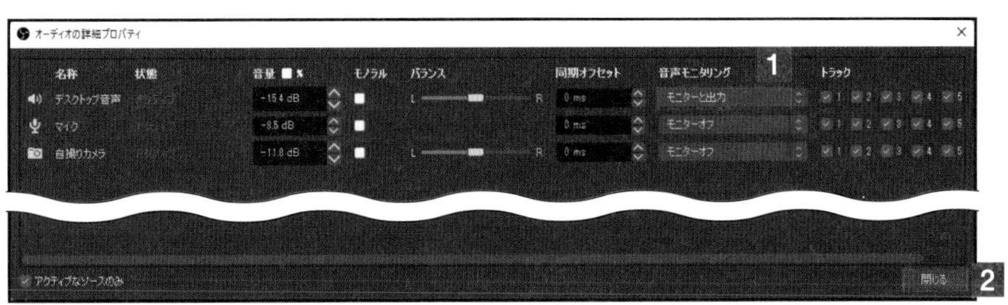

POINT

上記の設定を変更しても、ビデオキャプチャー機器の音声が出力されないときは、ビデオキャプチャー機器のプロパティを開き、「音声出力モード」の設定で［カスタム音声デバイスを使用する］をオンにすると表示される音声デバイスの設定で［デジタルオーディオインターフェース（機器の名称）］を選択してみてください。

録画の設定を行う

OBS Studioの「設定」画面を表示して[出力]タブをクリックすると、録画に利用する動画ファイルの形式や画質などの設定を行えます。

▶ 録画の各種設定を行う

OBS Studio では、録画する動画ファイルの出力先フォルダーの設定や動画ファイルの保存形式(録画フォーマット)、画質などを「設定」画面の「出力」タブにある「録画」セクションで行います。通常、初期値のまま使用しても問題はありませんが、より高画質な動画ファイルで保存したいときや動画ファイルの保存形式を変更したいときは、「設定」画面で変更を行ってください。

1 「設定」画面を開く

[設定] をクリックします。

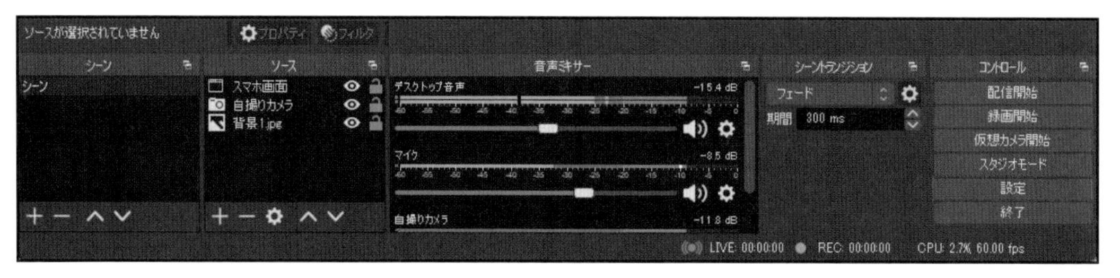

2 録画に関する設定を変更する

「設定」画面が表示されます。[出力]をクリックします❶。[録画品質]で動画の画質の設定を行えます❷。[録画フォーマット] で動画の保存形式 (mp4、flv、mov など) を選択できます❸。設定を変更したときは、[OK] をクリックして画面を閉じます❹。

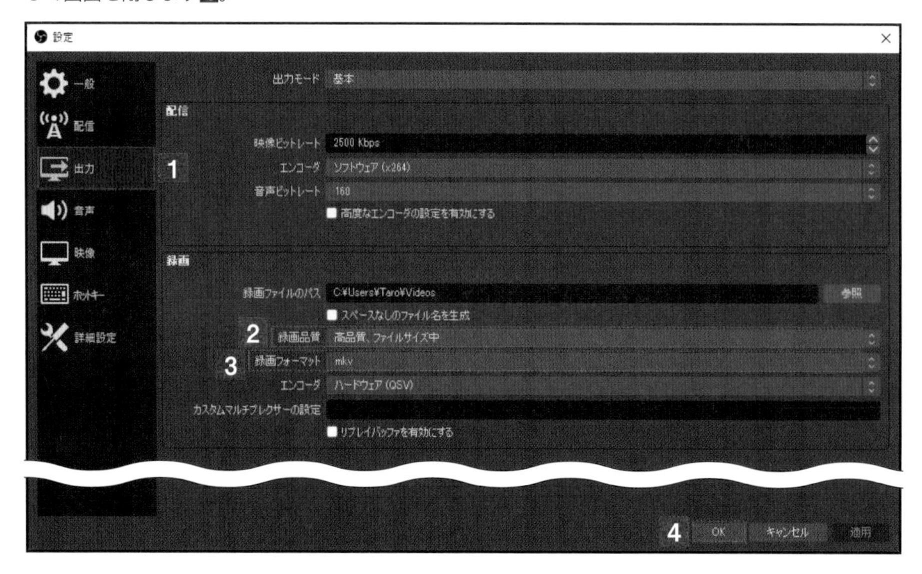

OBS Studioで録画する

OBS Studioのキャンバスに録画したいソースをすべて配置したら、録画を開始します。録画を開始すると、キャンバスに表示されている内容が録画されます。

録画を行う

［録画開始］をクリックすると、録画が開始されます。録画中は、画面右下に録画した時間やパソコンのCPU使用率（負荷率）、録画中の動画のフレームレートなどの情報が表示されます。また、録画を終了すると、画面左下に録画ファイルのファイル名などの情報が表示されます。

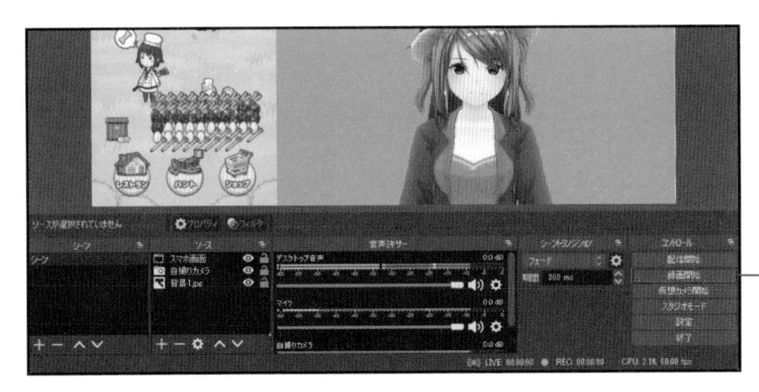

1 録画を開始する

［録画開始］をクリックします。

2 録画を終了する

録画がはじまると、画面左下に録画した時間やパソコンのCPU使用率（負荷率）などの情報が表示されます1。録画を終了するときは、［録画終了］をクリックします2。録画が終了すると、画面左下に録画ファイルのファイル名などの情報が表示されます3。

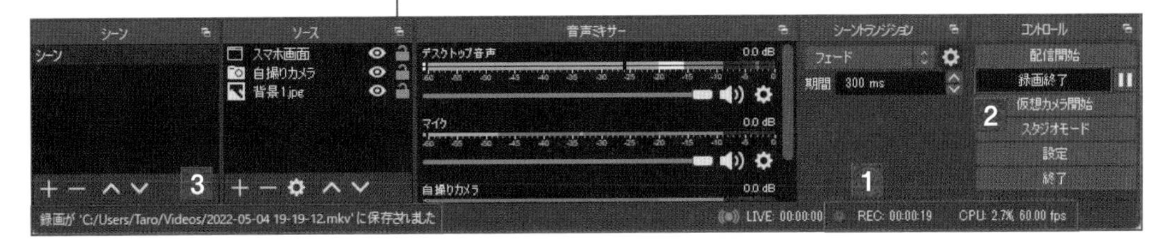

POINT

録画に関する設定は、［設定］をクリックして表示される「設定」画面の［出力］内にある「録画」セクションで行えます。

録画した動画をAviUtlで編集／出力する

ゲームの実況動画作成に利用する動画の準備ができたら、その動画をAviUtlの拡張編集Pluginに読み込んで、仕上げの作業を行っていきます。

ゲームの実況動画を仕上げる

OBS Studioは、ゲームのプレイ動画と自身の自撮り動画、実況音声などを含んだ動画を録画できます。このため、AviUtlで行う作業は、不要な部分をカットしたり、必要に応じてテキストを入れたりするだけの比較的軽度の作業を行うだけで、ゲームの実況動画を仕上げることができます。なお、OBS Studioで録画した動画は、初期値では拡張子「mkv」の動画ファイルとして保存されます。拡張編集Pluginでこの形式の動画ファイルを読み込めるように設定を追加しておいてください(P.085参照)。

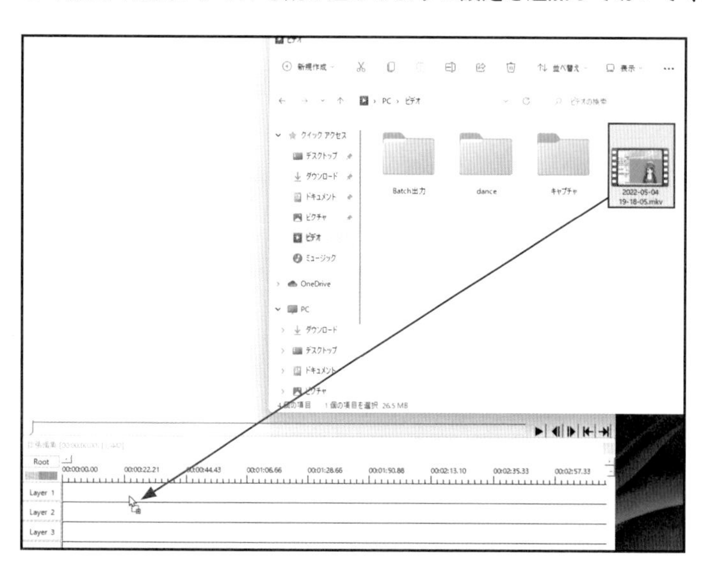

1 動画を拡張編集Pluginに読み込む

AviUtlを起動し、拡張編集Pluginのタイムラインに録画した動画（ここでは［2022-05-04 19-18-00.mkv］）をドラッグ＆ドロップで追加します（P.087参照）。

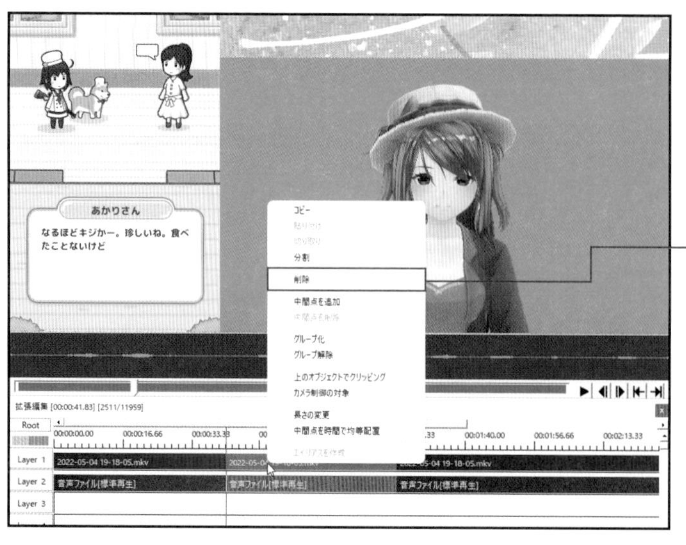

削除

2 不要な部分を削除する

オブジェクトの分割（P.138参照）を行って、不要な部分を削除します(P.139参照)。

POINT

OBS Studioで録画した動画は、通常、「ビデオ」フォルダーに保存されています。またファイル名は撮影年月日です。

3 テロップの追加や特殊効果を施す

動画にテロップを追加したり（CHAPTER 09 参照）1、動画切り替え時の特殊効果などを追加します（CHAPTER 07 参照）2。

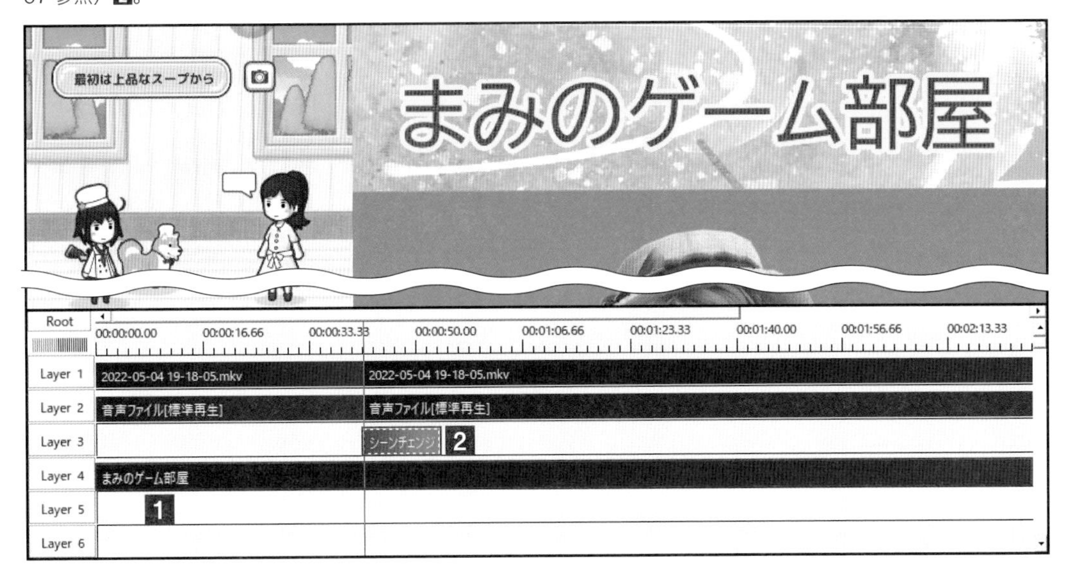

4 プレビューを行う

カーソルを動画の先頭に移動します1、メインウィンドウまたは再生ウィンドウの▶をクリックして2、作成した動画のプレビューを行って出来上がりを確認します。

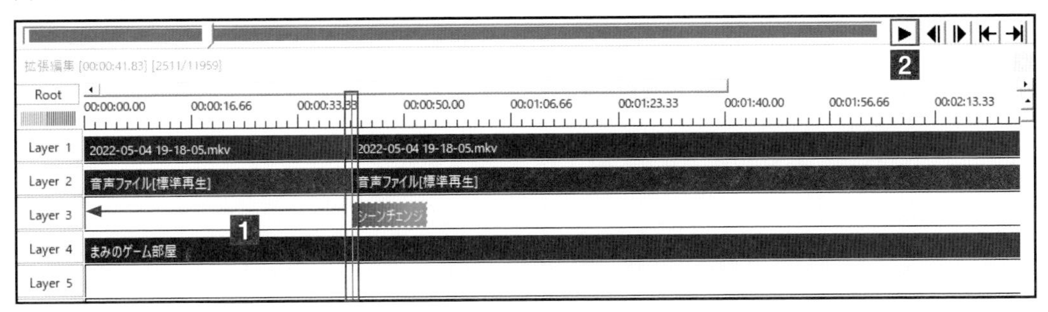

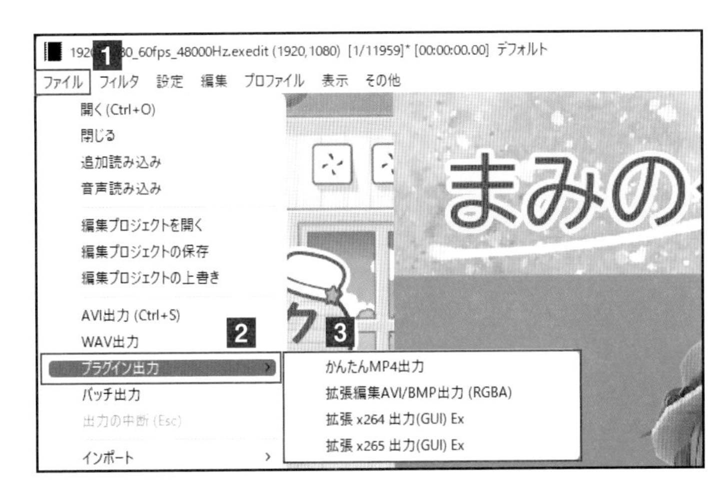

5 動画を出力する

メインウィンドウの［ファイル］をクリックし1、［プラグイン出力］2から出力プラグインをクリックして3、動画の出力を行います（CHAPTER 11 参照）。

INDEX【索引】

英字

あ行

か行

さ行

た行

な行

は行

ま行

ら〜わ行

■著者略歴

オンサイト

有限会社オンサイト。IT関連を中心とするコンテンツ制作会社。ホワイトペーパーやマニュアル(エンタープライズ系)、製品ブローシャ制作などに数多くかかわっている。ホワイトペーパーでは300社以上の制作実績を持ち、IT系ニュースサイトへの記事制作は数千本に及ぶ。書籍では編集・DTPが中心で、AviUtlの書籍執筆はこれで2冊目となる。

本文デザイン
吉田進一（ライラック）

カバーデザイン
田邉恵里香

DTP
オンサイト

編集
オンサイト、竹内仁志

協力
株式会社 SELECT BUTTON「ハントクック」
株式会社アピリッツ「ゴエティアクロス」

■お問い合わせについて

本書の内容に関するご質問は、下記の宛先までFAXまたは書面にてお送りください。なお電話によるご質問、および本書に記載されている内容以外の事柄に関するご質問にはお答えできかねます。あらかじめご了承ください。

〒162-0846
新宿区市谷左内町21-13
株式会社技術評論社　書籍編集部
「AviUtl パーフェクトガイド」質問係

FAX番号　03-3513-6167
技術評論社ホームページ　https://book.gihyo.jp/116

なお、ご質問の際に記載いただいた個人情報は、ご質問の返答以外の目的には使用いたしません。また、ご質問の返答後は速やかに破棄させていただきます。

エーブイアイユーティル
AviUtl パーフェクトガイド

2022 年 7 月 9 日　初版　第 1 刷発行

著者　オンサイト
発行者　片岡　巌
発行所　株式会社技術評論社
東京都新宿区市谷左内町21-13
電話　03-3513-6150　販売促進部
03-3513-6160　書籍編集部
印刷／製本　株式会社加藤文明社

定価はカバーに表示してあります。

ISBN978-4-297-12840-1 C3055
Printed in Japan